건축 텍스트북

건축설비

Building Mechanical and Electrical Systems

대한건축학회 편

기문당

발간사

대한건축학회는 1945년 창립 이래 모든 건축인의 협조와 관심으로 학술 · 예술 · 기술에 관련된 역량을 축적해 오면서 우리나라 건축계에서 으뜸가는 두뇌집단으로 성장하였고, 국제적으로도 우리나라 건축계를 대표하는 역할을 수행하여 국가와 사회에 봉사하는 학술단체 면모를 굳건히 하고 있습니다. 우리 학회에서 수행하고 있는 여러 사업 중에서 발간사업은 매우 중요한 것으로서 보다 활발해야 할 것으로 생각됩니다.

건축학은 종합예술, 종합기술이며 실용학문으로 학문적 이론과 학술연구 결과가 실무에 적용되도록 널리 보급되는 것이 바람직합니다. 더욱이 작금의 기술과 학문은 빠른 속도로 변화하고 있으며, 그에 따라 국제화, 정보화 시대에 경쟁력에 맞는 건축문화와 건축기술을 선진화하는 데 일각의 시간도 헛됨이 없어야 하겠습니다. 여기에 학술연구와 그 결과를 보급하기 위한 발간사업의 중요성이 강조되는 것입니다.

금번 우리 학회에서는 건축의 모든 분야를 다루는 「건축텍스트북 시리즈(12개 분야, 16권)」를 발간하게 되었습니다. 이것은 지난 1995년의 건축학전서 11권 발간에 이어 두 번째 총체적 발간사업입니다.

이번에 발간되는 「건축텍스트북 시리즈」는 대학교재로 활용할 수 있도록 각 분야별 전공 내용을 담았으며, 분야별 전공교수와 실무 전문가들이 참여하여 열과 성을 다하여 집필하였습니다. 이 책은 건축의 전공자뿐 아니라 건축기획, 건축실무, 정책의 수립과 집행 등에 관계되는 모든 분들에게 건축 전반에 대한 지침서로서도 훌륭히 역할을 할 수 있으리라고 믿습니다.

끝으로 이번 「건축텍스트북 시리즈」 발간에 애쓰신 우리 학회 출판부장 서붕교 교수와 각 권 집필 책임위원을 비롯한 집필위원 여러분께 감사드리며, 또한 좋은 책이 되도록 세심히 살펴주신 기문당 강해작 사장님과 출판사 관계자 여러분께 고마움을 표합니다.

2010년 2월

대한건축학회 회장 손장열

머리말

최근의 건설기술은 하루가 다르게 변화할 만큼 그 발전 속도가 상상을 뛰어넘을 정도입니다. 그래서 우리는 이전에 생각지도 못한 첨단의 삶을 하나씩 만들어가고 영위하고 있습니다. 이런 과정에서 건축설비는 인간의 편에서 보다 쾌적하고 편리하게 생활할 수 있도록 하는 건축분야로, 인체에서 보면 신경계와 혈관계 같은 존재라고 할 수 있습니다.

한국 건설기술의 미래를 짊어지고 나갈 건축학도 여러분!

꿈이 현실로 바뀌는 건설기술의 원천은 무엇이라고 생각하십니까?

그것은 기본에 충실하면서도 다가올 미래에 대한 뜨거운 열정과 노력과 아끼지 않은 많은 연구자와 엔지니어의 땀방울 때문입니다.

이제 막 건축이라는 학문에 입문한 학생들이 기본에 충실한 입문서를 통하여 미래 기술개발의 주역이 될 것임을 확신합니다. 그래서 우리는 보다 무거운 책임감과 변화와 혁신의 마음으로 새로운 「건축설비」 책자를 발간하게 되었습니다. 아무쪼록 본 책자가 건축학도 여러분과 교육현장에서 유용한 참고자료가 되어 널리 활용됨으로써 건축설비 기술의 발전에 작은 Keystone이 되기를 소망합니다.

끝으로 온갖 정성을 아끼지 않고 집필에 임해주신 편집위원과 보다 알찬 내용을 담을 수 있도록 허락해주신 숨은 후원자께도 깊은 감사의 말씀을 드립니다.

2010년 2월

편집위원장 전재홍

집 필 진

제1장	건축설비의 기초	1-1	임병찬 | 동아대학교 건축학부 교수
		1-2	박준석 | 한양대학교 건축공학과 교수
		1-3	박병윤 | 수원과학대학 건축과 교수
			강재식 | 한국건설기술연구원 책임연구원
		1-4	김상민 | 현대건설 책임연구원
			문현준 | 단국대학교 건축공학과 교수
제2장	급배수 위생설비	2-1	홍봉재 | 청운대학교 건축설비소방학과 교수
		2-2	최창호 | 광운대학교 건축공학과 교수
		2-3	장현재 | 홍익대학교 건축공학부 교수
		2-4	변운섭 | 우원 M&E 전무
			이만근 | 한방유비스 대표이사
제3장	공기조화설비	3-1	윤성환 | 부산대학교 건축학부 교수
		3-2	박철수 | 성균관대학교 건축공학과 교수
		3-3	여명석 | 서울대학교 건축학과 교수
		3-4	권용일 | 신흥대학 건축설비디자인과 교수
		3-5	양인호 | 동국대학교 건축공학과 교수
제4장	전기설비	4-1	노명균 | 일신이앤드씨 사장
		4-2	김세동 | 두원공과대학 교수
		4-3	김세동 | 두원공과대학 교수
		4-4	최안섭 | 세종대학교 건축공학부 교수
		4-5	노명균 | 일신이앤드씨 사장
		4-6	노명균 | 일신이앤드씨 사장
제5장	기타설비	5-1	이영재 | 한밭대학교 건축설비공학과 교수
		5-2	이수연 | 한일MEC 전무
		5-3	채수동 | 성아엠이씨 전무
		5-4	조동만 | 한국콘탭시스템 대표이사
		5-5	이창근 | 목원엔지니어링 소장
		5-6	이정재 | 동아대학교 건축학부 교수
제6장	종합계획	6-1	김태연 | 연세대학교 건축공학과 교수
		6-2	이수연 | 한일MEC 전무
		6-3	이창근 | 목원엔지니어링 소장
		6-4	석호태 | 영남대학교 건축학부 교수
		6-5	남창재 | 성아엠이씨 상무
			박종환 | 대평엔지니어링 대표이사

간사 문현준 | 단국대학교 건축공학과 교수

집필책임 전재홍 | 현대건설 상무

차 례

1 장

건축설비의 기초

1-1 열전달 및 열역학의 기초

1-2 유체의 흐름

1-3 쾌적환경

1-4 측정법

1장 건축설비의 기초

1-1 열전달 및 열역학의 기초

열은 우리에게 익숙하면서도 눈에 보이거나 만져지는 것이 아니기 때문에 구체화할 수 없는 추상적인 물리량이다. 뜨거운 물에 차가운 물을 넣어 적당한 온도로 한다든지, 인체가 고열일 때는 물수건으로 머리를 식히는 것처럼 뜨거운 쪽에서 차가운 쪽으로 움직이는 무엇을 열이라 부른다.

열전달은 물체 사이의 온도차에 의해서 발생되는 에너지 이동을 연구한다. 이는 열의 이동방법을 설명할 뿐만 아니라 고온에서 저온으로 에너지가 전달되는 온도구배에 대한 열전달량을 계산한다. 반면에 열역학은 한 평형상태를 다른 평형상태로 바꾸는데 필요한 에너지양을 예측한다. 따라서 열을 물리량의 하나로 취급하여 온도, 열, 물리변화와의 상호관계를 조사하여 과학으로서 체계화된 것이 열역학이다.

열역학과 열전달의 구별을 명확하게 하기 위한 예를 살펴보자. 뜨거운 강철막대가 물통 안에서 냉각되고 있다. 열역학에서는 강철막대와 물이 평형상태가 되었을 때의 온도를 예측한다. 반면에 열전달은 평형상태가 될 때까지 시간이 얼마나 걸릴 것인지 또는 일정한 시간 후에 강철막대의 온도가 얼마나 될 것인가 하는 문제들을 계산한다.

1-1-1 열전달의 기초

(1) 열전달의 요소

열전달의 종류에는 전도, 대류, 복사의 3가지 요소가 있다. 전도에 의한 열전달은 물체 내부 또는 물체와 물체의 접촉부에서 발생한다. 대류와 복사에 의한 열전달은 벽체 표면에서 발생하는 현상이다.

전도는 정지된 물체 내에 존재하는 온도차에 의해 물체 내부에 있는 매체를 통한 열전달을 의미한다. 대류는 운동하는 매체(예, 공기의 흐름에 의해 생성되는 바람)에 실려서 에너지가 전달되는 경우를 말한다. 복사는 태양에서 지구로의 열전달과 같이 중간매체가 없이 서로 다른 온도를 가진 표면 사이에서 일어나는 열전달을 의미한다.

열전달에서 사용되는 기본용어는 열류(heat flow)와 열유속(heat flux)이다. 먼저 열 또는 에너지의 단위는 주울(Joule)이며 기호는 J를 사용한다. 열류는 단위시간당의 열전달량을 열류라고 정의하며 q로 나타내며, 단위로는 W를 사용하며 열전달률이라 한다. 따라서 W는 J/s로 나타내기도 한다. 또한 열유속은 단위시간당, 단위면적당의 열전달량, 즉 단위면적당의 열류로 정의하고 $\dot{q}$로 나타내고 단위로는 W/m^{2}을 사용한다.

(2) 전도

물체 안에 온도구배가 존재한다면 고온부분에서 저온부분으로 열(에너지)이 전달된다. 고체 내부에서 발생하는 전도는 분자나 전자 크기의 매체에 의해 전달되는 열의 흐름을 의미하며 열확산이라고도 한다. 푸리에의 연구에 의하면 전도에 의해 일어나는 열류 q[W]는 두 점 사이의 온도차와 면적에 비례하고 거리에는 반비례하며 다음과 같이 표현한다.

$$\frac{q}{A} \propto \frac{dT}{dx} \qquad (1 \cdot 1)$$

비례상수를 고려하면 열류 q는 다음의 식으로 표현된다.

$$q = -kA\frac{dT}{dx} \tag{1·2}$$

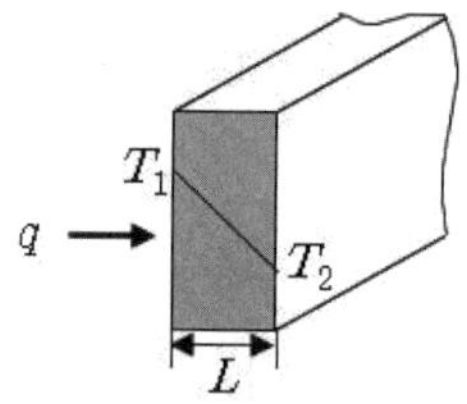

그림 1-1 | 전도에 대한 푸리에의 법칙

여기에서 비례상수 k는 열전도율(thermal conductivity)로서, 단위는 W/m · K이며, 물질의 특성에 따라 다르다. 전도를 해석하는데 있어서 주의할 것은 열류의 방향은 항상 좌표계의 양의 방향(직교좌표계의 x방향)으로 열이 흐른다고 정의된다. 따라서 음의부호 (−)는 열이 고온에서 저온으로 흐른다는 조건, 열역학 제2법칙을 만족하기 위하여 붙여진 것이며 열류의 값은 양의 부호 (+)의 값으로 나타난다. 식(1·2)는 열전도 해석에 크게 기여한 프랑스의 수리물리학자 Joseph Fourier의 이름을 따서 푸리에의 법칙(Fourier's Law)이라 부른다.

그림 1-1과 같이 열이 흐르는 방향으로 좌표를 잡고 온도 기울기를 구하면

$$\frac{dT}{dx} = \frac{T_2 - T_1}{L} \tag{1·3}$$

식(1·3)을 식(1·2)에 대입하면 벽체에서 전도에 의한 열류 q는 다음과 같이 계산할 수가 있다.

$$q = -\frac{kA}{L}(T_2 - T_1) \tag{1·4}$$

그림 1-2와 같이 평면벽이 열전도율이 다른 여러 개의 물질로 구성되어 있을 경우 온도구배는 그림에 나타낸 바와 같으며 각 물질의 열흐름은 동일하다. 따라서 다층벽에서 각 물질의 열류는 다음 식과 같이 나타낼 수가 있다.

$$\begin{aligned} q &= -k_A A\frac{T_2 - T_1}{\Delta x_A} = -k_B A\frac{T_3 - T_2}{\Delta x_B} \\ &= -k_C A\frac{T_4 - T_3}{\Delta x_C} \end{aligned} \tag{1·5}$$

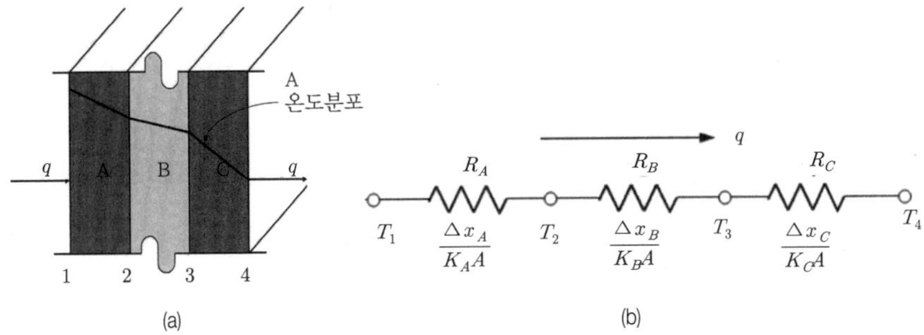

그림 1-2 | 다층벽의 1차원 열전달

위의 연립방정식을 풀면 다층벽에서 열의 흐름은 다음과 같이 쓸 수 있다.

$$q = \frac{T_1 - T_4}{\Delta x_A / k_A A + \Delta x_B / k_B A + \Delta x_C / k_C A} \tag{1·6}$$

푸리에 법칙에서 열전달은 일종의 흐름이라 볼 수 있고 열전도율, 물질의 두께 및 단면적의 조합은 열흐름의 저항이라고 생각할 수 있다. 식(1·6)에서 열저항(R)은 $\Delta x / kA$이다. 그림 1-2(a)에서와 같은 경우는 3개의 서로 다른 물질의 벽이 직렬로 연결된 것으로 볼 수 있기 때문에 열저항은 식(1·6)의 분모와 같이 세 항의 합으로 나타낼 수 있으며, 열흐름의 경로는 그림 1-2(b)와 같다. 따라서 종합적인 열흐름 방정식은 다음과 같이 쓸 수 있다.

$$q = \frac{\Delta T_{전체}}{\sum R_{th}} \tag{1·7}$$

이 식에서 R_{th}는 각 물질의 열저항이다.

(3) 대류

뜨거운 금속판을 선풍기 앞에 놓았을 경우 정지상태의 공기 속에 두었을 때보다 더욱 빨리 냉각된다는 것을 잘 알고 있다. 이와 같이 대류는 고체와 유체 사이의 온도차에 의하여 열이동이 존재하는 형태의 열전달을 의미한다.

$$q = hA(T_w - T_\infty) \tag{1·8}$$

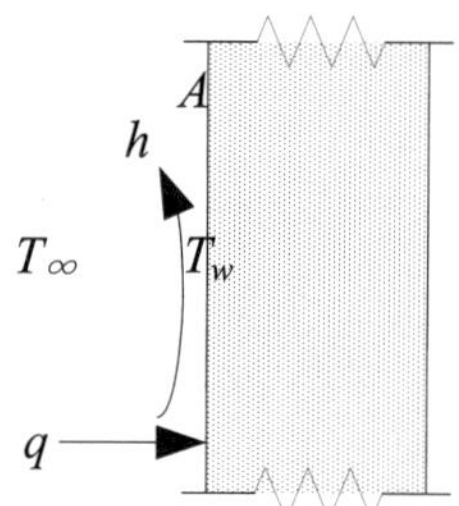

그림 1-3 | 벽면으로부터의 대류열전달

열전달률은 뉴턴(Newton)의 냉각법칙을 이용하여 식(1·8)과 같이 수학적으로 나타낼 수가 있다. 이 식에서의 열전달은 벽과 유체간의 온도차와 표면적 A에 관계된다.

건물의 외벽을 표현한 그림 1-3에서 A[m²]는 건물외벽의 면적이며, T_∞[℃]는 외기온의 온도, T_w[℃]는 건물외벽면의 온도이다. 또한 h는 대류열전달률이며 단위는 W/m² · K이다. 이는 간단한 경우에 해석적으로 계산될 수 있지만 복잡한 경우에는 실험적으로 측정되어야 한다. 대류열전달률은 벽 표면에 접하여 있는 얇은 유체의 층과 밀접한 관계가 있기 때문에 막전달계수(film conductance)라고 말할 때도 있다. 표 1-1은 대류열전달률의 대표적인 근사값을 기술하였다.

표 1-1 ● 대류열전달률의 대표적인 근사값

유체 및 상대	대류열전달률 [W/m² · K]
자연대류, 공기	5~25
강제대류, 공기	10~500
강제대류, 물	100~15,000
비등중인 물	2,500~25,000
응축중인 물	5,000~100,000

(4) 복사

열은 매체를 통하여 전도나 대류로 전달되지만 진공 중에서도 전달될 수 있다. 고온물체에서 저온물체로 열선(전자파)의 모습으로 열이 전해지는 상태를 복사라고 하며, 이러한 현상을 전자기복사라고 한다. 특히 전자기복사에서 열이 온도 차이에 의해서만 전달될 때를 열복사라고 한다.

열역학적 이론에 의하면 이상적인 복사체는 절대온도의 4제곱과 표면적에 비례하여 에너지는 복사한다. 따라서 복사는 다음의 식으로 표현된다.

$$q = \sigma A T^4 \qquad (1 \cdot 9)$$

여기서 σ는 비례상수로서 스테판-볼츠만(Stefan-Boltzmann) 상수라 하며

$5.669 \times 10^{8}\ W/m^2 \cdot K^4$의 값을 가진다. 식(1·9)를 스테판–볼츠만의 열복사법칙이라 부르며, 이상적인 복사체인 흑체의 경우에만 적용될 수 있다.

식(1·9)는 흑체에서 방출되는 복사만을 나타내고 두 표면 사이의 복사열전달은 절대온도의 4제곱의 차이에 비례하며 다음의 식으로 나타낸다.

$$\frac{q}{A} \propto \sigma(T_1^4 - T_2^4) \tag{1·10}$$

이상적인 복사물체인 흑체(black body)는 T^4법칙에 의해서 에너지를 복사하는 물체이다. 흑체라고 부르는 이유는 흑색 표면이 대략적으로 T^4법칙에 따라 에너지를 복사하기 때문이다. 에나멜을 칠한 표면이나 연마한 금속판과 같은 물체는 흑체에 비해서 더 적은 에너지를 복사하지만 복사된 에너지양은 일반적으로 T^4에 비례한다. 이러한 표면의 성질을 고려하기 위해서 방사율(emissivity) ε이라고 하는 인자를 식(1·10)에 고려해 주어야 한다. 이와 같이 ε은 회색 표면으로부터의 복사열과 흑색 표면으로부터의 복사열과의 관계를 나타낸다. 흑체복사의 경우 $\varepsilon=1$, 실제복사의 경우 $0<\varepsilon<1$의 값을 가지는 방사율을 의미한다. 식에서 온도는 절대온도(단위 : K)를 사용해야 한다. 또한 벽체와 주위온도에 의한 열유속은 다음의 식으로 나타낸다.

$$\dot{q} = \varepsilon\sigma(T_w^4 - T_\infty^4) \tag{1·11}$$

(5) 열관류

건축에서의 열흐름은 물리학에서 발전된 전도, 대류, 복사 등의 열전달 이론을 기초로, 열의 취득 또는 손실되는 과정은 벽체를 통한 열관류, 환기에 의한 열이동, 투명부위(유리 등)를 통한 일사의 투과 등을 생각할 수 있다.

열이동의 다양한 형태를 앞에서 나타내었지만, 실제로 건축공간이나 인체에서의 열이동은 이러한 것이 혼합된 형태로 발생하고, 이동경로의 판별만으로도 어려운 것이다. 설계 입장에서 벽체의 열이동을 계산할 경우, 외기온도와 실내온도를 설계조건으로 주거나 또는 주어진 경우가 대부분이다. 따라서 열류는 외기온도와 실내온도의 차로부터 벽체를 통과하는 열의 흐름을 계산한다.

건축물의 벽체는 보통 서로 다른 재료가 판상으로 겹쳐진 다층벽으로 이루어져 있다. 이러한 벽체를 통한 열의 이동은 벽체의 양측 공기 온도가 다른 경우 고온 측에서 저온 측으로 전도, 대류 및 복사의 과정을 통해 이루어지며, 이러한 현상을 열관류라 한다. 이때 열의 이동방향은 편의상 벽면의 수직방향으로만 흐르는 1차원 전열이라고 간주한다.

건물 벽체의 열관류율을 구하기 위해서는 먼저 벽체 내 열저항의 총합을 구한 뒤 이를 역수로 취해 열관류율을 계산한다. 열저항의 총합은 벽체 양측의 표면 열전달저항과 벽체 내부 층의 열전도저항을 합산하여 식(1 · 12)와 같이 산출한다.

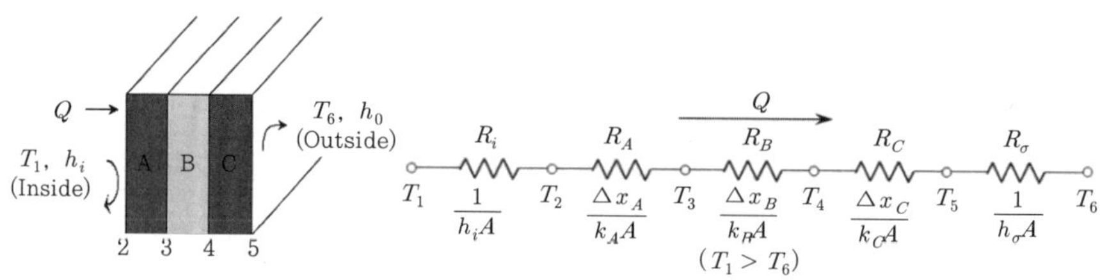

그림 1-4 | 다층벽의 열관류저항

$$R_{tot} = R_{s1} + \sum_{i=1}^{n} R_i + R_{s2} \tag{1 · 12}$$

여기서, R_{s1}, R_{s2} : 벽체 양측의 표면열전달저항, 대류열전달저항 [m^2 · ℃/W]

R_i : 벽체 i번째 층의 열전도저항($= \dfrac{\Delta x(\text{두께})}{k(\text{열전도율})}$)

앞에서 언급한 바와 같이 열관류율은 이렇게 산출한 열저항의 총합을 역수로 취한 것이며, 다음과 같이 풀이된다.

$$k = \frac{1}{R_{tot}} = \frac{1}{R_{s1} + \sum_{i=1}^{n} R_i + R_{s2}} \ [\mathrm{W/(m^2 \cdot K)}] \tag{1 · 13}$$

이렇듯 여러 가지 재료로 구성된 벽체를 통한 열전달을 계산할 때 매우 복잡한 형태로 일어나게 되는 전도, 대류, 복사에 의한 열전달의 모든 요인들을 고려하여 하나의 값으로 나타낸 값을 열관류율이라 한다.

1-1-2 열역학의 기초

열역학(thermodynamics)이란 열과 일의 관계를 다루는 학문, 즉 열에너지를 기계적인 에너지로 전환시킴에 있어서의 과정, 사이클을 이용하여 경제성 및 효율성을 추구하는 학문을 말한다.

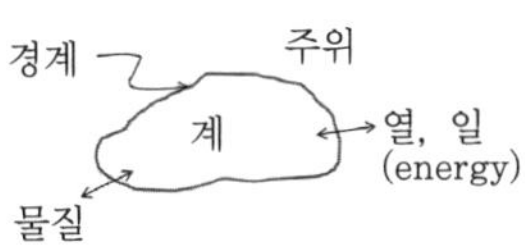

그림 1-5 | 계와 열과 일의 관계

그림 1-5와 같이 열역학적인 문제의 대상이 되는 물질이 모인 것을 계(system)라 하고, 계가 아닌 외계를 주위(surrounding)라 하며, 계와 주위와의 사이를 경계(boundary)라 한다. 이와 같은 계에서 에너지를 저장 또는 운반하는 물질, 예로서 증기터빈의 증기, 냉동기의 냉매, 내연기관의 공기와 연료의 혼합물과 같은 물질을 작업물질 또는 동작유체(working fluid)라 한다. 이때 동작유체와 에너지가 계와 주위 사이를 이동하는 계를 개방계(open system)라 하고, 이 과정을 유동과정(flow process)이라 한다. 또한 동작유체는 이동하지 않고 에너지만을 교환하는 계를 밀폐계(close system)라 하며, 이 과정을 비유동과정(nonflow process)이라 한다.

(1) 열역학 제 0법칙

열은 일반적으로 고온의 물체에서 저온의 물체로 이동하게 된다. 외부와 열적으로 차단된 공간에서 두 물체를 서로 접촉시켜 충분한 시간동안 놓아두면 열이동에 의하여 두 물체의 온도가 같게 되는 열평형을 이루게 된다. 따라서 "두 개의 물체가 제 3의 물체와 각각 열평형을 이루면 두 물체의 온도는 같다"는 것이 열역학의 제 0법칙이다.

(2) 열역학 제 1법칙

열은 에너지의 일종이며, 열과 일은 서로 전환이 가능할 뿐만 아니라 열과 일 사이에는 일정한 비례관계가 성립된다. 즉, 열량은 일량으로, 일량은 열량으로 환산가능한 것을 밝힌 법칙으로 에너지 보존의 법칙이 성립함을 표현한 것이다. 열량을 Q(kcal), 일량을 W(kg · m)라고 하면 열역학 제1법칙은 다음과 같이 표시된다.

$$Q = AW, \quad A = \frac{1}{427} \text{ kcal/kg} \cdot \text{m} \tag{1 · 14}$$

또는,

$$W = JQ, \quad J = \frac{1}{A} = 427 \text{ kcal/kg} \cdot \text{m} \tag{1 · 15}$$

여기서 A는 일의 열당량이며 J는 열의 일당량을 나타낸다. 외부로부터 에너지의 공급을 받지 않고 영구히 일을 계속하는 기관을 제1종 영구기관(perpetual engine of the first type)이라고 한다. 실제로 이와 같은 기관은 에너지 보존의 법칙에 위배되므로 존재할 수 없으며, 열역학 제1법칙은 이러한 것이 실현 불가능하다는 사실을 설명하는 법칙이다.

1) 내부에너지와 엔탈피

내부에너지(internal energy)는 물체가 가지고 있는 총에너지에서 역학적 에너지와 전기 및 자기에너지와 같은 물체 외적인 요인에 의한 에너지를 제외한 물체 내적인 요인에 의한 에너지를 말한다. 이 내부에너지는 U kcal로 나타내며, 단위중량에 대해서는 u kcal/kg으로 표시한다. 정상상태에서 작업유체가 관로 속을 유동하는 경우에 유체는 내부에너지 U와 이 유체를 경계 내로 밀어 넣기 위한 역학적인 일인 유동에너지가 필요하다. 작업유체의 압력을 P, 체적을 V라고 하면 $P \cdot V$로 된다. 유동 중에 일의 출입이 없다면 작업유체가 지니고 있는 전체에너지는 다음과 같이 표시된다.

$$H = U + APV \text{ kcal} \tag{1 · 16}$$

또는 단위중량당의 값으로 나타내면

$$h = u + APv \text{ kcal/kg} \tag{1 · 17}$$

여기서 H를 엔탈피(enthalpy)라고 하며, h는 단위중량 1kg에 대한 엔탈피로서 비엔탈피라고 한다. 따라서 엔탈피는 "유체의 내부에너지와 그 유체가 가지고 있는 역학적 에너지를 합한 물리량"으로 정의할 수 있다. 내부에너지 U,

압력 P, 체적 V가 상태만으로 정해지는 양이므로 엔탈피 H도 상태량이 된다. 여기서 상태량 혹은 열역학적 성질이란 시스템의 경로에 무관하게 어떤 과정의 순간에 주어지는 특정한 값이다.

2) 정지유체에 대한 에너지 방정식

정지한 유체의 외부에서 열량 dQ가 주어졌을 때 내부에너지가 dU만큼 증가하고 외부에 대해서는 dW의 일을 하였다면 열역학 제1법칙에 의하여 다음의 식이 얻어진다.

$$dQ = dU + AdW \ \ \text{kcal} \tag{1·18}$$

초기상태에서 정지된 피스톤 위에 추를 올려놓으면 피스톤은 힘을 받아 피스톤과 실린더 속에 들어 있는 정지유체는 미소량 dx만큼 변위하고 내부의 기체는 압축되어 나중상태에 도달하게 된다. 여기서 피스톤의 단면적을 S, 피스톤에 작용하는 힘을 F라 하면 일량 $dW = Fdx$이고, 힘 $F = P \cdot S$가 된다. 따라서 이때 행한 일은 $dW = PSdx$가 된다. 체적변화가 dV만큼 일어났다면 $dV = S$이므로 $dW = PdV$가 된다. 얻어진 식을 식에 대입하면

$$dQ = dU + AdW = dU + APdV \ \ \text{kcal} \tag{1·19}$$

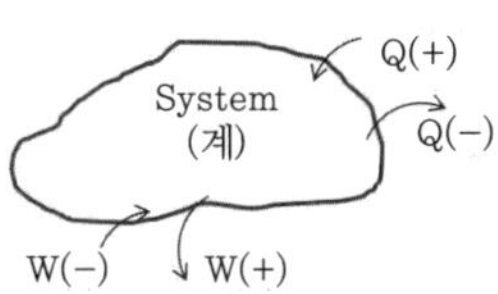

그림 1-6 | 에너지방정식의 부호

위의 식을 정지유체에 대한 에너지 방정식(energy equation) 혹은 열역학 제1법칙의 식이라고 한다. 또한 이 식은 밀폐계에서 유체에 가해진 열량이 내부에너지로 축적되는 동시에 외부에 대하여 일을 하는 것을 나타내는데 작업유체에 대한 에너지 방정식의 각 항에서의 부호는 다음 그림 1-6과 같은 경우로 정의한다.

- 일 (W): – 외부에 일을 했을 때: (+)
  - – 외부에 일을 받았을 때: (−)
- 열 (Q): – 외부에 열을 방출했을 때: (−)
  - – 외부에서 열을 받았을 때: (+)

3) 정상유동에 대한 에너지 방정식

그림 1-7과 같은 임의의 단면형상을 갖는 관로 내를 유속 wm/s, 유량 G

kg/s가 정상적으로 유동할 때 임의의 단면을 단위시간에 통과하는 유체가 갖는 에너지 E kcal/s는 다음 식으로 표시된다.

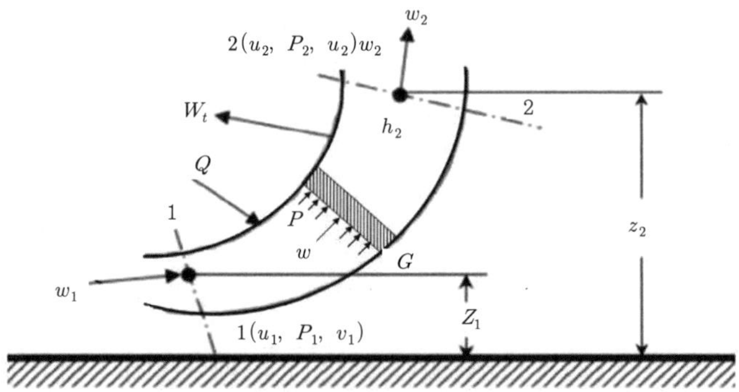

그림 1-7 | 관로 내에 정상 유동하는 유체

$$E = u + APv + A\frac{w^2}{2g} \tag{1 · 20}$$

그림에서 볼 수 있는 바와 같이 관로 내에 정상 유동하는 유체가 상태 1에서부터 상태 2까지의 사이에서 외부로부터 Q kcal/kg의 열량을 받고, 동시에 외부에 대하여 W_t kg · m/kg의 일을 하였다면 에너지 보존의 법칙에 의해서

$$Q = AW_t + (h_2 - h_1) + \frac{A}{2g}(w_2^2 - w_1^2) + A(z_2 - z_1) \ \text{kcal/kg} \tag{1 · 21}$$

으로 표현된다. 이 식이 정상 유동에서의 에너지 방정식이다.

(3) 열역학의 제2법칙

열과 일의 상호전환 가능성과 양적인 비례관계를 표시한 것이 앞에서 언급한 열역학 제1법칙이다. 즉, 열에너지를 기계적 에너지로, 또는 기계적 에너지를 열에너지로 상호 변환할 때 양적인 비례관계를 표현하였다. 그러나 열에너지를 모두 일에너지로 변화시킬 수 없다는 것을 나타낸 것이 열역학 제2법칙이다. 열역학 제2법칙의 현상을 한마디로 정의한 것은 없으나, 많은 학자들이 여러 가지 방법으로 표현하고 있다.

① **캘빈플랭크(Kelvin-Plank)의 표현**

"단열 열저장소로부터 열을 공급받아 자연계에 아무런 변화도 남기지 않고 계속적으로 열을 일로 변환시키는 열기관은 있을 수 없다"는 표현, 즉 열효율이 100%인 기관인 제2종 영구기관(perpetual engine of the second type)은 존재할 수 없다는 것을 알 수 있다.

② **클라우지우스 (Clausius)의 표현**

"열은 그 자신만으로는 저온체에서 고온체로 이동할 수 없다"는 표현, 즉 에너지의 방향성을 제시한다. 또한 성적(성능)계수가 무한대인 냉동기의 제작은 불가능하다.

계 내의 어떤 물질이 몇 개의 상태변화를 연속적으로 하여 처음의 상태로 되돌아오는 과정을 반복하는 변화를 사이클(cycle)이라 한다. 또한 이러한 사이클을 하는 물질을 동작물질이다. 한 상태에 있는 동작물질이 임의의 과정을 거치는 동안에 상태가 변화했다면 이것을 과정이라 한다. 이 과정들이 임의의 과정을 거쳐 처음의 상태로 돌아왔다면 모든 과정의 합은 1이 된다. 이때 시스템의 과정이 역으로 진행할 수 있으며, 그때 시스템이나 주위에 아무런 변화를 남기지 않는 사이클은 가역 사이클이고, 처음의 과정이 역으로 진행될 수 없다면 비가역 사이클이다. 비가역 사이클의 원인은 기관의 마찰, 전기저항, 동작유체의 혼합 및 화학반응 등 여러 가지 원인이 있다.

사이클은 열의 이동방향에 따라 두 가지로 나눌 수가 있다. 열기관(그림 1-8)은 시계방향으로 사이클을 이루며 고열원으로부터 열을 공급받아 기계적인 일로 전환시키는 기관을 말한다. 반면에 열기관과는 반대방향의 사이클을 이루면서 외부로부터 일(W)을 공급받아 저열원으로부터 열을 빼앗아 고열원에 열을 방출하는 기계장치를 냉동기 또는 열펌프(그림 1-9)라고 한다.

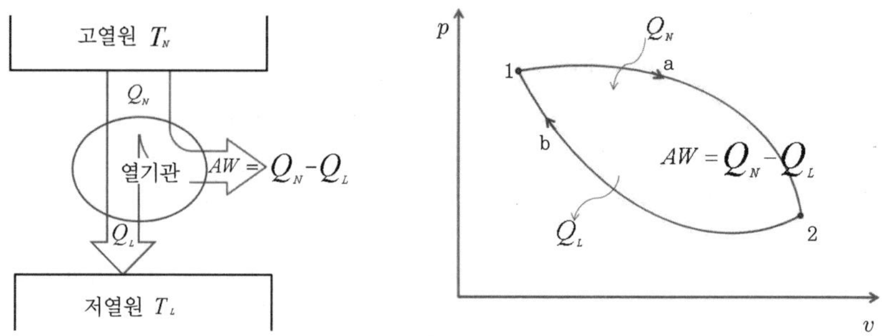

그림 1-8 | 열기관과 열기관의 $p-v$ 선도

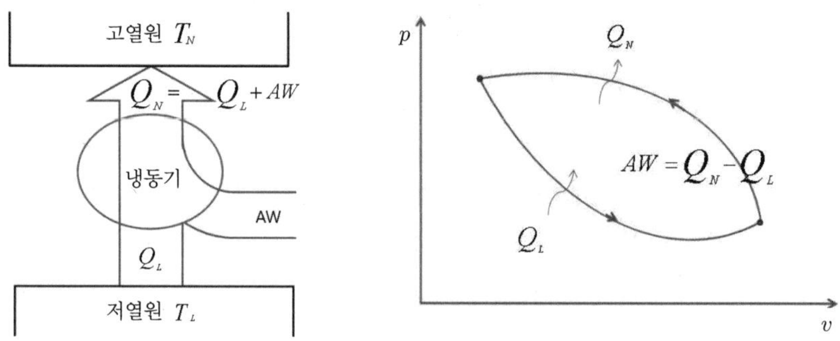

그림 1-9 | 냉동기와 냉동기의 $p-v$ 선도

아래는 이 장치와 관련된 열효율과 성적계수에 관하여 정리하였다.

$$\eta(\text{열기관의 효율}) = \frac{AW(\text{유효열량})}{Q_h}$$

$$= \frac{Q_h(\text{공급열량}) - Q_L(\text{방출열량})}{Q_h} = 1 - \frac{Q_L}{Q_h}$$

$$\varepsilon_r(\text{냉동기의 성적계수}) = \frac{Q_L}{AW_C(\text{압축기의 소요열})}$$

$$= \frac{Q_L(\text{저열원으로부터 흡수하는 열량})}{Q_h(\text{고열원으로부터 버리는 열량}) - Q_L}$$

$$\varepsilon_h(\text{열펌프의 성적계수}) = \frac{Q_h}{AW_C} = \frac{Q_h}{Q_h - Q_L} = 1 + \varepsilon_r$$

(4) 카르노 사이클(Carnot cycle)

열기관의 열효율을 높이려면 고열원으로부터 공급되는 열량을 가능한 유효일로 많이 변환시켜야 한다. 프랑스의 카르노는 마찰, 복사에 의한 열에너지의 손실은 무시하고 주어진 조건하에서 모든 물리적 법칙을 만족하면서 작동하는 효율이 최대인 이상적인 열기관을 제안하였다. 이 열기관은 이론상으로 이상적 사이클이며 실제로 운전이 불가능한 사이클이다. 카르노 사이클의 동작유체는 편의상 완전가스로 가정하고 그림 1-10과 같이 2개의 가역등온변화와 2개의 가역단열변화로 구성된 가역 사이클이다. 이 카르노 사이클은 다음과 같은 과정에 의해서 이루어진다.

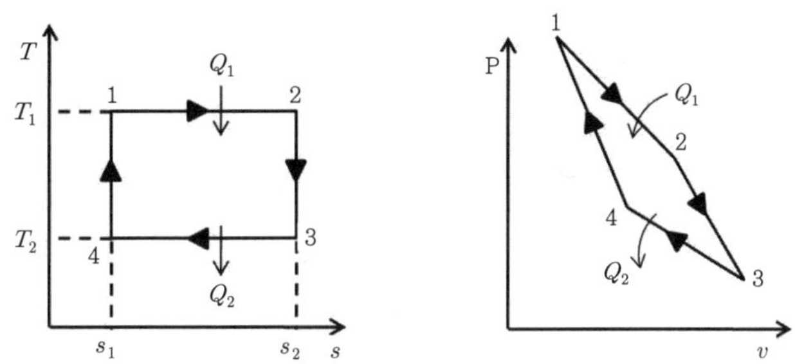

그림 1-10 | 카르노 사이클의 원리

① 1→2 과정은 작업유체 온도가 T_1인 고열원으로부터 열량 Q_1을 공급받아 상태 1에서 상태 2로 등온팽창되는 과정이다.

② 2→3 과정은 작업유체가 외부와의 열교환 없이 온도가 T_1인 고열원으로부터 온도가 T_2인 저열원으로 단열팽창되는 과정이다.

③ 3→4 과정은 작업유체가 외부로부터 압축일을 공급받아 상태 3으로부터 상태 4로 등온압축되는 과정으로, 온도가 T_2인 저열원으로 압축일에 상당하는 열량만큼 Q_2를 방출한다.

④ 4→1 과정은 작업유체가 외부로부터 열수수 없이 압축일을 공급받아 상태 4로부터 상태 1로 단열압축되는 과정으로 작업유체의 내부에너지가 증가하여 온도가 T_2에서 T_1으로 상승하면서 처음의 상태로 되돌아간다.

카르노 사이클의 열효율을 식으로 표현하면

$$\eta_c = 1 - \frac{Q_2}{Q_1} = 1 - \frac{T_2}{T_1} \qquad (1 \cdot 22)$$

과 같다. 카르노 사이클의 열효율은 동작유체의 종류와는 전혀 관계가 없고 고열원과 저열원의 절대온도만의 함수인 것을 알 수 있다. 또 카르노 사이클은 가역 사이클이므로 동일한 두 열원 사이에서 작동하는 열기관 중 가장 좋은 열효율을 가진다.

1-2 유체의 흐름

일반적으로 물질은 고체, 액체 및 기체의 상태로 존재하게 된다. 액체와 기체는 물질을 구성하는 분자간의 상호간의 거리와 분자운동에 의해서 구분되나, 자기 스스로 형태를 만들 수 없으며 외력에 대하여 큰 변형이 일어나는 물질의 형태로 고체와 구분하여 유체(fluid)라 불린다. 액체는 기체와 접한 면에서 자유표면을 형성하지만 기체의 경우, 자유표면이 없다는 것 이외에는 액체와 유사한 유동 특성을 가지고 있다.

유체 정역학은 정지된 유체에 작용하는 힘과 압력에 대한 이론을, 유체 동역학은 움직이는 유체에 작용하는 힘과 압력, 흐름의 상태에 관한 연구를 다루고 있으며, 여기서는 건축설비에 필요한 유체에 대한 기초적 이론을 개괄적으로 설명한다.

1-2-1 유체의 물리적 성질

(1) 밀도(density)

밀도는 유체의 특성을 나타내는 중요한 물성치이다. 밀도는 유체의 온도와 압력에 따라서 변하게 된다. 유체의 밀도는 유체의 체적, V [m^3]에 대한 질량, m [kg]의 비로 정의되며 다음과 같은 식으로 표현된다. 밀도의 역수를 비용적(ν,

Specific Volume)이라 한다.

$$\rho = \frac{m}{V} \quad [kg/m^3] \tag{1·23}$$

기체는 압력이 높아질수록 밀도가 높아지고, 기체의 온도와 밀도는 반비례의 관계에 있다. 기체의 경우, 이상기체로 가정하였을 때 압력과 온도 그리고 밀도는 다음과 같은 관계를 가지고 있다. 여기서 P는 압력, T는 절대온도, R은 이상기체상수(universal gas constant)를 나타낸다.

$$Pv = RT \text{ 또는 } P = \rho RT \tag{1·24}$$

액체의 경우, 온도와 압력에 따른 밀도 변화는 기체보다 적다. 액체는 비압축성 유체로 취급하는 경우가 많아 압력 변화에 따른 밀도의 변화를 무시할 수 있다. 예를 들어 20℃의 물의 경우, 대기압[1atm]에서 밀도가 998kg/m^{3}이고, 대기압보다 100배 높은 100[atm]에서는 1003kg/m^{3}로 밀도의 변화는 0.5퍼센트를 넘지 않는다. 또한 대기압 상태에서 75℃의 물은 밀도가 975kg/m^{3}로 20℃의 물에 비하여 2.3퍼센트 정도만 낮아진다.

(2) 압력(pressure)

유체에 작용하는 압력은 유체의 임의의 면에 대하여 수직으로 작용하는 힘을 말하며, 다음과 같은 식으로 정의한다.

$$P = \frac{F}{A} \tag{1·25}$$

여기서, F는 유체에 작용하는 힘 [N], A는 힘이 작용하는 면적 [m^2]을 나타낸다. 압력의 단위는 1N의 힘이 1 m^{2}에 작용하는 경우를 1Pa로 나타내며 다른 압력 단위와의 관계는 다음과 같다. 여기서 1atm은 표준대기의 압력(760mmHg)을 나타낸다.

여기서, 1Pa=1N/m^2

1bar=105Pa=0.1MPa=100kPa

1atm=101,325Pa=101.325kPa=1.01325bars

$$1kgf/cm^2=9.807N/cm^2=9.807\times104N/m^2=9.807\times104Pa$$

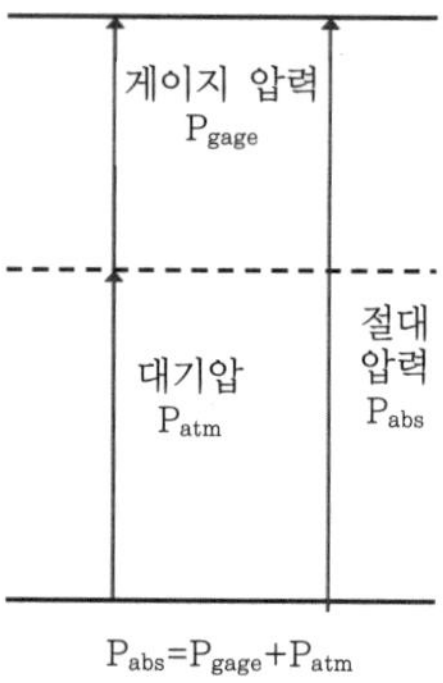

그림 1-11 | 절대압력과 게이지 압력

유체의 압력을 나타낼 때에는 그림 1-11에 나타낸 것과 같이 완전진공상태에서 측정한 절대압력(Pabs, absolute pressure)과 대기압이 작용한 상태에서의 상대적 압력인 게이지 압력(Pgage, gage pressure)으로 나타내는 방법이 있다. 일반적으로 압력계나 건축설비들이 사용되는 경우 대부분이 대기압에 노출되어 있으므로 건축설비 분야에서는 주로 게이지 압력을 다루고 있다.

(3) 점성(viscosity)

고체는 전단응력이 작용하게 되면 변형이 발생하고, 내부응력보다 더 큰 힘이 작용하게 되면 파괴된다. 유체에서도 그림 1-12에서와 같이 전단응력에 따라 변형이 일어나지만, 유체는 변형에 필요한 힘이 고체에 비하여 매우 작고 변형이 연속적으로 이루어지는 특징을 가지고 있다. 전단응력에 따라 발생하는 유체의 변형은 유체가 가지고 있는 점성에 반비례하며 점성이 높은 기름을 흘려보내기 위해서는 점성이 낮은 물보다 많은 힘(전단응력)을 가해야만 한다. 점성은 유체의 중요한 물리적 성질 중 하나이며, 유체는 고유의 물성치로 점성을 가지고 있으며 동일한 유체라도 온도에 따라 점성이 변한다. 또한 점성은 유체 속을 움직이는 물체에 생기는 저항과 관내를 흐르는 유체의 마찰손실에 관여된다.

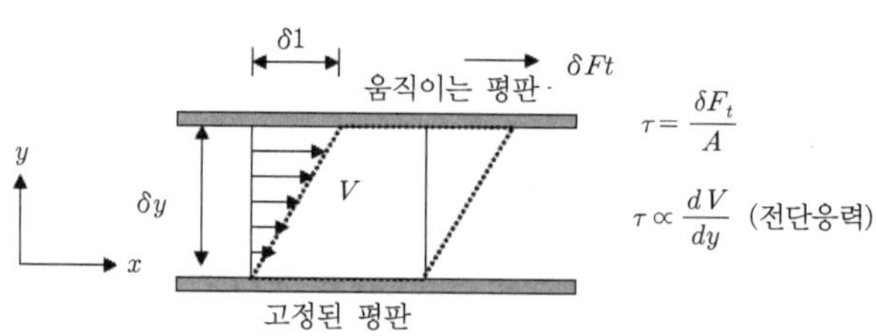

그림 1-12 | 유체의 전단응력과 변형

전단응력과 변형률이 비례관계에 있는 유체를 뉴턴유체(Newtonian fluids)라 하며 건축설비에서 다루는 대부분의 유체는 뉴턴유체로 취급하고 있다. 유체의 점성과 전단응력은 다음의 식과 같은 관계에 있으며 유체의 점성과 속도구배가 클수록 전단응력이 비례적으로 증가하고 있는 것을 나타낸다. 여기서 du/dy는 유체의 축 방향 속도구배, μ는 유체의 점성계수[kg/m, sec], τ는 전단응력 [N/m^2]을 나타낸다.

$$\tau = \mu \frac{du}{dy} \tag{1·26}$$

1-2-2 유체정역학(fluid statics)

(1) 정지된 유체에 작용하는 압력

용기 속에 정지되어 있는 유체가 받는 힘은 그림 1-13과 같이 나타낼 수 있다. 정지된 유체이므로 x, y와 z 방향의 힘은 동일하게 작용해야 한다. 여기서 수직방향인 z방향만의 힘을 생각한다면 유체 상부에서 받는 힘(F_t)과 유체에 작용하는 중력의 힘(F_g), 그리고 유체가 수직방향으로 이동하지 않기 위하여 위의 방향으로 작용하는 힘(F_b)의 평형이 이루어져야 한다. 따라서 유체에 작용하는 힘은 다음 식과 같이 평형을 이룬다.

$$F_t + F_g = F_b \text{ 또는 } F_t + mg = F_b \tag{1·27}$$

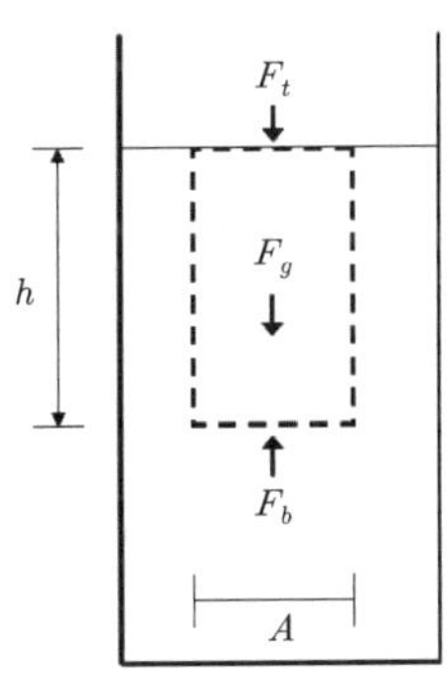

그림 1-13 | 정지된 유체에 작용하는 힘

여기서, m은 유체의 질량을 나타낸다. 위의 식에서 유체의 단면적이 A, 상부에서 받는 힘(F_t)으로 대기압, P_{atm}이 작용하고 있다고 가정하면 식은 다음과 같이 된다.

$$P_{atm}(A) + \rho(A \cdot h)g = PA \tag{1·28}$$

이것을 다시 정리하면 정지된 유체의 압력은 깊이와 밀도의 함수가 된다. 이와 같이 정지된 유체에 작용하는 압력의 유체의 깊이만의 함수가 되면 깊이가 동일한 곳에서는 압력이 같다.

$$P_{atm} + \rho g h = P \tag{1·29}$$

여기서 진공상태에서의 절대압력이 아닌 게이지 압력을 이용하면 정지된 유체의 압력은 결국 유체의 밀도와 깊이에 의해서 결정되며, 비중량(specific weight)의 정의에 따라 압력은 유체의 깊이와 비중량에 비례하게 된다.

$$(\rho g)h = P \text{ 또는 } \gamma \cdot h = P \qquad (1 \cdot 30)$$

(2) 용기 측면에 작용하는 압력

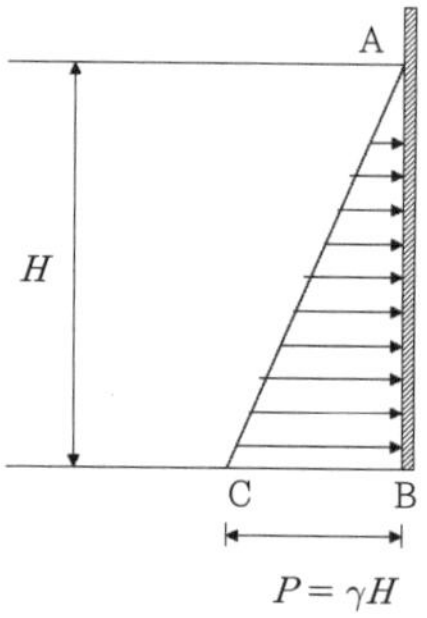

그림 1-14 | 용기 측면에 작용하는 압력

그림 1-14는 깊이, H[m]의 유체 속에 있는 측면의 벽에 작용하는 압력을 나타낸다. 앞서의 식(1·31)에서 알 수 있듯이 압력은 깊이에 비례한다. 따라서 유체 상부와 유체 하부의 압력을 이은 선상에서 수평방향으로 측면에 압력이 작용한다. 측면 전체가 받는 압력은 각 압력을 합한 면적이 되므로 다음과 같이 나타날 수 있다. 여기서 γ는 용기에 있는 유체의 비중량을 나타낸다. 측면에 걸리는 전 압력의 중심점은 삼각형 ABC의 중심점에 위치하며 깊이의, H의 2/3 지점이 된다.

$$F = \frac{1}{2}(\gamma H) \cdot H \qquad (1 \cdot 31)$$

(3) 압력계(manometer)

정지된 유체의 압력과 깊이의 관계를 이용하여 압력의 차이를 구할 수 있다. 압력계에는 다양한 것이 이용되고 있으나, 여기에서는 압력에 의해 밀려 올라간 액체 기둥의 높이를 측정하여 유체의 압력을 구하는 U자관 마노미터에 대하여 설명한다. 그림 1-15는 U자관 마노미터의 원리를 나타낸다. 가스의 압력에 의해 대기압에 개방되어 있는 U관의 액체가 올라가고 상승된 높이를 가지고 A점과 F점의 압력 차이를 구한다. U관의 하단의 D점에 작용하는 압력은 왼쪽방향과 오른쪽방향이 동일하므로 다음의 식과 같이 나타낼 수 있으며, 여기서 ρ_l과 ρ_g는 각각 U관에 있는 액체의 밀도와 가스의 밀도를 나타낸다.

$$P_D = P_B + \rho_g g h_1 + \rho_l g h_2 = \rho_l g h_2 + \rho_l g h_3 + P_{atm} \qquad (1 \cdot 32)$$

A점과 B점의 압력은 같고 U관의 액체의 밀도가 가스의 밀도보다 매우 높아, B점과 C점 사이를 가스의 중력 질량을 무시할 수 있다면 식(1·32)는 다음과 같이 정리되며 U관의 정지된 액체의 높이를 이용하여 가스의 게이지 압력을 구

할 수 있다.

$$P_A - P_{atm} = \rho_l g h_3 \tag{1·33}$$

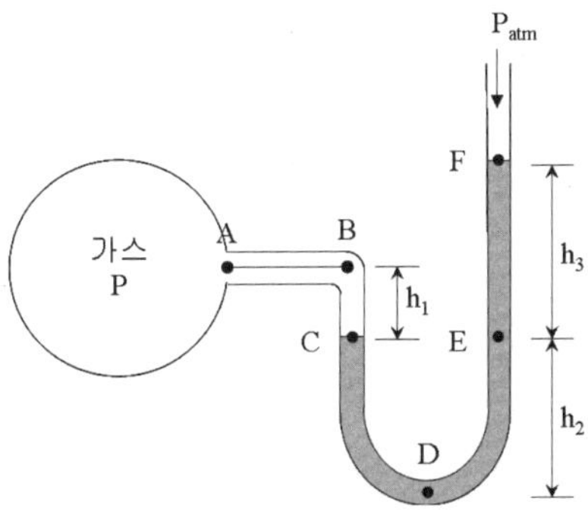

그림 1-15 | U관 마노미터

1-2-3 유체동역학

(1) 층류, 난류, 경계층

일반적으로 유체의 흐름은 층류(laminar flow)와 난류(turbulent flow)로 구분할 수 있으며, 층류와 난류가 동시에 존재하는 천이흐름(transitional flow)이 있다. 층류와 난류는 전혀 다른 유동의 형태를 나타낸다. 층류는 유체가 규칙적으로 흘러가는 것을 말하며, 유체가 가지고 있는 점성이 흐름을 지배하는 속도가 비교적 작은 흐름이라 할 수 있다. 반면에 난류는 유체의 흐름이 비규칙적이고 무수의 불규칙적인 소용돌이를 동반한 흐름이다.

층류와 난류는 유체의 속도에 크게 의존하며 유체의 속도가 증가할수록 흐름이 불안정해지고 비규칙성이 증가한다. 이러한 유체흐름의 특성을 나타내는 변수로 무차원 수인 레이놀즈수가 많이 사용된다. 레이놀즈수는 영국의 학자 레이놀즈(Osborne Reynolds)가 제시한 무차원 수로 유체의 흐름을 관성력과 점성력의 비를 나타낸다. 관성력으로는 유체의 밀도, ρ와 속도, V 그리고 관의 길이 또는 유체가 흐르는 물체의 크기를 나타내는 대표길이, L로 나타내며, 점성력은 유체의 점성계수, μ를 이용하여 나타내며, 레이놀즈수는 다음과 같이 표시한다.

$$Re = \frac{관성력}{점성력} = \frac{\rho V^2 L^2}{\mu VL} = \frac{\rho VL}{\mu} \qquad (1 \cdot 34)$$

일반적으로 레이놀즈수가 높을수록 점성력보다 관성력이 커지게 되고 유체흐름의 불규칙성이 증가하게 된다. 관내를 유체가 흐르는 경우에 있어서, 레이놀즈수가 2,100 이하이며 층류의 흐름을, 레이놀즈수가 4,000을 넘으면 난류가 된다. 레이놀즈수가 2100~4000 사이에서는 층류와 난류가 동시에 존재하게 된다.

(2) 연속의 법칙

관내에 유체가 흐를 때 어느 곳에서의 유속, 압력, 밀도 등의 흐름의 상태가 시간에 따라 변화하지 않는 흐름을 정상류(steady flow)라고 하며, 시간에 따라 유체흐름의 상태가 변하는 흐름을 비정상류(unsteady flow)라 한다. 그림 1-16은 관의 단면적이 변하는 경우에 있어 정상류에서 유속과 유량의 관계를 나타낸다. 관내에서 유체가 생성되거나 없어지지 않는다면 질량보존법칙에 따라 ①의 위치와 ②의 위치에서의 유량이 동일해야 한다. 이것을 유체의 연속법칙이라 하며, 연속법칙에 따라서 단면적과 유속의 관계는 다음과 같이 나타낼 수 있다.

$$Q = \rho A_1 V_1 = \rho A_2 V_2 \text{ 또는 } Q = A_1 V_1 = A_2 V_2 \qquad (1 \cdot 35)$$

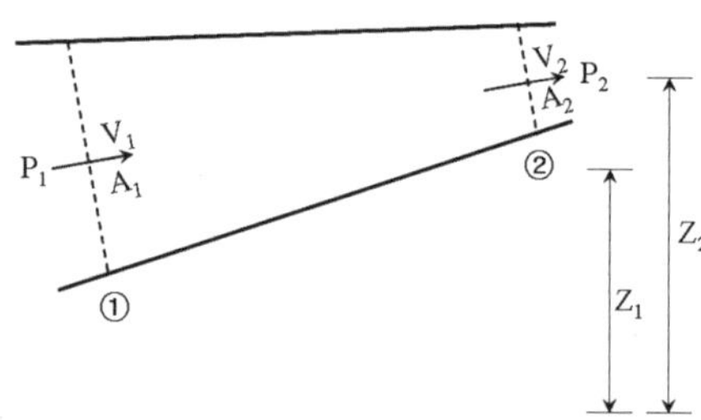

그림 1-16 | 관내에서의 유체의 흐름

(3) 베르누이방정식

관내를 흐르는 유체의 에너지보존법칙으로부터 비압축성 유체의 정상류에 대한 유체의 운동에너지 보존 방정식을 베르누이방정식이라 한다. 그림 1-16에서

①의 위치와 ②의 위치에서 유체가 가지는 에너지는 같으며 다음과 같은 식으로 나타낼 수 있다. 여기서 Z는 수직방향의 높이를 나타낸다.

$$\frac{P_1}{\rho} + \frac{V_1^2}{2} + gZ_1 = \frac{P_2}{\rho} + \frac{V_2^2}{2} + gZ_2 \text{ 또는}$$

$$\frac{P_1}{\gamma} + \frac{V_1^2}{2g} + Z_1 = \frac{P_2}{\gamma} + \frac{V_2^2}{2g} + Z_2 \qquad (1 \cdot 36)$$

위의 식에서 각 항은 길이[m]의 단위를 가지고 있으며 이를 수두(head)라고 한다. 식 의 가장 앞의 항을 압력수두, 두 번째 항을 속도수두, 그리고 마지막 항목을 위치수도로 표현한다. 또한 베르누이 방정식에서 나타나는 각 항을 압력으로 표현하기도 하며 앞의 항을 유체의 정압, 두 번째 항을 동압이라 하며 정압과 동압을 더하여 전압이라 한다. 베르누이방정식은 관 또는 덕트 내를 흐르는 유체의 유량과 유속, 압력 등을 계산하는데 사용된다.

(4) 관내 마찰손실

유체가 관내를 흐를 때는 관벽과 유체 간의 마찰과 유체의 점성으로 인하여 유체가 가지고 있는 에너지의 일부가 소모되며 이를 마찰손실이라 한다. 마찰손실의 주요원인은 1) 관내에서 유체와 관내 벽과 마찰에 의한 것, 2) 유체의 점성에 의한 것, 3) 유체의 난류에 의한 것, 4) 관의 축소 및 확대에 의한 것, 5) 관의 굴곡부분에 의한 것, 6) 배관 중의 밸브, 이음쇠류 등에 의한 것 등이 있다, 이 중에서 1)~3)에 의한 마찰손실을 관내마찰손실이라 하며 앞서 베르누이 방정식에서 나타낸 것과 같이 마찰손실을 수두로 나타내어 마찰손실수두라고 부르기도 한다. 또한 4)~6)에 의한 것을 국부저항 손실수두라고 하며, 여기서는 관내마찰손실수두에 대하여 설명한다.

관내마찰손실수두는 그림 1-17에서와 같이 단면이 동일한 관의 2점에 마노미터를 설치하여 측정할 수 있다. 단면이 동일하므로 정상류에서는 점 ①~②에서의 유속은 동일하다. 식(1·36)의 베르누이방정식에 의하면 에너지 보존에 따라 두 점의 압력수두, 속도수두는 동일해야 하나 관내를 흐르는 유체의 마찰에 의하여 점 ①~② 압력수두에 차이가 나타나며 이를 마찰손실수두라 한다.

원형 관내를 흐르는 유체의 마차손실수두는 다르시 · 와이스바하(Darcy & Weisbash) 식에 의하여 다음과 같이 표시할 수 있으며, f는 관내의 흐름에 따른 마찰인자(friction factor), L은 관길이 [m], D는 관경 [m], V는 관내를 흐르는 유체의 속도 [m/s]를 나타낸다.

$$H_L = f\frac{l}{d}\frac{V^2}{2g} \tag{1 · 37}$$

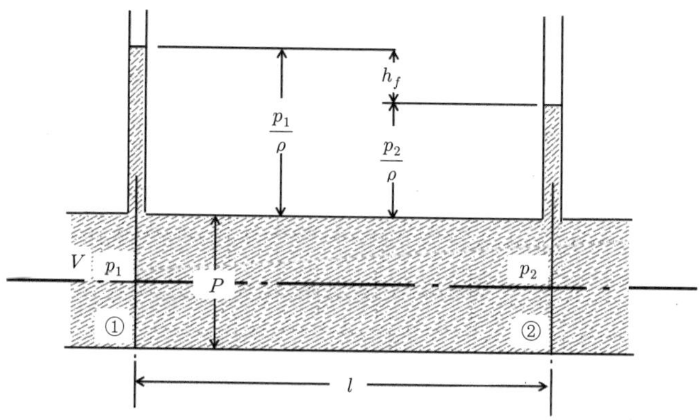

그림 1-17 | 마찰손실수두

마찰인자, f는 관내 벽의 거칠기, 유체 흐름의 특성을 나타내는 무차원수 레이놀즈수에 따라 달라지는데, 유체의 흐름이 층류일 경우에는 거칠기에 관계없이 다음과 같은 식으로 나타낼 수 있다.

$$f = \frac{64}{Re} \tag{1 · 38}$$

난류일 경우에는 관내 벽의 거칠기에 상당한 영향을 받는데, 개략적으로 계산할 때는 거칠기에 상관없이 $f = 0.03$을 사용한다. 그러나 f의 값을 보다 정확히 구하고자 할 때는 다르시, 랭, 와이스바하, 벨의 실용 식 등을 이용하여 계산한다.

1-2-4 유량 측정

유량을 측정하는 방법에는 여러 가지가 있으나 측정의 목적과 요구하는 정확도, 또는 측정하는 현장의 상황에 따라 알맞은 방법을 선택해야 한다. 유량 측정방법은 직접법과 간접법으로 나눌 수 있다. 직접법은 용적 또는 중량을 측정하거나 부표를 띄워 측정하는 방법이며, 간접법은 압력수두를 측정함으로써 유속 [m/s]을 구하여 유량 [m^3/s]을 측정하는 방법으로 벤투리계, 피토관, 오리피스 유량계 등을 이용하는 방법이 있다.

(1) 벤투리계(Venturi-meter)

그림 1-18에서와 같이 관경이 각각 다른 ①과 ② 두 부분에 유리관을 세워 압력수두의 차 H [m]에 의해 유량을 측정하는 방법으로, 관경을 서서히 확대시킨 것을 벤투리관이라 한다. 벤투리관 내의 유체 흐름의 에너지보존법칙을 적용한 식(1·36)의 베르누이방정식에 식(1·37)의 연속의 법칙을 적용하면 ②에서의 유속은 다음의 식으로 나타낼 수 있다.

$$V_2 = \sqrt{\frac{2g\dfrac{p_1 - p_2}{\gamma}}{1-\left(\dfrac{A_2}{A_1}\right)^2}} \qquad (1 \cdot 39)$$

여기서 ①과 ②에서의 압력수두의 차이와 단면적의 비를 다음과 같이 나타낼 수 있다.

$$H = \frac{p_1 - p_2}{\gamma}, \quad \beta = \frac{A_2}{A_1} = \frac{D_2^2}{D_1^2} \qquad (1 \cdot 40)$$

따라서 벤투리관에서의 유량은 다음과 같이 된다.

$$Q = A_2 \frac{\sqrt{2gH}}{\sqrt{1-\beta^2}} \quad (\because Q = A_1 V_1 = A_2 V_2) \qquad (1 \cdot 41)$$

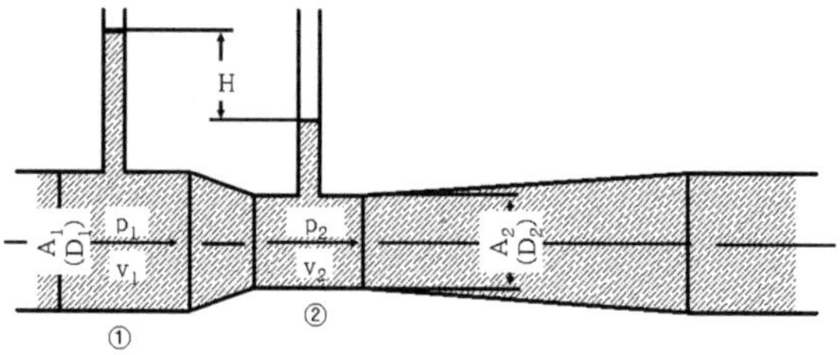

그림 1-18 | 벤투리관

그러나 실제 유량은 벤투리관 고유의 속도계수를 C_v로 하여 식(1 · 42)와 같이 계산한다.

$$Q = C_v A_2 \frac{\sqrt{2gH}}{\sqrt{1-\beta^2}} \tag{1 · 42}$$

속도계수는 0.96~0.99의 범위이며 벤투리관의 유량계수 α를 이용하면 다음과 같이 표현할 수 있다.

$$Q = \alpha \cdot A_2 \sqrt{2gH} \left(\alpha \equiv C_v \frac{1}{\sqrt{1-\beta^2}} \right) \tag{1 · 43}$$

(2) 피토관에 의한 유량 측정

관내 유체의 흐름에 대해 수평으로 낸 작은 구멍과 여기에 직각으로 설치된 작은 관을 마노미터에 연결하면 유속을 측정할 수 있으며 이를 피토 정압관(Pitot's tube)이라 한다. 그림 1-19에서와 같이 점 ①과 ②의 압력을 각각 P_1[kg/m^2], P_2[kg/m^2], 유속을 V_1[m/s], V_2[m/s]로 하고, U자관 내의 마노미터 액의 비중량을 γ'[kg/m^3], 피토관 고유의 속도계수를 C_v로 하면, 베르누이 정리에 의해 다음과 같이 나타낼 수 있다.

$$V_1 = C_v \cdot \sqrt{2gH \cdot \frac{\gamma' - \gamma}{\gamma}} \tag{1 · 44}$$

여기서, 속도계수는 대개 0.98~1.01이다. 또한, 유량을 측정할 때는 각 점의

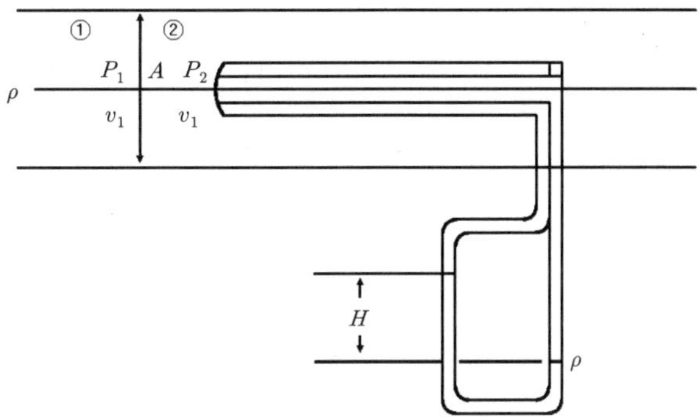

그림 1-19 | 피토관

유속 V_1을 측정하여 그 평균치(평균유속), V_o[m/s]를 구하고, 여기에 관의 단면적 A[m^2]를 곱하여 유량을 구한다. 그러므로 유량 Q [m^3/s]는 다음과 같이 표현할 수 있다.

$$Q = A \cdot V_0 \qquad (1 \cdot 45)$$

(3) 오리피스

1) 오리피스

그림 1-20에서와 같이 관내에 관과 같은 직경을 갖는 조리개 모양을 설치하여, 그 전후의 압력차를 측정하고 유량을 구하는 것이 관내 오리피스이다. 오리피스 유량계에서, 점 ①과 ②의 압력을 P_1[kg/m^2], P_2[kg/m^2], 유속을 V_1 [m/s], V_2[m/s], 단면적을 각각 A_1[m^2], A_2[m^2]로 하고, 오리피스에서의 유속을 V[m/s], 단면적을 A[m^2]로 하면, 벤투리관과 동일한 이론에 의해 다음과 같이 나타낼 수 있다.

$$Q = C_c \cdot C_v \cdot \frac{1}{\sqrt{1 - C_c^2 \cdot \beta^2}} \qquad (1 \cdot 46)$$

여기서, C_c는 수축계수로서 $C_c = \dfrac{A_2}{A}$ 이며, C_v는 관내 오리피스 고유의 속도계수이다.

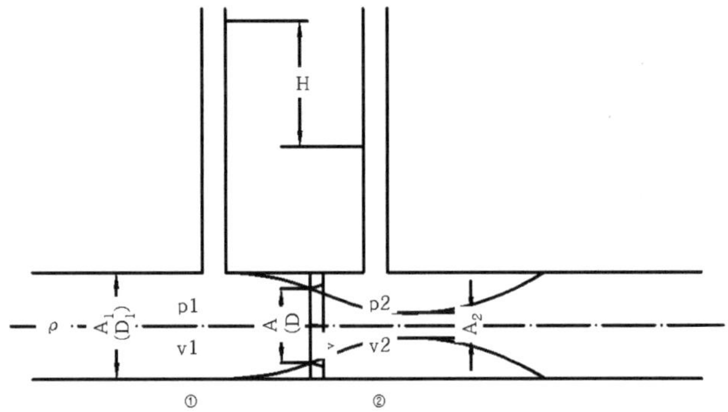

그림 1-20 | 관내 오리피스

또한, 유량계수 α를

$$\alpha = C_c \cdot C_v \cdot \frac{1}{\sqrt{1 - C_c \cdot \beta^2}} \qquad (1 \cdot 47)$$

로 하면 다음과 같이 나타낼 수 있다.

$$Q = \alpha \cdot A \cdot \sqrt{2gH} \qquad (1 \cdot 48)$$

2) 노즐

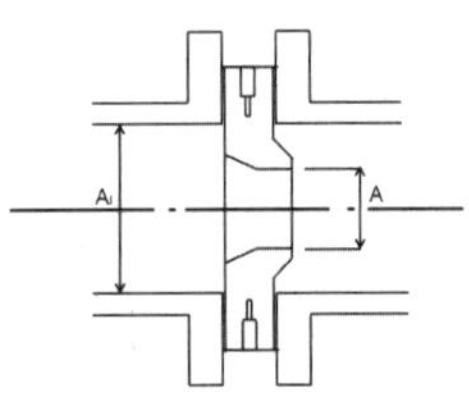

그림 1-21 | 관내 노즐

그림 1-21에서와 같이 관내에 타원형 모양의 노즐을 설치 한 것으로, 오리피스 대신에 노즐을 사용한 것으로서 그 원리와 계산식은 오리피스와 동일하다. 다만 노즐에서는 흐름에 의한 수축이 거의 일어나지 않으므로 수축계수 C_c는 1로 보아도 무방하다.

$$Q = C_v \cdot \frac{A}{\sqrt{1 - \beta^2}} \cdot \sqrt{2gH} \qquad (1 \cdot 49)$$

여기서, 관내 노즐의 유량계수 α를

$$\alpha = C_v \cdot \frac{1}{\sqrt{1 - \beta^2}} \qquad (1 \cdot 50)$$

로 하면, 오리피스와 마찬가지로 다음과 같이 나타낼 수 있다.

$$Q = \alpha \cdot A \cdot \sqrt{2gH} \qquad (1 \cdot 51)$$

1-3 쾌적환경

1-3-1 열환경

(1) 인체의 열평형

인간에게 쾌적한 열환경을 제공하기 위해서는 인체의 열적 메커니즘을 이해하는 것이 필요하다. 인체는 음식물을 섭취하여 에너지를 공급받고 노동을 통하여 체내에 축적된 에너지를 소비한다. 이것을 에너지 대사라 하며, 안정 시의 경우 에너지 대사율을 체표면적당의 열량으로 나타내면 58.2W/m^{2}가 된다(표준체격, 신장 177.4cm, 체중 77.1kg, 체표면적 1.8m^2). 일정한 활동을 하게 되면 인체는 발한이나 수축작용 등으로 인체의 생명보존 및 열적 쾌적상태를 유지하기 위해 체온을 조절하게 된다. 좁은 범위의 체온변화는 열적 쾌적에 영향을 미치지만 큰 폭의 체온변화는 생리적 변화를 일으키게 하며 심할 경우 생명에 지장을 가져오기도 한다. 인체 내부에 축적되어 있는 에너지는 전도, 대류, 복사 및 수분증발의 경로를 통하여 열을 방산하면서 주위환경과 열교환을 하게 되는데, 인체의 에너지 대사와 열방산과의 관계를 열적 평형식으로 표현하면 다음과 같다.

$$M = E \pm R \pm C \pm S \qquad (1 \cdot 52)$$

여기서, M : 대사에 의한 발생열량 [kcal/m^{2}h](W/m^2)
E : 수분증발에 의한 열방산량 [kcal/m^{2}h](W/m^2)
R : 복사에 의한 열방산량 [kcal/m^{2}h](W/m^2)
C : 전도 · 대류에 의한 열방산량 [kcal/m^{2}h](W/m^2)
S : 인체 내에 축적되는 열량 [kcal/m^{2}h](W/m^2)

에너지 대사량과 방산량이 평형을 이룰 때, 즉 위 식에서 $S=0$일 때의 열환경을 열적중성점(neutral point)이라 하며, 이 상태에서는 더위와 추위에 대한 느낌을 갖지 않게 된다. $S>0$일 때는 더위를, $S<0$일 때는 추위를 느끼게 된다. 쾌적환경 범위는 $S=0$으로부터 좌우로 약간의 폭을 가지게 되는데 이것을 열적 중성대(zone of thermal neutrality)라 한다.

(2) 실내 열환경 평가지표

실내에서 생활하는 인간의 열에 대한 감각은 온도, 습도, 기류속도, 복사열 이외에도 인간의 활동상태, 착의상태 등에 의하여 영향을 받게 된다. 실내의 온열감각에 영향을 미치는 주요인은 공기온도, 즉 기온 θ(실온)이지만, 상대습도 φ_R, 복사 R(또는 평균복사온도 MRT), 기류 v에도 부차적으로 영향을 받는다. 쾌적한 온열감각을 얻을 수 있는 환경에서 인체의 열방산량을 나타내는 수, 또는 그 지수를 I로 하고, 식(1·53)과 같이 I가 성립하는 θ, φ_R, R, v의 몇 가지 조합이 쾌적성을 보증하게 된다.

$$I=f(\theta, \varphi, R, v) \tag{1·53}$$

그러나 이 네 가지 조건을 모두 고려하면 평가가 매우 복잡하므로 땀이 적게 나는 겨울철 난방 시의 평가에서는 상대습도 φ_R를 생략하기도 하고, 자연대류형 방열기를 사용하여 기류가 거의 없을 때에는 가류속도 v를 생략하여 간략화하기도 한다. 네 요소 중에서는 기온 θ가 가장 중요하고 지배적이므로 θ, φ_R, R, v를 어떠한 형태의 등가기온으로 표현하고, 식(1·54)의 I를 온도단위로 나타내기도 한다. 이와 같은 평가에는 인체의 에너지대사와 열방산의 관계식에서 이론적으로 조립된 것과 많은 피험자의 신고에 의거하여 통계적으로 종합된 것 또는 양자를 병용하는 것이 있다.

이와 같이 작성된 쾌적지표는 평균적인 것이므로 개인차를 나타낼 수는 없으나 인체의 쾌적에는 에너지대사율(활동상태), 인종, 남녀노소, 착의조건, 신체의 국부적인 조건 등이 영향을 미치므로 열환경 설계 시에는 그 전제조건을 충분히 확인하는 것이 필요하다.

대표적인 열환경 평가지표를 설명하면 다음과 같다.

1) 카타온도계

인간의 체온에 상당하는 30℃와 35℃에 눈금이 있는 구부의 큰 알코올온도계로 땀이 나지 않는 인간을 모의한 건카타온도계와 구부에 습한 가제를 붙여 땀이 날 때를 평가하는 습카타온도계가 있다. 측정에는 온도계를 40℃~50℃를 가열하고 측정개소에 설치하여 38℃에서 35℃까지 강하하는 시간 $T[s]$를 구한다. 각 온도계에 첨부된 방열특성을 표시하는 카타율 F를 이용하여 카타냉각력 $H=F/T$를 계산한다. 건카타온도계는 기온 θ와 풍속 v의 종합작용을 측정하고 $H=6$을 쾌적, $H<6$은 덥다고 판정한다. 습카타온도계는 상대습도의 영향도 검지하고 $H=18$을 쾌적으로 한다. 카타온도계는 노동환경의 간이평가용으로써 미풍속계 대용으로 사용되기도 하였으나 지금은 별로 사용되지 않는다.

2) 평균복사온도(MRT; mean radiant temperature)

MRT는 주위에 복사 크기를 나타내는 것으로 계산이 매우 복잡하나 편의상 면적가중평균 주벽온도 θ_{WM}로 나타낸다. θ_{WM}은 i번째 벽(바닥, 천장, 창 등을 포함)의 면적을 S_i, 표면온도를 θ_i라 하면 다음 식으로 구할 수 있다.

$$MRT=\theta_{WM}=\frac{\sum_{i=1}^{n}\theta_i S_i}{\sum_{i=1}^{n}S_i} \qquad (1\cdot54)$$

MRT와 θ_{WM}는 실용상 거의 차이가 없으며 이 평가지표는 난방 시 특히 복사난방의 평가에 사용된다.

3) 작용온도(OT; operative temperature)

인체와 환경 사이의 열교환에 기초를 두어 기온, 기류, 복사열의 영향을 이론적으로 종합한 것으로, 발한이나 기류의 영향이 없는 방열기 난방, 또는 복사난방 시의 쾌적지표로 사용된다. 대류에 의한 열전달률과 복사에 의한 열전달률에 의해 기온과 평균복사온도를 가중 평균하여 식(1·55)로 표현한다.

$$OT = \frac{\text{복사열전달률} \times \text{평균복사온도} + \text{대류열전달률} \times \text{기온}}{\text{복사열전달률} + \text{대류열전달률}} \tag{1·55}$$

4) **유효온도**(ET ; effective temperature)

유효온도 ET는 1923년 미국의 야글로(Yaglou)와 휴턴(Houghten)에 의해 제안되었으며, 피험자의 실험에 의하여 통계적으로 구한 쾌적지표로, 기온 θ, 상대온도 φ_R, 기류 V의 세 요소가 온열감각에 미치는 영향을 고려하여 온도척도로 표시한 것이다. 측정은 그림 1-22와 같이 기온 θ, $\varphi_R = 100\%$, $V = 0$ m/s인 A실험실에 피험자가 들어가 익숙해진 다음에 θ, φ_R, V의 구성이 다른 B실험실로 옮겨 들어가, 그곳에서 만일 그 구성이 A실험실과 같은 온열감각을 느낀다고 피험자가 답했을 때, A실험실의 θ[℃]를 ET[℃]로 나타내고 이것을 기준으로 B실험실의 구성도 같은 ET[℃]로 한 것이다.

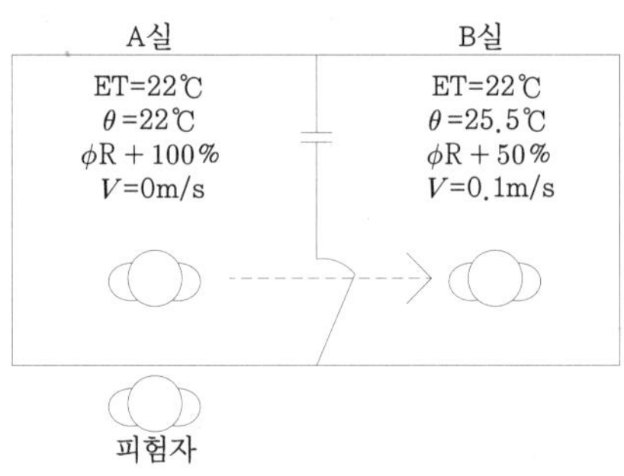

그림 1-22 | ET 실험

5) **수정유효온도**(CET ; corrected effective temperature)

유효온도에 복사열의 영향을 고려한 것으로, 건구온도 대신에 글로브온도를 이용하고, 습구온도 대신에 상당습구온도를 이용한다. 즉, ET선도에서 건구온도 대신 글로브온도를 이용하고, 습구온도 대신 건구온도와 습구온도의 교점을 수평으로 연장시켜 글로브온도와 교차하는 점으로 구한 상당습구온도를 이용한다.

(3) 신유효온도(ET* ; new effective temperature)

신유효온도는 유효온도에서 사용한 온도 대신에 글로브온도 θg를 사용하고 기온, 복사, 습도, 기류, 착의량, 작업량, 기압, 인공공기 등의 환경변수에 따른 생리인자로서 피부온도, 체내온도, 발한량, 저장열 등을 종합적으로 평가한 지표이다. 발한에 의한 체온조절 기능을 포함하는 열평형 모델에 의거하여 열환경의 평가를 행하는 것으로 Gagge, Stolwijk 및 Nishi(1971)에 의하여 제안된 지표이다.

ET*는 착의상태를 0.6clo, 안정된 기류인 0.25m/s 이하, 상대습도 50%를 기준으로 그림 1-23과 같은 공기선도에 실온 θ로 표시한다. 그림과 같이 ET*

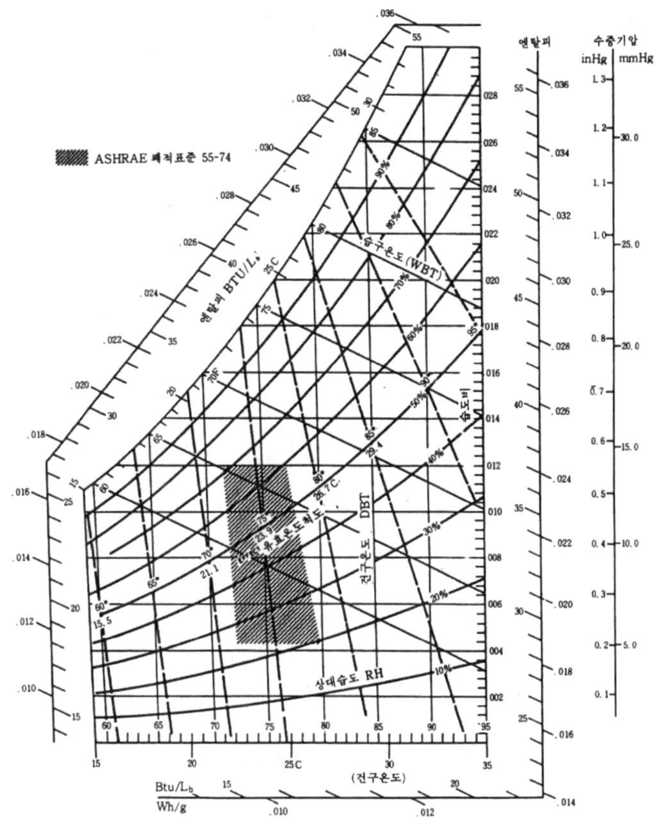

그림 1-23 | 신유효온도(ET*)선도

가 22~25.5℃, 절대습도 x=0.0042~0.012 [kg/kg], 즉 대체로 실온 22.9~25.2℃, 상대습도 20~60% 범위를 쾌적범위로 하고 있다.

(4) 예상온열감반응(PMV)과 예상불만족도(PPD)

1) 예상온열감반응(PMV ; predicted mean vote)

PMV는 P. O. Fanger에 의하여 제안된 지표로서 주위환경과 인체와의 열적 반응에 의한 인체의 열평형을 기초로 하고 있다. 즉, 인체의 활동(기초대사량)과 착의(열저항)가 산정되고 공기온도, 평균복사온도, 기류속도 및 수증기압의 환경요소가 측정될 때 계산된다.

인간은 열생산과 환경으로 손실되는 열이 같을 때 열적으로 평형을 이루게 되는데, 이러한 열평형을 유지하기 위하여 인체의 열조절시스템을 움직인다. PMV 지표에서는 1,300명 이상의 피험자에 의한 열감각의 통계가 열조절시스템의 생리적 반응으로서 표현되는 것으로 다음의 7단계 평가에 의해 기입, 회답하여 만든 지표이다.

+3	+2	+1	0	−1	−2	−3
덥다	따뜻하다	약간 따뜻하다	덥지도 춥지도 않다	약간 서늘하다	서늘하다	춥다

실험에 의하면 PMV=0에서 5%, ±1에서 26%, ±2에서 80%의 사람이 불쾌감을 느끼는 것으로 보고되고 있다.

2) 예상불만족도(PPD ; predicted percentage of dissatisfied)

PPD는 열적으로 불쾌감을 느끼는 사람의 비율을 나타낸 것이다. 즉, 덥다(+3), 따뜻하다(+2), 서늘하다(−2), 춥다(−3)라고 응답한 사람의 수를 나타낸 것이다.

PMV값이 정해지면 PPD는 식(1·55)의 PPD 산출식 및 그림 1−24의 예상온열감 반응과 예상불만족도와의 관계를 이용하여 구할 수 있다.

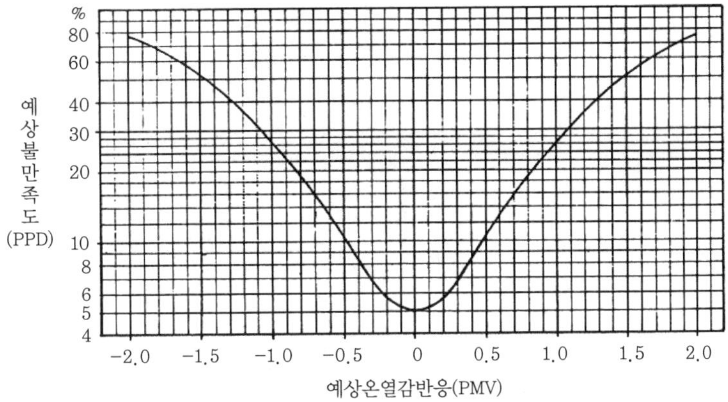

그림 1-24 | 예상온열감반응(PMV)과 예상불만족도(PPD)와의 관계

$$PPD = 100 - 95 * e^{-(0.03353 * PMV + 0.2179 * PMV)} \qquad (1 \cdot 56)$$

PPD값은 PMV지표와 마찬가지로 재실자를 대상으로 한 실험결과를 통계적으로 처리한 것으로 다수의 사람들 중에서 열적으로 불만족을 느끼는 사람의 수를 나타낸다.

(5) 쾌적범위

실내에서 활동하는 인간의 열에 대한 감각은 환경적 요소(온도, MRT, 습도, 기류속도)와 주관적 요소(연령, 성별, 의복)에 의해 영향을 받게 되는데, 쾌적범위란 이러한 요소들을 조합하여 다수의 사람이 쾌적하다고 느끼는 환경의 범위를 설정한 것으로, 열환경에 대해 만족을 표시하는 심적상태로 ASHRAE(American Society of Heating, Refrigerating and Air-Conditioning Engineers, 미국냉난방냉동공학회)에서 정의하고 있다. 즉, 쾌적범위인 중성점 부근에서는 인체의 에너지 소모가 최소로 되고, 체온조절이 불필요하기 때문에 열 스트레스가 0에 가깝게 된다.

ASHRAE STANDARD 55-92에서 제시한 환경적 요소 및 주관적 요소에 따른 쾌적범위를 소개하면 다음과 같다.

그림 1-25는 가벼운 활동(≤1.2 met)에서의 작용온도와 착의량과 쾌적조건의 관계를 나타낸 것이다(상대습도 50%, 기류 0.15m/s). 작용량은 여름의 경우

0.35~0.6clo, 겨울의 경우 0.8~1.2clo가 일반적이다.

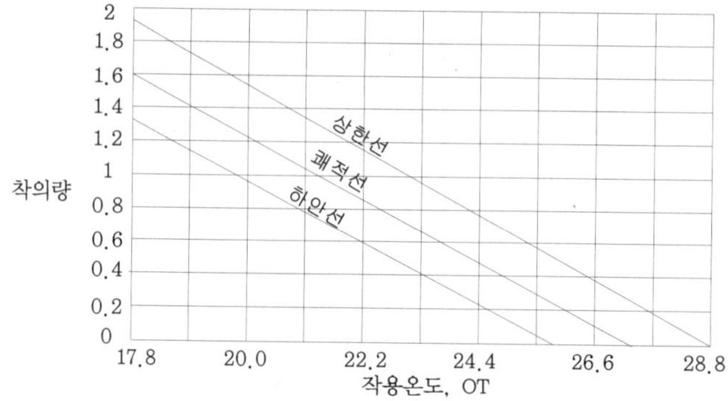

그림 1-25 | 작용온도, 착의량과 쾌적조건의 관계

그림 1-26의 쾌적범위는 작용온도와 습도의 관계를 동절기와 하절기로 구분하여 표시한 것으로, 가벼운 복장으로 앉아 있는 상태(≤1.2met)의 피험자로부터 측정한 결과이다. 상대습도의 상한 및 하한치는 피부의 건조, 눈의 자극, 호흡기 질환, 미생물의 번식 그리고 습기와 관련된 현장을 고려한 값이다.

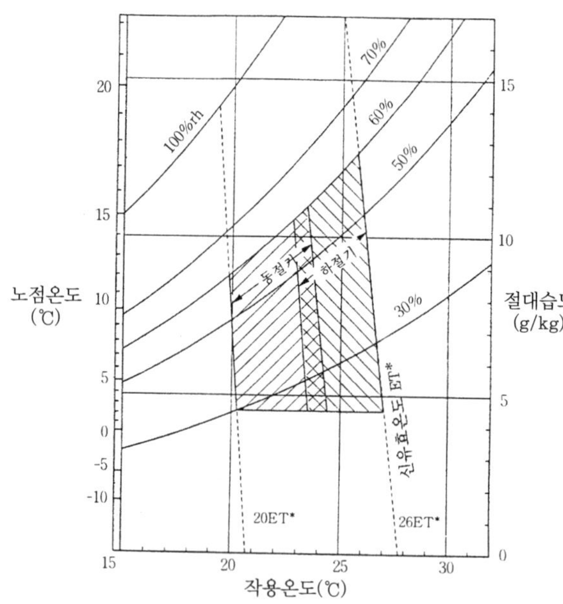

그림 1-26 | 작용온도와 습도의 쾌적범위

그림 1-27은 활동량, 착의량과 쾌적범위의 관계를 나타낸 것으로, 활동량 1.2~3met에서 쾌적온도의 하한치 15℃이고 그 허용범위는 활동량과 착의량에 따라 증가하게 된다.

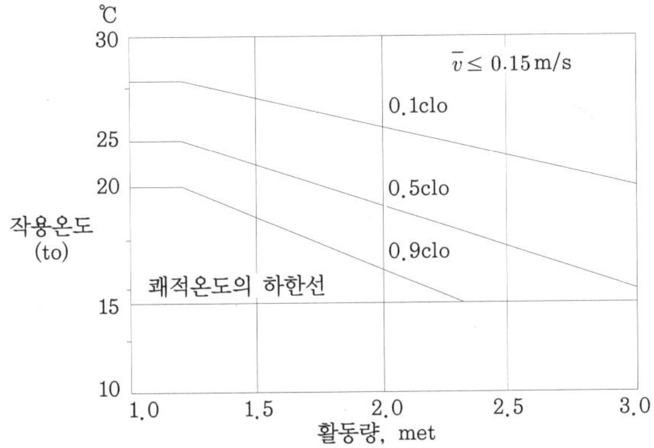

그림 1-27 | 작용온도, 활동량과 쾌적범위의 관계

1-3-2 공기환경

실내공기 오염물질이 인체에 미치는 영향이 점차 규명되면서 오염물질의 희석, 제어 등에 관한 연구가 시작되었다. 또한, 인간의 쾌적한 환경에 대한 인식에 많은 변화가 있어서 온열감각에 대한 만족도뿐만 아니라 건강에 직접 관계가 있는, 보다 청정한 공기질에 대한 요구를 하고 있다. 즉, 기존의 사무공간에 대한 요구가 인간이 생활하는 쾌적한 환경으로서 온도, 습도, 기류, 청정도 등의 적정한 상태 유지와 더불어 피로가 적고, 기분 좋게 일할 수 있고, 건강에 장애를 일으키지 않는 조건을 갖춘 공간으로 바뀌고 있다. 그러므로 종래의 실내공기 청정도 유지 차원에서의 연구를 실내공기의 질(IAQ ; indoor air quality)에 대한 문제로 확장하여 보다 상세히 취급하게 되었다.

(1) 실내공기의 오염

실내공기 환경에 영향을 미치는 요소에는 온도, 습도, 기류속도와 같은 물리적 요소와 일산화탄소, 이산화질소, 담배연기 같은 화학적 요조, 세균, 바이러스, 벌레 같은 생물학적 요소가 있다. 이 중에서 화학적 요소와 생물학적 요소가 실내의 공기질에 영향을 주는 오염물질이라 할 수 있다.

실내에서 발생하는 각종 오염물질의 발생원은 순전히 인체에서 발생되는 것 이외에, 사람의 보행 등의 활동에 의한 것, 마루 및 의복에서의 발진(發塵)도 있다. 또한, 실내에서 가스난방기나 스토브 등의 연소기구를 사용하면 일산화탄소

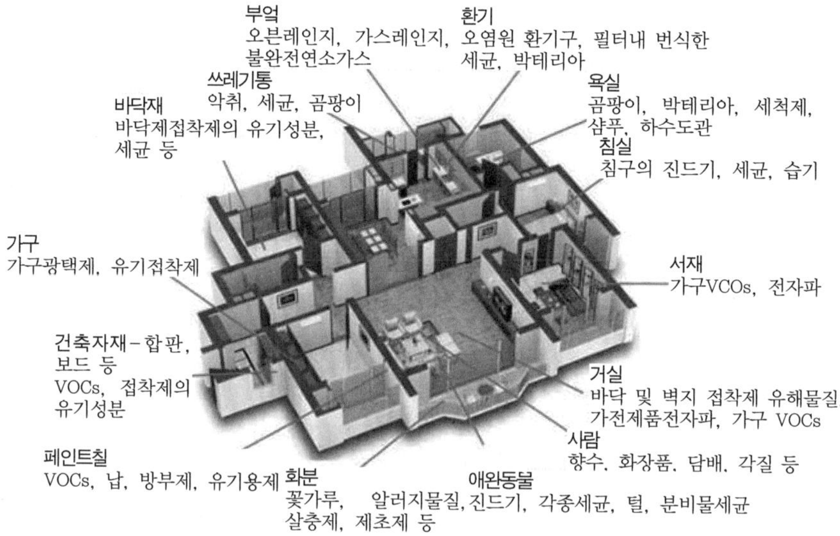

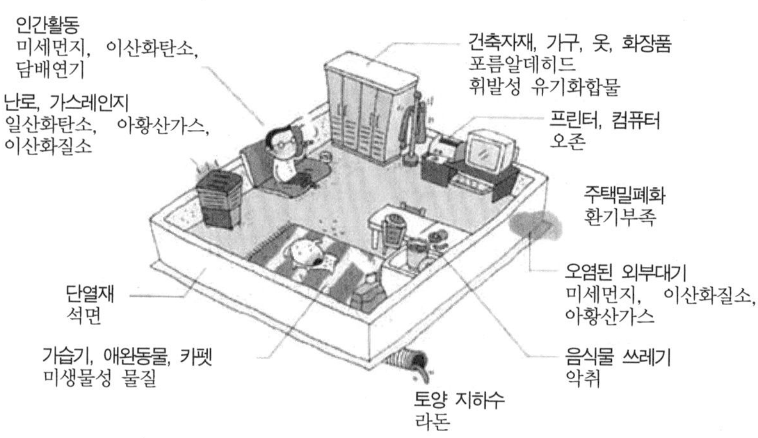

출처 : 환경부(www.me.go.kr / www.eco-fresh.co.kr)

그림 1-28 | 실내 오염물질의 발생원

(CO), 질소산화물(NO_X)과 탄화수소(HCO) 등의 유해가스가 발생한다.

그림 1-28은 실내오염물질의 발생원을 나타낸다. 일반적으로 실내공기중의 오염물질은 일산화탄소, 이산화탄소, 질소산화물 등의 가스성분 및 공기중의 부유분진, 각종 미생물 등으로 구성되어 있다.

제2차 세계대전 이후 세계적으로 사람의 생활형태가 변하고, 또한 주거환경 수준의 요구도가 높아져 왔다. 한편, 인구증가에 비례하여 건축건수도 증가하고 노동임금도 높아져서 종래와 같은 건축방법인 목조건축으로는 대응이 어려워지므로 효율적인 건축을 할 수 있는 건축자재를 생산해 왔다. 즉, 새로운 건축자재를 사용함으로써 아스베스토스, 포름알데히드, 라돈 등의 오염물질도 발생되고 있다. 또한, 벽지와 카펫을 사용함에 따라 매우 많은 종류의 휘발성 유기화합물(VOCs; Volatile Organic Compounds)과 가스류 등의 오염물질이 설치 후에도 오랫동안 발생하게 되었다.

실내에서 공기가 더러워지는 원인을 크게 구분하면 오염된 외기에 의해 도입되는 것, 건물에 설치된 가구 및 재료, 각종 설비의 사용, 재실자와 그들의 활동의 4가지라고 할 수 있다. 표 1-2는 실내에서 발생하는 오염물질을 나타낸 것이다.

표 1-2 • 발생원에 따른 실내 오염물질

발 생 원		실내 오염물질
인체	호흡	CO_2, 수증기, 냄새
	재채기, 기침, 대화	세균입자
	피부	피부조간, 비듬, 암모니아, 냄새
	의류	섬유, 모래먼지, 세균, 곰팡이, 냄새
	화장품	각종 미량물질
사람의 활동	흡연	분진, 타르, 니코틴, 각종 발암물질
	보행 등의 동작	모래먼지, 섬유류, 세균
	연소기기	CO_2, CO, NO_2, SO_2, 탄화수소, 매연, 냄새
	사무기기	암모니아, 오존, 용제류
건축자재	합판류, 내화재	포름알데히드, 아스베스토스, 유리섬유
	단열재, 시공 발생물	라돈, 접착제, 용제, 곰팡이, 세균
유지관리	작업, 재료	모래먼지, 분진, 섬유세제, 용제, 곰팡이, 세균

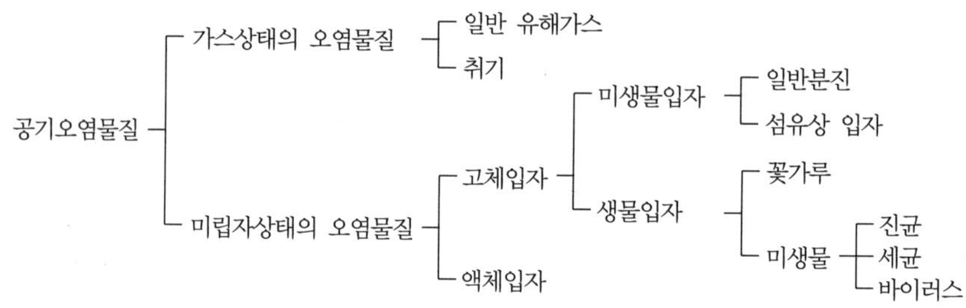

그림 1-29 | 공기 오염물질의 분류

이와 같이 인간생활에 유해한 공기 오염물질은 크게 가스상태의 것과 입자상태의 것으로 분류하고, 이것을 다시 그림 1-29와 같이 세분할 수 있다. 표 1-3에는 가스상태의 오염물질, 표 1-4는 입자상태 오염물질의 대표적인 것과 발생원, 그것이 건강에 미치는 영향을 나타낸다.

표 1-3 ● 가스형태의 오염물질 및 인체에 미치는 영향

물 질 명	주요발생원	인체에 미치는 영향
이산화탄소 CO_2(탄산가스)	인체, 연소기구	고밀도가 아니면 직접적인 영향이 없음
일산화탄소 CO	연소기구, 대기오염, 담배	저농도라도 독성이 강함
질소산화물 NOx	연소기구, 대기오염, 담배	NO_2는 기관지, 폐에 유독, NO는 인체에 대한 해(害)는 불명, 산화하여 NO_2가 됨.
포름알데히드 HCHO	합판, 칩보드, 단열재(요소수지계)	눈, 피부, 점막에 자극 두통, 구역질을 일으킴
이산화유황 SO_2(아유황가스)	연소기구, 대기오염	눈, 피부, 점막에 자극
오존 O_3	건식복사기, 대기오염	눈, 피부, 점막, 기도에 자극
라돈 Rn	바닥밑 토양, 석재, RC, 지하수	폐암 유발
그 외 탄화수소, 살충제		
취기	인체, 조리 시 냄새, 담배	일반 건축물 내의 악취와 육체적 장해를 주지는 않지만 불쾌감을 준다.

표 1-4 ● 입자상태의 오염물질 및 인체에 미치는 영향

물 질 명	주요발생원	인체에 미치는 영향
집에서 발생되는 먼지	외기, 의복	알레르기 반응
– 모래먼지		
– 부유상 입자	식품	
담배연기	흡연	폐암 등
세균	인체, 외기	병원성이 있는 것은 적으나 실내공기 오염의 지표가 됨
진균(곰팡이)	건축재료, 외기	알레르기 반응
화분	외기	알레르기 반응
아스베스토스	단열재, 내화피복재	폐암, 악성종피종, 기타

(2) 실내의 공기환경 기준

실내에서 발생하는 각종 오염물질에 대한 인체의 영향이 점차 규명되면서 선진국을 중심으로 거주환경의 실내공기질에 대한 규정 또는 규제가 진행되고 있다. 이러한 환경기준은 특정작업장에서의 허용치, 어린이나 환자 등을 포함한 경우의 규제치 등이 각각 다르게 규정되어야 하며 건강에 대한 악영향의 정도에 따른 분류등급이 고려되어야 한다.

1) 우리나라의 공기환경 기준

국내의 실내공기환경 관련 기준은 중앙관리방식의 공기조화설비를 갖추고 있는 건물을 대상으로 건축법 시행규칙 23조의 건축물 설비기준 등에 관한 규칙(제12조 3항) 및 공중위생보건법(환경복지부)에 규정되어 있다. 외부 대기환경에 대해서는 환경정책 기본법 시행령 2조에 규정되어 있다. 표 1-5는 이에 대한 것을 정리하여 나타낸 것이다.

이 기준은 공기조화방식을 갖춘 건물을 대상으로 한 것으로 공기조화방식을 갖추지 않은 건물에 대한 지침이나 기준은 미흡한 실정이다.

표 1-5 • 국내의 실내공기환경 및 대기환경에 관한 기준

구 분	실내공기환경	대기환경
	건축법/공중위생보건법	환경보전법
상대습도	40~70%	-----
기류속도	0.5 〔m/s〕 이하	-----
부유분진(TSP)	0.15 〔mg/m^3〕 이하	연평균치 0.15 〔mg/m^3〕 이하 24시간 평균치 0.3 〔mg/m^3〕 이하
일산화탄소(CO)	10 〔ppm〕 이하	1개월 평균치 8 〔ppm〕 이하 8시간 평균치 20 〔ppm〕 이하
이산화탄소(CO_2)	1,000 〔ppm〕 이하	-----
이산화질소(NO_2)	-----	연평균치 0.05 〔ppm〕 이하 1시간 평균치 0.15 〔ppm〕 이하
오존(O_3)	-----	연평균치 0.02 〔ppm〕 이하 1시간 평균치0.1 〔ppm〕 이하
아황산가스(SO_2)	-----	연평균치 0.05 〔ppm〕 이하 24시간 평균치 0.15 〔ppm〕 이하
탄화수소류(THC)	-----	연평균치 3 〔ppm〕 이하 1시간 평균치 10 〔ppm〕 이하

2) 미국의 공기환경 기준

미국의 환경 기준으로는 ASHRAE(American Society of Heating, Refrigerating and Air-Conditioning Engineers)의 기준과 EPA (Environmental Protection Agency)의 기준이 있다. 온열 쾌적 조건은 ASHRAE STANDARD 55-1981(Thermal Environmental Condition for Human Occupancy, 재실자를 위한 온열 쾌적조건)에, 실내공기질에 관해서는 ASHRAE STANDARD 62-1989(Ventilation for Acceptable Indoor Air Quality, 실내공기환경 유지를 위한 환기)에서 정하고 있다.

ASHRAE STANDARD 62-1989에서는 적용범위를 거주자가 있는 실내 및 밀폐공간(주택내 주방, 욕실, 로커실, 수영장 등을 포함)으로 하고 허용될 수 있는 공기환경을 재실자 80% 이상이 불만족하지 않은 환경으로 정의하고 있으며, 상대습도는 30~60%로 하는 것으로 하고 있다. 또한, 표 1-6, 표 1-7과 같이 필요 외기취입량과 실내 오염물질에 대한 지침을 규정하고 있다.

표 1-6 • 필요 외기취입량(ASHRAE)

종 별	실 별	재실자율		소요외기량			
		인/100ft^2	인/m^2	l/s · 인	m^3/h · 인	l/s · m^2	m^3/hm^2
호텔	침실, 거실			15	54		
	욕실			18	64.8		
	집회실	20	0.54	10	36		
사무소	사무실	7	0.075	10	36		
	회의실	50	0.54	10	36		
특수	이발소	25	0.27	8	28.8		
	미용실	25	0.27	13	46.8		
스포츠 시설	관객석	150	1.61	8	28.8		
	게임실	70	0.75	13	46.8		
	아이스링크실					2.5	9
	수영 풀					2.5	9
	볼링	70	0.75	13	46.8		
극장	로비	150	1.61	10	36		
	관객석	150	1.61	8	28.8		
	무대	70	0.75	5	18		

표 1-7 • 실내오염물질의 허용농도(ASHRAE)

오염물질	허용농도		노출시간
이산화탄소(CO_2)	1.8g/m^3	1,000ppm	연속
클로로다인	5㎍/m^3	0.0003ppm	연속
오존(O_3)	100㎍/m^3	0.05ppm	연속
라돈가스(Rn)	0.027WL		연간평균

1-3-3 빛환경

(1) 실내의 빛환경 평가지표

1) 평균조도

실내의 빛환경은 일반적으로 작업면에서 빛의 밝기와 실내 전체의 밝기의 균일한 정도에 영향을 받으며, 현휘(glare)나 광막반사와 같은 시각적 불쾌요인에 의해서도 영향을 받는다. 작업면의 밝기를 조도라고 하는데, 단위는 럭스(lux)를 사용한다. 일반적으로 실내에서의 조명조건은 보통 주어진 평면상, 수평의 작업면상의 조도를 중심으로 기술, 측정 또는 규정된다. 조도는 하나의 특정방향으로부터 오는 광선에 의해 생길 수도 있고, 또는 모든 방향으로부터 오는 광장에 의해 생길 수도 있다. 주광환경에서 실 전체의 조도가 동일하게 유지되는 경우는 매우 드물며, 각 지점의 조도분포는 상이하게 된다. 따라서 각 부분의 조도분포를 비교, 검토하기 위해서 그 면을 임의의 같은 크기로 세분하여 각 구획의 조도를 구해야 한다.

조명은 축적성이 없기 때문에 보통 평균치보다 빈도가 가장 많은 최빈치를 사용하는 경우도 있지만, 실 전체의 조명상태를 평가할 때는 평균조도가 대표적인 수치로 사용된다.

2) 주광률

실내를 조명하게 되는 자연광은 일반적으로 천공으로부터 이용 가능한 빛 전체 중의 극히 일부분에 지나지 않는다. 자연광에 의한 조도 수준은 천공의 밝기에 따라 변하므로 주광을 고정된 조도 수준으로 명시하는 것은 불가능하다. 실내에서의 주광량은 실외에서 가능한 주광량의 총합과 비교함으로써 측정되어진다. 실내의 주광량과 실외의 주광량의 총합의 비율, 즉 주광률(DF; Daylight Factor)은 천공의 변화에 따라 실내의 조도도 같은 비율로 변화하게 되므로, 특정한 환경에서는 그 값이 일정하다.

주광률은 전천공조도(E_o)에 의한 수조면상의 한 점에 있어서 넓은 의미의 전주광 조도(E_T, 직사광조도와 천공광에 의한 직접 및 반사주광조도의 합)의 비(E_T / E_o), 또는 직사광과 전천공조도의 합(E)에 대한 E_o의 비(E_o / E) 등으로 정의되는 경우도 있지만, 보통은 직사광을 포함하지 않은 전주광조도(E_T)와 전천공조도(E_o)의 비(E_T / E_o)로 정의된다.

후자의 정의에 의해 어떤 수조점의 주광률(DF)은 다음과 같이 나타낸다.

$$\text{주광률}(DF) = \frac{\text{수조면의 전체 조광조도}(E_t)}{\text{수평면의 대한 전천공조도}(E_o)} \times 100(\%)$$

(1 · 57)

3) 균제도

실내에서 조도분포는 균제도(U ; Uniformity ratio of illuminance)에 의하여 평가할 수 있다. 주택의 거실, 침실 내에서는 실내 조도분포의 불균일성, 빛과 그림자가 오히려 평온함을 가져다주는 경우도 있지만, 사무실, 교실, 공장 등의 작업공간에서는 균제도가 큰 것이 바람직하다. 실내의 조도분포의 평가지표로서 실내의 균제도는 다음과 같은 식으로 나타낼 수 있다.

$$\text{균제도} = \frac{\text{실내의 최저조도}}{\text{실내의 최고조도}} \times 100(\%) \qquad (1 \cdot 58)$$

균제도는 인공조명의 경우는 1/3, 주광조명의 경우는 1/10 이상이 되는 것이 바람직하다.

4) 휘도

주광면에 대한 휘도는 광원면, 반사면, 투과면 등을 어떤 방향에서 볼 때, 그 면이 어느 정도의 밝기인가를 나타내는 것이다. 물체를 볼 수 있게 하는 것은 바로 물체로부터 관찰자의 눈으로 반사된 빛이다. 따라서 시지각의 일차적 원인은 시야 내표면의 휘도이다. 공간내의 휘도분포는 한정된 시방향을 갖는 특정 위치의 관찰자, 즉 특정 시야에 관련되어서만 설명될 수 있다. 휘도는 작업, 주거생활 및 학습활동 등에 있어서 주변환경에 대한 밝기의 느낌과 직접적으로 관련이 있고, 어떤 면의 광원에 대하여 일정하게 정할 수 없기 때문에 취급하기가 매우 복잡하다. 하지만 주광환경에 대한 주관적인 느낌은 휘도에 의해 크게 영향을 받으므로 충분한 고려가 필요하며, 특정한 면의 휘도가 주변 휘도보다 아주 큰 경우 눈이 부시는 현휘현장이 발생하여 시각적 불쾌감을 초래한다. 현휘는 같은 양의 빛을 받는 면이라도 면의 반사율에 따라 큰 차이가 발생한다.

$$\text{휘도} = \text{조도레벨} \times \text{표면반사율}(\%) \qquad (1 \cdot 59)$$

(2) 실내의 조도기준

우리나라의 경우 일정한 실내조도를 확보하는데 필요한 창의 크기를 바닥면적에 대한 비율로 정하고 있다. 현재 건축법 시행령에는 주택의 거실, 학교의 교실, 의료시설의 병실, 숙박시설의 객실 또는 기숙사의 침실에 채광을 확보하는 데 필요한 창이나 기타 개구부의 면적은 거실 바닥면적의 1/10 이상으로 규정되어 있다. 이러한 기준이 실내의 조도와 정확하게 비례하는 것은 아니나 일반적인 기준으로 사용될 수 있다. 표 1-8은 건축법 시행규칙 30조에 규정되어 있는 거실 용도에 따른 조도기준을 나타낸다.

표 1-8 • 거실의 용도에 따른 조도기준

용도구분	조도구분	바닥 위 85cm의 수평면 조도(Lux)
1. 거주	독서, 식사, 조리	150
	기타	70
2. 집무	설계, 제도, 계산,	700
	일반사무	300
	기타	150
3. 작업	검사, 시험, 정밀검사	700
	일반작업, 제조판매	300
	포장, 세척	150
	기타	70
4. 집회	회의	300
	집회	150
	공연, 관람	70
5. 오락	오락일반	150
	기타	30

1-3-4 음환경

(1) 음환경 평가지표

건축물의 실내소음으로 인하여 발생하는 장애를 경감하고 쾌적한 음향환경을 조성하기 위한 소음대책을 수립하기 위해서는 소음에 대한 정확한 평가가 우선되어야 한다. 실내소음의 평가지표로는 NC(noise criteria)값과 국제 표준화기구 ISO(International Organization for Standardization)에서 제안하고 있는 NR(noise rating)값을 사용하고 있다. 일본의 경우에 있어서는 일본건축학회의 권장기준인 N곡선과 dB(A)에 의해 평가하고 있다.

1) NR(noise rating)값

여러 음원이 존재하는 특정 공간의 음향환경을 표시하기 위하여 흔히 가중 레벨 척도 dB(A)가 사용되지만, 보다 완전하게 표시하자면 결과 스펙트럼과 그 소음등급 NR이 필요하다.

NRN(noise rating number, NR수)은 소음을 청력장해, 회화방해, 시끄러움의 3가지 관점에서 평가하는 것으로 1961년 ISO의 부회에서 제안되었다. 이는 소음을 1/1 옥타브대역 중심주파수별로 분석한 그림 1-30과 같은 NR곡선에 각 밴드레벨을 기입함으로써 최대 NR값을 구하여 실내소음을 평가한다. 특정 공간의 허용 소음레벨을 결정할 때 NR곡선을 사용할 수 있고 실내의 소음대책을 세울 때도 이 값을 적용할 수 있다. 표 1-9는 실용도에 따른 권장기준을 나타낸다.

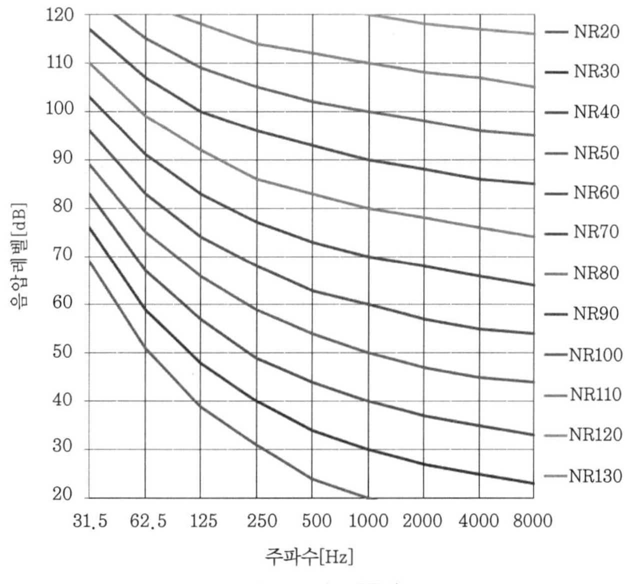

그림 1-30 | NR곡선

표 1-9 • 실내의 권장 NR값

NR값	실의 종류
20~30	침실, 거실, 병실, 교실, 강의실, 독서실, 교회, 회의실, 극장, 영화관, 콘서트홀, 스튜디오, 소형 사무실
30~40	대형 사무실, 응접실, 조용한 식당, 상점, 백화점
40~50	대형 식당, (타자기 설치)비서실, 체육관
50~60	대형 타자실
60~70	공장

2) NC (noise criteria)값

소음을 1/1옥타브밴드로 분석한 결과에 의해 실내소음을 평가하는 방법으로 건물의 용도별로 어느 정도 소음의 크기가 그 실의 기능에 지장을 주기 않는가에 대해 소음의 변동 정도, 노출시간대 및 주파수별로 소음을 느끼는 정도, 즉 주파수별 청감을 고려하여 1957년 Beranek에 의해 제안되었다. 예를 들어 실내소음 권장치가 NC-40이라면 실내소음의 각 대역별 1/1옥타브밴드 음압레벨이 NC-40곡선 이하가 되어야 하는 것을 의미한다. 표 1-10에 실내의 NC 권장치와 표 1-11에 NC값에 의한 실내소음의 평가기준을 나타낸다.

표 1-10 • 실내용도별 NC 권장치

실 의 용 도	NC 값
방송스튜디오, 음악실	NC 15~20
극장(500석, 확성장치 없음)	NC 20~25
음악실, 교실(확성장치 없음), 스튜디오	NC 25
아파트, 호텔회의장(확성장치 설치), 주택(침실)	NC 25~30
영화관, 병원, 교회, 재판소	NC 30
음식점	NC 45
운동경기장(확성장치 설치)	NC 50

3) N값

N값은 일본건축학회에서 급배수설비 소음 및 공조설비 소음 등 건축물에 부석된 설비 기기류에서 발생하는 실내소음에 대한 평가방법으로 이용하고 있는

것으로서, N값을 산출하기 위한 N곡선은 소음 크기의 감각량과 비교적 대응이 좋은 dB(A)에 의한 평가를 기본으로 하여 역A 특성을 소음등급의 기준곡선으로 나타낸 것이다.

N값은 NRN과 마찬가지로 그 값이 적을수록 조용한 실내 음향환경을 의미한다. 표 그림 1-31은 N곡선을, 표 1-12와 1-13에 N값의 적용등급 및 그 의미를 나타낸다.

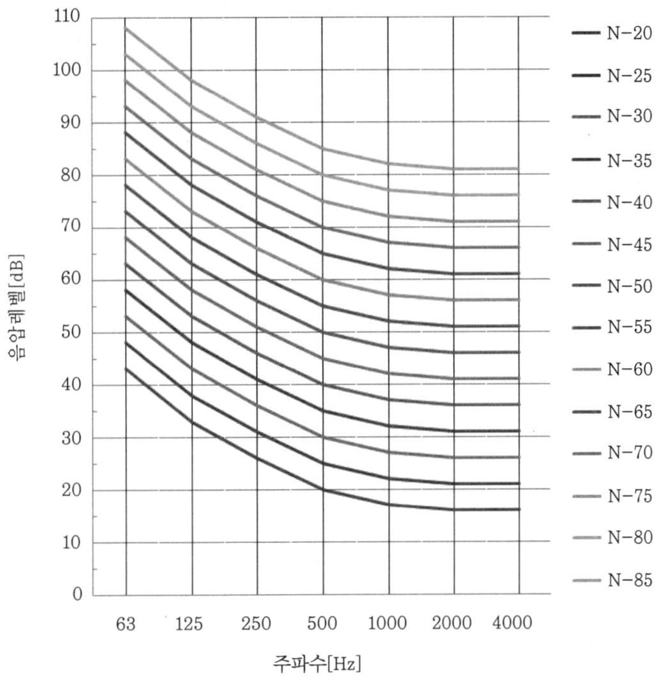

그림 1-31 | N곡선

표 1-11 • NC값에 의한 실내소음의 평가기준

NC값	소음환경의 상태	적용 예
NC 20~30	아주 조용한 사무실, 전화지장 없음 대화의 가능	중역실 50명의 회의실
NC 30~35	조용한 사무실, 전화지장 없음, 4.5m의 테이블에서 회의가능 3.9m 떨어져 보통의 목소리로 회화가능	작은 사무실 20명의 회의실 응접실
NC 35~40	2~5m 테이블에서 회화가능, 전화는 지장 없음 2~4m 떨어져 보통의 목소리로 회화가능	중사무실 공장 사무실
NC 40~45	1.5m의 테이블에서 회의가능, 전화는 곤란할 때가 생김, 보통 목소리로 1~2m, 큰 목소리로 2~4m 떨어져 회화 가능	큰 제도실
NC 50~55	2, 3인 이상의 회의 불가능, 전화가능, 보통 목소리로 0.3m~0.6m, 큰 목소리로 1~2m 떨어져 회화가능	타자실 계산실 복사실
NC 50 이상	대단히 시끄러움, 사무실에서 부적당, 전화 곤란	여하한 사무실에도 권장 못함

표 1-12 • 실내소음에 관한 적용등급

실용도	소음등급			소음레벨 dB(A)		
	특급	1급	2급	특급	1급	2급
거실	N-25	N-30	N-35	30	35	40

표 1-13 • 적용등급의 의미

특급	학회특별시방	차음성능 매우 우수
1급	학회권장표준	차음성능 바람직함
2급	학회허용기준	차음성능 대략 만족
3급	—	차음성능 최저한도

4) dB(A)값

소음에 대한 인간의 귀의 반응은 음압과 주파수에 따라 비선형적인 특성을 갖고 있어 저음역에서는 귀의 감도가 저하하는 특성을 가지고 있다. 인간의 귀에 느껴지는 소음의 크기를 근사적으로 측정하기 위하여 소음계에서는 국제적으로 표시된 A특성(A-Weighted Network)이라고 하는 청감보정회로가 내장되어 있으며, 소음계의 청감보정회로 A를 통하여 측정한 음압레벨을 소음레벨이라고 한다. 청감보정특성 및 용도는 표 1-14와 같으며, 청감보정회로의 특성곡선은 그림 1-32와 같다.

표 1-14 • 청감보정 특성 및 용도

보 정	신호보정	용도	비고
A특성	낮음 음압대	일반적으로 많이 이용	인간의 귀의 특성과 밀접
B특성	중간 음압대	거의 사용하지 않음	
C특성	높은 음압대	소음등급 평가, 물리적 특성 파악 시 이용	전주파수에서 평탄
D특성	높은 음압대	항공기 소음 평가용	
무특성	없 음	물리적 특성 파악	Linear

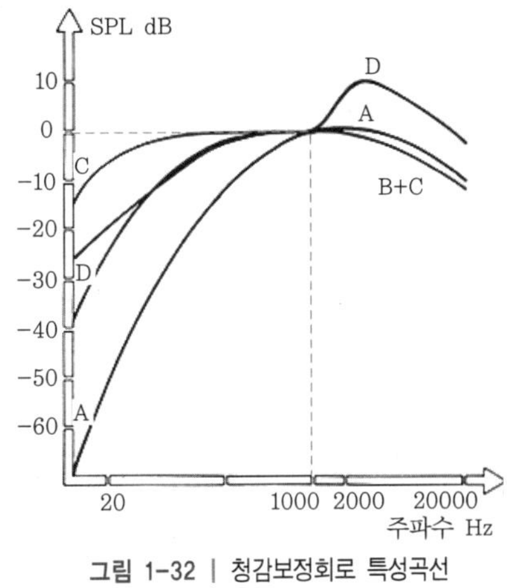

그림 1-32 | 청감보정회로 특성곡선

5) L값

바닥충격음 레벨에 관한 차음등급의 기준주파수 특정곡선을 이용하여 차음등급(L값)을 결정하는데, 충격원별로 1/1옥타브밴드 중심주파수의 측정치를 특정곡선에 나타낸 후, 이 측정치가 모든 주파수역대에서 어느 기준곡선 아래 있을 때 그 기준곡선의 등급을 읽음으로써 차음등급을 구할 수 있다. 그림 1-33에 L곡선을 나타내며 차음등급과 적용등급을 표 1-15에 나타낸다.

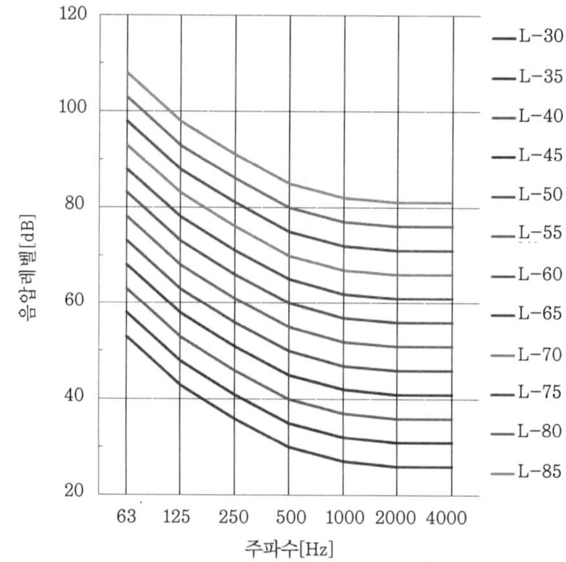

그림 1-33 | L곡선

(2) 실내소음의 평가기준

국내에서는 실내소음에 대한 평가기준이 아직 마련되어 있지 않아 외국의 평가방법을 수정 없이 도입하여 사용하고 있는 실정이다.

표 1-15 • 차음등급과 적용등급

<table>
<tr><td colspan="2">건 축 물</td><td>단독주택</td><td>공동주택</td></tr>
<tr><td colspan="2">실 용 도</td><td>거실</td><td>거실</td></tr>
<tr><td colspan="2">적용부위</td><td>동일 세내 내
바닥판</td><td>세대 간 경계
바닥판</td></tr>
<tr><td rowspan="4">적
용
등
급</td><td>특급
(특별시방)</td><td>L-45, 50</td><td>L-40, L-45*</td></tr>
<tr><td>1급
(표준)</td><td>L-55, 60</td><td>L-45, L-50*</td></tr>
<tr><td>2급
(허용)</td><td>L-65
L-70*</td><td>L-50, L-55</td></tr>
<tr><td>3급
(최저)</td><td>L-70
L-75*</td><td>L-60</td></tr>
</table>

(단, *는 중량충격원에만 적용)

국외의 경우 구미에서는 NC값과 NR값을 사용하고 있으며, 일본에서는 일본 건축학회의 권장기준인 N곡선과 dB(A)값을 이용하고 있다.

1-4 측정법

1-4-1 열환경의 측정

건축물의 열환경은 기상조건에 의해 형성되는데 건물의 실내외 열환경은 일반적으로 (1)온도 (2)습도 (3)일사 (4)풍속 (5)복사열 등을 측정하며, 그 측정방법은 목적에 따라 다양하게 변화한다.

(1) 온도

온도의 측정은 기본적으로 접촉식 측정과 비접촉식 측정의 2가지 방법이 사용된다. 대기온도나 액체온도를 측정할 경우에는 프로브(센서)를 사용한 접촉식 측정이 사용되는 반면, 측정대상 물체에 접촉이 불가능하거나 불필요한 경우에는 적외선 방식과 같은 비접촉 측정방법이 사용된다.

1) 열전대(thermocouple)

두 개의 서로 다른 금속의 열전효과를 이용한 것으로 C-C열전대(copper-constantan thermocouples)는 비교적 가격이 저렴하고 구입이 용이하며, 측정범위의 폭이 커서 실내외 온도 측정에 널리 사용되고 있다. 디지털방식 기록장치의 입력 (+)단자에는 열전대의 구리(copper)를 연결하고, (-)단자에는 콘스탄탄(constantan)을 연결하여 온도변화에 따른 열기전력을 mV 단위에서 ℃단위로 환산하는 데이터를 출력한다. 최근에는 자동 기록장치로서 디지털 신호를 처리할 수 있는 유무선 데이터 로거(data logger)가 개발되어 널리 이용되고 있다.

2) 저항센서(Pt100)

저항센서를 이용한 온도계는 일반적으로 온도변화에 민감한 백금저항을 사용한다. 온도변화에 따른 저항변화로 온도를 측정하게 되는데 저항은 일정한 전류와 전압강하의 관계에서 측정할 수 있다.

$$V = I \times R \tag{1·60}$$

여기서, V=전압, I=전류, R=저항

3) 서미스터(thermister)

서미스터의 종류에는 NTC(negative temperature coefficient) 서미스터와 PTC(positive temperature coefficient) 서미스터가 있는데 NTC는 온도가 상승하면 저항값이 크게 감소하는 특성을 가진 것으로 금속산화물로 만든다. PTC는 온도의 상승에 따라 저항값이 증가하는 것으로 티탄산바륨에 소량의 바나듐을 가해서 만들고 주로 계측기나 회로온도보상, 형광등의 예열회로 등에 사용된다.

4) 적외선 온도계

적외선 온도계 내부의 고집적도 서모파일(thermopile)은 일종의 열전대를 여러 개 겹쳐놓아 동시에 여러 측정점의 온도를 측정할 수 있다.

비접촉 온도계는 물체에서 나오는 적외선 에너지를 빠른 속도로 측정하기 때문에 움직이는 물체나 간헐적으로 나타나는 물체의 온도를 측정할 수 있으며, 진공 중에 있는 물체, 환경적으로 위험한 상태, 위치적인 한계 및 안전문제로 인하여 접근이 불가능한 물체의 온도를 측정할 수 있으므로 비용은 비교적 높은 편이지만 이 경우에는 접촉식 온도계보다 경제적일 수 있다.

열적외선 감지기는 들어오는 방사의 세기를 열로서 변환하여 열 감지기의 온도를 상승시키는데, 이 온도변화는 전자적인 신호로 바뀌어서 증폭된다.

실제 측정되는 범위는 거리에 따라 달라지는데, 측정하고자 하는 물체의 거리가 1미터 정도에서 지름 10cm 원 안에 온도를 평균하여 읽는다고 가정하면, 거리가 멀어질수록 이 원의 크기는 훨씬 더 커지기 때문에 레이저 포인터가 나타내는 위치는 한 점 뿐으로 그 포인트의 온도라고 생각하기 쉽지만 실제로 그 주변의 온도를 평균하여 읽는다.

적외선 온도계 사용시 주의할 것은 물체의 방사율인데 방사율은 물체의 표면

(거칠기, 광택 등)과 색깔 등에 의해 오차를 발생시키고 반사를 하지 않는 흑체를 기준으로 방사율을 100% 라고 가정한 것이므로, 측정대상이 흑체가 아닐 경우는 방사율을 조정해야 오차를 줄일 수 있다.

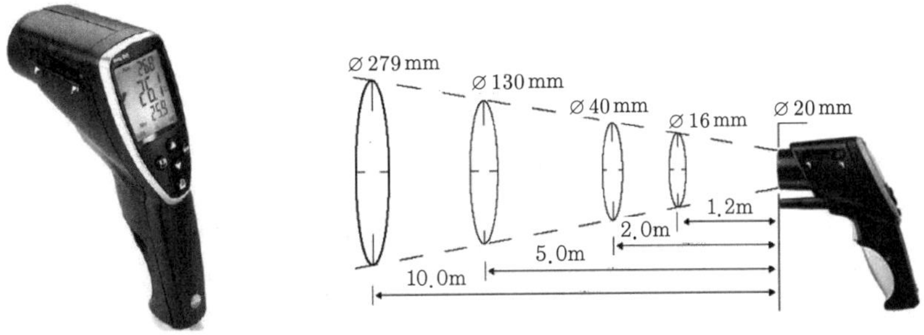

그림 1-34 | 적외선 온도계 및 측정표면 반경과 측정위치에서의 거리

(2) 습도

지표 부근의 대기는 건조한 공기에 수증기가 포함된 습공기이다. 이 수증기는 응결과 증발 등의 상변화에 의하여 잠열의 형태로 대기의 열평형에 영향을 미칠 뿐만 아니라 구름을 발생시켜 일사의 변동을 지배하거나 적외선의 흡수·방출에 의한 대기방사에 커다란 영향을 미친다. 더욱이 대기중의 수증기는 강수현상의 원인이 되며, 지표면과 대기 사이에서 물의 순환을 일으키게 된다. 대기중의 수증기 함유량을 습도라 하며, 대기의 건조·습윤상태를 나타내는 기본적인 열환경 측정요소라고 할 수 있다. 습도의 표시방법에는 수증기압 [mmAq], 상대습도 [%], 절대습도 [g/kg] 등으로 나타낼 수 있다.

온열환경에 영향을 미치는 습도는 주로 상대습도(이하, 습도라 한다)로 표시되나, 온도와 밀접한 관계가 있으므로 동일한 장소에서 동일 시각에 측정할 필요가 있다.

여기서는 일반적으로 사용되는 아스만 건습구온도계와 자기온습도계를 이용한 온습도의 동시 측정에 대하여 기술한다.

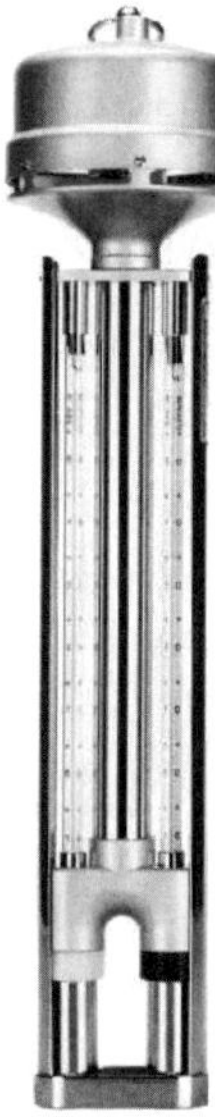

그림 1-35 | 아스만 건습구온도계

표 1-16 • 습도 측정장비의 종류와 특징

	모발습도계	건습구습도계	노점거울	전기습도센서
측정원리	습도를 측정하기 위한 가장 오래된 방법으로 모발의 길이가 주변의 습도에 따라서 달라지는 변화를 상대습도로 표현하는 기계적 습도계	두 개 프로브의 온도 차이를 이용하여 습도를 측정하는 것으로, 하나의 온도계는 젖은 헝겊으로 씌워 물을 증발하게 하고 다른 온도계는 주변의 공기온도를 측정한다. 수분이 증발하는 습구온도계와 건구온도계와의 온도 차이를 이용하여 상대습도를 알 수 있다.	거울은 이슬점온도에 도달하게 된 이후에 물방울이 생기는데, 이때 거울의 물방울을 관찰하여 노점온도를 측정한다.	주변의 습도에 따라서 열(전기)용량이 변화하여 이를 습도로 환산하는 장치
장점	• 적은 비용으로 간단하게 측정	• 2～3%RH 오차 이내로 측정가능	• 넓은 측정범위 • 높은 정확도	• 빠르고 정확한 측정 (±1%RH) • 넓은 측정범위 (0～100%RH, −40～+180℃) • 작고 휴대가능
단점	• 높은 유지비용 • 잦은 모발 보충이 필요 • 최대온도 50℃에서 15%～85%RH까지 사용가능 • 정확도가 낮음 • 긴 측정시간 필요	• 여러 지점에서의 사용이 부적합 • 측정준비에 많은 시간이 소요 • 온도계의 감은부에 충분한 기류속도(2.5 ㎧이상, 표준 5.0㎧)를 유지시켜야 한다.	• 높은 정확도의 온도측정이 선행되어야 함. • 긴 측정시간 필요	• 수시로 센서의 보정 필요

1) 아스만 건습구온도계에 의한 측정

구조는 액체(수은)봉입 유리온도계를 이용한 것으로 그림 1-35와 같이 2개의 온도계 중에서 하나의 온도계에 헝겊을 씌워 수분을 습윤시킨 습구온도계로 하고, 다른 한쪽은 그대로 실내에 노출시켜 건구온도계로 사용하며, 온도계의 감온부에는 일정 기류속도를 유지시키는 통풍장치로 구성된다.

2) 자기온습도계

장시간 연속하여 온습도를 측정할 경우에 이용된다. 온도의 측정에는 팽창계수가 다른 2종류의 금속판을 사용한 바이메탈을 이용하며, 습도의 측정에는 흡습에 의한 모발의 신축을 이용하여 각각의 검출부로 사용한다. 그림 1-36과 같이 기록지의 상부에는 온도를 하부에는 습도를 기록한다. 자기온습도계에서 검출부는 일반적으로 온도용이 본체의 하부에, 습도용이 상부에 부착된다. 기록지를 원통형 드럼에 부착하며, 드럼의 회전에 의해 측정치가 기록된다. 드럼은 1일 또는 7일마다 1회전한다.

그림 1-36 | 자기온습계

(3) 일사

대기권 밖에서의 일사의 파장범위는 약 $10^{-3} \sim 10^{8}$㎛ 정도이며, 일사열의 전체에너지는 약 1,353~1,370W/m^2이나, 이 중의 약 98%는 0.2~0.4㎛의 단파장영역에 포함되어 있다. 대기권 밖의 일사는 대기권을 통과하면서 대기의 원자와 분자에 의해 대부분의 자외선영역의 파장은 흡수되어 전리층이나 오존층을 형성하게 되며, 적외선영역의 파장 또한 오존·공기분자·수증기 등에 의해 일부분이 흡수된다. 또한 전 파장영역에 걸쳐서 연속적인 공기분자에 의한 Rayleigh 산란과 부유분자(에어로졸)에 의한 Mie산란에 의해 감소한다. 따라서 지상에 도달하는 직달일사는 알려진 바와 같이 대기권의 일사의 약 60%에 지나지 않으나, 이 에너지의 약 99%는 0.3~2.5㎛의 파장영역에 집중되어 있으며, 산란된 에너지의 일부는 천공산란일사로서 지상에 도달하게 된다.

지상에서 관측되는 일사는 크게 직달일사와 천공일사로 나눌 수 있는데 전자는 태양의 방향으로부터 직접 도달하는 것이며, 후자는 대기 및 대기중의 먼지,

구름의 산란 · 반사에 의해 지상에 도달하는 일사이다.

건물 외부의 일사량 데이터는 법선면 직달일사량과 수평면 천공일사량으로 나누어 표시하며 이를 합한 것이 수평면 전천일사량이다.

일사량을 측정할 때는 주위에 일사의 차폐물이 없는 넓고 평활한 장소를 선정해야 하며, 부착된 수준기를 이용하여 수평으로 설치해야 한다. 측정이 장기간 계속될 때는 수시로 수준계로 수평을 확인하고, 유리 돔(glass dome)을 청결하게 청결함을 유지시키고 유리 돔 내표면의 결로를 방지하기 위하여 내장된 실리카겔(silica gel; sio_2) 등과 같은 흡습제를 새로운 것으로 교환해 주어야 한다.

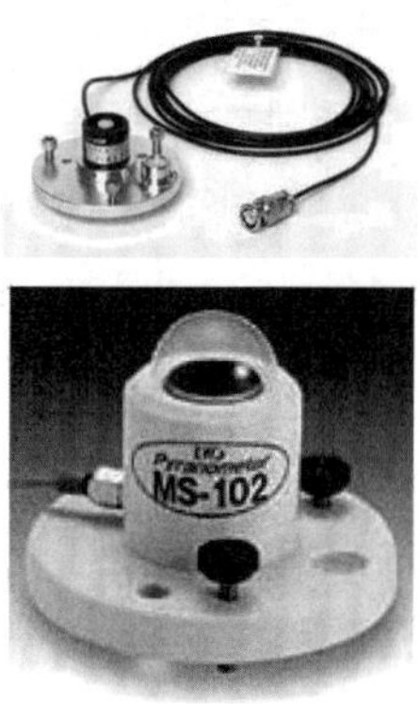

그림 1-37 | 일사계

(4) 풍속

외기 풍속의 측정은 넓고 평활한 장소에서 지상 10m 이상의 높이에서 측정하고 수평으로 이동하는 대기의 흐름을 관측시각 전 10분간의 값을 산술평균하여 구한 값을 벡터[vector]로 나타낸다. 단, 관측시각 전 10분간의 풍향이 불연속으로 변화할 경우에는 변화 후 관측시각까지의 풍향을 취한다. 또한, 풍속의 변동이 심할 경우에는 순간풍속을 기록하여 평균값을 취한다. 건축물에 작용하는 바람을 측정할 경우에는 통상 건물 옥상에 2m 이상의 지지대를 세우고 풍향풍속계를 설치하여 측정한다.

실내의 기류는 자연환기에 의한 통풍위치 또는 냉난방 및 환기설비의 취출 · 흡입구에 따라 차이가 있다. 실내의 온열환경을 대상으로 측정할 경우에는 거주공간의 기류분포 및 속도를 대상으로 하나, 열부하 계산을 목적으로 할 경우에는 벽 표면의 열전달 특성을 파악하기 위하여 벽면 부근의 기류속도를 대상으로 하기도 한다.

거주영역의 기류속도는 그 온도가 실온보다 낮고, 속도가 빠르면 재실자에게 국부적인 냉각효과를 주어 불쾌감 등을 유발시킨다. 따라서 기류속도는 보통 0.5㎧ 이하로 유지하는 것이 바람직하다. 그러므로 실내 기류속도는 미풍속을 측정할 수 있는 정밀한 풍속계를 준비한다.

그림 1-38 | 풍속계(열선 및 베인 타입)

열선풍속계는 전기적인 방법에 의해 기류속도를 측정하는 기기로서, 휴대가 간편하고 취급이 용이하여 많이 사용된다. 그림 1-38은 열선풍속계를 나타내고 있으며, 실내기류는 수시로 변화하므로 평균치의 측정이 필요하다. 풍속계는 정기적으로 교정을 실시하여 정밀도를 확인해야 하며 장기간 사용하는 사이에 검출부에 먼지 등으로 오염되지 않도록 한다.

(5) 복사열

실내의 주위 벽면이 가열 또는 냉각되거나 천장면에 다수의 전등이 설치되어 있을 경우에는 복사열의 영향을 검토할 필요가 있다.

재실자를 대상으로 할 경우에는 주위 벽면과 재실자의 위치관계 및 양자의 표면온도에 의해 결정되며, 열부하 계산에 있어서는 벽면과 벽면과의 표면온도에 의하여 결정된다.

복사열의 영향을 파악하기 위해서는 글로브 온도계가 사용된다. 글로브 온도계와 주위 벽과의 위치관계 및 벽 표면온도와의 관계로부터 복사효과가 같은 균일한 주벽면 온도를 평균복사온도 MRT(mean radient temperature)라고 하며, MRT는 다음 식으로 표시된다.

$$MRT = \frac{t_1 s_1 + t_2 s_2 + t_3 s_3 + \cdots + t_n s_n}{s_1 + s_2 + s_3 + \cdots + s_n} \qquad (1 \cdot 61)$$

여기서, MRT : 평균복사온도 [℃]

$t_1 + t_2 + t_3 + \cdots + t_n$: 표면온도 [℃]

$s_1 + s_2 + s_3 + \cdots + s_n$: 표면적 [m^2]

$$MRT = t_g + 2.4\sqrt{v}\,(t_g - t_i) \qquad (1 \cdot 62)$$

여기서, MRT : 평균복사온도 [℃]

t_g : 글로브 온도 [℃]

t_i : 실온 [℃]

v : 기류속도 [㎧]

그림 1-39 | 글로브 온도계

글로브 온도계는, 실내에서 벽 · 천장 · 바닥면 등의 주위 벽 및 이 외의 표면에 의한 복사열이 재실자의 쾌적성에 미치는 영향을 파악하기 위하여 베넌(Vernon)에 의해 고안된 것으로, 그림 1-39와 같이 얇은 동판(두께 0.5mm 정도)으로 제작된 직경 15cm의 공(中空口) 모양을 이루고 있다. 표면에는 무광택의 흑색도료로 도장하고, 봉상온도계의 감온부를 내부중심에 위치하도록 삽입하여 고무마개로 고정시킨다.

측정순서와 주의사항은 다음과 같다.

① 봉상온도계는 아스만 건습온도계에 사용하는 것과 동일한 종류를 사용한다.
② 글로브온도계를 실내의 측정점에 설치하고 약 15분 경과한 후에 봉상온도계의 눈금을 읽는다.
③ 아스만 건습구온도계와 같은 동일한 측정점에서 실온을 측정한다.
④ 글로브온도계의 표면은 더러워지지 않도록 청결하게 유지해야 하며, 외관이 변경되지 않도록 보관·운반에도 주의해야 한다.

1-4-2 실내공기환경의 측정

실내공기에 존재하는 오염물질에는 농도가 수백 ppm(part per million)에 이르는 물질부터 극히 미량만이 존재하는 물질까지 수백 종에 달하는 것으로 알려져 있다. 실내공기 오염의 원인으로는 건물 주변의 대기오염에 의한 영향과 실내에서 발생하는 오염물질로 구분할 수 있으며, 물질의 성상에 따라 입자상 오염물질과 가스상 오염물질 및 미생물성 물질로 분류할 수 있다. 대기오염은 자동차 매연, 난방용 연소가스, 공장, 발전소 등에서 배출되는 폐가스가 그 주요 원인이 되며, 특히 자동차의 배출가스에는 다량의 일산화탄소, 질소 화합물, 분진 등을 포함하고 있다. 건물 내의 실내공기 오염물질에는 건축 시 투입되는 각종 건축자재로부터 방출되는 물질을 비롯하여 재실자가 사용하는 다양한 생활용품 등에서 방출되는 물질이 있으며, 재실자의 흡연과 각종 활동에 의해 발생하는 분진, 연소기구로부터의 연소가스 등도 실내공기환경을 악화시키는 원인이 된다. 쾌적한 실내공기환경의 조성을 위해서는 신축 시 오염물질의 함유량과 방출량이 적은 건축자재로 시공하고, 이후 환기를 통하여 실내의 오염물질을 제거 또는 희석해야 한다.

본 절에서는 국내 실내공기질관리법상의 실내공기 오염물질 가운데 이산화탄소, 일산화탄소 및 미세먼지와 함께 휘발성유기화합물과 포름알데히드의 주 시험방법에 대하여 기술한다.

(1) 이산화탄소와 일산화탄소 농도의 측정

주 시험방법인 비분산 적외선분석법(자동연속측정)은 이산화탄소와 일산화탄소 각각에 의한 적외선 흡수량의 변화를 선택성 검출기로 측정하여 실내공기 중의 농도를 연속 측정하는 방법이다.

이산화탄소 측정기는 0~2,000ppm 또는 0~5,000ppm과 유사한 측정범위를 갖고, 분해능은 10ppm 미만이어야 하며, 일산화탄소 측정기의 측정눈금은 0~50ppm 이상이어야 한다. 측정기의 스팬드래프트와 제로드래프트는 ±2% 이내여야 하고, 장치의 구성은 시료채취부, 적외선분석계, 교정용 가스, 지시기록계 및 기타 부속장치이며, 측정은 먼저 제로가스와 스팬가스를 이용하여 측정기를 교정한 후 일정 유량으로 연속 측정한다.

1) 측정위치

① 진동이 없을 것.

② 고농도의 부식가스, 분진 및 높은 습도를 함유한 바람이 직접 들어오지 말 것.

③ 습도가 높지 않을 것.

④ 온도가 40℃ 이하로 직사일광을 피하고 온도변화가 적을 것.

⑤ 전원의 전압 및 주파수의 변동이 적을 것.

⑥ 시료공기 채취관을 되도록 짧게 하고 빗물, 배출가스 등을 직접 흡인하지 말 것.

2) 측정 준비

측정기의 각 부를 점검하고, 특히 가스가 새는지 여부를 확인한 후 전원을 넣고 시료공기 유량을 조정한다.

3) 교정

측정기가 정상상태에 도달하면 스팬가스를 사용하여 다음 방법에 의한다.

① 제로가스를 설정 유량으로 도입해서 지시의 안정 후 영점조정을 한다.(자

동제로기능이 부착된 장비는 이를 생략할 수 있다.)

② 스팬가스를 설정 유량으로 도입해서 스팬조정을 한다.

③ 필요에 따라 ①, ②를 반복한 후 제로 및 스팬교정이 일치할 때까지 한다.

④ 교정횟수는 원칙적으로 1일 1회로 한다.

⑤ 교정용 가스는 다음에 의한다.

- 제로가스 : 고순도 질소가스(순도 99.9% 이상, 이산화탄소 함유량이 1ppm 이하, 일산화탄소 함유량 0.2ppm 이하)를 사용한다.
- 스팬가스 : 이산화탄소의 경우 질소와 혼합가스로서 이산화탄소가스의 농도가 측정기의 측정범위의 60% 이상인 것을 사용하고, 일산화탄소의 경우에는 일산화탄소와 질소의 두 성분 혼합가스로 최대눈금치의 80~100% 농도의 것을 사용한다.

4) 측정

교정이 끝난 측정기에 실내공기 시료를 일정 유량으로 도입하면서 측정을 한다. 필요에 따라 일정 주기별로 측정치를 자동저장하여 그 평균값을 산출하도록 한다. 측정이 끝난 후 기억된 농도값을 출력하여 기록한다.

(2) 미세먼지의 측정

미세먼지 측정방법으로는 소용량공기포집법, 저용량공기포집, 베타선흡수법, 광산란법, 광투과법 등이 있으며, 이 중 소용량공기포집법이 주 시험방법이다.

1) 소용량공기포집법(mini volume air sampling method)

소용량공기포집기는 분립장치, 여과지 홀더, 흡인펌프, 유량계 등으로 구성되며, 0.3㎛의 입자상 물질에 대해 99% 이상의 초기 포집률을 갖는 여과지를 사용한다. 시료채취에 사용될 여과지는 미리 온도 20℃, 상대습도 50%에서 24시간 이상 항량이 될 때까지 보관하였다가 0.001mg 이상의 감도를 갖는 분석용 저울로 정확히 칭량하여 사용한다. 시료채취는 2~7l/min 유량으로 8시간 연속 채취한다. 시료채취한 여과지는 0.001mg 이상의 감도를 갖는 분석용 저울로 정확히 칭량하여 시료채취 전후의 여과지 무게 차이를 20℃, 1기압으로 환산한

총 포집유량으로 나누어 농도를 계산한다.

2) 저용량공기포집법(low volume air sampling method)

저용량공기포집기는 분립장치, 여과지 홀더, 흡인펌프, 유량계로 구성되며, 소용량공기포집법과 매우 유사하다. 단 2~7l/min 유량으로 8시간 연속 채취한다.

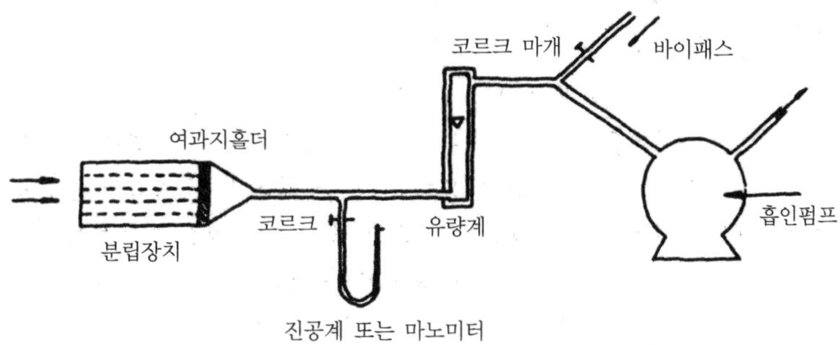

그림 1-40 | 저용량공기포집기(low volume air sampler)의 구성

3) 베타선흡수법(β-Ray method)

베타선흡수법은 실내공기 중의 미세입자를 일정시간 여과지 위에 채취하여 베타선을 투과시켜 미세먼지의 중량농도를 연속적으로 측정하는 방법으로, 베타선

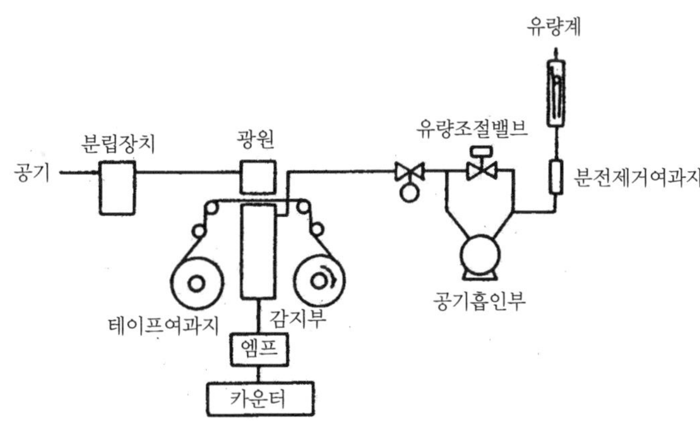

그림 1-41 | 베타선 흡수법 장치구성의 예

방출원으로는 C-14(탄소동위원소)를 이용하며, 먼지 농도는 실리콘반도체 검출기에 의해 흡수 감지된 베타선의 수에 의해 결정된다.

4) 광산란법(light scattering method)

실내공기 중의 미세먼지에 빛을 조사하면 미세먼지에 의해 빛이 산란되며, 산란되는 정도는 미세먼지 농도에 비례하므로 산란광의 양을 측정하여 미세먼지 농도를 구한다. 측정기는 유량계, 공기흡인부, 광전자증배관, 광전류적분기, 타이머, 광원부 등으로 구성된다.

5) 광투과법(light transmission method)

실내공기 중의 미세먼지를 일정시간 여과지에 포집한 후 빛을 조사하여 투과된 빛의 투과량을 측정하여 미세먼지 농도를 구한다. 측정기는 유량계측정부, 공기흡인부, 여과지교정부, 시간조절부, 시료채취부, 광투과량 측정광원부 등으로 구성된다.

(3) 휘발성유기화합물(VOCs)

휘발성유기화합물(volatile organic compounds)의 농도를 측정하기 위한 방법으로는 고체흡착열탈착법을 이용한 GC(gas chromatograph)/MS(mass spectrometer) 분석방법과 캐니스터를 이용한 GC/MS 분석방법 및 고체흡착용매추출법을 이용한 GC/MS 분석방법이 있으며, 이 중 고체흡착열탈착법을 이용한 방법이 주 시험방법이다.

1) 고체 흡착관을 이용한 시료채취장치

고체분말 표면에 기체가 흡착되는 것을 이용하는 방법으로, 채취장치는 그림 1-42와 같이 흡착관, 흡인펌프 및 유량계로 구성된다.

① **흡착관** : 흡착관은 스테인리스강 또는 유리로 된 관에 측정대상 성분에 따라 흡착제를 선택하고 각 흡착제의 파과부피(breakthrough volume)를 고려하여 충진한 후에 사용한다. 흡착관은 시판되고 있는 별도규격 제품을 사용할 수 있다. 각 흡착제는 반드시 지정된 최고온도범위와 기체유량에

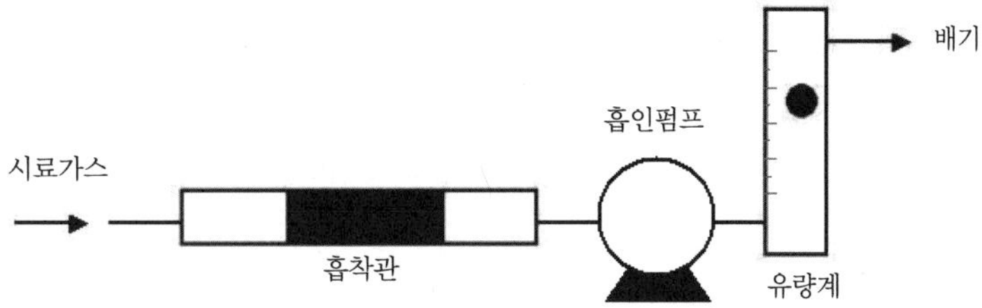

그림 1-42 | 고체 흡착관을 이용한 시료채취장치

따라 사용되어야 하고, 흡착관은 사용하기 전에 반드시 안정화(conditioning)단계를 거쳐야 하며, 확인된 흡착관은 외부 공기로부터 오염이 되지 않도록 밀폐용 마개와 PTFE(Polytetrafluoroethylene) 페럴(ferrule)을 이용하여 막아서 보관한다. 이를 24시간 이내에 사용하지 않을 경우에는 4℃의 냉암소에서 보관해야 한다.

② **흡인펌프** : 흡인펌프는 사용목적에 맞는 용량의 펌프를 사용함을 원칙으로 하며, 유량의 안정성은 시료 채취시간 동안 5% 이내여야 한다.

③ **유량계** : 유량계는 시료를 흡인할 때의 유량을 측정하기 위한 것으로 적산유량계 또는 순간유량계를 사용한다. 사용하는 유량계는 정기적으로 유량교정을 실시해야 한다.

2) 농도 계산

각 표준시료의 검량식에서 면적값에 대한 물질의 농도(As)와 배경시료에 대한 물질의 농도(At)를 구하고 다음 식에 의해 각 화합물의 농도를 구한다.

$$C_A = (A_s - A_t) \div Q \qquad (1 \cdot 63)$$

여기서, C_A : 공기 시료 중 각 휘발성 유기화합물의 농도(㎍/m^3)

A_s : 시료 중의 각 휘발성 유기화합물의 중량(㎍)

A_t : 배경 시료의 각 휘발성 유기화합물의 중량(㎍)

Q : 총흡인시료량(m^3)

〈채취 종료 후 적산유량(m^3)−채취 직전 적산유량(m^3)〉

(4) 포름알데히드

포름알데히드 측정방법은 DNPH(Dinitrophenylhydrazine) 카트리지(cartridge)를 이용하여 시료채취한 후 HPLC(high performance liquid chromatograph)로 분석하는 방법이 주 시험방법이다. 실내공기 일정량을 채취하여 2,4-디니트로페닐히드라진으로 유도체화한 후, 이 2,4-DNPH 유도체를 고성능 액체크로마토그래프(HPLC)에 주입하여 자외선 흡광검출기의 흡수파장 360 ㎚에서 검출되는 크로마토그램의 높이 또는 면적 등으로 포름알데히드의 농도를 구한다. 반응식은 다음 식으로 표시된다.

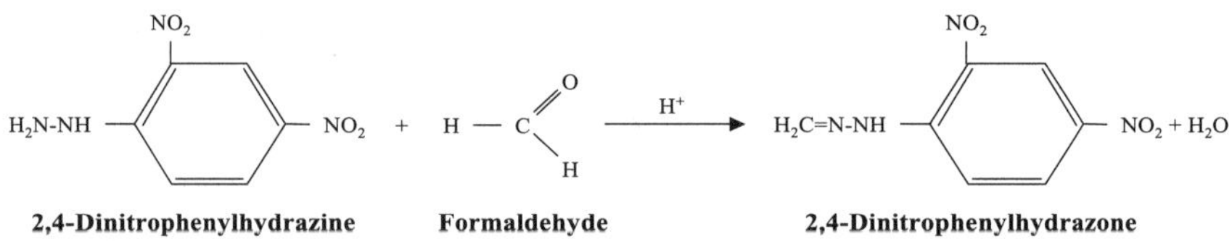

그림 1-43 | 포름알데히드의 반응식

오존은 카트리지 내에서 DNPH 및 그 유도체와 반응하여 방해물질로 작용한다. 시료에 오존이 존재하면 포름알데히드 유도체의 머무름 시간보다 더 짧은 머무름 시간을 가진 새로운 화합물의 출현으로 분석에 방해가 된다. 따라서 오존에 의한 간섭작용을 최소화하기 위해서는 DNPH 카트리지의 앞부분에 오존 스크러버(ozone scrubber)를 직렬로 연결하여 사용하는 것을 원칙으로 한다. 시료의 분석은 고성능 액체 크로마토그래프를 이용한다.

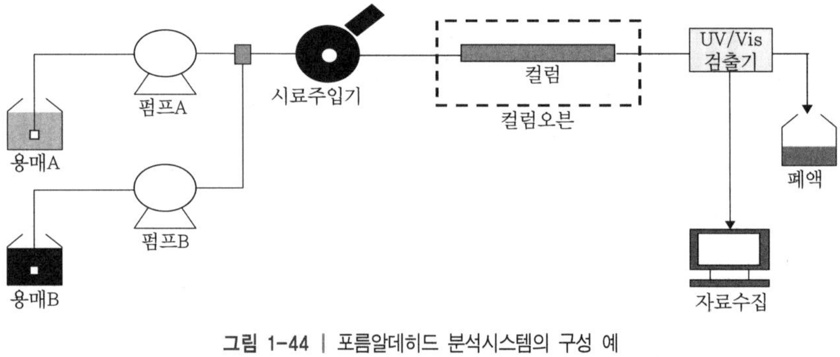

그림 1-44 | 포름알데히드 분석시스템의 구성 예

분석결과로부터 얻은 크로마토그램의 면적값을 검량선에 대입하여 실내공기 중 포름알데히드의 농도를 산출한다.

$$C_A = (A_s - A_b) \times V \div Q \quad (1 \cdot 64)$$

여기서, C_A : 공기 시료 중 포름알데히드의 농도(㎍/m^3)

A_s : 시료분석 결과값(㎍/㎖)

A_t : DNPH 카트리지의 바탕실험값(㎍/㎖)

V : 아세토니트릴 추출부피(㎖)

Q : 총흡인시료량(m^3)

〈채취종료 후 적산유량(m^3)–채취 직전 적산유량(m^3)〉

1-4-3 빛환경 측정

(1) 조도

조도(illuminance)란 어떤 면이 받는 빛의 세기를 나타내는 양으로 단위는 럭스(lux) 또는 포토(ph)를 사용한다. 그 크기는 밝기를 결정하는 기본이 되지만 빛의 반사율은 각 면의 성질에 따라 다르므로 조도가 그대로 면의 밝기를 나타내는 것은 아니다. 조도는 빛을 받고 있는 면이 광원에서 멀어질수록 또는 빛의 방향에 대하여 기울어져 있을수록 작아진다.

1) 조도측정

실내에서 조도를 측정할 경우 다음과 같은 사항에 주의한다.

① 인공조명을 사용하는 실내에서의 조도측정은 측정공간에서 측정높이에 맞게 조도센서를 설치하여 측정(일반적으로 바닥에서 0.75m 상부)

② 바닥, 천장, 벽면은 무반사 흑색페인트로 칠하여 난반사 방지 후 측정

③ 등기구 천장 취부 후 수직 바닥면을 기준으로 바둑판 모양으로 5~9포인트 측정

④ 포인트 별 거리는 1m 정도 이격한 거리에서 측정

⑤ 조도계를 구비하고 각 포인트별 조도 측정. 취부된 등기구는 40분 이상

에이밍(aiming)으로 안정화된 후 측정(관련규격- KSC 7612)

일반적으로 실내에서 조도의 측정방법은 다음과 같다.

① 수평면 조도를 측정하여 평균치를 구한다. 측정면의 높이에 대해 특별한 지정이 없으면, 일반적으로 바닥 위에서 85cm, 좌식 작업일 경우 바닥 위 40cm로 하고, 복도나 옥외 등에서는 바닥면 또는 지면으로 한다. 다만, 복도나 옥외 등의 바닥면 또는 지면에서 측정이 곤란할 때는 바닥면 또는 지면보다 15cm 범위 이내에서 측정하면 된다.

② 측정범위는 동일한 간격 그리고 종횡 분할선과 경계선에 맞춘 후 같은 면적의 단위구역으로 나누어 단위구역마다 평균조도 산술평균치로 전 측정범위 평균조도로 산정한다.

③ 측정범위를 종횡(縱橫)으로 각각 M개, N개로 분할할 경우, 측정점 배치는 다음 그림과 같이 결정한다.

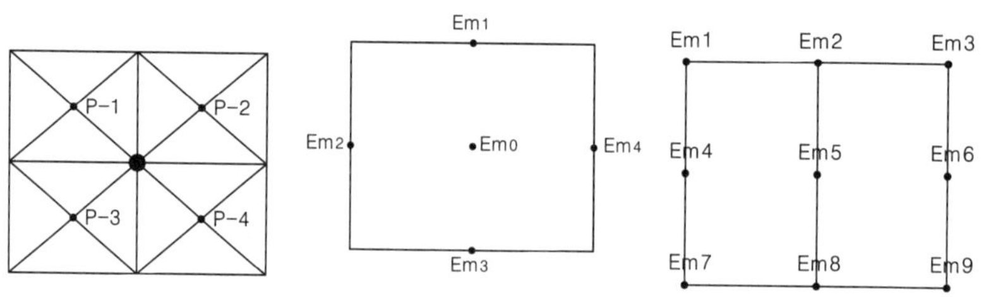

(a) IES 4점법 (b) KS 5점법 (c) KS 다점법

그림 1-45 | 조도측정 위치 그림

2) 주광률 측정

실내에서 주광측정은 그림 1-46과 같이 대상공간을 구획하고 전체를 측정하여 평균값과 최소값, 최대값으로 구분하여 측정한다. 이 경우 외부조도는 확산광을 제외한 직달일사 성분만을 측정한 값으로 구한다.

$$\text{주광률} = \frac{\text{실내조도}}{\text{외부천공조도}} \times 100(\%) \qquad (1 \cdot 65)$$

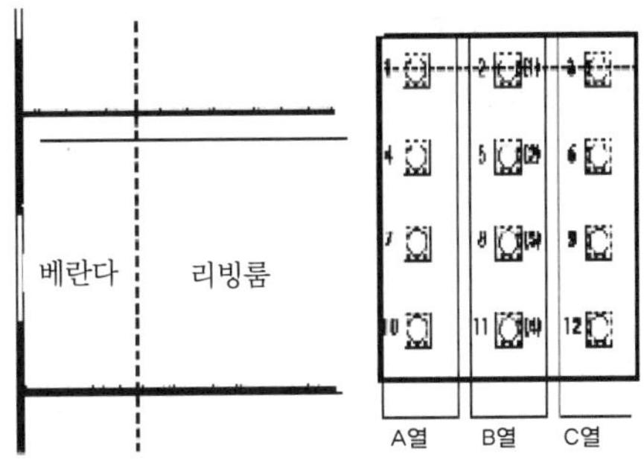

그림 1-46 | 실내 주광 측정위치

그림 1-48 | 각종 반사특성

3) 마감자재 반사율 측정

그림 1-47에는 국제조명위원회(CIE, Commission International de l'Eclairage)의 반사율 측정조건을 나타내고 있는데 (a) 수직조명-45° 수광, (b) 45° 조명-수직수광, (c) 수직조명(a°～0°)-확산수광, (d) 확산조명-수직수광의 4가지 측정방법을 이용할 수 있으며, 그림 1-48에는 반사의 특성을 나타내고 있다.

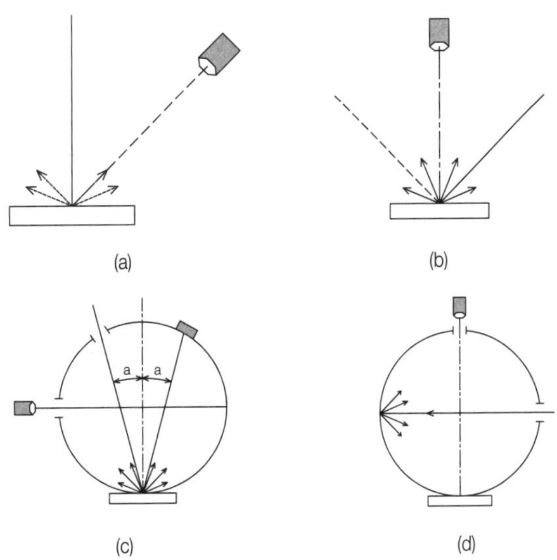

그림 1-47 | 반사율 측정

(2) 휘도측정

휘도는 기호로 L을 쓰며, 단위는 제곱미터당 칸델라(cd/m^2)를 사용한다. 휘도는 표면이 반사 또는 방출 특성을 완벽하게 확산시키지 못한다면, 관측 거리에 대해서는 종속적이 된다. 휘도측정의 목적은 휘도가 정해진 규격 또는 기준을 만족하는지 여부를 판단하거나 휘도를 비교하고 보수 및 조명개선 필요성이 있는 경우와 휘도에 의한 시환경 평가가 필요한 경우 측정한다.

1) 휘도측정의 목적

최근 조명공학에서 "휘도"를 기초로 해서 조명시설의 설계 및 보수를 하는 것이 중요시되었다. 특히 KS A3701(도로조명기준)이나 KS A 3703(터널조명기준)이 종래의 조도를 대신하여 휘도값을 조면기준의 일부로 규정함으로써 더욱 강화되었다. 조명시설의 설계, 평가 및 보수에 사용하는 휘도 측정값은 "측정방법에 따라 크게 변동하는 것"을 방지할 수 있도록 KS C 7613의 규격에 맞게 측정하는 것이 필요하다.

2) 측정방법

① 측정기준점의 높이 및 측정 휘도각 : 측정기준점은 휘도계가 놓은 위치에서 표준적인 사람의 눈의 위치로 한다.

표 1-17 • 측정위치

구분	측정기준점의 높이 (m)	휘도계의 측정각	
옥내조명	바닥면에서 1.5	1	
옥외조명	지상면에서 1.5	도로조명	0.1
		기타조명	1

표 1-18 • 작업자 시야 높이

의자에 앉은 경우	1.2m
서 있는 경우	1.5m
앉아 있는 경우	0.85m

② 옥내 조명시설의 휘도측정방법

- 표준작업을 하는 사람의 눈의 위치에 휘도계를 놓는다.
- 표준이 되는 시선 방향을 중심으로 측정점을 정한다.
- 시야 내의 시작업에 영향을 주는(휘도분포, 글레어 등) 각도는 시선에서 30° 이내이므로 이 범위 안에서 측정점을 늘린다.

③ 필요한 측정각을 휘도계로 얻을 수 없는 경우의 측정방법

휘도계의 측정각이 크고 피측정물이 작아서 측정이 어려운 경우는 측정 기준점과 피측정 점과의 관계를 바꾸지 않은 상태에서 근접하여 측정하는 것도 무방하다.

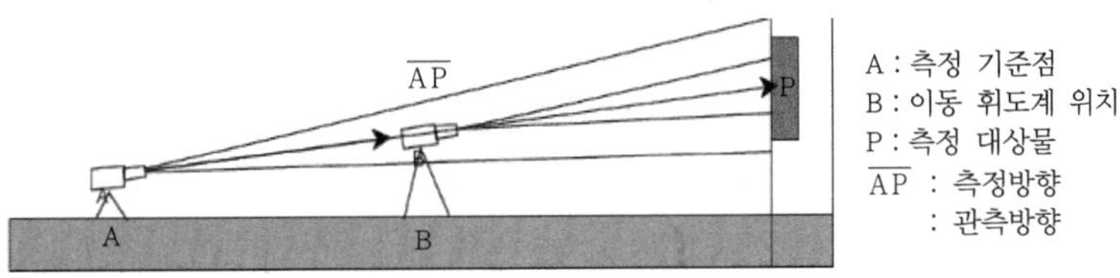

그림 1-49 | 측정 각 구축이 어려운 경우 휘도계를 이용한 측정방법

(3) 색온도 측정

1) 적용범위

유리구가 무색인 백열전구의 가시 파장역에서의 분포온도를 측정하는 방법 및 광원색이 거의 무채색인 광원의 상관 색온도 또는 색온도를 측정하는 방법에 대하여 규정하고 있다.(KS C 0076)

2) 분포온도의 측정방법

① **측정원리** : 분포온도를 아는 표준광원과 비교하여 측정하는데, 이 비교에는 다른 2종류의 분광 응답도를 갖는 측광기를 사용하고 시료광원에 대한 2개 응답의 비를 표준광원에 대한 2개 응답의 비와 비교하여 시료광원의 분포온도를 구한다.

② **표준광원**

- KSC 7521에 규정하는 광도 표준 전구

- KSC 7523에 규정하는 할로겐전구 중 반사경을 갖지 않은 것.
- 위에 준하는 백열전구

③ 측광기

- 분포온도의 측정에 사용하는 측광기는 아래 중 하나로 한다.
- KSA 0068 의 4.2에 규정하는 분광 측광기로 분광 측광기는 특정된 2개의 설정파장 λ B(460nm) 및 λ R(660nm)에만 사용한다.
- 안정되고 직선성이 좋은 광전 검출기와 파장 선택성 필터를 조합하여 서로 다른 분광 응답도를 가지는 2개의 측광기를 사용한다.

④ 측정방법

- 단색 응답비에 의한 방법 : 분광측광기를 사용하여 특정된 2파장에서의 응답비 측정
- 대역 응답비에 의한 방법 : 2종류 분광 응답도를 갖는 측광기를 사용하여 2개 응납비 측성
- 대역 응답비를 같게 하는 방법 : 표준광원의 분포온도와 같은 분포온도가 되는 시료 광원의 점등전압을 구함
- 전압보간방법 : 2개의 분포온도 표준으로부터 시료광원의 임의 분포온도에 대한 점등전압 또는 임의 점등전압에 대한 분포온도를 전압비를 사용하여 표준광원의 임의 분포온도에 대한 점등전압 또는 임의 점등전압에 대한 분포온도를 전압비로 구함.
- 대역 응답비 보간방법 : 2개의 분포온도 표준으로부터 시료광원의 임의의 등 전압에 대한 분포온도를 응답비를 사용하여 구하는 방법은 2개의 다른 분포온도 값 및 금이 정해져 있는 표준광원을 사용하여 분포온도 및 값에 대하여 각각 2개의 측광기의 응답값을 측정하여 구함.

3) 상관 색온도 또는 색온도의 측정방법

광원색 측정방법의 종류는 광원색의 3자 극치 X, Y, Z 및 색도좌표 x, y는 다음 방법에 의해 측정한다.

① KS A 0068의 4.에 규정하는 분광 측색방법

② KS A 0068의 5.에 규정하는 자극치 직독방법

1-4-4 소음 및 진동의 측정

(1) 소음측정기

사람 귀의 복잡한 청각작용으로 인하여 현재까지 모든 종류의 소음에 대하여 주관적 방법으로 얻어진 값과 완벽하게 동등한 값을 나타내주는 실제의 소음측정장치를 설계하는 것은 불가능하나 재현성을 확보하기 위해서는 표준화된 측정기인 소음계를 사용하여 소음을 측정한다. 소음계는 인간의 귀와 거의 유사하게 소리에 반응하도록 설계된 장치로서 음압레벨에 대한 객관적이고 반복적인 측정을 할 수가 있다. 소음계는 다양한 종류가 있으나 일반적으로 마이크로폰, 신호처리부와 지시부로 구성된다.

1) 마이크로폰

음이 전달하면서 발생하는 입자속도의 변화 또는 공기압의 변화를 전기적 신호로 변환하는 장치

2) 신호처리부

마이크로폰을 통해서 전달되는 전기적 신호를 증폭하여 처리하는 장치로 청감보정을 포함한 주파수보정회로, 동특성회로, 레벨변환회로 등으로 구성

3) 지시부

신호처리부에서 처리된 소리의 측정결과를 표시하는 장치

소음은 장비와 작동자 간의 반사물, 온도 및 바람에 의해 영향을 받으므로 측정 전 이에 대한 조사가 필요하다. 장비의 교정은 내부교정회로를 사용하여 조정하는 방법과 외부교정기를 사용하는 방법이 있는데 반드시 측정 전후에 교정을 실시해야 한다.

(2) 진동측정기

일반적으로 진동픽업(pick-up)을 붙여 진동의 크기를 직접 측정할 수 있는 것을 진동계, 진동의 평가에 이용하는 진동레벨을 측정하게 특화된 측정기기를

진동레벨계라고 부른다.

1) 진동계

진동픽업을 접속할 수 있도록 입력단자 및 전치증폭기용 전원을 갖추고 있어 실효값, 피크값을 지시할 수 있는 것이 일반적이다. 진동가속도 이외의 신호를 적분해 속도 및 변위를 측정을 할 수 있게 되어 있지만 각기 측정에 대응하여 측정 가능한 진동주파수 범위 및 정도가 상이한 경우가 많으므로 주의가 필요하다.

2) 진동레벨계

진동픽업에 감지된 진동가속신호(1~90Hz)에 진동감각보정 특성을 적용하여 실효값을 디지털게이지로 표시한다. 진동레벨계의 기본적인 구성은 마이크로폰을 진동픽업으로 대체된다는 점을 제외하고는 소음계와 동일하다.

특히, 가속도 픽업을 사용하여 측정을 실시하는 경우에는 픽업과 측정기간의 접지, 픽업을 붙이는 베이스의 변형, 무전기 등에 의한 전자기파 등에 의해 영향을 크게 받으므로 측정 시 반드시 이에 대한 조사가 필요하다.

(3) 음향 및 진동의 측정

1) 바닥충격음

공동주택 입주민의 소음발생에 대한 지적률이 높은 바닥충격음의 차단성능은 표 1-19와 같은 측정 및 평가규격에 의해 측정을 실시하며, 관련 고시인 공동주택 바닥충격음차단구조 인정 및 관리기준에서 측정점 및 측정위치 등을 보다 명확하게 정의하고 있다. 마이크로폰의 높이는 바닥으로부터 1.2m로 하며, 거리는 벽면 등으로부터의 0.75m(수음실의 바닥면적이 14m^2 미만인 경우에는 0.5m) 떨어진 지점에 설치해야 한다.

표 1-19 • 충격원별 측정 및 평가규격

구분	경량충격음	중량충격음
측정규격	KS F 2810-1	KS F 2810-2
평가규격	KS F 2863-1	KS F 2863-2

① **경량충격음** : 경량충격원에 의해 발생하는 경량충격음은 정상소음으로 간주하며 등가음압레벨(Leq)로 측정한다. 식(1 · 66)과 같이 에너지 평균을 하고 잔향시간 또는 등가흡음력을 보정하여 표준화 바닥충격음레벨 또는 규준화 바닥충격음레벨을 구한다. 표준 경량충격원에 의해 가진 시 발생하는 소음이 창호, 틈새 등으로 인해 측정에 영향을 줄 수 있으므로 창호 및 출입문을 반드시 폐쇄하고 틈새를 막아 우회전달음의 영향을 최소화해야 한다.

$$L = 10log\left(\frac{1}{n}\sum_{j=1}^{n}10^{L_j/10}\right) \qquad (1 \cdot 66)$$

여기서, L : 실내 평균음압레벨

L_j : j번째 측정점의 음압레벨

n : 측정점의 수

② **중량충격음** : 표준중량충격원의 타이어는 내부 공기의 탄성이 지배적이므로 공기압관리를 철저하게 해야 한다. 공기압 기준을 규격 내의 기준범위에 둔다 하더라도 성능에 다소 영향을 줄 수 있으므로 공기압뿐만 아니라 충격음 폭로레벨을 수시로 검사해야 한다.

중량충격음이 발생했을 때 최대값을 측정하는 방법을 사용한다. 최대값의 선택은 청감상의 가장 큰 소음〈dB(A)〉을 측정하는 방법이 일반적이나 중량충격음에서는 측정주파수대역의 각각 최대값을 읽으므로 외부소음 및 우회전달음 등에 의해 영향을 쉽게 받을 수 있어 이에 대한 각별한 주의가 필요하다.

2) 공동주택의 교통 및 철도 소음측정

공동주택 건설지점의 실외소음도 및 실내소음도의 예측/측정은 주택건설기준 등에 관한 규정 제9조 제2항의 규정에 의해 실시한다. 이는 대상건물이 교통소음, 철도소음에 의해 어느 정도 영향을 받고 있는지 평가하고 적절한 저감대책을 강구하기 위해서이다. 측정은 다음의 항목에 주의하여 실시해야 한다.

① 소음계의 청감보정회로는 A특성에 고정하여 측정해야 한다.

② 소음계의 동특성은 빠름(fast)으로 맞추어 측정해야 한다.

③ 소음계의 마이크로폰은 측정위치에 받침장치(삼각대 등)를 설치하여 측정해야 한다. 다만, 손으로 소음계를 잡고 측정할 경우에는 소음계는 측정자의 몸으로부터 0.5미터 이상 떨어져야 한다.

④ 소음계의 마이크로폰은 소음원을 향하도록 설치해야 한다.

⑤ 실외소음 측정 시 풍속이 2미터/초 이상일 경우에는 반드시 마이크로폰에 방풍망을 부착해야 하며, 풍속이 5미터/초를 초과할 경우에는 측정하여서는 안 된다.

⑥ 진동이 많은 장소 또는 전자장(대형 전기기계 또는 고압선 등 근처)의 영향을 받는 곳에서는 방진, 차폐 등 적절한 방지책을 강구해야 한다.

3) 소음진동환경오염 공정시험기준

각종 소음측정 기준뿐만 아니라 생활진동, 발파진동, 도로교통진동 및 철도진동의 허용기준을 정하고 있다. 이 시험방법은 소음 · 진동규제법 제7조의 규정에 의거 진동을 측정함에 있어서, 측정의 정확 및 통일을 유지하기 위하여 필요한 제반사항에 대하여 규정하고 있으며 소음 · 진동규제법에서 정하는 공장배출 허용기준, 규제기준 및 한도 등과 관련된 진동을 측정하기 위한 시험(측정)방법에 대하여 규정하고 있다.

소음의 측정은 앞서 언급한 공동주택의 소음측정기준과 유사하므로 진동레벨계의 성능 및 진동의 측정에 대해 간략하게 정리하면 다음과 같다.

① 진동레벨계의 성능

- 측정가능 주파수 범위는 1~90Hz 이상이어야 한다.
- 측정가능 진동레벨의 범위는 45~120dB 이상이어야 한다.
- 감각특성의 상대응답과 허용오차는 KS C 1507의 표 1의 연직진동 특성에 만족해야 한다.
- 진동픽업의 횡감도는 규정 주파수에서 수감축감도에 대한 차이가 15dB 이상이어야 한다.
- 레벨렌지 변환기가 있는 기기에 있어서 레벨렌지 변환기의 전환오차가

0.5dB 이내이어야 한다.

- 지시계기의 눈금오차는 0.5dB 이내이어야 한다.

② 측정점 및 측정조건

- 측정점은 부지경계선 중 피해가 우려되는 장소로서 진동레벨이 높을 것으로 예상되는 지점을 택해야 한다.
- 진동픽업의 설치장소는 옥외지표를 원칙으로 하고 복잡한 반사, 회절현상이 예상되는 지점은 피한다.
- 진동픽업의 설치장소는 완충물이 없고, 충분히 다져서 단단히 굳은 장소로 한다.
- 진동픽업의 설치장소는 경사 또는 요철이 없는 장소로 하고, 수평면을 충분히 확보할 수 있는 장소로 한다.
- 진동픽업은 수직방향 진동레벨을 측정할 수 있도록 설치한다.
- 진동픽업 및 진동레벨계를 온도, 자기, 전기 등 외부영향을 받지 않는 장소에 설치한다.

4) 실내음향 지표의 측정

KS F 2864는 잔향시간을 비롯한 건축물의 실내음향 성능을 현장에서 측정하는 방법에 대해 기술하고 있으며 잔향시간 측정방법 및 중요한 실내음향 변수, 즉 음압레벨(SPL, sound pressure level) 및 분포, 명료도(D50, definition50), 음성전달지수(STI, speech transmission index), 측면 음에너지 비율(LEF, lateral energy fraction), 양이상호상관도(IACC, inter aural cross correlation) 등이 포함되어 있다.

① **음원** : 가급적 무지향성에 가까운 것이어야 한다. 배경소음에 의해 영향을 받지 않도록 충분한 음압을 발생할 수 있어야 한다.

② **측정위치** : 측정위치의 수는 각각의 목적에 따라 실내공간을 적절하게 포괄할 수 있도록 선택해야 한다. 측정위치 간의 최소거리는 식(1 · 67)에 의해 결정한다.

표 1-20은 실내공간의 크기에 따른 최소수음점의 개수를 나타낸 것이다.

$$d_{mn} = 2\sqrt{\frac{V}{cT}} \tag{1 · 67}$$

여기서, $d_{\min}$: 측정위치간 최소거리(m)

V : 용적(m^3)

c : 소리의 속도(m/s)

T : 잔향시간의 예측값(s)

표 1-20 • 실내공간의 크기에 따른 최소수음점의 수

좌석수	마이크로폰 위치의 최소수
500	6
1000	8
2000	10

③ **측정과정** : 잔향시간 및 기타의 실내음향변수를 측정하기 위해서는 음원중단법과 충격응답적분법이 많이 사용된다. 잔향시간 이외의 다양한 음향변수의 측정이 필요하다면 충격음답적분법을 사용하는 것이 더 적절하다.

- 음원중단법 : 광대역 또는 대역제한잡음에 의해 실내공간을 울린 후, 중단 이후 음압레벨의 감쇠를 기록하여 감쇠곡선을 구하는 방법
- 충격응답적분법 : 일정시간 동안 ∞(무한대)의 에너지를 가지고 그 외의 시간에선 0의 값을 가지는 이론적인 디랙 델타(dirac delta)함수와 유사한 짧은 단음을 발생하여 감쇠곡선을 구하는 방법

참고문헌

1. 건설교통부고시 제2007-573 "공동주택의 소음측정기준"
2. 권순익, 이교태, 박병덕, 신현승, 알기쉬운 열역학, 원창출판사, 2001.
3. 금종수, 김재돌, 김환용, 박민용, 박율, 박창섭, 박희욱, 윤정인, 이성, 이정재, 임영빈, 전채휘, 최광환, 건축환경공학, 시그마프레스, 1998.
4. 김점수, 이철재, 김봉환, 공업열역학, 기문당, 2000.
5. 김찬중, 길잡이 열전달의 기초, 문운당, 2001.
6. 대한건축학회, 건축학전서 9 건축환경계획, 사단법인 대한건축학회, 2000.
7. 박종일, 신치웅, 서기원, 건축설비를 위한 열유체공학, 세진사, 2000.
8. 위을복, 열역학 문제연습, 삼성북스, 2009.
9. 이정오, 박희용, 열전달, 광림사, 1991.
10. 임광빈, 성병호, 유성열, 알기쉬운 공업열역학, 형설출판사, 2006.
11. 환경부 실내공기질공정시험기준(2008)
12. 환경부고시 제2008-22호 "소음진동 환경오염공정시험기준"
13. IES Lighting Handbook, Ninth Edition, Illuminating Engineering Socity of North America, 1987.
14. Jan F. Kreider, Ari Rabl, Heating and Cooling of Buildings Design for Efficiency, McGraw-Hill, 1994 .
15. KS 전기 측정 및 시험기준(7612, 7613)
16. KS A 0079(1982) : 부유 분진 농도 측정 방법 통칙
17. KS F 2810-1(2001) : 바닥충격음 차단성능 현장측정방법 제1부 : 표준경량충격원에 의한 방법
18. KS F 2810-2(2001) : 바닥충격음 차단성능 현장측정방법 제2부 : 표준중량충격원에 의한 방법
19. KS F 2864(2002) : 실내공간의 잔향시간과 음향변수 측정방법
20. KS M ISO 16000-2(2004) : 실내공기-제2부. 포름알데히드 샘플링 전략
21. KS M ISO 16000-5(2006) : 실내공기-제5부. 휘발성 유기화합물(VOCs)의 측정 전략
22. KS M ISO 4224(2006) : 대기-일산화탄소 측정-비분산 적외선 분광법

2 장

급배수 위생설비

2장 급배수 위생설비

2-1 급수설비

급수설비는 인간의 생활과 생산에 필요한 물을 건축물에 공급하는 것이며, 기본적인 성능으로 이용목적에 적합한 위생적인 수질과 필요한 수량의 물을, 적절한 수압으로 공급하는 것이 필요하다. 이 목적을 달성하기 위해서는 다음과 같은 내용이 충분히 고려되어야 한다.

1. 물의 이용형태, 급수용 기기 용량의 확보 등으로 충분한 수량을 공급한다.
2. 사용목적과 펌프 및 위생기구의 작동 등에 적절한 수압을 유지한다.
3. 누수, 유수음(流水音)과 워터해머(water hammer) 현상 등을 방지한다.
4. 부식, 오수의 침입, 역류 등에 의한 수질오염을 방지한다.

2-1-1 수원과 수질기준

(1) 상수도

대부분의 건축물에서는 급수원으로 상수도를 이용하고 있으며, 먹는 물 관리법 등에 규정된 수질이 확보되어 위생상 안전한 음료수를 공급받을 수 있다. 상수도는 취수시설, 정수시절, 송수시설, 배수시설 등의 정수처리 과정을 거쳐 공급된다. 수원의 오염, 지하수의 오염 등으로 정수장에서는 막처리 등 고도정수처리를 할 수 있다.

(2) 지하수, 우물물 등

상수도가 보급되지 않은 지역이나 상수도 사용이 가능한 지역이라도 지하수나 우물물을 이용할 수 있다. 하지만 지하수 등은 염분, 철분 등의 문제로 경수 연화장치 등 수처리설비가 필요하게 된다. 또한 지하수의 오염과 지반침하 등의 우려가 있으므로 사전조사와 검토가 충분히 이루어져야 한다.

(3) 중수(재이용수)와 빗물이용

최근 수자원의 부족에 대한 절수와 효율적 이용이라는 측면에서 중수도와 빗물이용의 사례가 증가하고 있다. 중수도란, 수도법에서는 사용한 수돗물을 생활용수 · 공업용수 등으로 재활용할 수 있도록 다시 처리하는 시설을 말하며 변기 세정수, 소화용수, 살수 등 음료수와 같은 수준의 수질이 요구되지 않는 용도에 사용된다.

빗물은 건물의 지붕이나 부지에서 모은 빗물을 저류, 처리하여 잡용 계통의 변기 세정수 등에 사용할 수 있다. 빗물이용시설이란 빗물을 모아 생활용수 · 조경용수 · 공업용수 등으로 이용할 수 있도록 처리하는 시설로 수도법에서 규정하고 있다. 빗물은 비교적 수질이 깨끗하여 수처리 장치가 간편한 것, 절수를 비롯하여 도시형 홍수의 예방 및 지하수 함양 등의 특성을 가지고 있다.

(4) 수질기준

급수설비에 사용되는 물은 우선적으로 위생적이며 안전해야 하며, 급수용 기기 등의 부식을 야기시킬 수 있으므로 수질에 대해 주의할 필요가 있다. 먹는 물의 수질은 '먹는 물 수질기준 및 검사 등에 관한 규칙'에 규정되어 있다. 표 2-1은 우리나라의 먹는 물 수질기준을 나타낸다.

기타 냉각수 및 보급수, 보일러수 등의 수질기준은 한국산업규격(냉동 · 공조용 냉각수 수질기준, KS M 0077-1998)에서 기준치를 제시하고 있으며 중수도의 수질기준은 수도법 시행규칙에서 기준치를 제시하고 있다. 지하수의 수질 보전 등에 관한 규칙에서는 지하수의 수질기준을 규정하고 있다.

표 2-1 • 먹는 물의 수질기준

(먹는 물 수질기준 및 검사 등에 관한 규칙 제2조 관련 별표 1, 환경부령 제276호 개정 2008.2.4)

1. 미생물에 관한 기준	가. 일반세균은 1ml 중 100CFU(Colony Forming Unit)를 넘지 아니할 것. 나. 총대장균군은 100ml에서 검출되지 아니할 것. 다. 대장균 · 분원성 대장균군은 100ml에서 검출되지 아니할 것.
2. 건강상 유해영향 무기물질에 관한 기준	가. 납은 0.01mg/l를 넘지 아니할 것. 나. 불소는 1.5mg/l를 넘지 아니할 것. 다. 비소는 0.01mg/l를 넘지 아니할 것. 라. 셀레늄은 0.01mg/l를 넘지 아니할 것. 마. 수은은 0.001mg/l를 넘지 아니할 것. 바. 시안은 0.01mg/l를 넘지 아니할 것. 사. 크롬은 0.05mg/l를 넘지 아니할 것. 아. 암모니아성 질소는 0.5mg/l를 넘지 아니할 것. 자. 질산성 질소는 10mg/l를 넘지 아니할 것. 차. 카드뮴은 0.005mg/l를 넘지 아니할 것. 카. 보론은 1.0mg/l를 넘지 아니할 것.
3. 건강상 유해영향 유기물질에 관한 기준	가. 페놀은 0.005mg/l를 넘지 아니할 것. 나. 다이아지논은 0.02mg/l를 넘지 아니할 것. 다. 파라티온은 0.06mg/l를 넘지 아니할 것. 라. 페니트로티온은 0.04mg/l를 넘지 아니할 것. 마. 카바릴은 0.07mg/l를 넘지 아니할 것. 바. 1,1,1-트리클로로에탄은 0.1mg/l를 넘지 아니할 것. 사. 테트라클로로에틸렌은 0.01mg/l를 넘지 아니할 것. 아. 트리클로로에틸렌은 0.03mg/l를 넘지 아니할 것. 자. 디클로로메탄은 0.02mg/l를 넘지 아니할 것. 차. 벤젠은 0.01mg/l를 넘지 아니할 것. 카. 톨루엔은 0.7mg/l를 넘지 아니할 것. 타. 에틸벤젠은 0.3mg/l를 넘지 아니할 것. 파. 크실렌은 0.5mg/l를 넘지 아니할 것. 하. 1,1-디클로로에틸렌은 0.03mg/l를 넘지 아니할 것. 거. 사염화탄소는 0.002mg/l를 넘지 아니할 것. 너. 1,2-디브로모-3-클로로프로판은 0.003mg/l를 넘지 아니할 것. 더. 1,4-다이옥산은 0.05mg/l를 넘지 아니할 것.
4. 소독제 및 소독부산 물질에 관한 기준	가. 잔류염소(유리잔류염소를 말한다)는 4.0mg/l를 넘지 아니할 것. 나. 총트리할로메탄은 0.1mg/l를 넘지 아니할 것. 다. 클로로포름은 0.08mg/l를 넘지 아니할 것. 라. 브로모디클로로메탄은 0.03mg/l를 넘지 아니할 것. 마. 디브로모클로로메탄은 0.1mg/l를 넘지 아니할 것. 바. 클로랄하이드레이트는 0.03mg/l를 넘지 아니할 것.

	사. 디브로모아세토니트릴은 0.1mg/l를 넘지 아니할 것. 아. 디클로로아세토니트릴은 0.09mg/l를 넘지 아니할 것. 자. 트리클로로아세토니트릴은 0.004mg/l를 넘지 아니할 것. 차. 할로아세틱에시드(디클로로아세틱에시드와 트리클로로아세틱에시드의 합으로 한다)는 0.1mg/l를 넘지 아니할 것.
5. 심미적 영향물질에 관한 기준	가. 경도(硬度)는 300mg/l를 넘지 아니할 것. 나. 과망간산칼륨 소비량은 10mg/l를 넘지 아니할 것. 다. 소독으로 인한 냄새와 맛 이외의 냄새와 맛이 있어서는 아니 될 것. 라. 동은 1mg/l를 넘지 아니할 것. 마. 색도는 5도를 넘지 아니할 것. 바. 세제(음이온 계면활성제)는 0.5mg/l를 넘지 아니할 것. 사. 수소이온 농도는 pH 5.8 이상 pH 8.5 이하이어야 할 것. 아. 아연은 3mg/l를 넘지 아니할 것. 자. 염소이온은 250mg/l를 넘지 아니할 것. 차. 증발잔류물은 500mg/l를 넘지 아니할 것. 카. 철은 0.3mg/l를 넘지 아니할 것. 타. 망간은 0.3mg/l(수돗물의 경우 0.05mg/l)를 넘지 아니할 것. 파. 탁도는 1NTU(Nephelometric Turbidity Unit)를 넘지 아니할 것. 다만, 수돗물의 경우에는 0.5NTU를 넘지 아니해야 한다. 하. 황산이온은 200mg/l를 넘지 아니할 것. 거. 알루미늄은 0.2mg/l를 넘지 아니할 것.

(5) 물의 경도

경도는 배관이나 각종 기기 내에 스케일 생성 및 부식 등을 야기시키며, 이에 따라 배관 내면에서 유체의 저항이 커지게 되어 펌프의 소요동력이 증가하게 되는 등 각종 기기의 성능저하를 일으키게 된다.

물의 경도는 물속에 녹아 있는 칼슘, 마그네슘 등의 염류의 양을 탄산칼슘의 농도로 환산하여 나타내는 것으로서 도(度) 또는 ppm(parts per million)이 사용된다. 1[l]의 물속에 탄산칼슘이 1[mg]포함되어 있는 상태를 1도[또는 1 ppm]라고 한다. 경도가 큰 물을 경수(硬水 : hard water), 경도가 낮은 물을 연수(軟水 : soft water)라고 하며, 일반적으로 지표수는 연수, 지하수는 경수, 경도를 기준으로 대체적으로 150도 이상을 경수, 이하를 연수로 구분하고 있다.

2-1-2 급수량과 수압

(1) 급수량 산정

급수설비의 설계에 있어서는 가장 먼저 급수량(사용수량)을 예측, 산정해야 하며, 이 급수량에 의거하여 각종 기기용량 및 관경을 결정하게 된다. 급수량의 산정법으로서는 인원에 의한 방법, 건물 유효면적에 의한 방법 및 기구수에 의한 방법 등이 있지만, 저수조 등의 기기가 있는 경우에는 주로 인원에 의한 방법이 사용되고 있다.

물 사용량은 생활습관, 건물의 종류, 계절 · 시간대 등에 따라 변동하여 실태를 파악하기 어려우므로 급수량의 예측에 있어서는 1인당 또는 단위 면적당의 급수량을 기준으로 하여 일반적으로 평균 1인 1일당(주된 근무시간대)의 사용수량의 최대부하를 계산하게 된다.

1) 인원수에 의한 방법

건물의 사용자수를 알 경우에 표 2-2를 이용하여 급수량을 산정한다.

$$Qd = N \times q \qquad (2 \cdot 1)$$

여기서, Qd : 1일 급수량 $[l/\mathrm{d}]$

N : 급수인원(인)

q : 건물 종류별 1인 1일 급수량 $[l/\mathrm{c}/\mathrm{d}]$

2) 건물 유효면적에 의한 방법

건물의 사용자수를 정확히 알 수 없는 경우에는 표 2-2를 이용하여 건물의 연면적으로부터 유효면적비를 구하고 유효면적당 인원으로부터 급수량을 산정할 수 있다. 여기서 유효면적이란 건물의 연면적에서 복도, 계단 또는 기계실 등의 면적을 뺀 것을 말한다.

$$Qd = K \times A \times n \times q \qquad (2 \cdot 2)$$

여기서, Qd : 1일 급수량 $[l/\mathrm{d}]$

K : 건물의 유효면적과 연면적의 비 [%]

A : 건물의 연면적 [m²]

n : 유효면적당 인원 [인/m²]

q : 건물 종류별 1인 1일 급수량 [l/d/c]

표 2-2 • 건물 종류별 단위 사용수량

건축물 종류	1일 평균 사용수량	1일 평균 사용시간	사용자	유효면적당 인원	유효면적/연면적[%]
사무소	100~120	8	근무자 1인당	0.2 [인/m²]	임대사무소 60 일반 55~57
관청, 은행	100~120	8	직원 1인당	0.2 [인/m²]	사무소와 동일
병원			1병상당	1병상당 3.5 [인]	45~48
	고급 1000 이상	10	외래자 8 [l]		
	중급 500 이상		직원 120 [l]		
	기타 250 이상		보호자 160 [l]		
사원, 교회	10	2	1회 참석자		
극장	30	5	객석 1인당		53~55
영화관	10	3	연인원에 대하여	객석에 대해서 1.5 [인]	
백화점	3	8	손님 1인당	1.0 [인/m²]	55~60
			점원 100 [l]		
점포	100	7	상주 160 [l]	0.16 [인/m²]	
소매시장	40	6	손님 1인당	1.0 [인/m²]	
대중식당	15	7	손님 1인당	1.0 [인/m²]	
요리점	30	5	손님 1인당	1.0 [인/m²]	
주택	160~200	8~10	거주자 1인당	0.16 [인/m²]	50~53
고급주택	250	8~10	거주자 1인당	0.16 [인/m²]	42~45
아파트	160~250	8~10	거주자 1인당	0.16 [인/m²]	45~50
기숙사	120	8	거주자 1인당	0.2 [인/m²]	
호텔	250~300	10	손님당	0.17 [인/m²]	
여관	200	10	손님당	0.24 [인/m²]	
클럽하우스	150~200		손님당	15홀 150 [인]	
초등, 중학교	40~50	5~6	학생 1인당	0.25~0.14 [인/m²]	58~60
고등학교 이상	80	6	학생 1인당	0.1 [인/m²]	
	교사 1인당 100				
연구소	100~200	8	직원 1인당	0.06 [인/m²]	
도서관	25	6	관람자 1인당	0.4 [인/m²]	
공장	60~140	8	1교대 1인당	좌작업 0.3 [인/m²]	
	(남 80, 여 200)			서서 하는 작업 0.1 [인/m²]	
정거장	3	15	승강객 수		

3) 냉각수 보급수량

냉동기의 냉각수는 일반적으로 압축식인 경우는 약 13 [l/min · USRT] 정도(흡수식은 16)이며, 따라서 냉각수의 보급은 순환수량의 약 2 [%], 즉 0.26 [l/min · USRT] 정도를 필요로 한다.

4) 각 예상급수량

시간평균 예상급수량은 1일 급수량을 1일 평균 사용시간으로 나눈 것으로 급수 인입관경, 급수탱크 용량 또는 고가수조 용량 등의 산정에 이용된다. 시간최대 예상급수량은 1일 중 최대부하시간대의 급수량으로, 보통은 시간평균 예상급수량의 1.5~2배를 최대 급수량으로 하며 고가수조방식에서 양수펌프의 양수량을 결정할 때 사용된다. 순간최대 예상급수량은 건물 내에서 하루 중 물이 가장 많이 사용되는 시간대(최대부하 시간대)에서 순간적(분 단위)으로 흐르는 최대 급수량을 말한다. 보통은 시간평균 예상급수량을 분단위로 환산하였을 때 값의 3~4배 정도를 순간최대 급수량으로 하며, 압력수조방식에서의 급수펌프의 양수량, 펌프직송방식의 송수량을 결정하는 경우에 이용되며, 또한 배관의 관경결정 시 유량 값으로 이용되는 경우도 있다.

학교나 영화관 등의 휴식시간, 공장 등의 작업종료 후 등과 같이 단시간에 사용이 집중하는 경우에는 시간최대 예상급수량과 순간최대 예상급수량을 더욱 크게 고려할 필요가 있다.

$$Q_h = Q_d / T \qquad (2 \cdot 3)$$

$$Q_m = (1.5 \sim 2.0) \times Q_h \qquad (2 \cdot 4)$$

$$Q_p = (3 \sim 4) \times Q_h / 60 \qquad (2 \cdot 5)$$

여기서, Q_h : 시간평균 예상급수량 [l/h]

Q_d : 1일 사용수량 [l/d]

T : 1일 평균 사용시간 [h/d]

Q_m : 냉각탑으로의 시간평균 급수량 [l/h]

Q_p : 순간최대 예상급수량 [l/min]

(2) 급수압력

위생기구에서 급수압력이 일정한 값 이상이 되지 않으면 기구를 유효하게 사용할 수 없다. 특히 자동밸브나 세정밸브는 수압이 확보되지 않으면 동작할 수 없게 된다. 즉, 기구를 적절히 사용하기 위해서는 필요한 최저압력이 존재한다. 표 2-3에는 각종 기구의 필요 최저압력을 나타낸다. 최근 잘 사용되고 있는 안마형 욕조에는 약 2.5~3.0 [kg/cm^2]의 최저압력이 필요하다.

표 2-3 ● 위생기구의 최저 필요압력

위생기구	최저 필요압력 [kg/cm^2]
일반수전	0.3
대변기 세정밸브(일반 대변기용)	0.7
(블로우아웃식 대변기)	1
소변기 세정밸브(벽걸이형)	0.3
(벽걸이형 스톨용)	0.5
(스톨형 소변기)	0.8
샤워	0.7
가스순간온수기	0.4~0.8

한편, 급수압력이 지나치게 높으면 기구의 사용에 지장을 주며, 유속이 빠르게 되어 수격작용이 발생할 수 있다. 따라서 급수압력은 기구의 편리한 사용, 기구의 손상, 인체의 감각, 물의 비산, 워터 해머의 방지 등을 고려하여, 표 2-4와 같이 건물용도마다 최고사용압력 이하로 유지하고, 급수관 내의 유속을 2.0[m/s] 이하로 하는 것이 바람직하다.

표 2-4 ● 건물용도에 따른 최고사용압력

건물용도	최고사용압력 [kg/cm^2]
공동주택	3~4
호텔, 숙박시설	3~4
사무소, 그 외	4~5

2-1-3 급수방식

급수방식에는 수도직결방식, 고가수조방식, 압력수조방식, 및 펌프직송방식이 있으며, 건물의 용도, 규모, 수압 · 수질의 문제 등을 고려하여 채용한다.

(1) 수도직결방식

상수도 본관으로부터 수도관을 인입하여 수도 본관의 수압으로 건물의 필요개소에 직접 급수하는 방식으로 일반적으로 2층 규모의 주택이나 소규모(약 5층 이하) 건물에 적용되며, 탱크나 펌프가 필요하지 않아 설비비가 적게 소요된다. 하지만 상수도 본관의 영향으로 수압변화가 심하고 저수조 등이 없어 단수 시에는 급수가 불가능하다. 최근 그림 2-2와 같이 상수도 본관의 압력을 사용함에 따른 동력비의 절감, 본관의 양호한 수질 등의 측면에서 증압펌프를 사용하여 고층건물에서 사용되기도 한다.

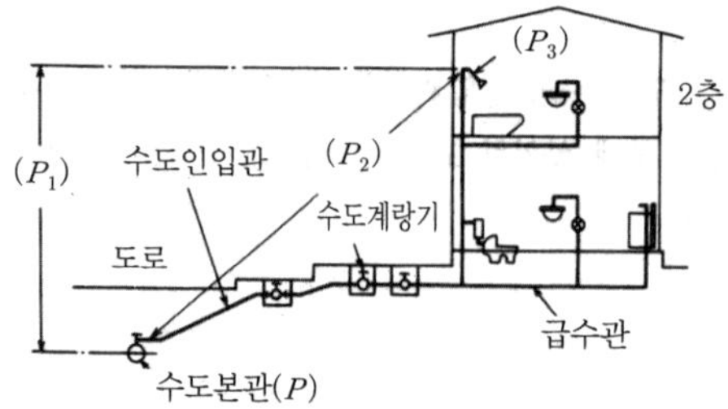

그림 2-1 | 수도직결방식

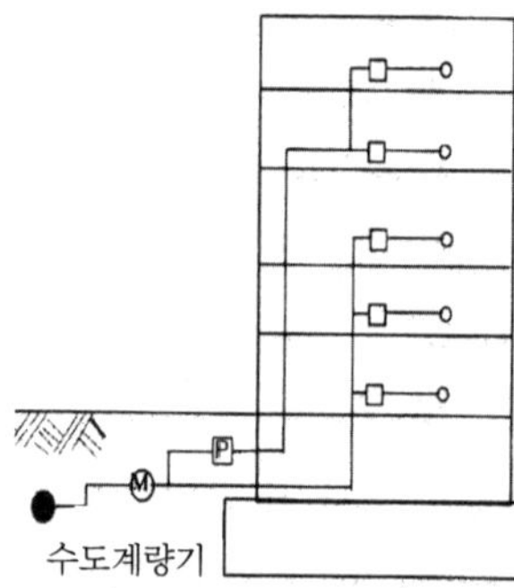

그림 2-2 | 수도직결 증압방식

상수도관의 필요압력 P [kg/cm^2]는 다음의 식(2 · 6)으로 구한다.

$$P \geq P_1 + P_2 + P_3 \qquad (2 \cdot 6)$$

여기서, P : 상수도 본관의 압력 [kg/cm^2]

P_1 : 상수도 본관으로부터 최고층에 있는 위생기구의 높이에 상당하는 압력 [kg/cm^2]

P_2 : 배관마찰손실수두에 상당하는 압력 [kg/cm^2]

P_3 : 수전 등의 최소필요압력 [kg/cm^2]

(2) 고가수조방식

상수도 본관으로부터 수돗물을 지하 저수조에 저장한 후 펌프로 옥상의 고가수조에 양수하고 중력에 의해 건물의 각 위생기구로 공급되는 방식으로 중규모 이상의 고층건물에 가장 일반적으로 적용되는 방식이다.

고가수조방식은 대규모의 동시 사용에 쉽게 대응할 수 있으며 급수압력이 일정하고 단수 시에도 일정량의 급수가 가능하다. 하지만 외관상 및 구조적인 문제를 비롯하여 물탱크 또는 저수시간이 길어짐에 따른 수질오염의 가능성이 있고 초기 설비비가 비싸다.

고가수조의 설치높이는 식(2 · 7)과 같이 구한다.

$$H \geq H_1 + H_2 \qquad (2 \cdot 7)$$

여기서, H : 최고층의 수전 등과 고가수조의 저수위면까지의 높이 [m]

H_1 : 최고층의 수전 등이 필요로 하는 압력에 상당하는 높이 [m]

H_2 : 최고층의 수전 등까지의 전 마찰손실수두(관마찰 손실+부차적 손실) [m]

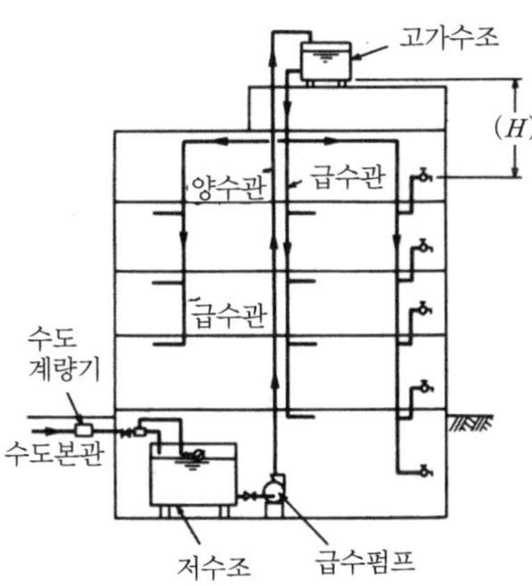

그림 2-3 | 고가수조방식

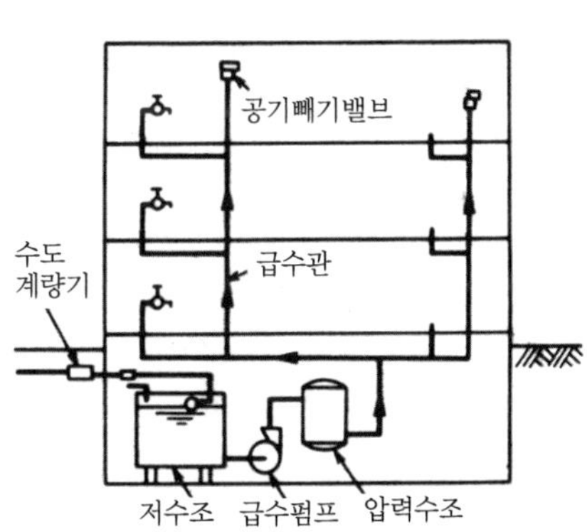

그림 2-4 | 압력수조식

(3) 압력수조식

저수조의 물을 급수펌프로 밀폐된 압력탱크에 보내면 탱크 내부는 압축된 공기로 인하여 압력이 높아지게 된다. 이 압력으로 급수가 필요한 장소에 물을 공급하는 방식으로 수압변동이 심하고, 고가수조식보다 동력비가 크며 설비비도 높다. 특히 국부적으로 높은 압력을 필요로 하는 경우에 이용된다. 종래 지하가 등 고가수조를 설치할 수 없는 경우에 사용되었으며, 특히 펌프직송방식이 나타난 이후 그다지 채용되고 있지 않다.

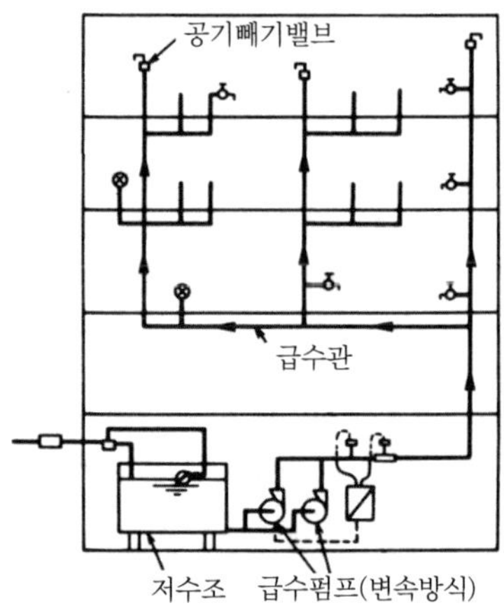

그림 2-5 | 펌프직송방식

(4) 펌프직송방식

저수조의 물을 급수펌프로 직접 건물 내의 필요개소에 공급하는 방식이다. 저수조 이외의 탱크가 필요하지 않으며 수질도 양호해진다. 종래 고가수조방식의 고층아파트의 최고층부 수압 부족의 문제를 해결하기 위한 방안으로 도입되었다. 현재는 수압·수질 양면의 장점에서 건축물의 급수방식으로 널리 사용되고 있지만 제어 또는 기기 설계가 적절하지 않으면 에너지 낭비의 가능성도 있다. 보통 부스터펌프는 수직높이 약 50m를 1개 존으로 하여 조닝이 이루어진다.

이 방식은 토출압력을 일정하게 유지할 수 있도록 제어장치를 해야 한다. 정속 또는 변속방식으로 양수량 및 압력을 조절하며, 일반적으로 아파트 등에서는 급수량의 변화에 따라 펌프의 회전수 제어에 의해 급수압을 일정하게 유지하는 시스템이 채용되고 있다.

1) 정속방식

여러 대의 펌프를 병렬로 연결하여 대수를 제어함으로써 양수량 및 토출압력을 조절하는 방식이다.

2) 변속방식

정속 전동기와 변속기를 조합하거나 변속 전동기를 설치하여 펌프의 회전수를 변화시켜 양수량 및 토출압력을 조절하는 방식이다.

(5) 급수방식의 비교

표 2-5에 급수방식별 특성의 비교를 나타낸다. 최근에는 수질 향상이나 에너

표 2-5 ● 급수방식의 특성 비교

급수방식	수도직결방식	고가수조방식	압력수조방식	펌프직송방식
수질오염 가능성	1	3	2	2
급수압력의 변화	수도 본관의 압력에 따라 변화	거의 일정	압력수조 토출 측에 압력조정 밸브를 설치하지 않으면 수압 변화가 크다.	거의 일정
단수 시 급수	불가	저수조와 고가수조에 저장된 수량을 사용	저수조에 저장된 수량을 사용	저수조에 저장된 수량을 사용
정전 시 급수	가능	고가수조의 저장수량 사용(비상 발전기를 설치한 경우는 정전에 상관없음).	비상발전기를 설치한 경우는 정전에 상관없음.	비상발전기를 설치한 경우는 정전에 상관없음.
기계실 면적	불필요	1	3	2
고가수조 면적	불필요	필요	불필요	불필요
설비비용	1	3	2	3
유지관리	1	2	3	3

주) 숫자로 표시된 경우는 적은 숫자가 유리함을 나타낸다.

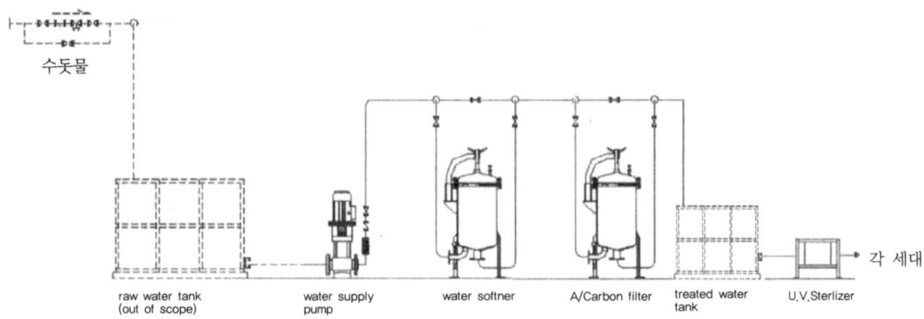

그림 2-6 | 공동주택 중앙정수장치의 예

지 절감을 목적으로 지하층 또는 1~4층을 수도직결방식으로 하고, 그 이상의 층은 고가수조에서 하향배관으로 하는 혼합배관방식이 적용되는 경우가 많다.

(6) 공동주택의 급수방식

공동주택에서는 종래의 고가수조방식에서 펌프직송방식에 의한 급수방식이 많이 적용되고 있으며, 이는 수압, 수질의 측면에서 유리하기 때문이다. 하지만 깨끗한 수돗물을 공급하기 위한 수질기준의 강화, 공공 정수장의 고도처리과정 도입 등에도 불구하고 수질의 악화에 대하여 정수기의 설치나 생수의 사용 등 개인적인 대응이 증가하여 왔다.

그림 2-6은 공동주택단지의 중앙정수장치의 예를 나타낸다. 저수조의 물은 연수처리, 활성탄 처리, 자외선 소독의 과정을 거쳐 처리되며, 처리수는 펌프직송방식으로 각 세대에 공급된다. 또 세대 내에서는 이 처리수를 생활용수로 사용하고 먹는 물은 주방의 수전 등에 설치된 필터 유닛을 통해 다시 처리하는 경우도 있다.

(7) 초고층 건물의 급수방식

고층건물의 하층부에서는 수압이 높아지게 되어 소음과 수격작용(water hammer)이 발생하며, 수전과 밸브 등의 마모가 심해져 수명을 단축시킨다. 따라서 급수압이 건물용도별로 최고압력을 넘지 않도록 중간수조나 감압밸브 등을 설치하여 급수압력을 조정해야 한다. 급수계통을 2계통 이상으로 분할하는 것을 조닝(zoning)이라고 한다.

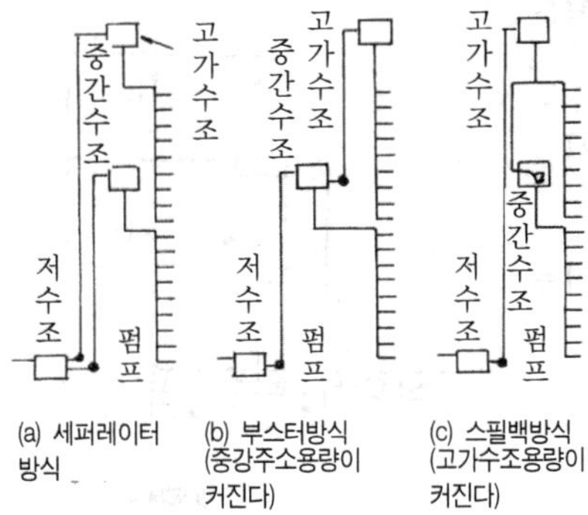

그림 2-7 | 중간수조에 의한 조닝

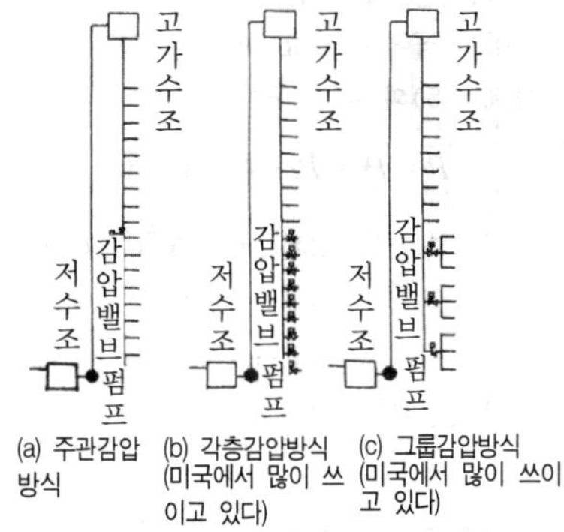

그림 2-8 | 감압밸브에 의한 조닝

표 2-6 • 급수 조닝방식의 특성

구분	중간수조방식	감압밸브방식	중간수조, 감압밸브 병용방식
장점	• 수압이 일정 • 감압밸브방식에 비해 에너지 절약 가능	• 수조, 펌프가 없어 스페이스, 설비비가 감소 • 각 층 감압밸브방식에서 정밀하게 조닝할 수 있다.	• 정밀한 조닝에 대처할 수 있다. • 감압밸브가 고장 나도 최고사용압력을 억제할 수 있다.
단점	• 중간수조실, 양수펌프 등이 필요 • 정밀한 조닝은 곤란	• 감압밸브의 고장으로 높은 수압이 기구에 직접 작용 • 감압밸브의 관리가 필요	• 감압밸브 관리가 필요
적용 건물 및 방식	• 사무실, 호텔 등의 일반건물에 많다. • 세퍼레이트 방식이 일반적	• 사무실 등 일반 건물에서는 주관 감압밸브방식이 일반적임 • 아파트에서는 각호 감압밸브방식도 사용	• 아파트 등에 많다.

2-1-4 급수용 기기 및 장비와 용량

(1) 저수조

저수조의 목적은 상수도 본관 등 공급수원으로부터 일단 물을 저장하는 것으로, 수압이 불충분하거나 고가수조로 급수할 경우 및 단수를 피하기 위해 설치한다. 저수조의 재질로는 강판, 스테인리스, 스테인리스 피복, FRP, 목제(木製),

콘크리트제 등이 사용된다.

저수조의 보유수량은 다음 식으로 구할 수 있지만 일반적으로 1일 급수량의 1/2 정도로 한다.

$$V_s \geq (Q_{pu} - Q_s)\cdot T_2 + Q_s\cdot T_3 + V_F \qquad (2\cdot 8)$$

여기서, V_s : 저수조 용량 [l]

Q_{pu} : 양수펌프의 양수량 [l/min]

Q_s : 인입관의 유량 [l/min]

T_2 : 양수펌프의 최장연속 운전시간 [min]

T_3 : 인입관의 최단연속 급수시간 [min]

V_F : 소화용수량 [l], 필요에 따라 고려한다.

(2) 고가수조

고가수조는 필요압력을 일정하게 유지하기 위해 일반적으로 건물의 옥상 등에 설치하는 탱크를 말하며 재질은 강판, 스테인리스, FRP, 목제 등이 사용된다.

고가수조의 용량은 다음 식으로 구할 수 있다. 하지만 고가수조의 용량은 양수펌프의 양수량과 상호관계가 있으며, 고가수조의 설치조건에 따라 좌우되는 경우가 많다. 일반적으로 시간평균 예상급수량(1시간) 정도로 한다.

$$V_e = (Q_p - Q_{pu}) \times T_1 + Q_{pu} \times T_2 \qquad (2\cdot 9)$$

여기서, V_e : 고가수조 용량 [l]

Q_p : 순간최대 급수량 [l/min]

Q_{pu} : 양수펌프 양수량 [l/min]

T_1 : 피크 시의 계속시간 [min], 1~15 [min]

T_2 : 양수펌프의 최단 운전시간 [min]

전동기 출력	최단 운전시간
7.5 [kW] 이하	6분 이상
11~22 [kW]	10분 이상
30~75 [kW]	15분 이상

(3) 양수펌프

양수펌프는 고가수조의 수위변화에 의해 저수조의 물을 고가수조로 공급하는 펌프로서, 고가수조로의 양수량은 시간최대 급수량, 또는 고가수조 용량을 20~30분 정도에 채울 수 있는 양으로 하는 것이 일반적이다.

양수펌프의 양정은 다음 식으로 구한다.

$$H = H_1 + H_2 + H_3 + H_4 \qquad (2 \cdot 10)$$

여기서, H : 양수펌프의 양정 [m]

H_1 : 펌프 흡입부에서 최정상부 기구까지의 실제 높이 [m]

H_2 : H_1의 배관 등에 있어서 마찰손실수두 [m]

H_3 : 최정상부에 있는 기구의 필요압력수두 [m]

H_4 : 펌프의 on/off 제어에 필요한 수두 [m]

펌프동력은 다음 식으로 계산한다.

$$L_m = \frac{0.163 \cdot Q_{pu} \cdot H \cdot (1+\alpha)}{\eta_p \cdot \eta_t} \qquad (2 \cdot 11)$$

여기서, L_m : 펌프동력 [kW]

γ : 물의 비중량 [kg/m^3], 1,000 [kg/m^3]으로 한다.

Q_{pu} : 펌프 양수량 [m^3/min]

α : 여유율로서 전동기의 경우에는 0.1~0.2

η_p : 펌프효율

η_t : 전동효율로서 전동기 직결인 경우에는 1

(4) 배관재료

급수배관에 사용되는 관 재료는 수질오염과 결과적으로 사용자의 건강에 큰 영향을 미치므로 수질에 대한 위생적 조건을 비롯하여 내식 · 내충격성, 시공성, 경제성 등의 조건을 충분히 조사할 필요가 있다.

아연도강관은 저렴한 가격, 기계적 강도와 시공성이 좋다는 특성으로 널리 사용되어 온 재료였지만 부식이라는 최대 약점 때문에 현재는 일반적으로 내식성이 좋은 동관이나 스테인리스 강관을 사용하고 있다. 수돗물은 염소 소독을 하기 때문에 염소이온 농도에 따른 부식에 가장 강한 것은 스테인리스 강관과 경질염화비닐라이닝 강관이다.

동관은 급수관, 급탕관으로 모두 사용되며 경량인 점, 내식성이 뛰어나고 마찰저항이 적다는 장점이 있지만 최근 청수 발생에 의한 수질오염 문제가 제기되기도 한다.

스테인리스 강관은 내식성이 뛰어나고 적수나 청수 발생의 염려가 없으며 동관보다도 강도가 높고 관두께도 얇다는 특성이 있다.

최근 고층 공동주택의 경우 급탕방식과 같이 실내의 급수도 이중관헤더공법이 적용되고 있는데, 이중관 내부의 배관을 플렉시블관으로 하며 재료에는 가교폴리에틸렌관 등을 사용한다. 이는 시공이나 금후의 배관 교체 등 유지관리 측면에서 유리하다.

(5) 펌프

펌프는 일반적으로 작동원리에 따라 원심식, 왕복동식, 회전식 등으로 분류되고 구조와 운전방법 등에 따라서도 매우 다양한 종류가 있다.

1) 원심식

볼류트(volute)펌프, 터빈(turbine)펌프, 보어홀(borehole)펌프, 오수펌프 등

2) 왕복동식

피스톤(piston)펌프, 플런저(plunger)펌프, 워딩턴(Worthington)펌프

3) 회전식

기어(gear)펌프, 루트(roots)펌프

원심펌프는 임펠러의 회전에 의한 원심력으로 유체를 양수하는 것으로 고양정용에 이용되는 원심펌프는 2단 이상을 붙인 것으로 터빈펌프라고 한다. 또한 펌

프와 모터의 위치에 따라 횡형, 입형, 수중형으로 분류한다. 일반적으로 횡형은 급수와 소방용으로, 입형은 배수용으로, 수중형은 우물물에 사용된다. 횡형 원심펌프는 가격이 싸고 보수관리도 용이하지만 흡입(suction)양정이 적다. 심정(깊은 우물)에는 절연을 완전히 한 모터와 펌프를 일체로 하여 사용하고, 우물물에는 펌프의 케이싱이 들어갈 수 있도록 세로로 긴 펌프를 이용한다.

2-1-5 급수배관 설계

일반적으로 소규모 건물의 관경, 중규모 이상인 건물의 설계 도중에 관경을 개략적으로 계산할 때는 관균등표에 의한 방법이 사용된다. 그러나 중규모 이상인 건물의 급수주관이나 급수지관의 관경을 결정할 때는 순간최대유량을 구해 관의 마찰저항선도에 의해 구하는 것이 일반적이다. 여기서는 순간최대 급수량의 산정방법으로서 기구급수부하 단위법에 대해서 설명한다. 급수관의 관경 결정은 배관 각 부위별 부하유량 산정, 관경의 허용마찰손실 산정 및 유속에 의한 관경 결정 등 크게 3단계로 나누어 진행한다.

(1) 부하유량(급수량)의 산정

기구급수 부하단위법은 미국의 헌터(Dr. Roy B. Hunter)에 의해 고안되었으며, 현재 우리나라에서 실무에서 일반적으로 사용하고 있는 방법으로 각 기구의 급수부하단위를 산출하여 유량선도에서 동시 순간최대유량을 산출하는 방법이다.

기구급수 부하단위(fixture unit for water supply)는 기구별 표준 토수량과 함께 기구의 사용빈도와 사용시간을 고려해 1개의 급수장치에 대한 부하 정도를 예상하여 단위화한 것이다. 개인용 세면기의 사용유량을 1단위로 기구의 종류와 이용상황을 고려한 것이다.

표 2-7에 위생기구의 기구급수부하단위를 나타낸다. 공중용이란 사무소 등 다수의 사람이 사용하는 건물에 설치된 경우를 말한다. 관로에 접속하고 있는 기구의 기구급수부하단위를 표 2-7로부터 구하고, 관로의 기구급수부하단위 합계를 산출하여 그림 2-9의 헌터의 부하곡선(동시사용 유량선도)으로부터 동시사용유량(순간최대유량)을 산정한다.

표 2-7 • 기구급수부하단위(Fu)

기구명	수전	기구급수부하단위	
		공중용	개인용
대변기	세정밸브	10	6
	세정탱크	5	3
소변기	세정밸브	5	
	세정탱크	3	
세면기	급수전	2	1
수세기	급수전	1	0.5
수술용 수세기	급수전	3	
수음기	수음기 수전	2	
욕조	급수전	4	2
샤워	혼합밸브	4	2
욕실	대변기(세정밸브)		8
	대변기(세정탱크)		6
사무실용 싱크	급수전	3	
주방 싱크	급수전		3
조리용 싱크	급수전	4	2
식기세척기 싱크	급수전	5	
연합 싱크	급수전		3
청소용 싱크	급수전	4	3
세탁실 싱크	급수전		
순간온수기	볼탭	2	
살수차고	급수전	5	

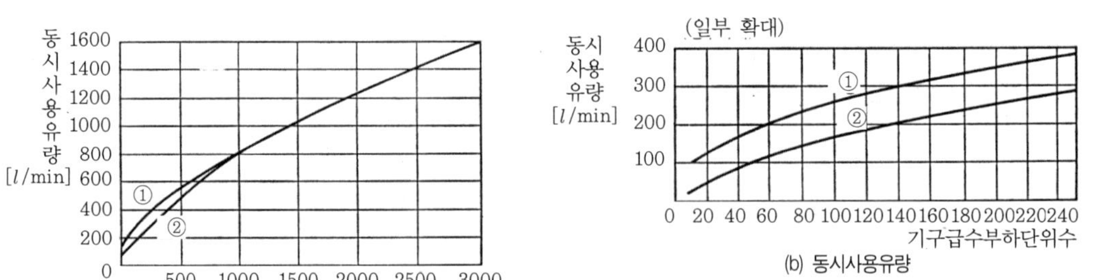

(a) 동시사용유량

(b) 동시사용유량

(주) 곡선 ①은 세정밸브가 많은 경우
곡선 ②는 세정탱크가 많은 경우에 이용한다

그림 2-9 | 기구급수부하단위에 의한 동시사용 유량

표 2-8 • 국부저항 상당관길이

호칭경 [A]	상당관길이 [m]							
	90° 엘보	45° 엘보	90° T (분류)	90° T (직류)	슬루스 밸브	글로브 밸브	앵글 밸브	체크 밸브
15	0.6	0.36	0.9	0.18	0.12	4.5	2.4	1.2
20	0.75	0.45	1.2	0.24	0.15	6.0	3.6	1.6
25	0.9	0.54	1.5	0.27	0.18	7.5	4.5	2.0
32	1.2	0.72	1.8	0.36	0.24	10.5	5.4	2.5
40	1.5	0.9	2.1	0.45	0.3	13.5	6.6	3.1
50	2.1	1.2	3.0	0.60	0.39	16.5	8.4	4.0
65	2.4	1.5	3.6	0.75	0.48	19.5	10.2	4.6
75	3.0	1.8	4.5	0.90	0.63	24.0	12.0	5.7
100	4.2	2.4	6.3	1.20	0.81	37.5	16.5	7.6
125	5.1	3.0	7.5	1.50	0.99	42.0	21.0	10.0
150	6.0	3.6	9.0	1.80	1.20	49.5	24.0	12.0
200	6.5	3.7	14.0	4.0	1.40	70.0	33.0	15.0
250	8.0	4.2	20.0	5.0	1.70	90.0	43.0	19.0

표 2-9 • 동관용 · 스테인리스강 강관용 이음쇠류의 국부저항 상당관길이

호칭경		상당관길이 [m]							
[A]	[SU]	90° 엘보	45° 엘보	90° T (분류)	90° T (직류)	슬루스 밸브*	글로브 밸브	앵글밸브 풋밸브 스윙형 체크밸브**	소켓
15	13	0.30	0.18	0.45	0.09	0.06	2.27	2.4	0.09
20	20	0.38	0.23	0.61	0.12	0.08	3.03	3.6	0.12
25	25	0.45	0.30	0.76	0.14	0.09	3.79	4.5	0.14
32	40	0.61	0.36	0.91	0.18	0.12	5.45	5.4	0.18
40	50	0.76	0.45	1.06	0.24	0.15	6.97	6.8	0.24
50	60	1.06	0.61	1.52	0.30	0.21	8.48	8.4	0.30
65	75	1.21	0.76	1.82	0.39	0.24	10.00	10.2	0.39
80	80	1.52	0.91	2.27	0.45	0.30	12.12	12.0	0.45
100	100	2.12	1.21	3.18	0.61	0.42	19.09	16.5	0.61
125	125	2.73	1.52	3.94	0.76	0.52	21.21	21.0	0.76
150	150	3.03	1.82	4.55	0.91	0.61	25.45	21.0	0.91
200	200							33.0	
250	250							43.0	

주) *청동주물형

**50 [A] 이하 : 청동주물, 65 [A] 이상 주철제

일반 배관용 스테인리스강 강관에 대해서는 고유의 데이터가 없기 때문에 본 표를 사용한다.

(2) 배관의 관경 결정

관경은 그림 2-10의 배관 종류별 유량선도를 이용하여 순간최대유량과 허용 마찰저항(관 길이 l [m]당 마찰손실수두 : 동수구배) 또는 허용유속으로부터 구한다. 허용마찰저항은 식(2 · 12)로 구한다.

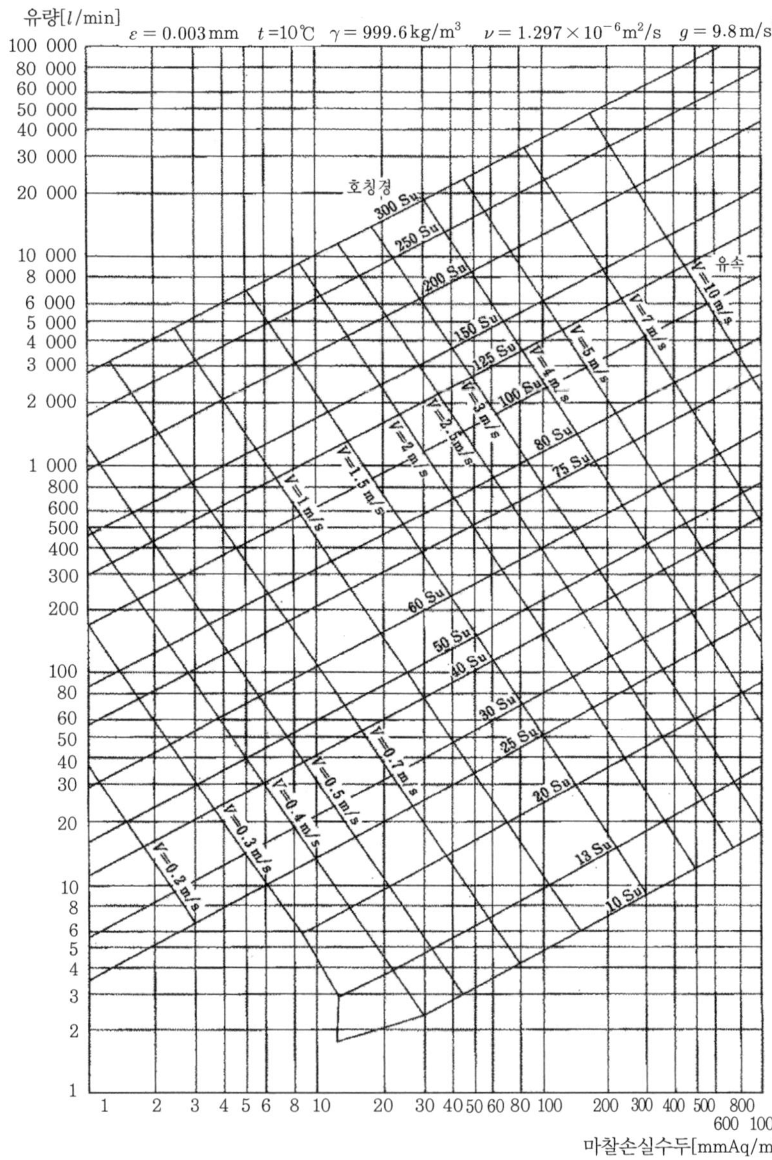

그림 2-10 | 일반배관용 스테인리스강 강관의 유량선도

허용유속은 유수음, 워터해머 등의 발생을 방지하기 위해 1~2 [m/s](동관인 경우, 1.5 [m/s]) 이하 정도로 하며, 이를 초과할 경우 그림 2-11과 같이 한 치수 큰 관경으로 배관을 결정한다.

$$i = \frac{H - H_f - H'}{l + l'} \cdot 1000 \fallingdotseq \frac{H - H_f - H'}{K \cdot l} \cdot 1000 \qquad (2 \cdot 12)$$

여기서, i : 허용마찰저항(관길이 l [m]당 마찰손실수두) [mmAq/m]

H : 정수두 [mAq]

H_f : 즉, 상층부의 수직주관까지의 마찰손실수두 [mAq], 최상층의 경우 $H_f = 0$

H' : 지정 구간의 말단에서의 최저필요수두 [mAq]

l : 직관(주관 및 지관)의 길이 [m]

l' : 이음, 밸브류 등의 상당관길이의 합계(표 2-8, 9 이용)

K : 관로계수

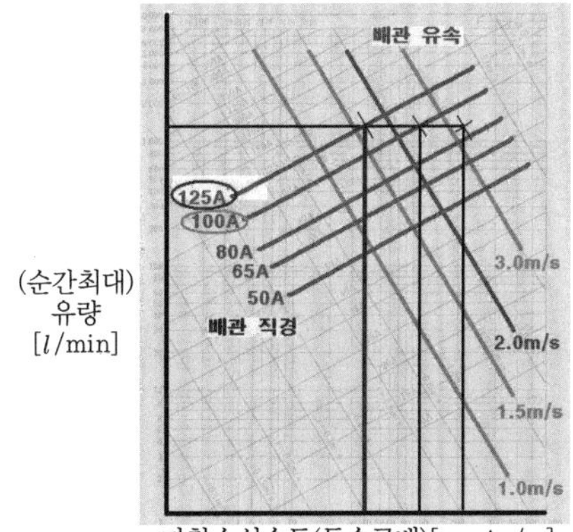

그림 2-11 | 급수배관의 관경 결정

2-1-6 급수설비에서의 주의사항

(1) 급수설비의 수질오염과 방지

1) 배관의 부식

부식이란 금속의 전위차, 이종금속의 결합, 이온화, 전기적 작용, 응력, 유속,

미생물, 산소작용 등에 의해 발생하며 기본 성능이 저하되어 설비의 수명이 단축되거나 물을 오염시켜 건강에도 나쁜 영향을 준다.

강관이나 동관의 부식은 녹물(적수), 청수 등의 현상을 일으키고 단면의 축소, 누수의 원인이 되기도 한다. 이를 방지하기 위해서는 기본적으로 수질이 양호하여 부식을 억제할 수 있도록 산소 및 염류 등의 제거를 위한 수처리기를 설치하거나, 수명의 연장 또는 유지관리의 측면에서 배관의 세정이나 갱생, 교체가 편리한 공법이 필요하다.

2) 수조(물탱크)의 오염

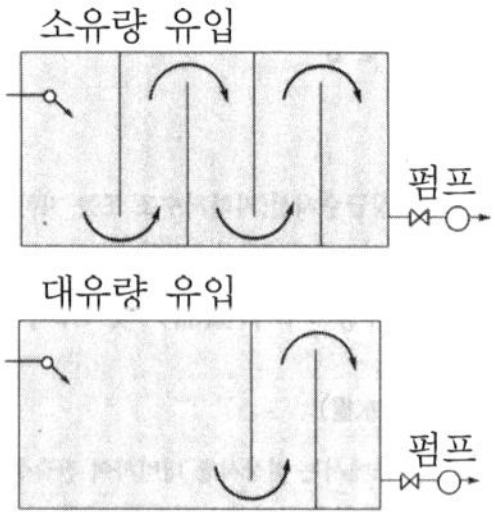

그림 2-12 | 수조에 설치하는 격벽의 예

수조에서는 사수(dead water)의 발생 방지와 유지관리를 위해 격벽을 설치하거나 다조식으로 할 필요가 있다. 수조의 입구와 출구를 따라 물이 흐르는 방향에서 멀어질수록 탱크 내부의 물은 정체되어 사수가 발생할 수 있으며, 용량이 큰 수조의 경우 저장시간이 길게 되면 잔류염소가 소비되기 쉽다. 이러한 부분에서 미생물의 증식이 촉진되고 슬라임(s1ime)이 되어 수중의 부유물이나 바닥의 침전물이 공급되면 이상한 맛과 색, 냄새 등이 나타나게 된다. FRP(유리섬유강화 플라스틱)제 등의 고가수조는 조류(藻類)가 증식할 수가 있기 때문에 특히 차광성 재료가 필요하다.

수조의 주변은 점검 및 보수가 쉽도록 여유공간을 확보해야 하며, 되도록 6면체 점검이 가능하도록 한다. 동시에 수조의 맨홀이 밀폐되고 오버플로관, 통기관 등에서도 위생상 유해요소가 침입할 수 없도록 대책 및 관리가 필요하다.

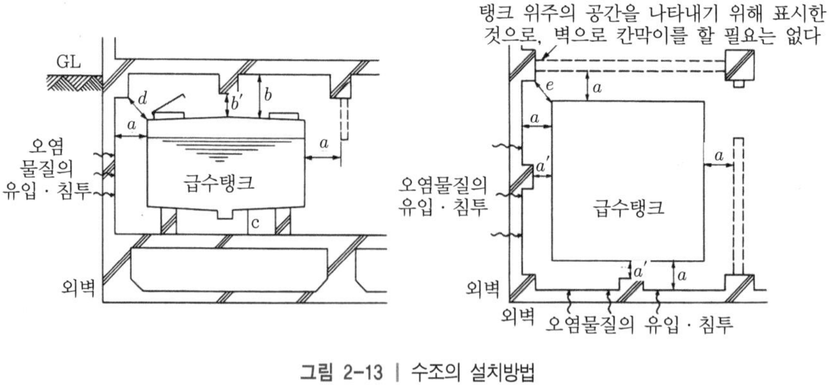

그림 2-13 | 수조의 설치방법

3) 크로스 커넥션(cross connection)

크로스 커넥션은 특히 급수 계통의 배관에 다른 계통의 배관이 직접 연결되는 것을 말하며, 상수도가 오염될 수 있다. 따라서 음용수용 배관은 다른 용도의 배관과 직접 연결되지 않도록 각 계통마다의 색깔로 구분할 수 있게 하고, 또한 준공검사 시의 통수시험을 통해 배관의 오접합을 방지한다.

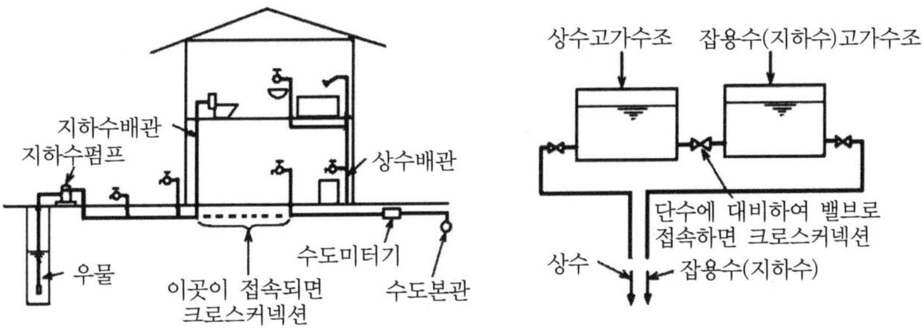

그림 2-14 | 크로스 커넥션

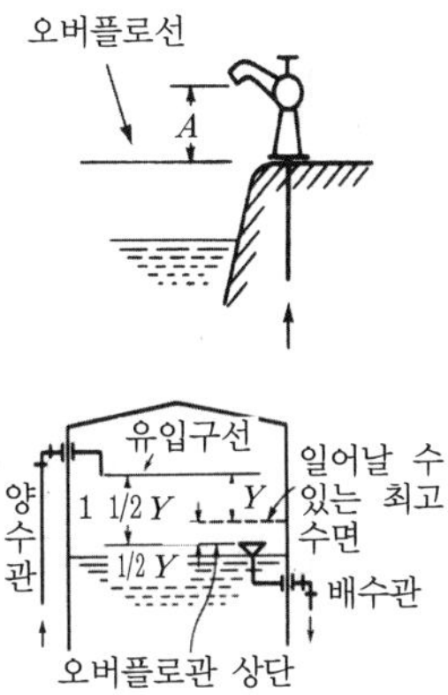

그림 2-15 | 토수구 공간

4) 배수의 역류

급수관 내부가 부압(負壓)이 될 경우, 수전의 말단이 오염된 물속에 잠겨 있거나 그 수면 가까이 있으면 역사이폰 작용에 의해 오염된 물이 급수배관 내로 유입되어 오염이 된다. 따라서 이 역사이폰 작용을 방지하기 위해서는 수전 말단과 수면 사이에 공간을 두는 것이다. 이를 토수구 공간이라 하며 위생기구의 오버플로 수면과 토수구(수전 등) 사이의 수직거리가 규정되어 있다.

세정밸브식 변기 등은 토수구 공간을 두는 것이 불가능하므로 공기를 유입시켜 부압을 완화, 소멸시키는 버큠 브레이커(vacuum breaker)를 수전, 밸브 부근의 배관에 설치한다. 또한 역류방지기를 설치할 수도 있다.

(2) 수격작용(water hammer)

배관의 수전이나 밸브 등을 급폐쇄하면, 유체의 운동에너지는 순간적으로 압력에너지로 변환되고 수전 또는 밸브의 상류에서 압력이 급격히 상승하여 배관 내의 전수압(全水壓)이 일정하게 될 때까지 압력파가 왕복하게 된다. 이와 같이 관로 내의 유체가 급격히 변화하여 압력변화를 일으키는 것을 수격작용이라 한다. 이 압력파가 관벽이나 배관의 밸브, 수전 등에 작용하여 진동을 발생시키고 소음을 일으키며, 심한 경우 배관의 파손 및 누수 등의 원인이 된다. 이와 같은 수격작용은 밸브 등을 급히 열어 정지중인 배관 내의 물을 급격히 유동시킨 경우에도 발생하며 양수펌프의 운전정지 시에도 나타난다.

수격작용을 방지하기 위해서는 기본적으로 유속을 억제하는 것이 바람직하다. 관로에는 에어챔버 등을 설치하고, 급폐쇄형 밸브는 사용하지 않는 것이 필요하며, 펌프계 관로에서는 양수관의 수평배관을 가능한 한 낮은 위치에 설치하는 등 배관경로를 고려해야 한다.

2-2 급탕설비

2-2-1 급탕설비의 개요

최근 생활의 질이 향상됨에 따라 급탕설비의 다양화와 급탕량의 사용이 증가되고 있다. 급탕은 주거용, 목욕탕, 호텔, 수영장, 공장 등에서 많이 이용하며 에너지가 많이 소요되어 이에 대한 절감대책도 필요하며, 수영장과 같이 공중에 이용되는 급탕은 위생적인 면과 배수에 따른 환경을 고려하여 사용해야 한다. 또한 규모와 용도에 적합한 급탕장비의 선택과 보일러실의 배치, 배관방법 등이 중요시 된다.

(1) 주거용 건물의 급탕계획

일반 주택에서는 가스에 의한 순간온수기, 유류(油)를 사용한 보일러, 태양열 이용 온수기, 심야전기이용 급탕방법이 이용된다. 공동주택에서는 규모에 따라 개별급탕방식과 중앙공급방식이 있으며 규모가 큰 단지에서는 고온수나 증기를 이용해서 열 교환기에 의한 간접가열식 공급방식을 이용하기도 한다. 경우에 따라서는 쓰레기 소각장치의 폐열을 이용하여 온수를 공급하기도 한다. 공급온도는 보통 60℃로 하며 용도에 따라서는 찬물을 섞어 사용하기도 한다.

(2) 목욕탕 및 수영장

취미생활 및 건강 측면에서 목욕탕, 사우나, 수영장 등과 같이 많은 급탕량이 소요되는 건물이 증가하고 있으며, 현행 건축법에는 연면적 500m^2 이상의 목욕장, 실내수영장에는 에너지 절약 계획서를 제출해야 하고 관련기술사가 설계하도록 정하고 있다. 보통 급탕용과 난방용 보일러는 1대의 보일러로 이용하는 경우가 많으며, 수영장들의 소득방법은 오존살균, 활성판 여과방법, A-1 필터 여과법이 있는데 국내 수질기준은 표 2-10과 같다.

표 2-10 • 국내 수영장 수질기준 (mg/l)

구분	탁도	pH	잔유유리 염소	과망간산칼륨	일반세균	턴오버(turn over) 횟수
수질 기준	5도 이하	5.8~ 8.6	0.4~0.6 mg/l	12mg/l 이하	101영 이상 샘플의 15% 이하	3회 이상/

급탕온수를 배수 시에는 열 회수장치를 설치하여 폐열을 회수하도록 계획한다(그림 2-16 참조).

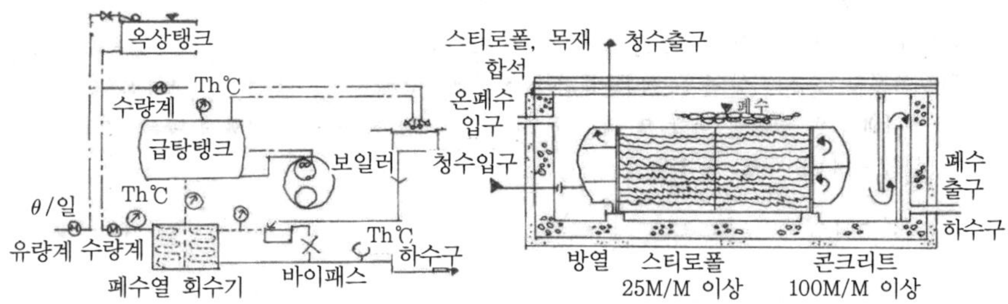

그림 2-16 | 목욕탕의 폐수열 회수장치

※ 폐수열 회수기 - 목욕 후 배수되는 고온폐수를 열 교환기를 통하여 열을 얻은 후 배수시키는 기구이다. 이때 열교환 파이프는 부식되지 않도록 각종 파이프를 스테인리스강 등으로 하고 파이프 주위의 청소를 용이하게 할 수 있도록 개폐장치를 설치한다. 수영장의 경우 열원으로 고온수나 증기를 사용하며 온수공급방법은 그림 2-17과 같다.

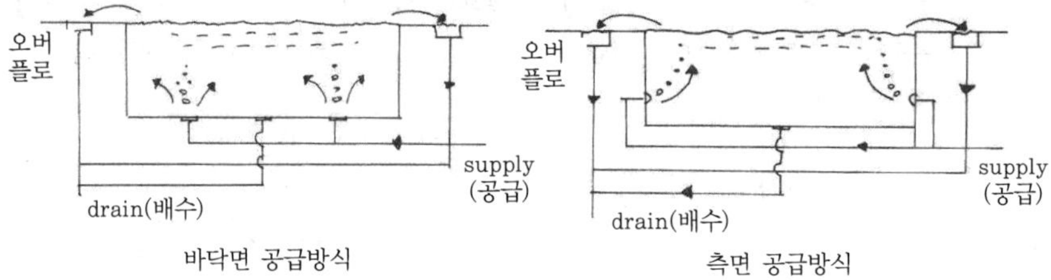

그림 2-17 | 수영장물의 공급방법

보통 바닥면 공급방식이 소독약품 주입 시 유리하여 주로 이용되며, 수온은 28℃, 실온(室溫)은 30℃로 계획한다. 에너지 절약을 위해서 태양열이나 증기보일러 등의 배기가스를 급탕예열에 이용한다. 수영장 설계 시에는 탕온수의 증발로 인하여 제습 및 환기부하가 많아서 완전한 지하수영장보다는 일부공간이 외부로 노출되도록 계획하는 것이 좋다.

또한 수영장은 이용자들이 탈의한 상태이므로, 기온에 민감하게 반응하므로 외단열을 하여 내부축열성능을 갖도록 벽체구성을 하는 게 좋으며, 수영장물의 순환 시 머리카락이 펌프에 끼는 것을 방지하기 위하여 머리카락 채집기(hair catcher)를 설치한다.

2-2-2 급탕설비의 기초사항

(1) 온수의 성질

1) 온수의 팽창

물은 4℃일 때 밀도가 제일 크고 체적이 제일 적다. 이는 물만이 갖는 특성으로 다른 액체나 고체와 다른 현상이다. 예를 들어 물은 100℃로 높였을 때 체적이 약 4.3% 증가하고, 또 100℃의 증기로 변할 때 약 1,700배로 증가한다. 온도의 변화에 따른 체적 팽창량은 식(2 · 13)으로 구할 수 있다.

$$\Delta V = (1/P_2 - 1/P_1) \times V \qquad (2 \cdot 13)$$

여기서, ΔV : 온수의 팽창량 $[l]$

P_1 : 온수 변화 전의 물의 밀도 $[kg/l]$

P_2　: 온수 변화 후의 물의 밀도[kg/l]

V　: 장치 내의 전수량[l]

따라서 급탕설비의 설계, 시공 시에는 물의 팽창에 대한 여유를 고려하여 팽창탱크나 팽창관을 설치하며, 기기의 파손이나 사고를 방지해야 한다.

2) 수질의 영향

물속에는 용존산소, 용해염류, 탄산마그네슘 등 여러 가지가 포함되어 있다. 이것을 가열하면 산소가 분리된 유리(有利)산소가 되어 급탕배관이나 기기를 부식시킨다. 따라서 구리나 비철금속 및 철제품 등은 내식처리해야 한다. 또한 용해염, 탄산마그네슘 등을 포함한 정수는 스케일(scale)이 생성되어 수온의 상승과 함께 보일러 내면에 달라붙어 물의 흐름 방해 및 전열면의 열전달을 저하시켜 열효율이나 보일러의 수명을 저하시키고 연료비의 손실을 가져오게 된다.

(2) 열량

일반적으로 1kg의 물을 1℃ 올리는데 필요한 열량을 1kcal라고 하며 그의 1/1,000은 1cal이다. 즉, 물을 가열할 경우 소요열량은 식(2 · 14)와 같이 나타낸다.

$$Q = W \times (t_h - t_c) \qquad (2 \cdot 14)$$

여기서, Q : 소요열량[kcal]

W : 물의 양[kg]

t_h : 가열할 온수의 온도[℃]

t_c : 공급할 물의 온도[℃]

1) 급탕온도

건물 내에서 급탕을 필요로 하는 곳은 음료용, 목욕용, 세정용, 소독용으로 분류할 수 있다. 일반적으로 배관중의 열 손실을 고려하여 사용온도보다 다소 높은 55~60℃ 정도로 급탕하며, 이를 각 사용개소에서 용도에 따라 적절히 찬

물을 섞어 사용한다.

그러나 소아병원이나 정신병원의 경우, 환자의 안전을 고려하여 급탕온도를 40~50℃로 낮게 공급하는 것이 바람직하다.

표 2-11 • 용도별 급탕온도

용 도	사용온도 (℃)	용 도	사용온도 (℃)
(1) 음료용	50~55	(8) 세탁용 : 상업용 일반	60
(2) 목욕용 : 성인	42~45	견 및 모직물	33~37
소아	40~42	린넨 및 면직물	49~52
(3) 샤워	43	(9) 수영장용	21~27
(4) 세면 · 수세용	40~42	(10) 차고(세차용)	24~30
(5) 외과용 · 수세용	43	(11) 안개사우나(fog sauna)	50~60
(6) 면도용	46~52		
(7) 주방용 : 일반용	45		
섭시 세정용	45		
접시세정기 행구기용	70~80		

2-2-3 급탕방법 및 배관방식

건물의 급탕방법은 대략 다음과 같이 분류할 수 있다.

- 개별급탕방법
- 중앙식 급탕방법

(1) 개별식 급탕법

주택이나 소규모 공장, 사무실 등에서 주로 이용된다. 설비비가 싸고 필요시 더운물을 손쉽게 얻을 수 있으며 배관중의 열 손실도 적다.

1) 순간 온수기

급수관의 일부를 가스나 전기로 가열하여 얻어지는 온수를 직접 급탕하는 방법이다. 주택이나 아파트의 욕실, 부엌, 이 · 미용실 등에 이용되고 있다. 가스공급 시에는 환기에 유의해야 한다. 가스보일러는 한 대로 난방 및 급탕을 겸용으로 이용하며, 급탕공급은 별도의 파이프로 공급하여 방바닥의 난방코일 내의 온수를 급탕에 이용되지 않게 한다.

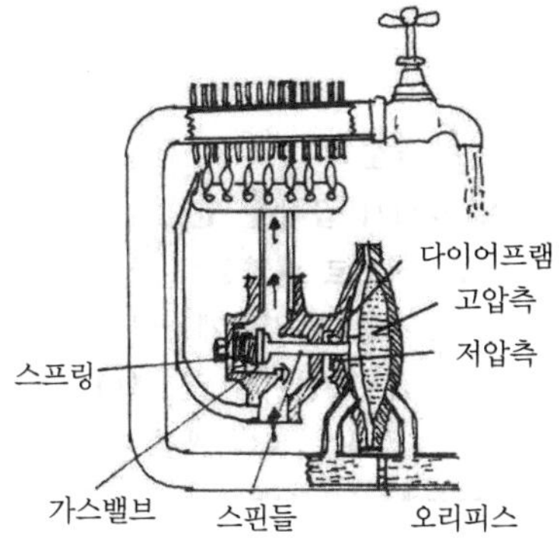

그림 2-18 | 순간온수기의 구조

2) 저탕식 온수기

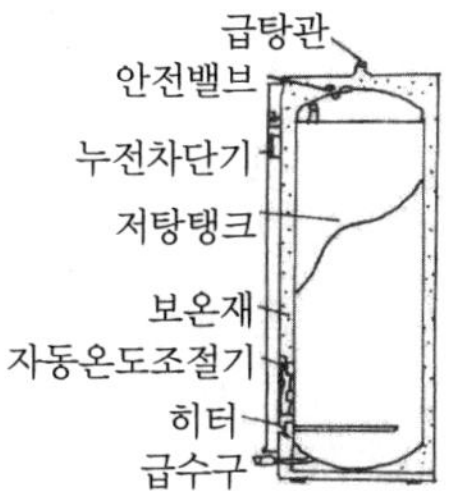

그림 2-19 | 전기저탕식 탕비기

일정량의 온수가 항상 저장되어 있어 순간식보다는 다소 많은 사람이 동시에 이용할 수 있는 기기이다. 공장, 기숙사 등에 널리 이용되며 열원으로는 전기, 가스, 유류를 이용할 수 있다. 특히 순간온수기는 60~70℃ 정도의 수온밖에 얻을 수 없으나 저탕형 온수기는 비등점에 가까운 온수를 얻을 수 있다.

3) 기수(氣水)혼합법

욕조나 수조 내의 냉수 속에 직접증기를 뿜어 증기가 가진 전 열량을 물에 가하는 방법이다. 병원, 공장, 기숙사 등의 증기를 항상 공급할 수 있는 곳에서 이용되며 열효율은 100%이지만 소음이 발생되는 것이 결점이다. 시공이 용이하고 설비비는 싸지만 비교적 높은 증기압(1~4kg/cm^2)을 요하기 때문에 안전에 유의해야 한다. 소음을 줄이기 위해서 스팀 사일런서(steam silencer)를 사용해야 하며, 대개 청동제가 이용된다. 종류는 s형과 F형이 있다.

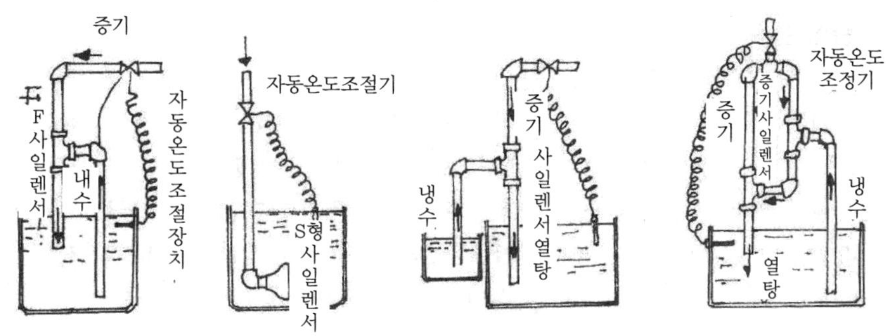

그림 2-20 | 스팀 사일런서 배관방법

4) 태양열 온수기

태양열을 이용해서 물을 메우는 것이 태양열 온수기다. 태양광선에서 받는 일사량은 계절, 장소에 따라 다르나 평면 $1cm^2$당 평균 일사량은 $1.94kcal/cm^2 \cdot min$라고 한다. 그러나 실제 태양의 고도, 대기 중의 오염으로 인하여 일사량이 저하한다. 일반적으로 개인 날의 직사일광의 일사량은 평균 $810kcal/m^2hr$로 본다. 연간을 통한 평균은 $4,000 \sim 5,000kcal/m^2 \cdot day$ 정도이며, 가정용 온수기의 수열면적은 $2m^2$로 봐서 절연효율은 70%로 하면 하루의 집열량은 $(4,000kcal/m^2 \cdot day) \times 0.7 \times 2m^2 = 5,600kcal/m^2 \cdot day$이다.

질연판의 밑에 단열재를 설치하고 위에 동판을 붙이고 크롬(cr)을 칠하거나 선택 흡수막을 붙여서 일사의 수열효율을 높인다. 집열코일 내에는 상변화 물질(p.c.m phase changed material)을 넣어 열을 받으면 기체가 되어 상부의 축열탱크(heater) 내로 올라가서 열교환하고, 식으면 다시 액체상태로 하부 집열판으로 내려와서 순환하게 된다.

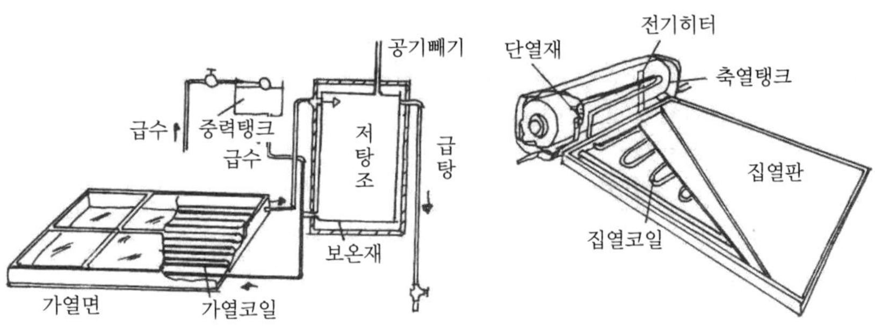

그림 2-21 | 태양열 온수기 배관방법

(2) 중앙식 급탕법

중앙식 급탕법은 건물의 지하실이나 별도의 보일러실에서 탕비장치를 설치하고 배관에 의하여 필요한 각 요소에 공급하는 방식이다. 아파트, 사무소, 학교, 호텔 등과 같이 대규모 건물에 적합하며 그 특징은 다음과 같다.

- 탕비장치가 대규모여서 열효율이 높다.
- 다른 성비와 동일한 장소에 설치할 수 있어 관리상 유리하다.
- 급탕비용이 대체로 싸다.

1) 직접가열식 급탕방법

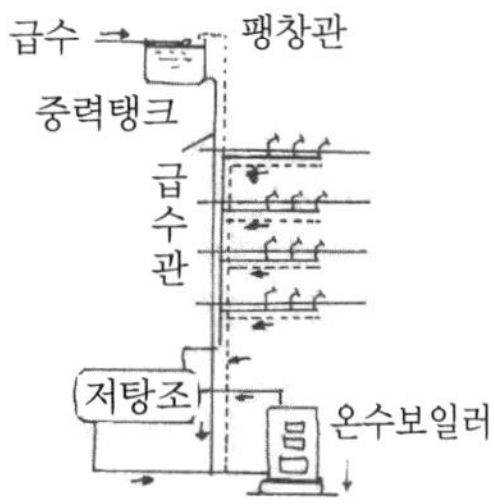

그림 2-22 | 직접가열식 급탕배관

온수보일러에서 가열시킨 온수를 저탕조를 거쳐 직접 각층에 공급하는 방식이다. 온수의 공급은 반탕관의 말단부에 순환펌프를 설치하여 순환시킨다. 팽창관은 장치 안에서 생긴 증기나 공기를 배출함과 동시에 물의 팽창에 따른 위험을 방지하며 안전밸브 역할을 한다. 각 층에 설치된 파이프 내에서 반환되는 스케일이 보일러 내벽에 부착되어 열효율이 저하되기 쉽고 또한 보일러의 수명을 단축시키는 단점이 있다. 급탕관경의 최소치는 급수관보다 한 치수 큰 20mm이다.

2) 간접가열식 급탕방법

고온수나 증기를 이용하여 저탕조 내에서 열교환하여 간접적으로 탕을 만들어 각 층에 공급하는 방식이다. 이 방식은 직접가열식에 비해 가열코일 내의 열매가 반복순환하기 때문에 보일러 내의 스케일이 부착하는 일이 적고 전열효율이 높다. 가열코일 내에 순환하는 증기는 0.3~1kg/cm^{2}의 저압으로도 가능하며 고압보일러가 필요 없다. 난방용으로 설치된 고온수, 증기 등의 열매를 이용하면

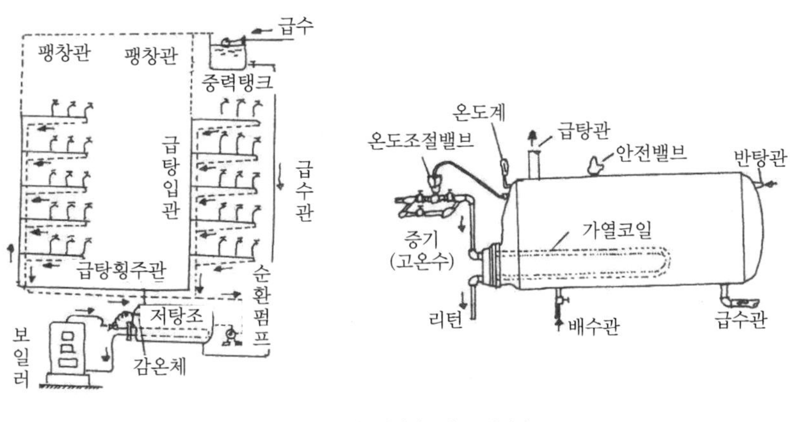

그림 2-23 | 간접가열식 급탕배관

별도로 보일러가 필요 없다. 호텔, 사무소, 병원, 아파트 등의 대규모 건축물에서는 간접가열식 급탕방법을 많이 사용하고 있다.

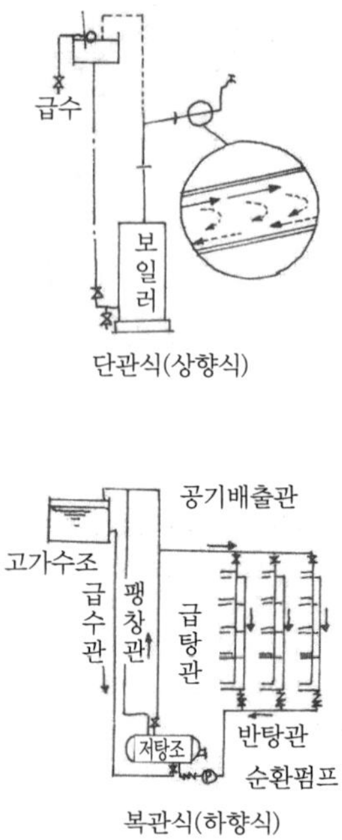

그림 2-24 | 배관방식의 계통도

2-2-4 배관방식

배관방식에는 단관식과 복관식이 있고 공급방법에 따라 상향공급식, 하향공급식, 상하향혼용식이 있다.

(1) 단관식

보일러로부터 급탕용 수전까지 하나의 급탕관으로 배관된 것이다. 급탕공급관만 배관되어 탕이 원활하게 순환할 수 없으며, 급탕용 수전을 열면 처음에는 식은땀이 나오고 얼마간 있다가 온수가 나와서 다소 불편하다. 그러나 배관거리가 짧고 설비비가 절약되어 주택 같은 소규모 건물에 적합하다.

(2) 복관식

2관식 또는 순환식이라고 하며 급탕관과 환탕관으로 구성되어 온수가 계속 순환된다. 따라서 급탕전을 열면 즉시 뜨거운 물이 나오고 대규모 건물에 사용된다.

(3) 공급방식

1) 상향 공급식

급탕탱크나 보일러가 하단에 있고 급탕기구가 상단에 있어 온수의 흐름이 하부에서 상부로 공급하는 방식이다. 유체의 대류현상에 의하여 자연공급할 수 있으며 규모가 큰 건물에서는 기계식으로 공급할 수 있다.

2) 하향 공급식

급탕관을 최상층까지 세우고 최상층 급탕수평주관에서 하층이 각 급탕수전에 온수를 공급하는 방식이다. 대규모 건물에서는 급탕 파이프가 길 때에는 온수가 중간에서 식는 것을 방지하기 위해서 1개의 건물에 상·하향을 동시에 적용한

병용식을 채택하는 경우도 많다.

(4) 역환수관방식(reverse return system)

각 층에서 지관(枝官)수가 많을 경우에는 온수의 유량을 균일하게 분배하기 위하여 반탕관을 역으로 설치하여 반탕을 흐르게 하는 방식이다. 급탕 및 반탕의 전체 마찰저항량을 동일하고, 급탕 시 유량을 분배를 균일하게 하기 위해서 반탕관을 역으로 돌려서 공급하는 방식이다.

2-2-5 급탕배관 시 유의사항

(1) 온수순환펌프

급탕수전에 온수공급을 원활하게 하기 위하여 급탕펌프를 사용한다. 펌프도 내식성, 내연성이 요구되며 일반적으로 볼류트(volute)펌프가 사용되며, 소규모 건물에서는 라인(line)펌프류가 사용된다. 자동온도조절장치를 부착하여 적당한 온수의 공급을 조절한다.

(2) 팽창관

온수공급 시 배관 내에서 분리된 증기나 온수를 배출함과 동시에 온도상승에 따라 일어나는 물의 팽창을 흡수하여 도피시키는 안전밸브 역할을 한다. 보통 육상탱크에 직접 연결하지 않고 팽창탱크를 만들어서 연결시킨다.

(3) 배관의 부식

급탕관은 급수관보다 부식하기 쉽다. 일반적으로 온도가 10℃ 상승할 때마다 2배 정도의 침식량이 증가된다. 따라서 급탕관은 동관, 황동관, 스테인리스관 등으로 사용하는 것이 좋다.

(4) 배관의 구배

급탕되는 물이 뜨거워지면 수중에 함유된 공기가 분리되기 쉬워서 이것이 배관중의 연결부에 정체하기 쉽다. 따라서 배관은 선상향 구배로 큰 물매를 취하는 것이 공기의 배기와 아울러 순환이 용이하다. 배관구배는 중력순환식의 경우 1/150 이상, 강제순환식의 경우는 1/200 이상으로 한다.

(5) 수압시험

급탕배관의 수압시험은 배관을 완료 후 피복하기 전에 가열기, 저탕조에 상용 압력의 2~3배 압력으로 10분 이상 유지될 수 있어야 한다.

2-3 배수통기설비

2-3-1 배수통기설비의 개요

물의 용도는 음료용, 세정용 및 청소용 등 인간의 일상생활에 있어서 뿐만 아니라, 공업용수 등의 산업용으로도 쓰이게 되는데 이와 같이 사용된 물은 배수관에 의해 공공하수도 또는 공공수역에 방류된다. 배수관은 하수 냄새의 유입을 방지하고 관내를 청결히 유지할 필요가 있다.

2-3-2 배수의 종류

건물 및 부지내의 배수는 오수, 잡배수, 우수 및 폐수로 분류할 수 있으며 배수를 재이용할 경우는 중수도용 배수도 분리배수된다.

(1) 오수

대소변기 및 이와 유사한 용도를 가진 기구로부터의 배수를 말하며, 매설물 · 휴지 등의 고형물을 포함하고 있다.

(예) 대소변기, 오물싱크, 비데 등

(2) 잡배수

대소변기 및 이와 유사한 용도를 가진 기구에서의 배수를 제외한 다른 위생기구로부터의 배수를 말한다.

(예) 세면기, 싱크류, 욕조 등

(3) 우수

지붕 및 부지 등에서의 우수(雨水)를 말한다.

(4) 폐수

일반의 배수계통 또는 하수도로 직접 방류할 수 없는 유해 · 유독한 배수를 말하며, 공업용 폐수와 연구소나 병원의 산 · 알칼리 및 방사능을 포함한 배수 등이 이에 해당한다.

(5) 중수도(재생이용수) 배수

물의 유효이용을 위하여 한번 사용한 물을 재생하여 이용하는 경우에 재이용하기 위한 원수(原水)가 되는 배수를 일반배수와 구분하여 별도로 배수한다.

2-3-3 배수 계통의 구분과 배수방식

(1) 배수 계통의 구분

배수 계통은 건물 및 부지 내의 상황과 방류된 곳의 상황에 따라 구분된다.

건물 및 부지 내의 상황이란 배수의 종류, 배수와 방류된 곳의 고저차 등이며 방류된 곳의 상황이란 공공하수도의 유무 및 공공하수도의 시설내용에 따라 구분된다.

1) 배수 종류에 따른 구분

① 오수

② 잡용수

③ 우수

④ 폐수

2) 배수의 방류된 곳과의 고저차에 의한 구분

① 중력식 배수 : 자연유하에 의한 배수 계통

② 기계식 배수 : 배수조에 모아 펌프를 이용하여 배수하는 계통

(2) 배수방식

배수방식에는 합류식과 분류식이 있는데, 공공하수도와 부지 내 배수 계통에서 그 내용이 다르다. 즉, 공공하수도에서는 우수를 오수＋잡용수 계통과 합치느냐 분리하느냐에 따라 합류식, 분류식으로 구분하고 부지 내 배수에서는 오수와 잡배수를 합치느냐 분리하느냐에 따라 구분한다.

1) 공공하수도

① 합류식 : 우수+오수+잡배수

② 분류식 : 우수+「오수+잡배수」

2) 부지내 배수 계통

① 합류식 : 「오수+잡배수」, 우수

② 분류식 : 「오수」, 「잡배수」, 「우수」를 분리

2-3-4 배수량

(1) 기구에서의 배수량

위생기구에서의 배수량은 기구의 종류에 따라 배수량이 서로 다르다. 또, 같은 종류의 기구라도 기구의 형상, 사용방법, 배수구의 크기, 배관과의 조화 등에 의해서 배수유량(단위시간당 배수량의 비율을 배수유량이라 한다)이 달라진다. 예를 들면, 그림 2-25에서보는 바와 같이 곡선 ①은 양식 대변기(사이펀제트)이며, 곡선 ②는 로탱크(용량은 13l) 세정인 경우는 배수특성곡선이다. 이 경우에 평균배수유량은 약 65l/min이나 가장 배수량이 크게 되는 최대배수 시 유량은 약 140l/min가 되어 평균배수유량의 약 2.2배가 된다.

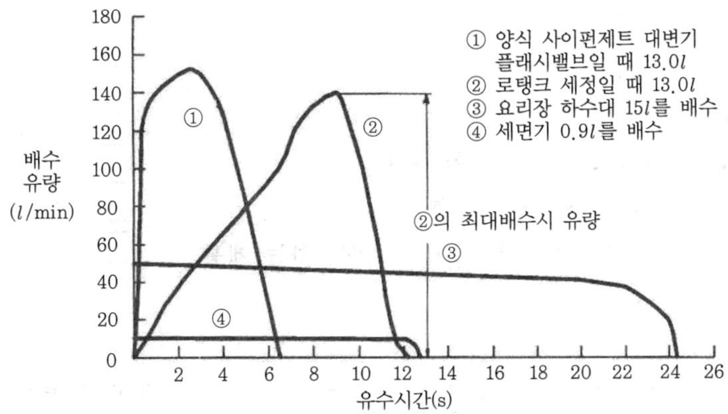

그림 2-25 | 유량-시간곡선

이와 같이 대변기의 배수특성곡선 ①, ②는 변동이 심하고, 싱크대 ③ 및 세면기 ④의 특성곡선은 비교적 평균화되어 있음을 알 수 있다. 이와 같은 배수특성은 배수관 관경을 결정할 때에 중요한 요소가 되며, 표 2-12에 여러 가지의 위생기구의 값의 일례를 나타냈다.

표 2-12 • 최대배수 시 유량

기 구 명	최대배수 시 유량(l/s)	기 구 명	최대배수 시 유량(l/s)
대 변 기	2.8	요 리 장 하 수 대	0.7 ~ 0.4
소 변 기	0.9	세 척 용 하 수 대	1.4
스 톨 소 변 기	1.4	샤 워 바 스	1.4
세 면 기	0.5	주 택 용 욕 조	0.9
수 세 기	0.3	공 동 목 욕 탕	1.9
청 소 용 하 수 대	1.9	바 닥 배 수	1.4 ~ 2.8

(2) 배수관 내의 배수유량

기구에서의 배수는 기구배수관 내를 흘러서 배수수평지관, 배수수직관, 배수수평주관, 하수관 내를 거쳐서 공공하수도에 흘러들어 간다. 기구에서의 배수는 지관에서 주관으로 점차 집약되면서 흘러가므로 배수관 내의 배수유량은 말단에서 본관을 향해 점차 증가하게 된다. 배수관 내 각 부분에서의 배수유량을 구하기 위해서는 배수량의 증가율이 중요한 요소가 된다. 기구에서 배수되는 비율은 그 수평지관에 접속한 기구의 동시 점유율과 동시 배수율에 의해 정해진다. 예를 들면 대변기가 10개 나란히 설치되었을 경우, 그 중의 8개가 사용되고 있으면 기구의 동시 점유율은 80%가 되며, 그 8개의 기구 중 동시에 배수되는 것을 2개라고 하면 동시 배수율은 25%가 된다. 전체 10개에 대한 동시 최대배수율은 20%(10×0.8×0.25=0.2)가 된다. 이와 같은 상황은 배수수평지관에서 말단의 배수수평주관에 이르는 과정에서 각기 동시 최대배수율의 계수를 고려해서 유량을 구하지 않으면 안 된다. 배수관 내의 배수유량은 그 배수관이 담당하는 기구 중 동시에 배수될 가능성이 있는 기구의 배수유량 합계가 최대가 될 것으로 예상될 때의 값을 선정한다.

2-3-5 배수관의 경사 및 관내의 흐름

(1) 배수관의 경사

1) 배수관의 유속과 경사

배수배관 내 배수의 유속은 세류작용을 일으키게 하는 데 필요한 최소유속인 0.6m/s가 요구된다. 이 유속 이상일 때 관 표면에서 모래, 잔돌을 포함한 유리 입자를 운반하기 위하여 필요한 최소한의 견인력을 갖게 된다. 유성(油性)의 배수배관에서는 최소 1.2m/s 유속이 요구된다. 그 이유는 유지(油脂)가 응결고체가 되어 관내 벽에 유막(油膜)의 침적을 일으키기 쉽기 때문이다. 배수관 내의 유속은 배수관의 구배에 의해 발생하는 중력을 이용함으로써 얻을 수가 있다.

2) 오수관의 경사와 수심(水沈)

오수관 내의 오물은 관내의 배수 중에 뜬 상태로 운반되므로 이를 위한 수심이 필요하다. 배수관 내의 유속과 수심은 관지름과 경사에 의해 결정된다. 배수관의 관지름이 너무 클 때에는 흐르는 물의 수심이 얕아져서 유속이 감소되므로, 고형물을 흐르게 할 수 있는 힘이 부족하여 물만 유하하게 된다. 관지름이 너무 작을 때는 관내가 압송만류(壓送滿流)가 되어서, 대기압으로 유지하지 않으면 안 되는 배수관 내의 기압에 변동이 생기게 되어 트랩에 영향을 미친다.

또 경사가 너무 가파르면 유속이 증가하여 수심이 얇아지기 때문에 고형물은 남고 물만 유하하게 된다. 반대로 경사가 너무 완만한 경우는 수심은 증가하나 유속이 감소되어 고형물을 밀어내리는 힘이 감소된다. 따라서 오수관의 적당한 수심은 관지름의 약 1/2~2/3 정도이다.

(2) 배수관 내의 물의 흐름

건물의 배수 계통은 펌프압송부분 등을 제외하고는 거의 무압력 계통, 즉 대기압에 가까운 상태에서 자연유하식으로 되어야 한다. 그러나 배수관 내의 흐름은 불규칙적이고 혼란된 유수상태가 되므로 관내의 압력은 부분적으로 대기압보다 높아지거나 낮아진다. 이와 같은 관내 압력의 변동폭은 트랩의 봉수에서 흡수하도록 해야 하며, 그 허용한도는 ±25mmAq 정도이다. 이를 위해 배수 계통에는 적절한 통기관이 설치되어야 한다.

1) 기구배수관

위생기구의 배수관 접속구에서 배수수평지관 접속구까지의 배수관 부분을 말하며, 일반적으로 기구배수 트랩의 접속구에 연결하고 관경은 접속구경 이상으로 한다.

대체적으로 수직관 부분이 많고 수직관 길이가 길면 접속기구 배수트랩의 봉수(封水)에 대하여 자기사이펀 작용을 일으키기 쉽다.

2) 배수수평지관

기구배수관과 배수수직관을 접속하는 수평관 부분을 말하며, 관내 흐름의 상태를 보면, 예를 들어 대변기 배수에서의 배수량은 순간적으로 150 l/min을 초과하는 경우가 있으며(그림 2-25 참조), 이때 배수관 내의 유수면에 파동을 일으켜서 파동의 꼭대기 부분이 관내 면의 상단부에 부딪치게 되는데, 이때 만류개소를 만드는 일종의 맥동수(脈動水)가 된다. 이것이 물의 피스톤을 형성하여 단시간이라도 계속되면 상류층은 부압(−), 하류층은 정압(+)이 된다. 그래서 상류 측에 공기를 도입하고 하류 측에서 공기를 배출하여 관내를 신속하게 대기압과 가까운 상태로 만들 필요가 있다. 일반적으로 배관 기울기를 관경 75A까지는 1/50 이상, 100A 이상은 1//100 이상으로 한다.

3) 배수수직관

각 층의 배수수평지관을 접속하는 수직의 배수관을 말한다. 배수수평지관에서의 배수는 배수수직관으로 들어오면 수평방향의 운동은 소실되어 소량인 때에는 곧장 관내 벽을 따라서 나선형으로 유하한다.

배수량이 증가함에 따라 유수의 일부분은 수평지관과 접속된 반대 측의 수직관 내벽에 부딪쳐 유선이 차츰 굵어지며 관내 벽의 전 둘레에 퍼져서 수막을 이루게 된다.

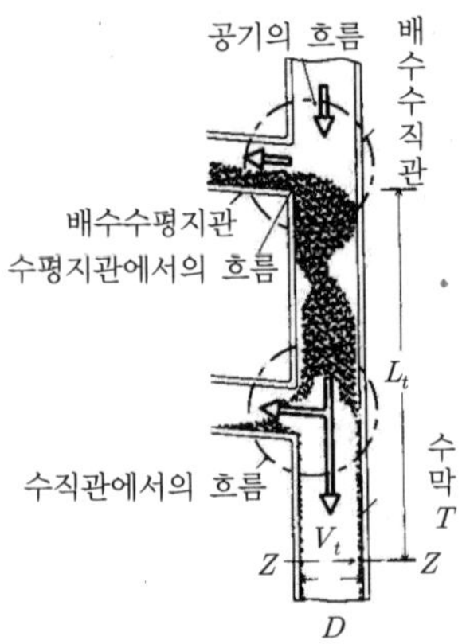

그림 2-26 | 배수의 흐름 (배수수직관 내)

소유량으로 층류를 이루는 동안에는 물과 관벽과의 접착력에 의하여 관벽에 가까운 부분은 유속이 느리고 관벽으로부터의 거리가 멀어지면 유속이 점차 빨라지게 된다. 그러나 배수량이 증가하면 수직관 내의 층류가 흐트러지고 수막이 두꺼워지면서 수직 하류방향으로 파도를 일으키게 된다(그림 2-26 참조).

파도가 일어나면 처음에는 등간격을 유지하지만 차츰 부분파로 바뀌어 속도도 달라지며 중복되거나 추월하면서 파도가 점점 커져, 결국은 파도의 꼭대기가 부서지면서 분무상으로 되어 관벽에 얇은 잔여수막이 남게 된다. 이때 배수수직관 내에서의 유속은 급격히 증가한다. 하지만 어느 정도 유하하게 되면 관내 벽과의 마찰저항과 함께 하강하는 분무상의 물방울과 공기의 가벼운 혼합체가 정지하거나 상승하는 공기에 의하여 낙하속도가 저지되어 더 이상 가속되지는 않는다. 따라서 배수수직관이 아무리 길더라도 관내에서의 유하 충격압은 어떤 값 이상으로 증가하지 않는다. 이와 같이 일정해진 유속을 종국유속(terminal velocity, 대략 4m/s)이라고 하며, 수직관을 유입하여 종국속도에 이르기까지의 유하길이를 종국장 또는 종국길이(terminal length)라고 한다. 일반적으로 종국길이는 관경 40~75A의 수직관에서는 약 3~4m, 100A 이상의 수직관에서는 4.5~7.5m이다. 따라서 고층건물의 배수수직관에 대해서도 유속의 증가를 방지할 목적으로 옵셋 배관을 시공할 필요는 없으며, 오히려 옵셋 배관은 배수가 막히는 원인이 된다.

4) 배수수평주관

일반적으로 배수수직관의 최하부와 접속하는 수평관을 말하며 건물 내의 각 배수수직관을 접속하여 옥외로 배수시키는 주관이다. 배수수직관의 하부에서 종국유속에 달한 배수는 그대로 수평주관으로 90도 방향을 전환하면서 곡관부에서 원심력이 작용하여 그 곡면을 따라서 비교적 균등한 두께의 수막류(水膜流)가 형성된다.

수평주관에 들어온 배수는 경사가 완만해지므로 고속(약 4m/s)에서 갑자기 저속(0.6~1.2m/s)으로 바뀌게 된다(그림 2-27 참조).

또한 수직관에서 수평주관을 향하여 하류 측 수막의 상단이 수평방향의 힘을 잃고 중력에 의하여 낙하하므로 갑자기 유하깊이를 증가시켜 뒤이어 흘러내리는 물이 평형을 잃게 되고 점핑(jumping)현상을 일으킴으로써 수평주관에서 어떤 길이만큼 충만하여 흐르게 된다. 점핑현상은 유입속도와 수평관 내의 수심, 관 내면의 거칠기, 관경, 기울기 등에 의해 결정되며 수평주관의 접속점에서 0.8~2m 정도의 지점에서 생기고 대략 20~30m 이상의 하류 부근에서 겨우 정상화된 유수면을 나타낸다. 따라서 일반 건물의 수평주관에서의 배수는 정상류 상태가 아니며, 점핑현상이 나타나는 부근에서는 배수관의 연결을 피하고 통기관을 설치하여 배수관 내의 압력변화를 완화해야 한다.

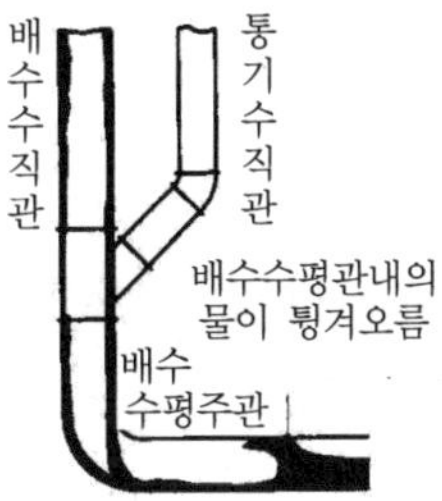

그림 2-27 | 배수수평주관에 있어서의 파도치는 현상

5) 배수관 내에서의 공기흐름

배수관 내는 통상 대기압이지만 관내에 배수가 유입되면 관내의 공기를 가압하거나 유인하여 관내는 정압('+' 압력) 혹은 부압('−' 압력)의 압력변화가 일어난다. 이때 과도한 압력변화는 트랩의 봉수를 파괴하게 된다. 그림 2-28은 배수수직관 내의 압력을 측정한 예를 나타낸다. 신정통기보다는 통기입관을 설치한 2관식 통기방식에서 압력이 작고 특히 하층에서의 정압(正壓)감소가 현저함을 볼 수 있다. 배수 계통에 접속된 기구트랩의 봉수깊이는 일반적으로 50mm 이상으로 규정하고 있으므로 압력변화가 ±25mmAq 이상이어서는 안 된다. 그러나 25mm는 정적인 압력에 대한 한계치이며, 배수 계통 내에서 일어나는 기압변화는 동적인 영향을 고려한 한계치 내로 억제할 필요가 있다.

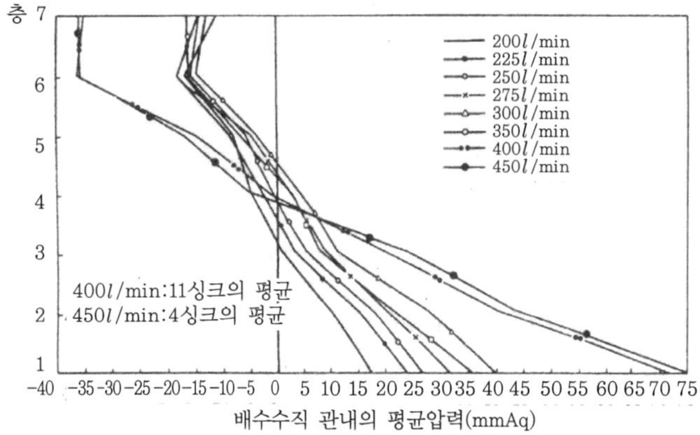

(a) 신정통기방식

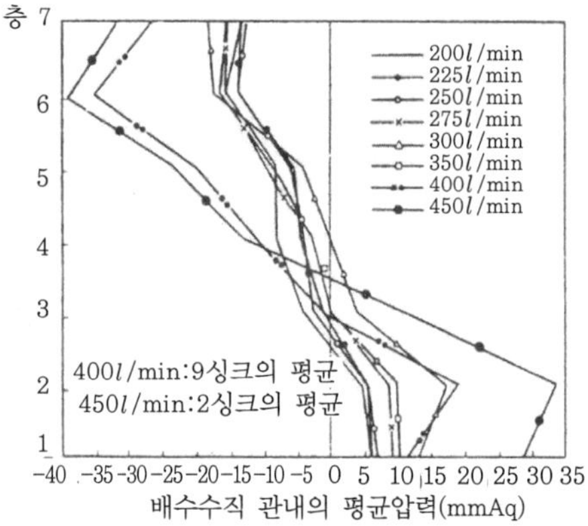

(b) 2관식

그림 2-28 | 각층 배수 수직관 내의 압력변화

(6) 세제에 의한 영향

세제에 의한 거품의 영향으로 배수 계통이 문제가 되는 경우가 있다. 이는 주택에서 사용하는 세탁기와 합성세제, 병원이나 연구소의 화학실험실에서 사용하는 유리기구 세정제, 사무소 건물이나 호텔 등에서 기구세척에 사용하는 합성세제를 다량으로 사용하게 되면서 문제가 발생하고 있다. 이러한 현상은 상층부의 기구에서 세제가 함유된 배수를 흘러내리게 되면 배수수직관 내벽에 세제와 공기가 혼합되어 거품이 발생하면서 수직관의 하부 또는 수평지관부분에 충만하게 된다. 이어서 물이 흘러내리게 되면 물은 거품보다 무겁기 때문에 거품을 밀어 올리면서 하수관 내를 흘러가게 되는데, 거품 속으로 들어간 공기는 거품을 가압하여 상류부분까지 영향을 미치게 되며 거품의 역류현상으로 기구의 배수구에서 거품이 밀려 올라오게 된다. 이와 같은 거품은 배수관 내의 공기와 거품의 비중이 거의 비슷하게 되면서 수직관 하부에서 2층의 높이까지도 역류하게 된다. 거품에 의한 장애가 일어났을 경우는 거품의 압력을 도피시킬 수 있는 통기관을 설치하며, 배수관의 곡관부(suds zone : 발포 zone) 개수를 적게 하고 수평관에 연결된 수직높이가 낮은 바닥배수 또는 동양식 대변기 등의 배수 계통은 세제를 사용하는 배수 계통과 별도로 분리하는 것이 바람직하다.

2-3-6 배수트랩(trap)

(1) 트랩의 목적

배수관 내에 배출되는 물에는 여러 가지 액체 및 고형상의 오물이 혼재하여 있다. 이들의 오물은 배수관의 내벽에 부착하여 부패하면서 하수가스를 발생시킨다. 하수가스는 배수관 내의 상승기류를 타고 건물 내부로 침입하게 된다. 이를 방지할 목적으로 설치된 것이 수봉식(水封式) 트랩이다. 수봉식 트랩은 기구 또는 기구를 나온 직후의 배수통로의 일부에 U자 모양의 부속을 설치하여 배수된 물이 고이도록 하고, 고인 물을 이용해서 하수가스가 실내로 침입하는 것을 방지하는 구조로 되어 있다.

(2) 트랩의 기능 및 구조

1) 트랩의 구비조건

트랩의 성능 · 구조는 다음 조건을 만족시켜야 한다.

① 하수가스를 완전히 차단하고 충분한 안정성을 가질 것.

② 배수의 흐름에 현저한 지장을 주지 않을 것.

③ 성능 이상이 생겼을 때 비교적 용이하게 발견할 수 있고 또한 간단히 수리할 수 있는 구조일 것.

④ 구조가 간단하고 저렴할 것.

⑤ 재질은 내식성일 것.

2) 트랩의 봉수 깊이

트랩은 배수 자신의 유수에 의해 배수로를 세정하는 작용, 즉 자정작용을 가지며 유수면이 평판하여 오물이 정체되지 않아야 한다. 그러나 트랩은 봉수가 깊을수록 또는 봉수량이 많을수록 오물 등이 부착하거나 가라앉기 쉬우므로 필요이상으로 봉수깊이를 깊게 하거나 봉수량을 증가시키지 않아야 한다. 트랩의 봉수깊이는 일반적으로 50mm 이상 100mm 이하로 하고 있다. 단, 특수한 용도의 기구에 부착하는 트랩이나 특별한 용도나 목적을 가진 트랩으로서, 용이하게 청소할 수 있는 구조이고 또 취급하기 쉬운 장소에 설치하는 것이라면

100mm 이상이라도 상관없다.

(3) 트랩의 종류

트랩의 종류는 크게 관트랩, 드럼트랩, 밸트랩, 저집기를 겸한 특수트랩이 있으며, 이 밖에 위생기구에 내장되어 있는 것이 있다. 그림 2-29에 트랩의 기본형을 나타내며, 이 밖에 도기에 내장된 트랩은 2-4절 위생기구 편에 나타냈다.

1) 관트랩(管 trap)

그림 2-29(a)의 관트랩은 관을 휘어서 만든 것이 많기 때문에 총칭해서 관트랩이라고 부르며 사이펀식이라고도 한다. 일반적으로 관트랩의 장점은 소형이며 트랩 내를 배수 자신의 유수로 세정하는 자정작용을 하며, 단점은 봉수가 파괴되기 쉽다는 것이다.

2) 드럼트랩(drum trap)

그림 2-29(b)의 드럼트랩은 물이 고이는 부분이 드럼모양을 하고 있으므로 드럼트랩이라 한다. 관트랩보다 고이는 부분에 다량의 물이 고이도록 되어 있으므로 봉수가 잘 파괴되지 않는 특징이 있다.

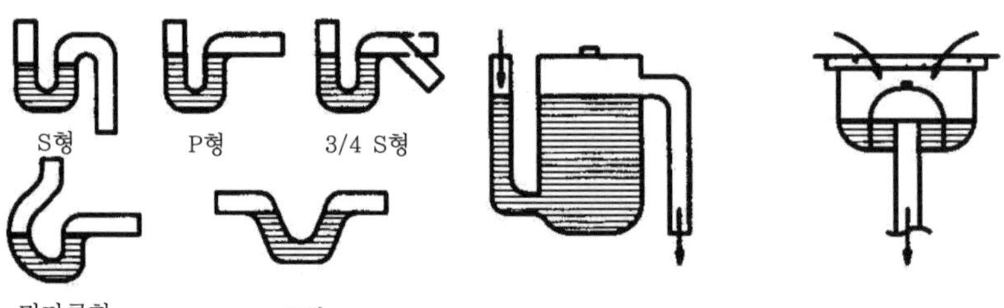

(a) 관트랩 (b) 드럼트랩 (c) 벨트랩

그림 2-29 | 트랩의 종류

3) 벨트랩(bell trap)

그림 2-29(c)의 봉수를 구성하고 있는 부분이 벨(bell) 모양을 하고 있으므로 벨트랩이라 한다. 하수대나 바닥배수 등에 많이 사용되고 있고 상부의 벨형 부

속은 청소 시에 해체가 가능하다. 그러나 벨형 부속을 제거하면 트랩으로서의 기능을 잃게 되므로 청소 후에는 반드시 원래의 위치에 다시 설치해야 한다.

(4) 트랩봉수의 파괴원인

트랩봉수는 여러 가지 원인에 의해서 파괴되는데 그 주요한 원인은 다음과 같다.

1) 자기(自己)사이펀 작용

기구와 트랩의 조합이나 배수관의 배관방법이 적당하지 않으면 자기사이펀 작용이 생겨서 봉수가 파괴된다. 특히 S트랩에서 트랩의 유출 측이 길이가 긴 수직배관에 접속되어 있으면 일어나기 쉽다.

2) 유도(誘導)사이펀 작용(흡입작용)

배수수직관의 가까운 곳에 기구를 설치한 경우에 수직관 상부에서 일시에 다량의 물이 낙하하면 피스톤 작용이 일어나 수직관에 접속되어 있는 수평관 내의 공기를 유인하여 대기압보다 낮게 된다. 이때 트랩의 기구 측은 대기압 상태이므로 트랩의 봉수는 저압의 수직관으로 유입되게 된다.

3) 역(逆)사이펀 작용

유도사이펀 작용의 반대현상으로 배수수직관 내에 다량의 유수와 배수수평관의 유수 사이에서 공기가 압축되어 수평관에 가까운 수직관 부분에 접속되어 있는 배수수평지관의 기구봉수에 피스톤 작용에 의한 압력을 가하여 봉수가 분출된다.

4) 모세관현상

S형 트랩 등의 U형 하단부에 머리카락, 실 등이 늘어져서 봉수와 배수관을 연결하게 되면 모세관 작용에 의하여 서서히 봉수가 흡수된다.

5) 증발

기구를 장시간 사용하지 않거나 바닥배수 설치부분을 난방하게 되면 봉수부의 수면에서 봉수가 증발하여 수통이 파괴되기 쉽다.

일반적인 트랩봉수는 약 1~2개월 동안은 안전하지만 장기간 사용하지 않을 때에는 파라핀유를 충만시켜 동결방지를 겸하는 경우도 있다.

6) 관내 기압변화에 의한 관성

유도사이펀 작용과 역(逆)사이펀 작용이 빈번하게 되면 봉수에 관성작용이 일어나서 봉수의 상하가 뒤바뀌는 요동이 일어나 봉수가 없어진다.

강풍 시 통기관의 개구부에 가까운 기구트랩 또는 초고층 빌딩의 최하층 부분의 기구트랩에서 이러한 현상이 일어나기 쉽다.

(5) 트랩의 실례

그림 2-30~그림 2-32는 트랩 설치의 예를 나타낸 것이다. 그림 2-29(c)와 그림 2-30(b)의 경우는 벨형으로서 봉수의 파괴가 용이하므로 좋지 않은 형식이다.

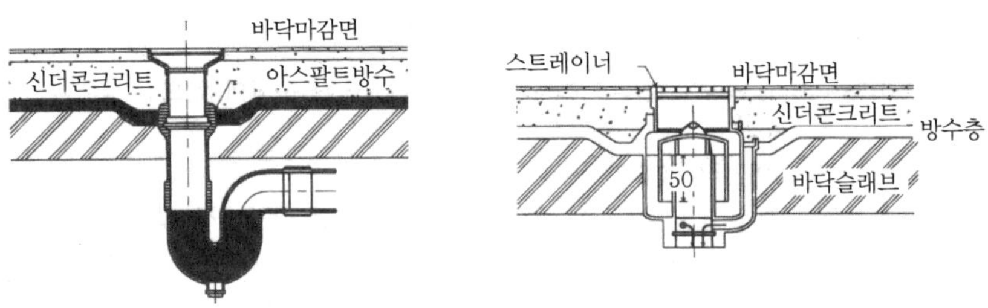

(a) 바른 트랩 (b) 좋지 못한 트랩

그림 2-30 | 바닥배수트랩(아스팔트 방수층을 관통하는 경우)

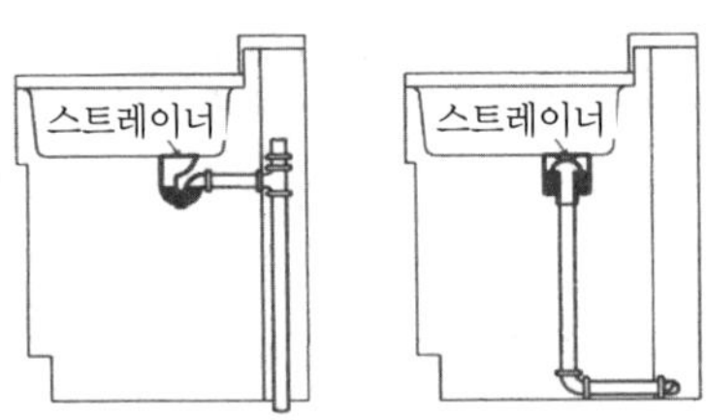

(a) 바른 트랩 (b) 좋지 못한 트랩

그림 2-31 | 요리하수대(스테인리스제)트랩

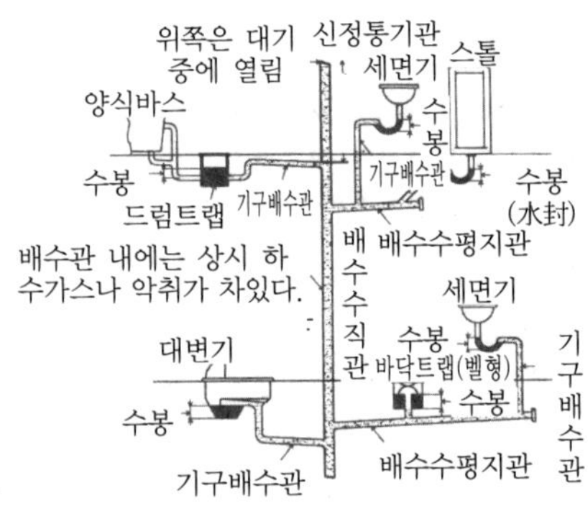

그림 2-32 | 기구트랩의 설치 예

그림 2-32는 각 기구의 트랩설치 예로서 봉수파괴 시에 하수가스의 침입하게 됨을 설명한 것이다.

(6) 저집기(担集機)

저집기는 하수관에 유입시키면 유해한 액체나 물질을 어느 정도 저지해서 수집하는 역할을 수행한다. 수통식 트랩의 형식을 취하고 내부에 스크린이나 침전조를 설치해서 유해한 액체나 물질을 침전시켜 정기적으로 청소한다.

1) 그리스저집기

영업용 주방 등에서의 배수 속에 포함되어 있는 지방분을 저집기 속에서 냉각응고시켜서 이를 제거하고 지방분이 배수관 속에 유입하는 것을 저지할 목적을 가지고 있다. 저집기 내에는 막이판을 여러 가지 위치에 설치해서 유입되어 오는 배수의 속도를 완만하게 하여 저집효율을 높이는 역할을 하게 한다. 또 기내의 유입구 부근에 바스켓을 설치하여 음식찌꺼기, 면류 등을 저집하게 한다.

2) 오일저집기

자동차의 수리가공 · 급유 · 세차장 등 휘발유 · 유류가 혼입할 우려가 있는 개소의 배수 계통에 설치하는 것으로 휘발유, 유류를 저집기의 수면에 띄워서 이를 회수함으로써 배수관 속에 유입했을 경우의 폭발, 인화 등의 사고를 방지한다.

3) 모래저집기

배수의 종류에 따라서는 배수 속에 흙, 모래 등을 다량으로 포함하는 경우가 있는데, 모래저집기를 설치하여 침전시켜 이를 저집할 필요가 있다.

4) 모발저집기

이발관, 미용원의 세면기에 설치하여 모발이 배수관 속에 유입하는 것을 막는다. 수영장이나 공중목욕탕에서는 대형의 모발저집기를 설치한다.

5) 세탁장저집기

영업용의 세탁장에 설치하고 넝마, 면, 천조각, 단추 등이 배수관 속에 흘러 들지 않도록 저집기 속에 해체 가능한 천이나 망 종류의 바스켓을 설치한다.

6) 플라스터저집기

치과나 정형외과의 기공실, 기브스실에 설치하는 저집기로, 금은재의 찌꺼기 또는 플라스터를 저집한다. 특히 플라스터는 배수관 속에 흘러 들어가 배수관에 붙어 굳어지게 되면 청소를 해도 잘 떨어지지 않기 때문에 곤란하다.

(7) 배수구

1) 배수구 용량

배수구의 용량은 배수부하 변동상태와 배수펌프 용량과 상호 관련이 있으나 필요 이상으로 크게 할 필요는 없으며, 일반적으로 배수펌프의 최대배수량에 대해 15~60분간 용량으로 하는 것이 바람직하다.

2) 배수구의 구조

정기적인 청소나 고장 시의 구내 출입을 위하여 맨홀(60cm 이상)을 설치해야 하고, 구내의 바닥청소가 용이하도록 1/15~1/10의 구배를 주고 그림 2-33과 같은 흡입피트를 설치하여 원활한 배수가 이루어지도록 해야 한다.

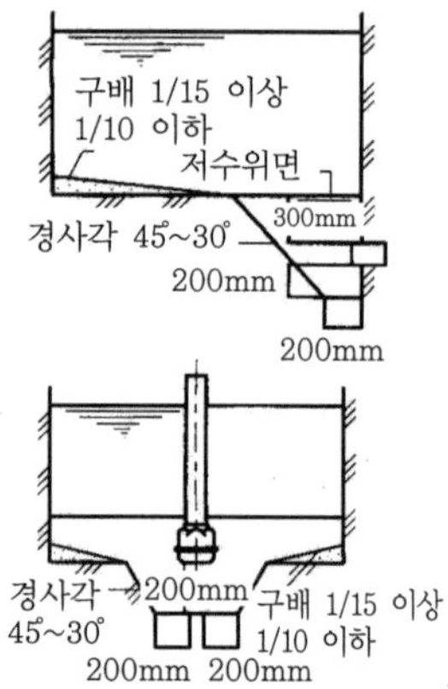

그림 2-33 | 흡입피트 상세도

2-3-7 통기설비

(1) 통기관의 목적

배수관에 배수가 흐를 때, 관내의 공기는 물 흐름에 의해 압축 또는 흡인되어 관내의 기압이 정압(+) 또는 부압(−)으로 변동한다.

이 변동폭이 어느 한계를 넘으면 트랩봉수를 파괴하게 된다. 따라서 배수관 내의 변동압력을 빠져나가게 하거나 공기를 보급하여 관내를 대기압에 가깝게 유지해야 한다. 이와 같이 배수관과 대기를 연결시키는 역할을 하는 것이 통기관이며, 아울러 배수관 내의 환기도 겸한다. 배수관 내에 공기순환이 불충분한 곳이 있게 되면 균류가 번식하기 좋은 조건이 되어 미끈미끈한 점액이 생기게 된다. 통기관의 설치목적은 다음과 같다.

1. 배수관 내의 배수 및 공기의 원활한 흐름 유지
2. 사이펀 사용 및 배압에 의한 트랩봉수의 파괴 방지
3. 배수관 내의 적절한 환기

(2) 통기방식의 종류

배수계통의 배관은 말단에 이르기까지 공기가 소통되도록 통기관을 설치하는 것이 원칙이다. 이를 위해서는 기구트랩 각각에 통기관을 구비하는 각개통기방식이 가장 바람직하나, 통기가 원활한 경우는 루프(loop)통기방식 혹은 배수수직관의 윗부분을 연장하여 통기하는 신정통기방식이 사용된다.

1) 각개통기방식

각 기구의 기구배수관으로부터 각개통기관을 세워 각각을 통기구 지관에 연결하고 그 지관의 말단을 통기입관 또는 신정통기에 접속하는 방식이다. 이 방식은 완전한 통기의 기능을 기대할 수 있고, 특히 자기사이펀 작용에 대해서는 세면기와 같이 각개통기방식을 사용하지 않으면 방지하기가 어려운 경우도 있다. 그러나 경제적이지 못하며, 시공상 어려움이 있기 때문에 잘 적용되지 않고 있다(그림 2-34).

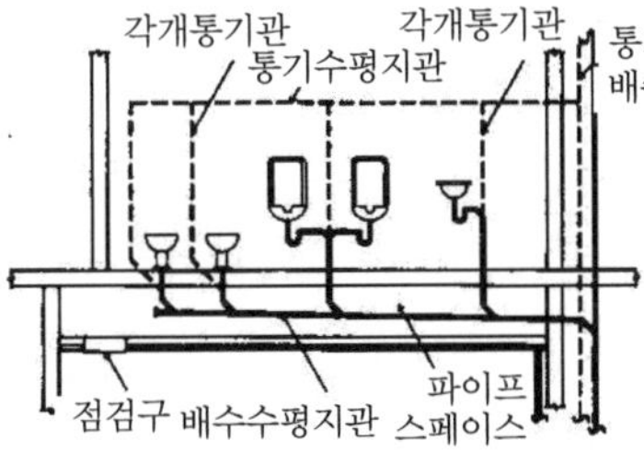

그림 2-34 | 각개통기방식

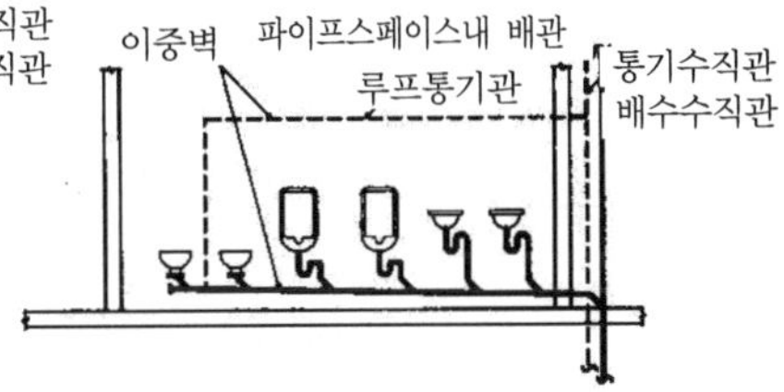

그림 2-35 | 루프통기방식

2) 루프(loop)통기방식

기압변동이 적게 예상되는 배수지관에 설치되는 방식으로 각개통기방식보다 매우 경제적인 방식이다. 지관에 설치된 최상류의 기구 배수관을 접속시키고 하류 측에 통기관을 세워서 기압변동을 배제하도록 한 방식이다(그림 2-35).

3) 신정통기방식

집합주택의 경우와 같이 기압변동이 적게 예상되는 배수수직관에 근접해서 기구가 설치되는 경우에 사용되는 방법이다. 신정통기배관은 배수수직관이 통기관으로서의 작용을 가질 수 있도록 충분한 용량으로 하고, 또 기구배수관은 자기사이펀이 생기지 않도록 배수수직관에 직접 접속할 필요가 있다.

(3) 통기관 설치방법

통기관은 항상 공기 및 하수가스가 유동할 수 있도록 비어있어야 하므로, 통기관 내에 배수가 흘러 들어가는 것은 피해야 한다. 통기관 설치 시의 주요사항을 정리하면 다음과 같다.

1) 통기구 지관의 설치높이

통기지관에 접속되는 기구의 수위보다 150mm 정도 높은 레벨에 설치하여 기구배수관이 막힐 경우에도 통기관 내로 오물이 유입되는 것을 방지해야 한다.

2) 배수관의 상단

배수수직관의 상단은 수직배수관 그대로의 관경으로 연장해야 한다. 신정통기관을 설치하지 않거나 관경을 너무 작게 하면 배수 시 매우 큰 부(−)압이 생겨 사이펀 작용을 일으키게 되어 기구트랩의 봉수를 흡출하게 된다.

3) 통기수직관의 하단

통기수직관의 하단은 수직관 크기의 관경으로 45° 보다 작은 예각으로 하며 또한 최저위치의 기구보다 낮은 곳에서 배수수직관이나 건물 배수수평주관에 접속한다. 관 지름을 축소하지 않는 것은 관내 공기의 유동을 좋게 하기 위함이며, 45° 보다 작은 각도로 접속하여 수직방향에서 수평방향으로 이동할 때에 생기는 난류를 작게 하고 고형물이 부착되지 않도록 한다.

4) 통기관의 최소관경

통기관은 관이 막히는 것을 방지하기 위하여 최소 30mm로 하고 각개 통기관은 기구배수관의 1/2 이상으로 한다. 통기지관, 통기수직관 등은 담당하는 기구의 수와 대기에 개방하는 위치까지의 길이에 의해 적절한 관경을 산정할 필요가 있다.

5) 통기수평지관의 구배

통기관 내에는 습기가 많으므로 냉각된 응축수가 생긴다. 이 물방울이 수평지관 내에 고여서 통기단면적을 축소시킨다. 만약 통기횡지관에 U부가 있으면, 여기에 물이 고여서 통기를 차단하게 된다. 따라서 통기수평지관은 통기수직관에 향해서 선구배로 하는 것이 좋다. 실제의 경우는 가스관이음의 각도가 90° 이므로 구배를 갖게 하기는 어려우나, 적어도 수평으로 배관하고 가운데가 처져서는 안 된다.

(4) 통기관의 대기 개구부

① 통기관이 사람이 사용하는 옥상을 관통하는 경우에는 통기관의 말단을 사람의 키보다도 높은 약 2m 이상으로 하고, 옥상이 사용되지 않은 경우는 0.15m 이상으로 한다.

② 통기관의 대기 개구부는 직접 외기에 개방해야 하며, 건물의 문, 창, 환기 취입구 등의 개구부로부터 3m 이상 띄우거나 개구부의 위쪽에서 0.6m 이상 높게 해야 한다.

③ 한랭지에 있어서는 통기관의 말단이 동결될 염려가 있으므로 통기관경은 75mm 이상으로 한다.

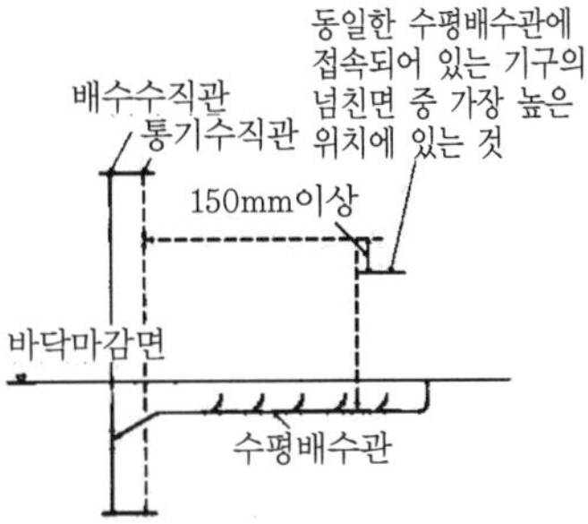

그림 2-36 | 바른 통기관의 일례

(5) 주의해야 할 통기관

① 통기관은 그림 2-36에서와 같이 배수수평지관에 접속되어 있는 기구의 넘침 면보다 150mm 이상 높게 해야 하나, 부득이 수평지관을 바닥밑 배관으로 해야 할 경우는 그림 2-37이 아닌 그림 2-38과 같이 조건부로 인정되는 저부 통기배관으로 해야 한다.

② 통기관은 분뇨정화조의 배기관과 접속해서는 안 된다.

③ 통기관은 실내환기용 덕트에 접속해서는 안 된다.

④ 통기관과 우수 수직관을 접속해서는 안 된다.

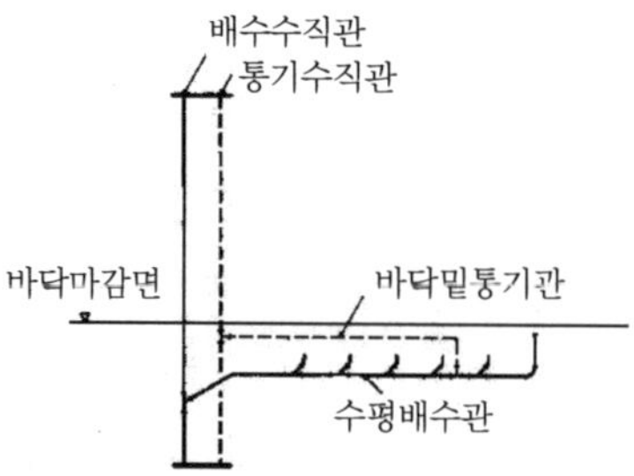

그림 2-37 | 잘못된 통기관의 일례

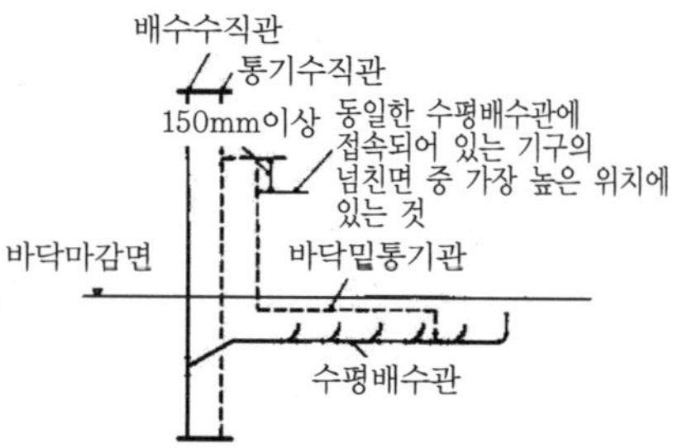

그림 2-38 | 조건부로 인정되는 저부통기배기관의 일례

2-3-8 기기 재료

(1) 관 재료

배수 계통에 사용하는 재료는 급수관과 달라서 압력은 거의 작용하지 않으므로 3.5kg/cm^{2}의 압력시험에 합격한 것이면 된다. 그러나 급수관보다 부식될 가능성이 높으므로 내식성 재료를 사용할 필요가 있다.

1) 배수용 주철관

① 직관 1종(두께 6mm)

② 직관 2종(두께 4.5mm)

③ 이형관(두께 8mm)

2) 특수이음용 배수 주철관

최근 사용되기 시작한 형식으로, 배수배관의 접합방법을 지존의 허브(hub)이음이 아닌 메커니컬 조인트, 타이튼 조인트 노허브(no-hub) 등과 같이 고무링과 볼트 등으로 접합할 수 있도록 한 배수용 주철관이다.

3) 배관용 탄소강관

가스관이라고도 하며 아연을 도금한 백강관을 사용한다.

4) 철근콘크리트관

배수용으로 만든 것으로 옥외의 부지 하수관으로 사용된다.

5) 원심력 철근콘크리트관

흄관(hume pipe)이라고 하는 것으로 4)와 같은 용도에 사용되며, 4)보다 견고하나 가격이 비싸다.

6) PVC관(경질염화비닐관)

내식성이 우수하고 경량이며 가격도 저렴한 이점이 있으나 열에 약하고 충격에 대해서도 다른 금속관에 비해 약하다.

(2) 배수용 펌프

자연배수가 불가능한 지하층 등의 배수는 배수조에 유하시켜 저류한 후 배수펌프로 강제 배수한다. 오수 및 오물은 고형물이 혼입되어 있기 때문에 청소용 펌프와 같은 형식으로는 막히기 쉽고 부식도 심하다. 펌프형식으로 펌프를 수중에 놓고 모터만을 상부에 설치한 입형펌프와 수중모터를 이용한 형식이 있다. 오수펌프는 2대 이상 설치해서 교대로 운전하는 것이 바람직하다. 또한, 오수펌프에 사용되는 날개는 고형물에 의해 폐쇄를 일으키지 않는 형식의 것으로 하고 내식성의 재질이 바람직하다.

2-3-9 특수통기 이음방식

(1) 개요

주로 유럽에서 발달한 것으로, 소벤트 방식과 섹스티어 방식이 대표적이며 단관식 신정(伸頂)통기방식의 일종이다. 이 방식의 특징은 신정통기관 이외의 통기관을 거의 생략하여 원가를 낮추었으나 통기 수직관 등 각종 통기관을 구비한 2관식과 거의 동등한 성능을 발휘한다.

(2) 소벤트 방식(sovent system)

스위스의 프리츠 조머(Fritz Sommer)에 의해서 1961년에 개발된 것이다. 소벤트 방식에서 수직관 합류 특수이음은 공기혼합이음(aerator fitting)이라 부르며, 수직관 기류 특수이음은 공기분리이음(deareator fitting)이라 부른다. 소벤트 방식에서 공기혼합이음은 배수횡지관에서 유입하는 물과 공기를 수직관 내에서 효과적으로 혼합하는 작용을 하며, 또 공기분리이음은 수직관에서의 배수가 횡주관에 원활하게 유입하도록 물과 공기를 분리하는 작용을 함으로써 배수수직관에 공기코어가 확보된다.

(3) 섹스티어 방식(sextia system)

프랑스 프로벤스의 렉(R. Logg), 리차드(G. Richard) 및 루브(M. Louve)에 의해서 1967년경 개발된 것이다. 섹스티어 방식에서 수직관 합류 특수이음은 섹스티어 이음(branchments sextia)이라 부르고, 수직관 최하부의 특수이음은 섹스티어 벤드관(coude 1/8 sextia)이라 부른다. 섹스티어 이음관은 관내 통기를 고려하여 공기코어를 유지하도록 설계되었으며, 섹스티어 벤드관은 배수수직관에서 횡주관 쪽에 공기코어를 연장하도록 되어있다. 섹스티어 방식의 특징은 횡지관에서 유입되는 수류에 선회력을 주어 수직관의 내벽을 따라 박막류가 되도록 제어함으로써 수직관의 중심에 공기코어를 확보하고, 이 공기코어가 도중에서 끊기지 않도록 하여 수직관의 상부는 신정통기관에, 하부는 횡주관에 연결되도록 한다. 공기 코어의 연속성은 이음관 내의 디플렉터에 의해서 보호된다.

2-4 위생기구

2-4-1 위생기구의 정의

위생기구란 물받이 기구 및 그에 따르는 장치를 총칭한 것으로 대변기, 소변기, 수세기, 세면기, 욕조 및 그에 사용되고 있는 수전, 배수철물 등의 급배수용 위생기구 및 페이퍼 홀더, 화장대, 거울, 비눗갑 등의 부속기구도 포함된다.

위생기구를 분류하면 다음의 4가지로 나눌 수 있다.

1. 급수, 급탕을 하기 위한 기구류 : 수전, 급수용 기구 등
2. 급수, 급탕, 오물, 오수를 받기 위한 기구류 : 도기, 싱크 등
3. 기구와 배수관을 접속하기 위한 배수용 기구류 : 배수철물, 트랩 등
4. 기구를 사용하기 위해 필요한 부속기구류 : 거울, 화장선반, 비누그릇 등

위생기구를 제작하는 재질은 다음과 같은 조건들을 만족시켜야 한다.

1. 항상 청결이 유지되도록 흡수 · 흡습성이 없을 것.
2. 청소가 용이하도록 표면이 매끄러울 것.
3. 녹 발생, 마모 등이 일어나지 않고 쉽게 파손되지 않을 것.
4. 음료수에 접하는 재질은 인체에 유해한 성분이 용출되지 않을 것.
5. 제작 및 설치가 용이하고 접속 및 고정이 튼튼하게 이루어질 것.
6. 배수가 급수 · 급탕 계통으로 역류하는 것과 같은 오염이 이루어지지 않을 것.

현재 일반적으로 많이 사용되는 재질은 도기(陶器), 스테인리스강판, 법랑철기, 플라스틱, 동합금, 주철, 유리 등이 있다. 이들 중에서도 가장 많이 사용되는 것은 도기로, 위생기구로 사용되는 도기를 특히 위생도기라고 부르고 있다.

2-4-2 위생기구 제품의 종류

(1) 도기

위생기구는 공업규격에 재질 · 종류 · 형상 · 치수 등에 관한 각종 시험방법 등

이 정해져 있으며, 장점으로는 흡수성이 적고 표면이 매끈하며, 마모 및 부식(녹)에 강하지만, 단점으로 탄력성이 없어 파손의 염려가 있으며 완성제품 치수의 정확성이 떨어진다.

(2) 에나멜 철기

철판 또는 주철에 법랑약을 초벌바름과 정벌바름으로 2회로 나누어서 열처리한 것으로 마무리 면이 매끄럽고 도기보다 강한 것이 특징이며, 제작온도는 800~1,000℃이다.

장점으로서는 도기의 결점인 부서지기 쉬운 것에 비해 견고하며, 가볍고 운반 · 취급 · 부착이 편리하지만 법랑이 벗겨진다는 단점이 있다.

(3) 스테인리스

스테인리스 제품은 스테인리스 강판을 프레스 가공 또는 용접가공한 것으로 주방싱크 · 욕조에 많이 사용되며 가공성이 좋고 경량으로 취급이 용이하며 내구성도 높다.

(4) 플라스틱

플라스틱 제품은 FRP(Fiberglass Reinforced Plastics)가 많다. 제법(製法)으로는 유리섬유에 주로 불포화 폴리에스테르수지를 혼합하여 성형한 것으로, 유리섬유는 철근콘크리트의 철근 역할을 하여 플라스틱을 강화하고 있다. 플라스틱 제품은 경량으로 취급이 용이하며 감촉이 부드럽고 보온성이 있는 것이 특징이다. 내식성 · 내구성이 우수하지만 열에 약한 것이 흠이다. FRP는 강도가 강하여 욕조, 물탱크, 정화조 등에 많이 사용된다.

2-4-3 위생기구의 종류

(1) 대변기

1) 대변기의 급배수 구조

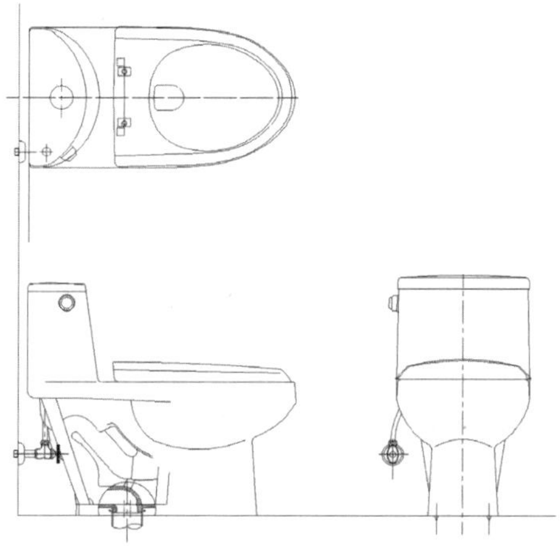

그림 2-39 | 대변기 급배수 구조(F.V)

2) 대변기의 종류

대변기는 그 구조상의 조건으로 오물이 유수중에 낙하되어 냄새가 적어야 하며, 유수 면은 되도록 넓고 건조면적은 작아야 하며, 트랩은 흐름이 원활하고 막힘이 없어야 하며, 세정 시 소음이 없어야 한다.

대변기는 양식과 일반용 변기의 두 종류로 대별되며, 이들 변기는 그 세정방식에 따라 다시 다음과 같이 나눌 수 있으며, 최근에는 세정수를 최소화한 절수형의 것이 개발되고 있다. 각 종류마다 세정능력이나 소음 등의 특성이 다르므로 각각의 특성을 고려하여 건물의 용도에 적합한 것을 선정해야 한다.

다음 표 2-13은 구조상 다른 대변기의 특성을 나타낸 것이다.

표 2-13 • 대변기의 종류

세락식 물의 낙차에 의한 유수작용으로 오물을 밀어 씻어내는 방식으로 구조가 가장 간단하고 염가인 변기이다. 물을 저장하는 면이 좁기 때문에 용기 내 건조면에 오물이 부착하기 쉽고, 세척 시에 다소 물이 튀는 경우가 있다. 또한 변기좌면의 크기가 다른 방식보다 작고 다소 비좁아 보이는 감도 있다.	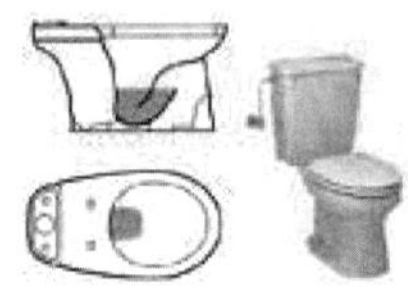
세출식 변기에 일시 오물을 저장해 두었다가 세척수의 힘에 의해 오물을 배수관으로 씻어내는 방식이다. 물 저장부가 매우 낮기 때문에 물이 튀지 않는 반면 악취를 발산하기 쉽다.	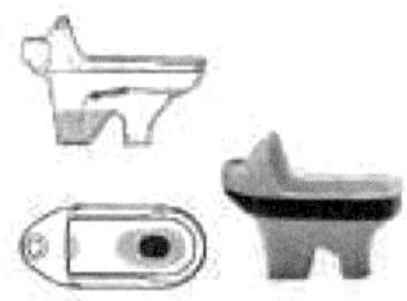
세미 사이펀식 세척수량을 억제하기 위해 물 저장 면을 사이펀식과 세락식의 중간으로 설계하였다. 사이펀식에 비해 용기 내 건조 면에 오물이 부착하기 쉽고, 세척 시에 다소 물이 튈 수 있다. 세미 사이펀식에는 오물배출에 사이펀 작용을 수반하는 것과 유수작용으로 밀어서 세척하는 것이 있다.	
사이펀식 사이펀 작용으로 오물을 흡입하여 배출하는 변기이다. 물의 저장면이 사이펀제트식에 비해 작기 때문에, 용기 내 건조 면에 간혹 오물이 부착하는 경향이 있다. 사이펀제트식과 사이펀식은 물저장면의 넓이로 구분한다(사이펀식 중에서도 제트구멍이 있는 구조로 된 것도 있다.).	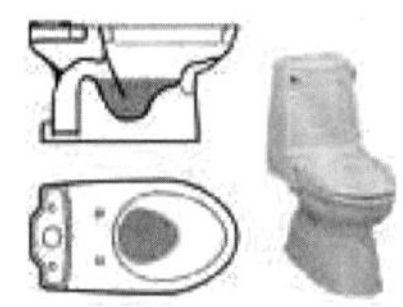
사이펀제트식 제트구멍으로 분출하는 물이 강한 사이펀 작용을 일으켜 오물을 흡입하도록 하여 배출한다. 물저장 면이 넓기 때문에 오물이 수중으로 가라앉기 쉽고 악취의 발산이 적다는 것과, 용기 내 건조 면으로의 오물부착이 거의 없다는 것이 특징이다.	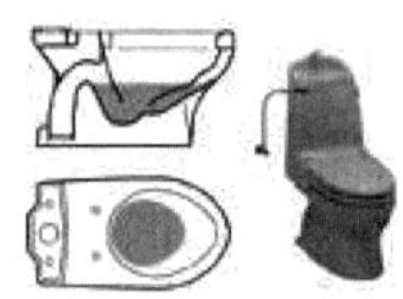
블로아웃식 제트구멍으로부터 세척수를 강력하게 분출시켜 그 힘으로 오물을 씻어내도록 하는 변기이다. 물 저장 면이 넓기 때문에 용기 내의 건조 면에 오물부착이나 악취의 발산이 거의 없는 것이 특징이다. 또한 배수구는 벽 측에서 다른 변기보다도 높기 때문에 연립하여 설치하는 경우에 적합하다. 세척장치는 플러시 밸브식에 한하며, 변기세척음이 다른 세척방식보다 크다고 하는 단점이 있다.	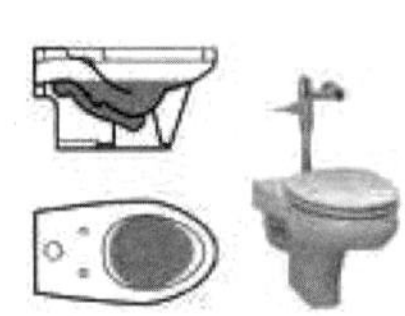
사이펀 볼텍스식 탱크와 변기가 일체형인 원피스 타입으로 사이펀 작용과 와류작용을 병용하였다. 세척 시에 공기의 혼입이 거의 없고 세척음이 가장 조용한 고급변기이다. 물 저장 면이 넓기 때문에 오물이 수중에 가라앉기 쉽고 악취의 발산이 적다는 것과 용기 내의 건조 면에 오물부착이 거의 없다는 것이 특징이다.	

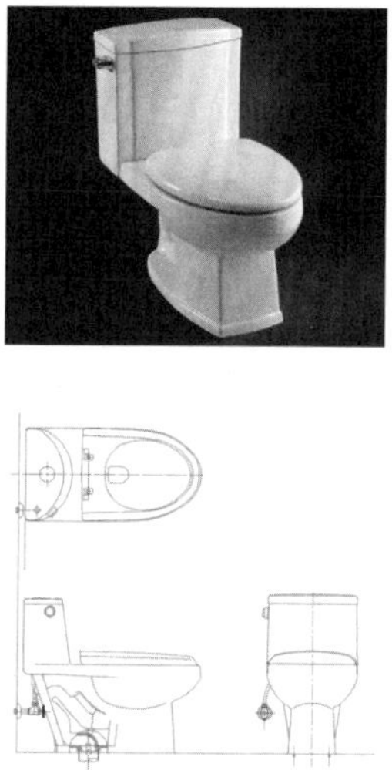

그림 2-40 | 로우탱크식 대변기

3) 세정방식

대변기에 사용되는 세정수를 대변기에 공급하는 방식에는 여러 가지가 있으나, 크게 로우 탱크식 · 하이탱크식 · 세정밸브식으로 분류된다.

① **로우탱크식**(low tank system) : 탱크 내에 일정량의 물을 받은 후 변기에 급수하는 방식으로 탱크는 변기의 약간 위에 위치하게 된다. 한번 사용 후 다음 사용 때까지 탱크에 물이 저장되는 시간이 필요하나, 세정 시 소음이 세정밸브방식에 비해 적기 때문에 연속사용이 별로 발생하지 않으면서 정숙이 요구되는 호텔의 객실, 아파트, 주택 등에서 많이 사용된다.

② **하이탱크식**(high tank system) : 하이탱크식은 리이드 플러시 밸브식과 천칭식의 2가지 타입이 있고, 탱크로의 급수는 로우탱크의 경우와 마찬가지로 볼탭이 조절한다. 천장 가까이의 벽면에 부착하여 사용하므로 탱크식 중에서는 화장실 내 스페이스를 가장 작게 할 수 있다.

바닥면에서 1.6 m 이상의 높이에 15 l의 물이 들어가는 하이탱크를 설치하고, 세정관은 32 mm관을 사용한다.

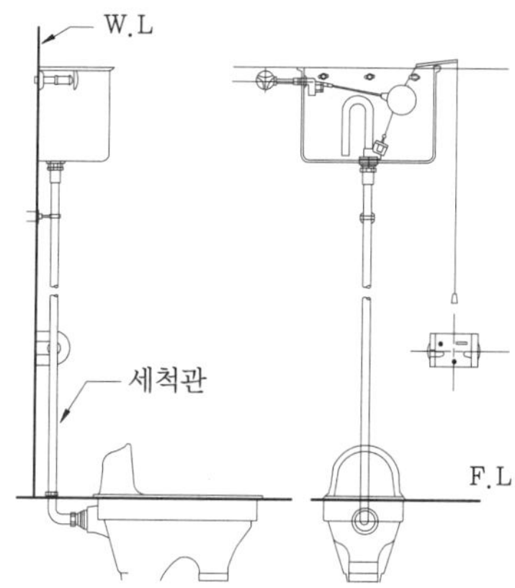

그림 2-41 | 하이탱크식 대변기

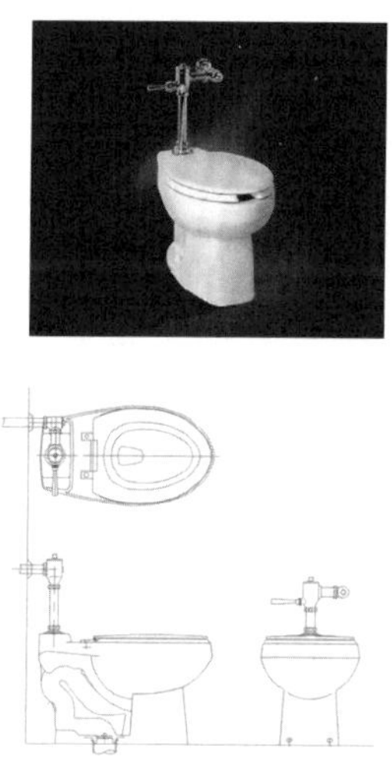

그림 2-42 | 세정밸브식 대변기

③ **세정밸브식**(flush valve system) : 급수관에서 플러시 밸브를 거쳐 변기 급수구에 직결되고 플러시 밸브의 핸들을 작동함으로써 물이 사출되어 변기 속을 세정하는 것이다. 플러시밸브는 일반용의 플러시밸브, 저압용의 플러시밸브, 절수형 플러시밸브로 대별된다. 또 조작방법은 핸들식이 일반적이지만, 리모콘식이나 자동감지식이 플러시밸브도 있다.

4) 대변기의 종류별 기능 비교

각종 변기의 세정방식에 따른 1회 세정에 사용되는 수량 및 가장 많이 흐를 때의 유수량은 다음 표 2-14와 같다.

표 2-14 • 대변기의 종류별 기능 비교

세정방식	최저소요수압 (kg/cm^2)	최대유수량 (l/min)	1회 사용수량 (l)	세정수량(탱크용량) [l]	
				일반형	절수형
세출식	0.18	110~130	10~12	11	8
세락식	0.18	110~130	12	11	8
사이펀식	0.45	130~150	13~16	13	11
사이펀제트식	0.45	130~150	13~16	15	11
블로아웃식	1.00	110~130	12	15	11

(2) 소변기(urinal)

1) 소변기의 급배수 구조

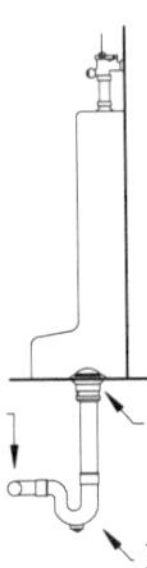

그림 2-43 | 소변기의 급배수 구조

2) 소변기의 종류

소변기는 벽걸이 소변기, 벽걸이 스톨소변기, 스톨소변기로 구별된다.

표 2-15 • 소변기의 종류

벽걸이식 벽에 거는 벽걸이식으로서 여러 개를 연속해서 설치할 경우에는 칸막이판(screen)을 함께 설치한다. 최근에는 거의 사용하지 않는다.	
벽걸이 스톨식 벽에 거는 벽걸이식의 소변기로서 대형, 중형, 소형의 3종류가 있다. 연속해서 설치하여 사용할 경우에도 칸막이판을 설치할 필요가 없다. 대형은 호텔이나 오피스 빌딩의 화장실에 사용되는 경우가 많다.	
스톨식 바닥에 설치하는 소변기로 대형, 중형, 소형의 3종류가 있으며, 바닥설치식이기 때문에 벽면에 하중이 걸리지 않는다. 흘림받이가 낮아 어린이에서 어른까지 공공용으로 많이 사용되고 있으며 칸막이판을 설치할 필요가 없다.	

3) 소변기의 세정방식

① 자동세정방식

소변기 수전방식이나 소변기 플러시밸브방식은 공중용 화장실 등 사람의 출입이 많은 곳에서 사용할 때 조작되지 않는 것이 많고 취기가 발생하여 비위생적으로 되는 것이 많다.

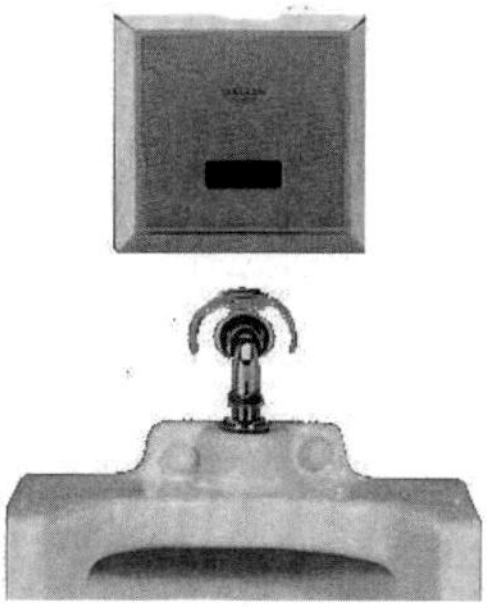

그림 2-44 | 인체감지식 개별 자동세정방식

이것을 방지하기 위해 자동적으로 변기를 세정하도록 하는 것이 자동세정 방식이다. 자동세정방식은 감지세정방식과 정시세정방식으로 구별된다.

- 감지세정방식
  - 인체감지식 자동세정방식 : 감지세정방식은 적외선으로 사용자를 감지하여 소변기를 세정하는 것으로, 절수효과도 충분히 기대된다. 그림 2-44에 나타낸 것은 개별감지 세정방식으로 광전센서로 사용자를 감지하여 사람이 변기에서 물러나면 자동세정하는 방식이다.

    그림 2-45는 사용자를 감지하는 광전센서와 하이탱크를 조합한 것이다. 사용자를 감지하면 신호가 보내지고, 전동밸브가 열려 탱크의 급수가 시작된다.

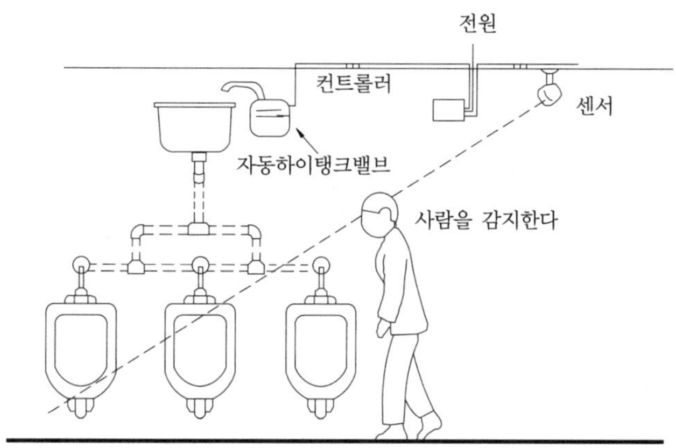

그림 2-45 | 인체감지식 집합 자동세정방식

  - 요(尿)감지식 자동세정방식 : 요감지식은 소변기의 트랩(trap)부분에 전극을 설치하여 소변이 유입되는 것을 감지해서 자동으로 소변기에 세정수를 급수하는 방식이다.

- 정시세정방식 : 이 방식은 어느 일정수위가 되면 사이펀이 자동적으로 작동하여 변기를 세정한다.

  이 방식은 사용되지 않는 야간에도 일정 간격으로 세정되기 때문에 절수의 관점에서 보면 낭비적이다. 이 때문에 야간 등 사람이 사용하지 않을 때는 급수를 자동제어하여 정지시키는 세정장치를 채용해야 한다.

② **세정밸브식** : 소변기에 소변기용 세정밸브를 설치하고 세정밸브의 누름단추를 누름으로써 일정시간 물을 흘려서 소변기를 세정하는 것이다. 세정밸브는 급수압력에 따라서 유량이 변화하므로 벽걸이형은 0.3kg/cm^2 이상, 벽걸이 스톨형은 0.5kg/cm^2 이상, 스톨형에서는 0.8kg/cm^2 이상의 급수압력이 필요하다. 일반적으로 세정밸브를 누르지 않는 사람이 많아 바람직한 방법이라고는 할 수 없다.

③ **세정수전식** : 소변기마다 부착하고 핸들의 개폐조작에 따라 소변기를 세정하는 방식이다. 인위적인 조작에 의하기 때문에 세정수량에 과부족이 있을 뿐만 아니라 핸들부에의 피부접촉의 혐오감, 조작의 번거로움 때문에 대부분 조작하지 않아 비위생적이다. 또한 물을 낭비하는 등 바람직하지 않은 경우가 많아 공공화장실에서는 적합하지 않다.

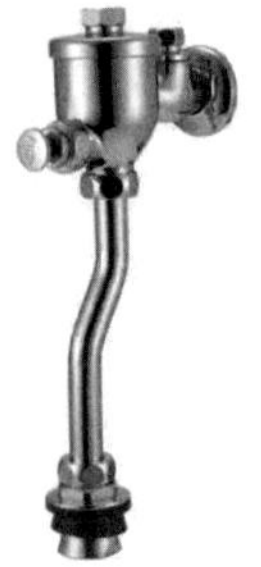

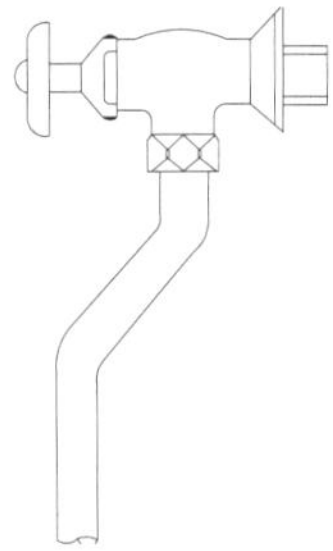

그림 2-46 |
소변기 수전

(3) 수세기(wash basin) · 세면기(lavatory)

수세기와 세면기는 기구의 외형으로 구별하기는 어려우나 일반적으로 실용량 3*l* 이하의 것을 수세기라 하고 그 이상의 것을 세면기라 한다. 수세기는 급수용 수전만을 설치하지만 세면기는 급수 · 급탕용 수전을 함께 설치한다. 수세기에는 배수구 마개가 없고 오버플로구가 설치되지 않는 것도 있으며, 대형 수세기와 세면기에는 물이 담아 있도록 배수구 마개 또는 팝업(pop-up)식 배수기구가 있고 오버플로구가 설치되어 있다.

1) 세면기의 급배수 구조

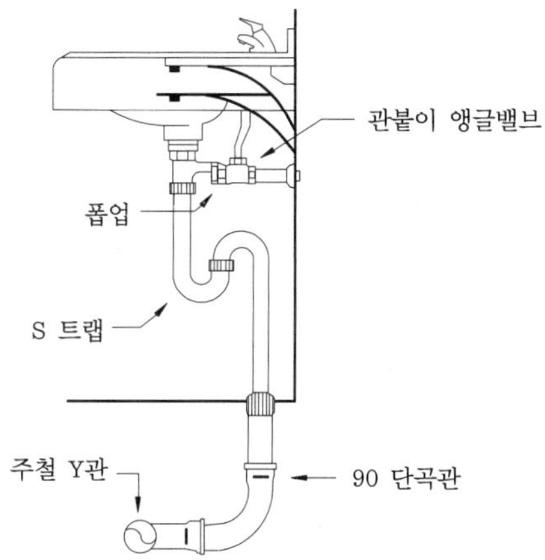

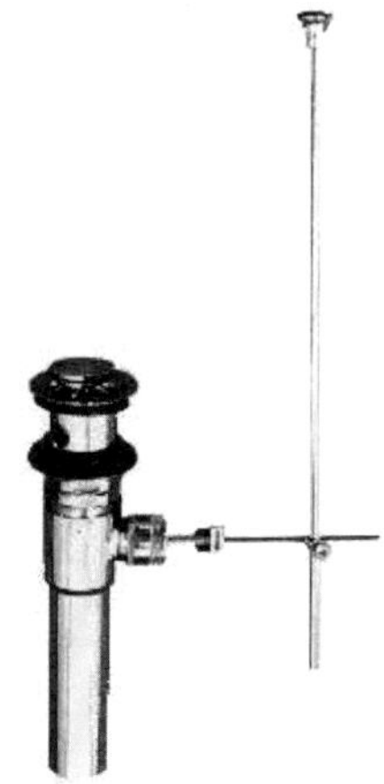

그림 2-47 | 세면기의 급배수 구조

2) 수세기의 종류

① 평판붙임 수세기

② 병원용 수세기

③ 원형수세기

3) 세면기의 종류

① 평면붙임 테두리 없는 대형 세면기

② 평면붙임 테두리 달린 세면기

③ 원형 세면기

④ 타원형 세면기

⑤ 카운터 있는 세면기

(4) 싱크류(sink)

1) 싱크류의 급배수 구조

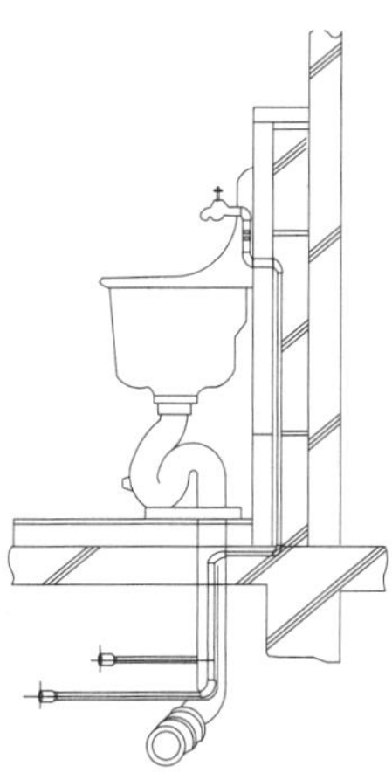

그림 2-48 | 청소용 싱크의 급배수 구조

2) 싱크류의 종류

① **부엌싱크** : 주택용 싱크에는 가정용 취사용구 싱크대, 조리대, 레인지대가 있는데, 스테인리스제가 대부분이다. 시스템키친의 일부에 주철법랑제를 조합한 것도 있다.

② **청소싱크** : 오피스빌딩, 병원, 호텔 등의 화장실 또는 코어부분에 설치된다. 바닥청소용 걸레를 씻는다든가 기타의 잡용에 사용된다.

③ **오물싱크** : 병원 등에서 변기나 요강 등의 세정에 사용된다. 세락식과 사이펀제트식이 있고, 보통은 대변기용과 같은 플러시밸브가 사용된다.

④ **실험용 싱크** : 병원이나 학교, 연구실 등에서 사용되고 있는데 도기제, 스테인리스제가 있다. 도기제는 벽걸이형과 카운터형이 있다.

(5) 세발기, 수음기, 비데

1) 세발기(barber's basin)

이발소, 미용실 등에서 사용되는 세발기의 예는 그림 2-49와 같다.

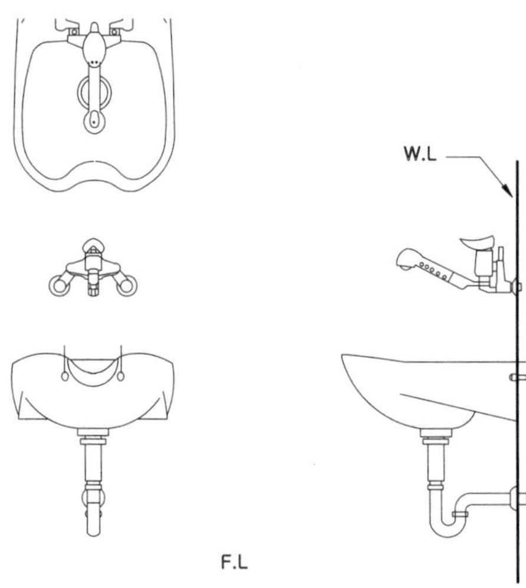

그림 2-49 | 세발기

2) 수음기(drinking fountain)

수음기는 공원, 역내, 학교, 백화점, 공공건물 등 사람의 출입이 많은 장소에 설치하여 깨끗한 음료수를 공급하는 기구로 벽걸이형과 스탠드형이 있다.

수음기는 자동조절밸브가 내장되어 있고, 수압의 고저에 관계없이 분수의 높이가 일정하게 유지된다.

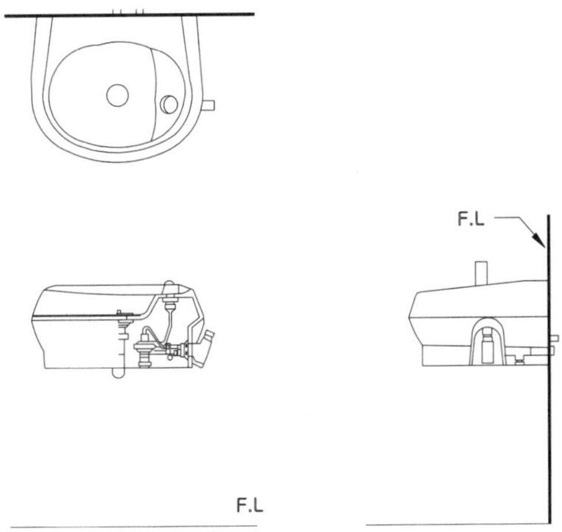

그림 2-50 | 벽걸이형 수음기

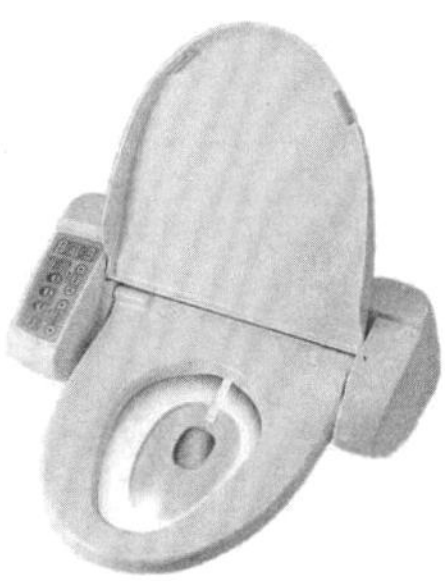

그림 2-51 | 비데

3) 비데(bidet)

생리 시나 용변 후의 세정에 사용된다. 유럽에서는 욕실 내에 변기나 욕조와 함께 설치된다.

4) 장애인용 위생기구

신체장애인은 장애의 종류와 부위 정도가 여러 가지 있으며, 기구의 선정에 있어서는 충분한 고려가 필요하다.

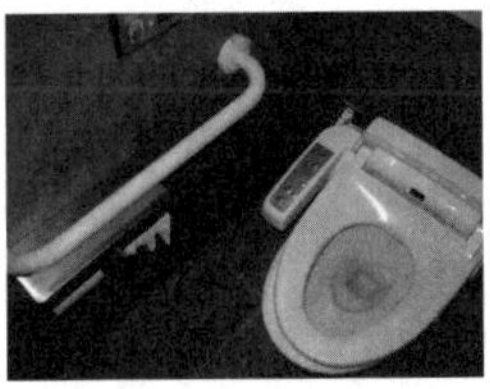

그림 2-52 | 장애인용 대변기

특정시설에서는 그 수용자의 장애 정도에 따라, 공공시설에서는 불특정 다수의 신체부자유한 사람을 대상으로, 또 주택에서는 그 장애의 정도와 가족구성, 주택환경에 따라 가구의 특징을 파악한 후에 기구를 선정하는 것이 절대적이다.

이때 동작하기 쉬운 공간을 확보함과 동시에 사용하기 쉽도록 기구를 배치할 필요가 있다. 또 신체가 부자유한 사람에 따라서 화장실 등을 사용할 때 팔뚝으로 몸을 지지하거나 균형을 유지하기 위해서는 반드시 손잡이가 있어야 한다.

① 대변기

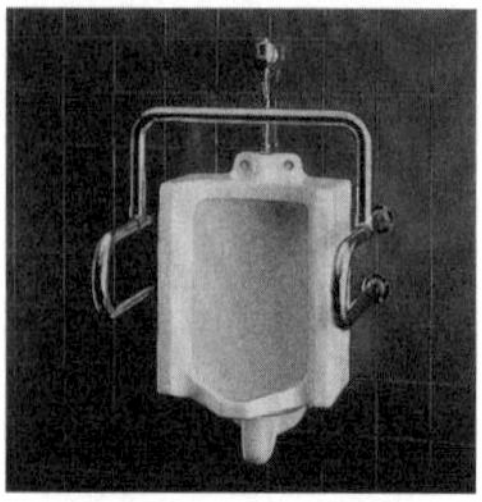

(a) 벽걸이스톨식 소변기

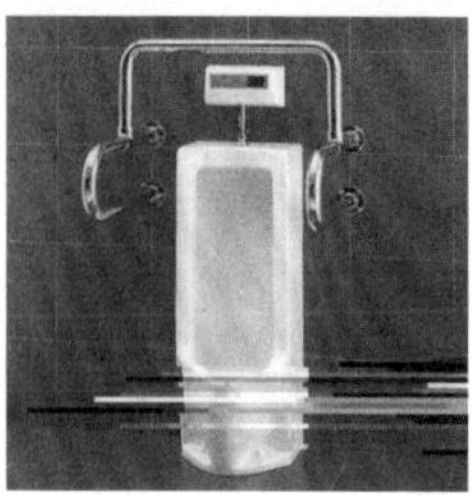

(b) 상치식 스톨소변기

그림 2-53 | 장애인용 소변기

- 장애의 부위나 정도에 의해서 양식변기에서도 충분히 사용할 수 있다. 특별한 변기라기보다도 일반적인 양식변기를 설치해서 손잡이 등의 보조구를 이용하여 사용하기 쉽게 한 방법이 좋다.
- 휠체어 사용자의 경우 휠체어의 앉는 높이와 양식변기의 앉는 높이가 같은 것이 좋다.
- 스스로 보행하여도 몸의 일부가 경직되어 구부리지 못하는 신체장애인은 앉는 높이를 높게 한 양식변기가 좋다.
- 변기의 세정에는 리모컨식이나 센서로 감지하여 자동적으로 세정하는 시스템 등이 있다. 장애의 부위를 고려하여 사용하면 편리하다.

② 소변기

- 중증 또는 자립할 수 없는 장애인은 양식변기를 사용하면 좋다.
- 비교적 경상의 장애인은 설치높이에 영향이 없는 상치식 스톨소변기가 좋다.
- 공공의 건물에 사용하는 경우에는 감지세정방식이 위생적이며 편리하다.

③ 세면기

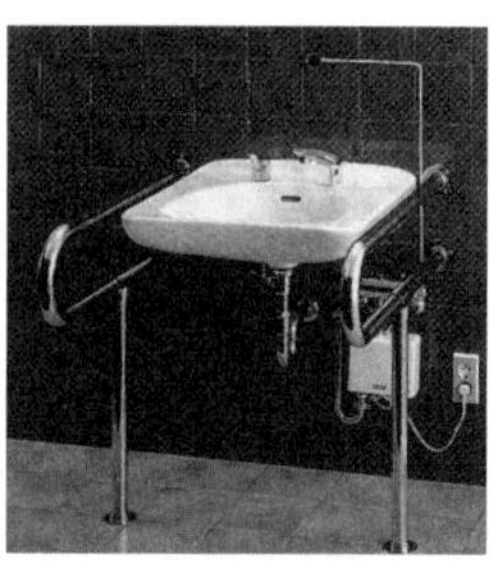

그림 2-54 | 장애인용 세면기

- 주로 휠체어 사용자용의 세면기가 시판되고 있다. 휠체어의 풋 레스트(foot rest) 앞 벽에 닿지 않도록 한다.
- 휠체어 사용자용의 세면기 설치높이는 무릎이 세면기의 밑에 닿지 않도록 740mm로 하는 것이 좋다.
- 급수전은 조작하기 쉽도록 레버핸들식이나 자동감지식의 수전이 사용하기 편리하다.

(5) 위생도기의 부속철물

위생도기의 부속철물이란, 물을 받는 기구에 장비된 위생철물(급수용 기구, 배수용 기구)과 부속기구를 총칭하는 것이다. 급수용 기구란 물을 받는 기구의 내면을 충분히 세정할 수 있으며, 만족할 수 있는 수량이 얻어지지 않으면 안

된다. 배수용 기구란 배수구 철물과 트랩을 구비하고 있어서 배수가 완전하게 되어야 한다.

부속기구란 세면기 주위의 거울, 화장대, 비눗갑, 대변기 주위의 페이퍼 홀더, 양식 대변기의 변좌, 변기뚜껑, 소변기의 칸막이판 등 탕수를 받는 기구, 위생철구 이외의 위생기구의 기능을 보조하는 부속기구이다.

재료로서는 금속제, 유리제, 도기제, 플라스틱제가 고려되나, 일반적으로는 동합금이 가장 많이 사용되며 표면에 크롬도금으로 마감한 것이 많다.

2-4-4 설비 유닛

사회의 급속한 발전과 더불어 공장생산화 및 양산화의 요구와 공기단축 및 정밀도를 높여 공사비의 절감을 요구하게 되었다. 따라서 설비의 생산화, 양산화를 꾀하는 추세가 기계기구류, 배관, 덕트, 보온피복에 이르기까지 그들의 재료, 시공에 관해서 연구 개발되었다. 이것이 설비의 프리패브화(prefabrication)이다.

설비 유닛화는 건축공사에서 복잡한 설비공사를 일괄하여 공장에서 하나의 유닛으로 완성하여 현장에 반입 조립함으로써 현장작업을 단순화시킬 수 있지만, 양산하기 때문에 획일적이고 각 개인의 요구조건을 충분히 만족시킬 수 없는 단점이 있다.

현재 설비 유닛으로 개발되어 실용화되고 있는 것은 욕실, 욕조, 플로어, 주방, 세면, 샤워, 설비코어, 컴포넌트식 패널배관 유닛 등을 들 수 있다.

(1) 위생설비 유닛(sanitary unit)

1) 용도별 위생 유닛의 종류

목욕, 세면, 세탁, 화장실을 위한 기능의 전체 또는 그 중의 하나 이상의 실형(室形) 유닛을 총칭해서 새니터리 유닛(sanitary unit)이라고 한다. 새니터리 유닛의 종류는 다음과 같다.

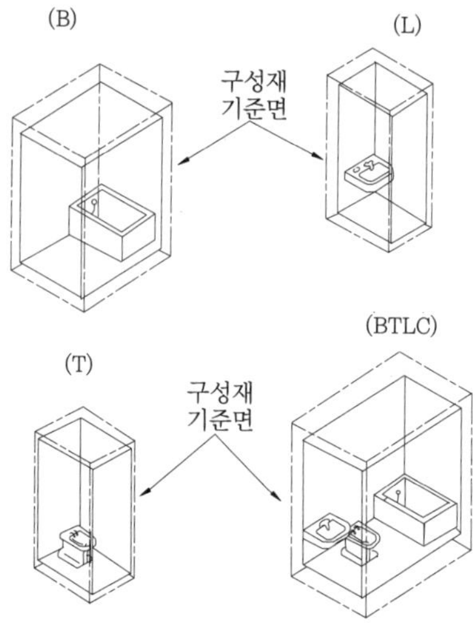

그림 2-55 | 위생설비 유닛

(2) 주방 유닛

주방에 필요한 하수대, 조리대, 레인지, 찬장 등의 설비기기를 구비하고, 조리, 세정 등의 기능을 만족시키며, 식기류, 조리기구, 식품, 조미료 등 주방의 필수품을 수납해야 할 공간을 가진 기구를 말한다. 그와 함께 급배수 및 가스배관을 구비하고 겸하여 조명, 콘센트, 환기팬 등을 부착시킨다.

(3) 배관 유닛

건물 내의 배관이 집중되어 있는 부분에 사용되는 배관의 프리패브화 방법으로, 각종 배관을 통합해서 공장에서 배관 가공하고, 그 배관을 프레임에 부착시키고 현장에 가져와서 콘크리트벽, 바닥 혹은 철골 등 구조체에 그 프레임을 부착시키고 쌓아올려서 조립 · 배관하는 방법이다. 일반적으로 적용되는 장소는 집합주택 및 호텔의 난방코일 배관이 주이지만 입상관 샤프트 내 배관, 바닥 · 천장의 횡지관, 지하배수로 내 배관 등에도 이용된다. 배관 유닛에 조립되는 배관은 급배수용 배관에 한정되지 않고 공조용 배관덕트, 전기용 배관 등을 포함한 설비의 모든 배관을 종합적으로 생각하여 실시할 수 있는 방법이다.

참고문헌

1. 김세환, 건축설비 배관공학, 건기원, 2005.
2. 김재수, 윤해동, 이론과 실무를 겸비한 급배수 위생설비, 세진사, 2007.
3. 건축법제연구회, 건축설비관계법규, 한솔아카데미, 2006.
4. 권영철, 건축설비, 한솔아카데미, 2008.
5. 박종일, 김세환, 김동규, 건축설비설계(이해와 도면작성), 세진사, 2007.
6. 이노우에 우이찌, 나카지마 야스타카, 건축설비 포켓북, 도서출판 한미, 2007.
7. 임영빈, 건축설비, 보성각, 2000.
8. 차재호, 에너지 총설, 한국에너지정보센터, 2003.
9. 최영식, 최신 건축설비, 도서출판건기원, 2008.
10. Louis S. Nielsen, Standard Plumbing Engineering Design.

3 장 공기조화설비

3장

공기조화설비

3-1 습공기와 공기선도

3-1-1 공기의 조성

대기는 질소(N_2), 산소(O_2), 아르곤(Ar), 탄산가스(CO_2) 뿐만 아니라 수증기나 미량의 네온(Ne), 헬륨(He) 등의 혼합물이다. 지상 부근의 대기는 표 3-1과 같이 조성되어 있으며 성분비율은 수증기를 제외하고는 거의 일정하다. 수증기는 대기 중에 1% 전후로 포함되지만 기후 등의 상황에 의해서 크게 다른 값을 나타낸다. 수증기의 증발잠열량은 상당히 크기 때문에 같은 온도의 공기라도 수증기의 포함 정도에 따라 냉각, 가열에 필요한 열량이 달라지게 된다. 따라서 수증기를 전혀 포함하지 않는 공기를 건조공기(dry air), 수증기를 포함한 공기를 습공기(moist air 또는 humid air)로 구분하고 습공기는 건조공기와 수증기와의 혼합물로 생각해서 취급한다. 공기조화에서는 건조공기를 하나의 기체로 보고 여기에 수증기가 혼합된 습공기를 취급대상으로 한다.

표 3-1 • 건조공기의 조성(지상 부근의 대기표준치)

성분	N_2	O_2	Ar	CO_2
용적조성[%]	78.09	20.95	0.93	0.03
중량조성[%]	75.53	23.14	1.28	0.05

주 1) 상기의 성분 이외에도 Ne, He 등이 포함되나 여기서는 생략.
2) CO_2 농도는 연소배기 등에 의해 이것보다 큰 값을 나타내기도 한다.
3) CO_2 농도는 실내공기에서는 인체대사 등으로 인해 이것보다 일반적으로 큰 값을 나타낸다.

3-1-2 습공기의 성질

습공기의 열량을 다루는 공기조화에서는 공기 중의 수증기량이 가장 중요한 문제가 된다. 수증기량은 온도에 따라 변화하며 온도가 높을수록 다량으로 함유할 수 있는데, 이 수증기량의 함유 정도에 따라 포화(습)공기, 불포화(습)공기로 구분한다. 일반적으로 습공기라고 하면 불포화습공기를 말한다.

습공기의 상태는 압력, 온도 및 습도에 의해 나타나며 이 상태값이 주어지면 습공기가 가진 비엔탈피나 비용적 등의 상태값이 결정될 수 있다.

(1) 혼합기체로서의 습공기

건공기에 수증기가 혼합된 습공기에 대해 무게 1kg의 건공기와 $x$kg의 수증기가 혼합되어 동일 체적의 습공기가 된 경우를 가정하면, 이때 습공기의 중량은 $(1+x)$kg이 되며, 이 수치를 하나의 단위량으로 취급한다.

습공기의 전압력 P는 일반적으로 표준 대기압을 사용하며 $P[\text{kPa}]=P_a+P_v$가 된다. P_a, P_v를 각각 분압이라고 하며, 포화수증기의 수증기분압 P_v는 온도의 포화수증기압과 같다.

(2) 습공기의 용어

1) 절대습도(absolute humidity)

건조공기(DA) 1kg 중에 포함되어 있는 수증기량 x를 중량단위로 표시한 것으로 단위는 [kg/kg(DA)]이다. 이때 kg(DA) 대신에 kg'로 표시하기도 한다. 절대습도 x는 습공기를 기준으로 습공기 $(1+x)$kg 중에, 건조공기 1kg과 수증기 $x$kg이 혼합되어 있는 것을 의미한다. 단, 상온 부근의 공기에서 x는 1에 비해 대단히 작으므로(예를 들어 건구온도 20℃, 상대습도 60% 일 때, 1kg의 건조공기와 혼합되어 있는 수증기량은 약 9g임) 실용적으로는 건조공기 1kg과 습공기 1kg은 거의 차이가 없다.

2) 수증기 분압(vapor pressure)

혼합기체에서 1개의 성분만이 전 용적을 차지한다고 가정할 때의 예상 압력을 분압이라고 한다. 각 성분의 분압의 합은 혼합기체의 전압과 같다. 습공기는 건조공기와 수증기의 혼합기체로 구성되므로, 수증기 분압은 P_w[mmHg]로 나타낸다. 수증기 분압과 절대습도 x와의 관계는 다음 식(3·1)과 같으며 수증기 분압으로 습도를 표시하는 것이 가능하다.

$$x = 0.622\frac{P_w}{P - P_w} \tag{3·1}$$

여기서, x : 절대습도 [kg/kg(DA)]
P : 습공기의 전압 [mmHg]

3) 포화공기(saturated air)

공기 중에 포함되는 수증기의 양은 습도나 압력에 따라 달라진다. 수증기가 공기 중에 포함될 수 있는 한도까지 도달한 상태의 공기를 포화공기라 하고, 이 때의 수증기압을 포화수증기압이라고 한다.

4) 상대습도(relative humidity ; RH)

습공기의 수증기 분압과 그 온도 상태의 포화공기의 수증기 분압과의 비를 백분율로 나타낸 것을 상대습도라고 한다.

절대습도가 공기 중의 수분의 양에 중점을 두는 데 비해, 상대습도는 공기 중에 포함되어 있는 수분의 비율에 중점을 둔다. 상대습도는 φ[%]로 나타내며 다음 식(3·2)와 같다.

$$\varphi = 100\frac{P}{P_s} \tag{3·2}$$

여기서, P : 습공기의 수증기 분압 [mmHg]
P_s : 포화공기의 수증기 분압 [mmHg]

5) 노점온도(dew point temperature ; DP)

공기는 온도가 높을수록 수증기를 많이 포함한다. 그러므로 습공기의 온도를 낮추게 되면 일정온도 이하에서 포화상태에 달하고, 더 낮추면 수증기 일부가 응축하여 물방울이 생긴다. 이 온도를 노점온도라고 한다.

6) 습구온도(wet bulb temperature ; WB)

습도의 측정에는 건습구온도계가 사용된다. 건구온도계는 통상 온도계로 공기 온도를 측정하지만, 습구온도계는 감열부를 가제로 싸서 모세관 현상으로 물을 흡상시켜 감열부를 습하게 하는 것이다. 습구의 감열부는 표면에서 물이 증발하여 잠열로 빼앗긴 상태의 온도를 나타낸다. 이 온도를 습구온도라고 한다. 이에 대하여 감온부가 건조상태로 측정된 공기온도는 건구온도(dry bulb temperature ; DB)라고 한다. 습구온도는 포화공기에서는 증발이 이루어지지 않으므로 건구온도와 같지만, 불포화공기에서는 건구온도보다 낮고 습도가 낮은 만큼 증발잠열량이 크기 때문에 그 차는 크게 나타난다.

7) 엔탈피(enthalphy)

습공기의 비엔탈피는 0℃의 건조공기와 0℃의 물의 비엔탈피를 0(기준치)으로 하고, 건조공기 1kg 당의 kcal로 표시한다. 절대습도 x[kg/kg(DA)]인 습공기의 비엔탈피는 건조공기 1kg의 비엔탈피와 수증기 $x$kg의 비엔탈피의 합으로서, 보통 공기조화에서 이용되는 온도 및 압력의 범위에서는 다음 식(3 · 3)으로 나타낸다.

$$h_t = c_a t + (c_v t + r_0)x \tag{3 · 3}$$

여기서, c_a : 건조공기의 정압비열 [0.240kcal/kg · ℃]

c_v : 수증기의 정압비열 [0.441kcal/kg · ℃]

r_o : 0℃ 물의 증발잠열 [597.5kcal/kg]

t : 건구온도 [℃]

x : 절대습도 [kg/kg(DA)]

8) 비용적(specific volume)

건조공기 1kg을 함유한 습공기의 용적을 비용적이라 한다. 단위는 [m³/kg(DA)]를 이용하며 대기압 시 다음 식(3 · 4)로 나타낸다.

$$v = 0.00455(x + 0.622)(t + 273) \qquad (3 \cdot 4)$$

여기서, v : 비용적 [m^3/kg(DA)]

x : 절대습도 [kg/kg(DA)]

t : 건구온도 [℃]

3-1-3 습공기선도(psychrometric chart)

전압이 일정한 습공기의 상태를 나타내는 여러 가지 특성치의 관계를 나타내는 그림을 습공기선도라 한다. 즉, 습공기 상태값(건구온도 t, 습구온도 t', 절대습도 x, 상대습도 ϕ, 엔탈피 i, 비체적 v, 수증기분압 P_w)의 관련성을 나타낸 것이다. 이 7가지 습공기 상태값 중에서 두 가지의 상태값을 알게 되면, 그 습공기의 다른 상태값들을 알 수 있다. 습공기선도는 공조 설계를 할 때 흔히 사용되며, 냉·난방 시 습공기가 실내와 공기조화기 내에서 일어나는 상태변화를 파악할 수 있다.

그림 3-1은 종축은 절대습도 x, 경사축은 엔탈피 i인 공기선도로, $i-x$선도라고 한다. 그림 3-1의 A점에 있어 건구온도, 습구온도, 절대습도, 수증기압,

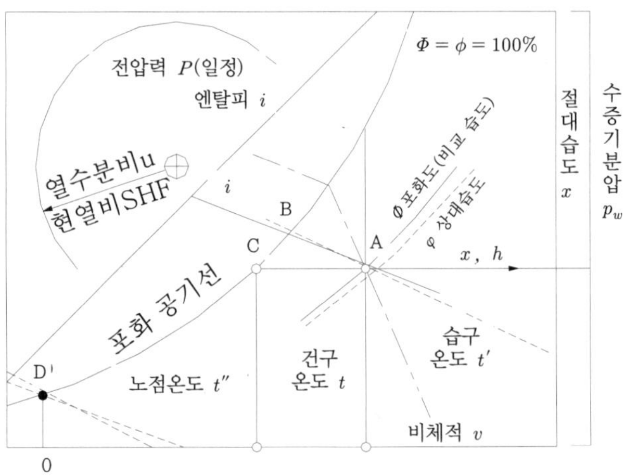

그림 3-1 | 습공기선도의 구성

엔탈피, 상대습도, 포화도, 비용적, 노점온도를 구할 수 있다. 이 선도에서 그림 3-2와 같이 전술한 7개의 상태 외에도 포화곡선, 현열비, 열수분비도 알 수 있다.

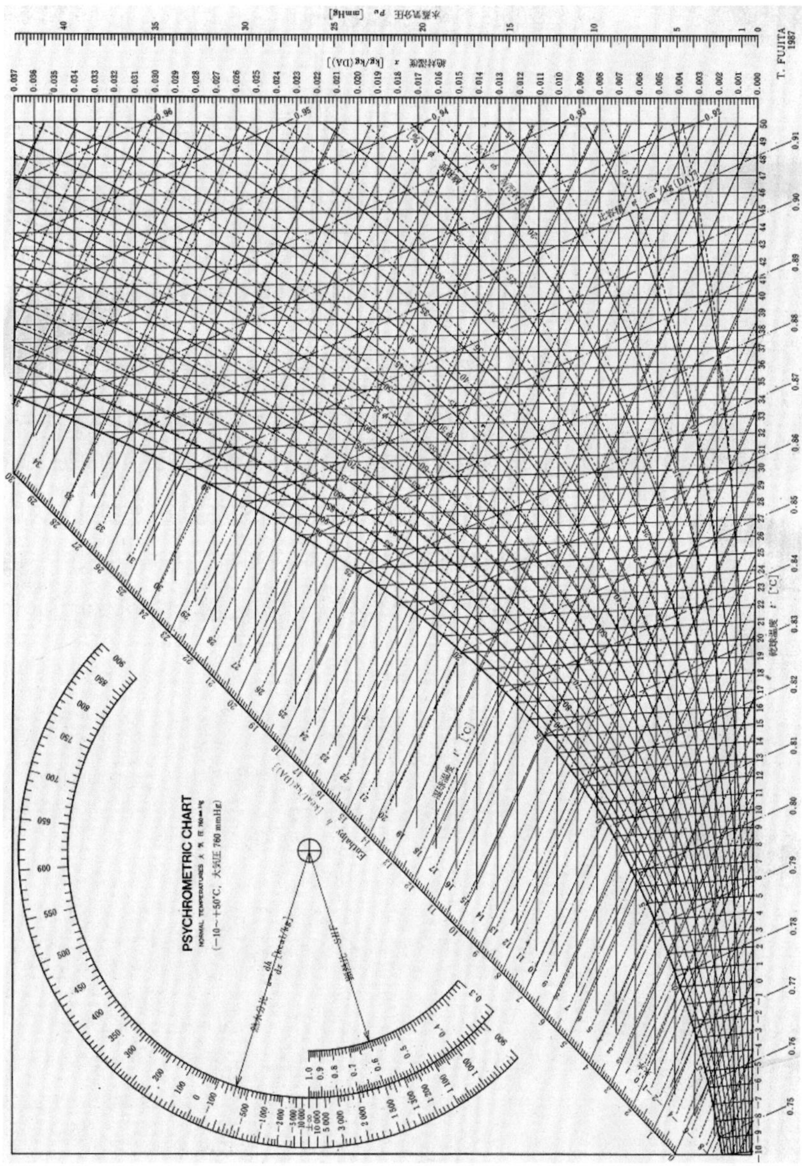

그림 3-2 | 습공기선도

(1) 현열비(SHF ; Sensible Heat Factor)

현열비는 공기의 상태변화에 따른 현열변화량과 엔탈피변화량의 비를 나타낸 값이다. 예를 들어 상태 A의 공기가 상태 B로 변했을 때 공기의 엔탈피 변화량은 $\Delta i = i_A - i_B$이고, 현열변화량 $\Delta q_s = C_{pa} \cdot (t_A - t_B) = C_{pa} \cdot \Delta t$이므로 현열비는 다음 식(3 · 5)와 같이 나타날 수 있다.

$$SHF = \frac{C_{pa} \cdot \Delta t}{\Delta i} = \frac{C_{pa} \cdot (t_A - t_B)}{i_A - i_B} \tag{3 · 5}$$

여기서, C_{pa} : 공기의 중량비열 [kcal/kg · ℃]

Δt : 온도 변화량 [℃]

Δi : 엔탈피 변화량 [kcal/kg(DA)]

공기가 냉각코일을 통과하는 경우 충분하게 열교환을 하게 되면 포화상태가 되며, 이 온도를 코일의 장치노점온도(apparatus dew point temperature)라고 한다. 장치노점온도는 공기조화기 냉각코일에서 나오는 공기의 노점온도를 말하며, 공기선도에서 기준점과 SHF값을 연결한 직선과 평행하게 실내 상태점을 지나는 직선을 그었을 때 포화선과 만나는 점의 온도값이다. 공조기에서 나오는 취출공기의 노점온도는 장치노점온도 이상이 되어야 한다.

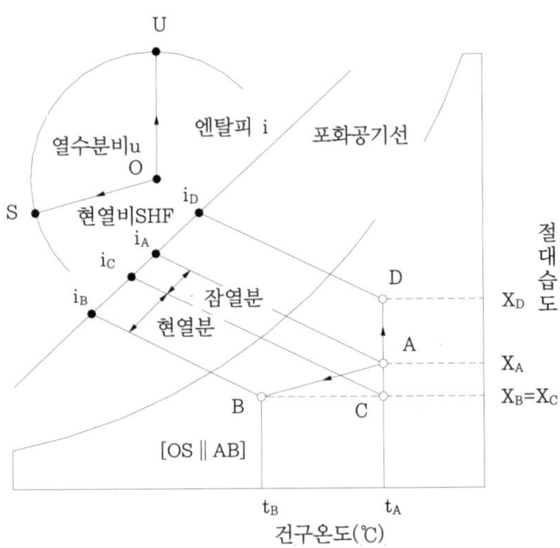

그림 3-3 | 현열비 · 열수분비

(2) 열수분비

열수분비 U는 엔탈피 변화량과 공기 중 수증기 변화량의 비를 나타낸 값이다. 어떤 습공기가 그림 3-3과 같이 그 상태가 변할 때, 현열가열량(냉각열량) q_s [kcal]와 가습수량(감습수량) L [kg]으로 열수분비를 구할 수 있으며, 이것은 공조기 내의 전체 가열량(냉각열량)을 계산할 때 이용한다.

$$U = \frac{\Delta i}{\Delta x} = \frac{i_D - i_A}{x_D - x_A} \qquad (3 \cdot 6)$$

여기서, Δi : 엔탈피 변화량 [kcal/kg(DA)]

Δx : 절대습도 변화량 [kg/kg(DA)]

3-1-4 습공기의 상태변화

(1) 공기조화의 각 과정

공기조화 설비의 목적은 새로운 조건에 대하여 들어오는 공기의 조건을 변화시키는 것이다. 이와 같은 변화를 공기조화의 과정(process)이라 한다. 그림 3-4는 습공기선도상의 각 과정을 나타낸 것이다.

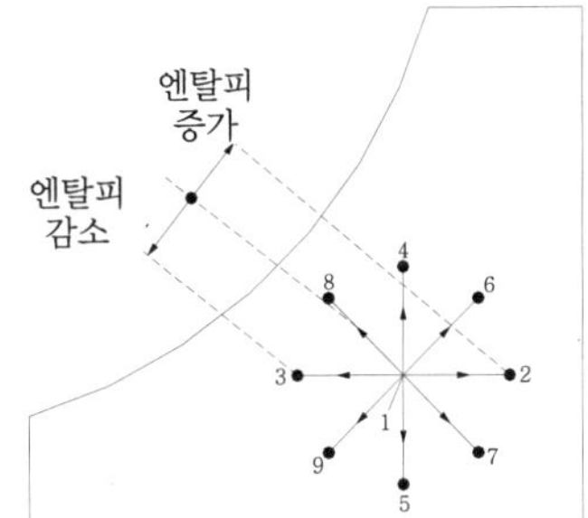

1→2 : 현열 가열 (sensible heating)
1→3 : 현열 냉각 (sensible cooling)
1→4 : 가습 (humidification)
1→5 : 감습 (dehumidification)
1→6 : 가열 가습 (heating and humidifying)
1→7 : 가열 감습 (heating and dehumidifying)
1→8 : 냉각 가습 (cooling and humidifying)
1→9 : 냉각 감습 (cooling and dehumidifying)

그림 3-4 | 공기조화의 각 과정

(2) 습공기선도상의 기초적 도시법

1) 현열가열과 현열냉각(절대습도가 같은 선상에 있을 때의 변화)

$$q_{HC}(\text{or } q_{cc}) = G(i_2 - i_1) = 0.24\,G(t_2 - t_1)[\text{kcal/h}] \qquad (3 \cdot 7)$$

여기서, q_{HC} : 가열량[kcal/h]

q_{cc} : 냉각량 [kcal/h]

G : 공기량 [kg/h]

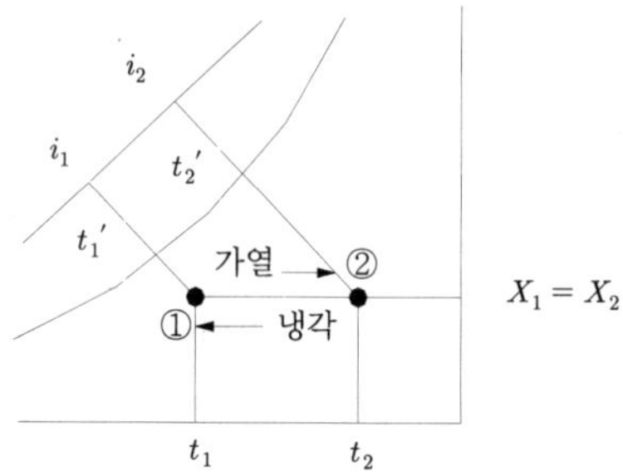

그림 3-5 | 현열가열과 현열냉각

여기에서 가열기 전후에서의 풍량 Q[m³/h]와 공기량 G[kg/h]변화는 $Q_1 = v_1 G$, $Q_2 = v_2 G$로 표시하며 v는 비용적[m^3/kg · DA]을 나타낸다. 표준 상태에서의 v_o는 0.83 [m^3/kg(DA)]이므로, 이때 q_{HC}는 다음과 같이 표시한다.

$$q_{HC} = \frac{Q}{0.83}(i_2 - i_1) = 0.29\,Q(t_2 - t_1) \qquad (3 \cdot 8)$$

2) 가습과 감습(온도가 같은 선상에 있을 때의 변화)

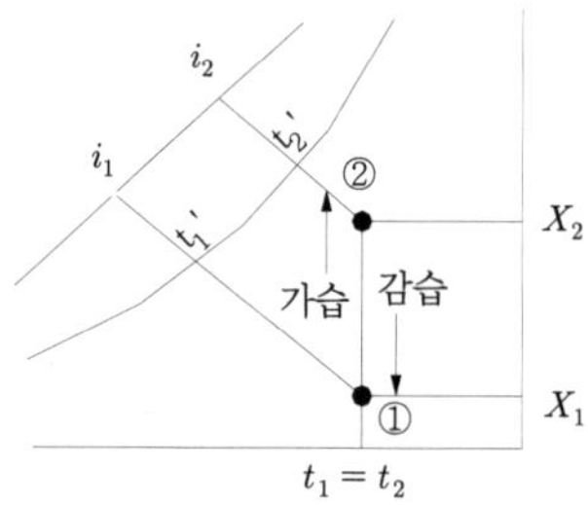

그림 3-6 | 가습과 감습

$$q_{HC}(\text{or}\ q_{cc}) = G(i_2 - i_1) = 597\,G(x_2 - x_1)\ [\text{kcal/h}] \qquad (3 \cdot 9)$$

$$L = G(x_2 - x_1)$$

여기서, L : 수량 [kg/h] (3 · 10)

3) 가열가습과 냉각감습(앞의 ①, ②의 혼합상태)

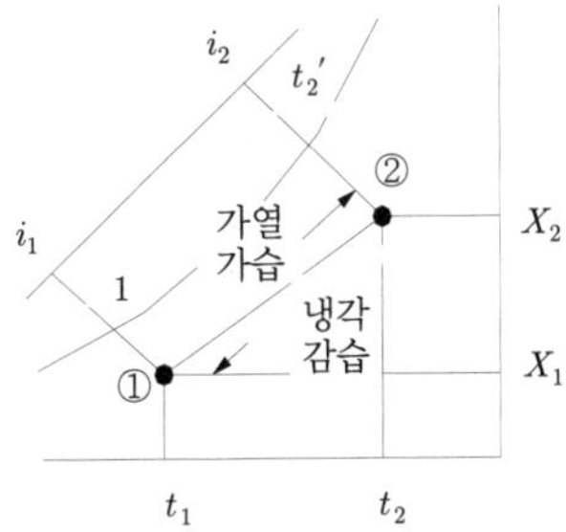

그림 3-7 | 가열가습과 냉각감습

$$q_{HC}(\text{or } q_{cc}) = G(i_2 - i_1) \text{ [kcal/h]} \quad (3 \cdot 11)$$

4) 혼합(그림 3-8의 ①, ②로 표시되는 습한 공기를 혼합에서 ③의 공기로 할 경우)

$$t_3 = \frac{m}{m+n} t_1 + \frac{n}{m+n} t_2 \text{ [℃]} \quad (3 \cdot 12)$$

$$t_3' = \frac{m}{m+n} t_1' + \frac{n}{m+n} t_2' \text{ [℃]} \quad (3 \cdot 13)$$

$$x_3 = \frac{m}{m+n} x_1 + \frac{n}{m+n} x_2 \text{ [kg/kg(DA)]} \quad (3 \cdot 14)$$

$$i_3 = \frac{m}{m+n} i_1 + \frac{n}{m+n} i_2 \text{ [kcal/kg(DA)]} \quad (3 \cdot 15)$$

5) 바이패스 팩터(by-pass factor)

가열기 및 냉각기를 통과하는 공기가 완전히 열교환을 하게 된다면 냉각코일을 통과하는 공기 ①은 열교환기의 표면온도의 포화공기상태 ②가 되어야 하나 실제로는 ③의 상태로 된다. 이 경우 ①, ②선상에 단열 혼합의 개념을 적용하는 것이다. 즉, ①은 처리 전의 공기이며 ②는 포화공기이고, ③은 ①의 공기를 $BF:(1-BF)$의 비율로 혼합한 것이다. 이때 BF를 바이패스 팩터라 하고, CF는 코일과 접촉한 비율로 컨택트 팩터(contact factor)라 한다.

$$t_3 \fallingdotseq t_1 \times BF + t_2(1-BF),$$
$$BF = 1 - CF \ (\text{여기서, } CF: Contact\,Factor)$$
$$BF = \frac{t_3 - t_2}{t_1 - t_2} \qquad (3 \cdot 16)$$

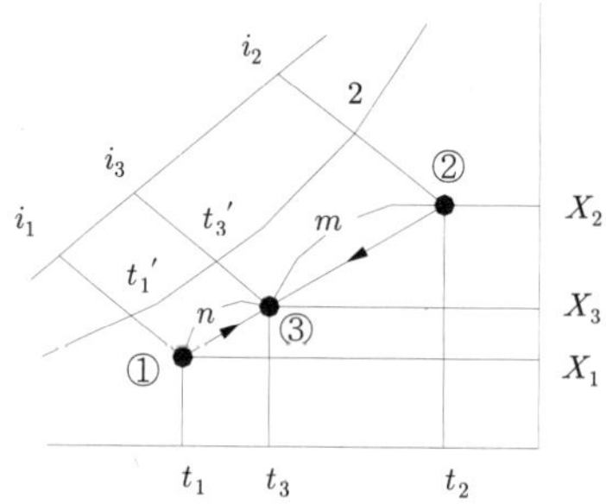

그림 3-8 | 혼합

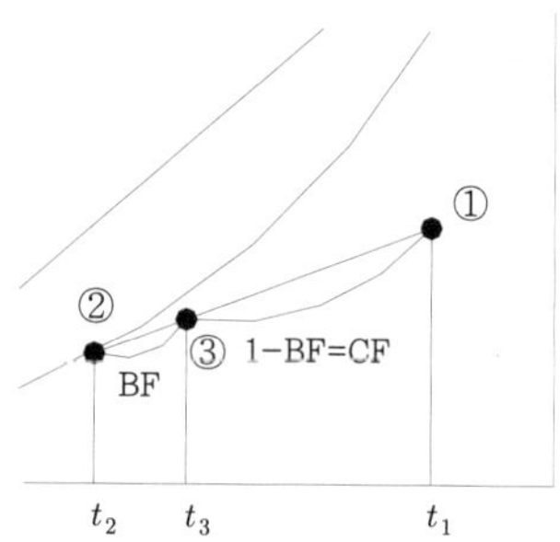

그림 3-9 | 바이패스 팩터

3-1-5 공기선도의 사용법

(1) 대표적인 공조 프로세스

여기서는 대표적인 공조시스템인 단일덕트 방식에서 공기선도 상의 움직임을 설명한다. 그림 3-10에 표시되는 것과 같이, 공기조화기에는 에어필터, 냉각기, 가열기, 가습기 등의 장비가 있고, 환기를 통해 배출된 실내공기와 외기가 공조기를 통해 혼합된 공기[1)]로 송풍기를 통해 실내로 공급 · 순환된다.

1) 단일덕트방식

그림 3-10은 대표적인 단일덕트방식의 공조시스템으로 그림 3-11(a), (b)는

1) 그림 3-8에서 혼합전의 공기 ①, ② 질량을 G_1, G_2로 하고, 혼합 후의 공기 ③의 점은 $\frac{t_1t_3}{t_2t_3} = \frac{G_3}{G_1}$로 되는 것처럼 t_1t_2의 선분을 내분한 점이 된다.

냉방 시, 난방 시의 상태변화를 나타낸 것이다. 그림 3-12는 재열방식일 때의 상태변화도이며 그림 3-13은 가변풍량(VAV) 방식일 때의 상태변화도이다. 그림 3-14는 바이패스 제어방식의 공조시스템으로, 이때 냉난방 시의 상태변화도는 그림 3-15에 나타낸다.

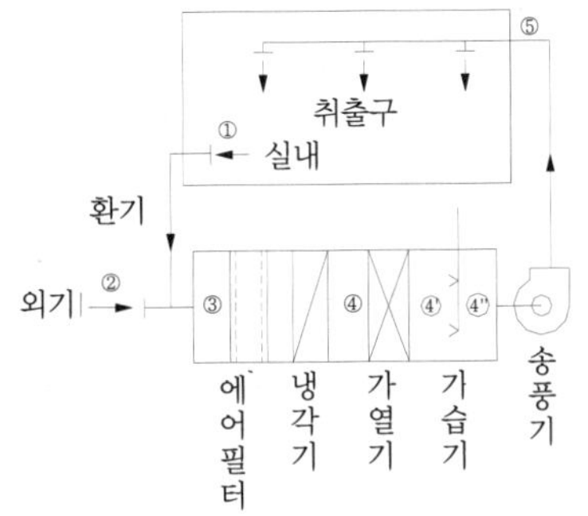

그림 3-10 | 단일덕트방식

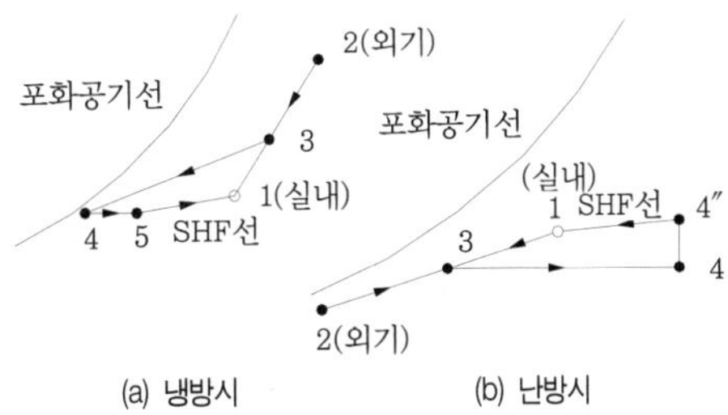

그림 3-11 | 단일덕트방식 (i-x선도)

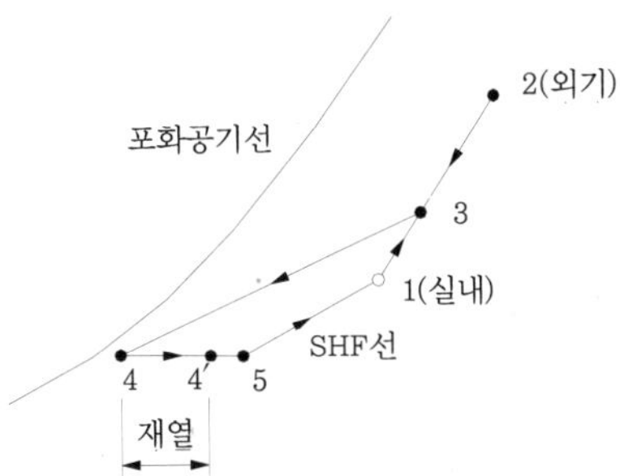

그림 3-12 | 재열방식

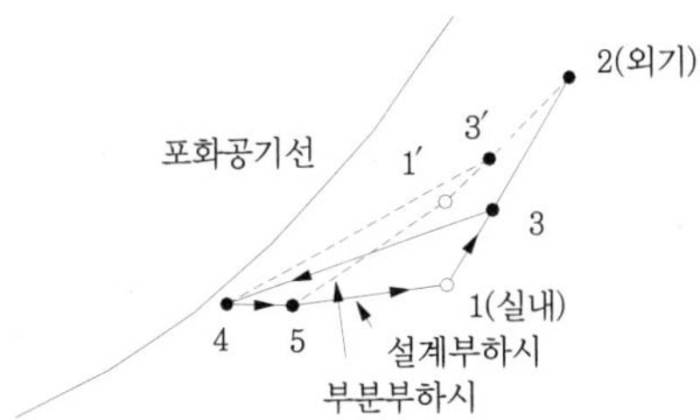

그림 3-13 | 단일덕트 가변풍량방식

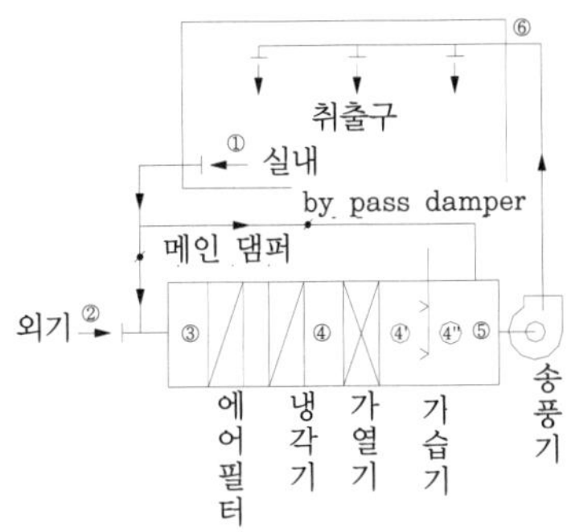

그림 3-14 | 제어방식

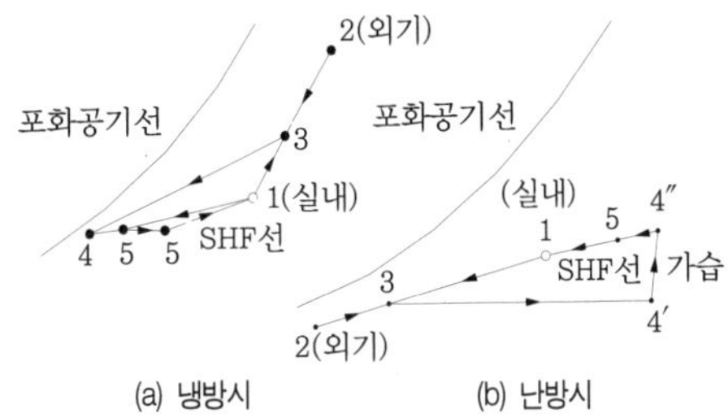

그림 3-15 | 바이패스 제어방식 (i-x선도)

2) 냉방

그림 3-16은 단일덕트 냉방 시의 공조 프로세스를 나타낸 것이다. 냉방 시, 실내공기 상태를

① $t_1 = 26℃$, $\varphi_1 = 50\%$ 외기 상태를

② $t_2 = 32℃$, $\varphi_2 = 68\%$로 하면 그 공기 상태는 장치노점온도($t_{ADP} = ℃$) 9.5에 습기를 공급하는 쪽으로 움직여, $BF = 0.2$의 점 ④까지 냉각 · 감습된다. 그 공기가 송풍기에 의해 실내에 공급되면, 송풍기에 의한 온도상승과 덕트에서의 열 취득에 의한 1~2℃ 온도가 상승하게 된다. 실제 공기 ⑤는 약 16℃에 취출구로부터 실내로 공급되는데(그림 3-16), 열량면에서는 전공기량 $G = G_1 + G_2$로 되고, 실내부하$= (i_1 - i_5)G$, 외기부하$= (i_3 - i_1)G$, 냉각기 부하$= (i_3 - i_4)G$, 송풍기, 덕트 취득열량$= (i_5 - i_4)G$가 된다. 실내부하는 현열부하와 잠열부하로 나눠지고, 냉방 시에는 인체에서 발생하는 잠열(발한 외에도 느끼지 못하는 증발에 의한 습기발생)과 틈새바람의 유입에 의한 잠열을 고려한다. 그림 3-16에서 $SHF = \dfrac{i_5' - i_5}{i_1 - i_5}$가 된다.

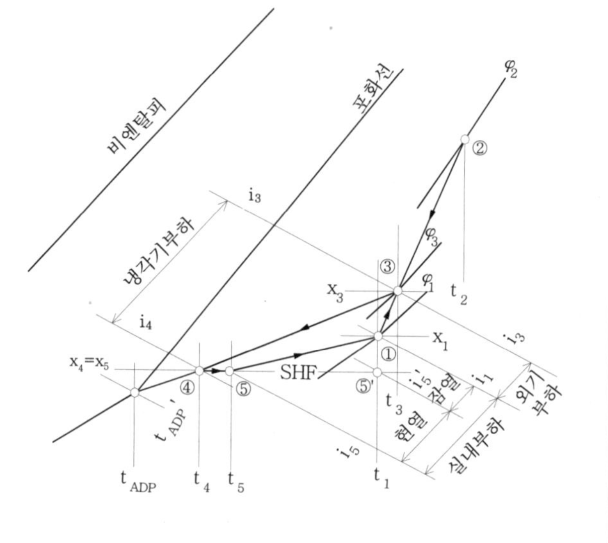

그림 3-16 | 공조 프로세스(단일덕트방식 냉방)

3) 난방

그림 3-17은 단일덕트 난방시의 공조 프로세스를 나타낸 것이다. 난방 시, 실내공기 상태를

① $t_1 = 22℃$, $\varphi_1 = 45\%$

② $t_2 = 2℃$, $\varphi_2 = 38\%$로 하면, 혼합 후의 공기상태는 ③ $t_3 = 17℃$, $\varphi_3 = 46\%$가 된다. 그 ③의 공기를 ④′ 의 공기상태 $t_4{}' = 30$까지 가열하면 $\varphi_4{}' = 21\%$로 되고, 이 상태에서 실내 잠열부하에 맞게 절대온도 상태까지 가열한다. 실내 잠열부하는 틈새바람 유입량, 창 면에서 결로에 의한 습도저하, 인체에서 습기발생량을 빼고 상정하면 필요 취출공기 상태 ④″가 결정된다. 가습방법으로 증기가습을 한 경우 필요한 상태점 ④″ 인 $t_4{}'' = 40℃$, $\varphi_4 = 30\%$로 변화한다(그림 3-17).

또한 순환수 분무가습으로 실내가습을 한 경우에는 가습량과 균형이 맞는 가열이 필요하여 가열기 출구온도가 $t_4{}' = 36.2℃$로 된다. 그림 3-17에 순환수 분무가습의 공기선도상의 움직임이 나타난다.

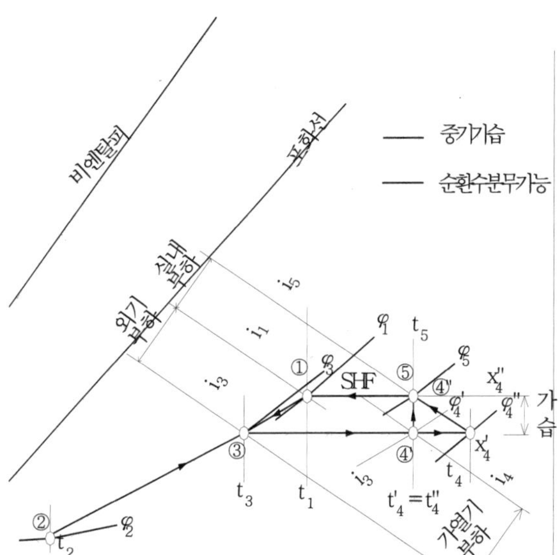

그림 3-17 | 공조 프로세스(단일덕트방식 난방)

④″의 공기를 송풍기에서 실내에 공급할 때, 송풍기에 의한 온도상승과 덕트로의 열손실이 동등하다고 보면 ④″ =⑤로 실내에 보내진다고 생각할 수 있다. 냉방 시와 같이 열량 면에서는 실내부하= $(h_3 - h_1)G$, 외기부하= $(i_1 - i_3)G$, 가열기부하 $= (i_4'' - i_3)G$, 가습기 부하= $(i_4'' - i_4')G_1$, 가습량= $(x_4'' - x_4')G$로 된다.

실현열비는 공조부하 계산에 있어 실내 전열부하에 대한 현열부하의 비율을 그림 3-16, 그림 3-17에서 ⑤와 ①을 연결한 직선의 기울기로 나타낸다.

(2) 취출공기 상태

공조장치의 용량은 최대 냉방부하와 최대 난방부하로부터 산출되나 실제 운전은 보다 작은 부분부하의 상태에서 운전되는 경우가 대부분이다. 그 경우 취출공기의 상태가 어떻게 되는지 공기선도$(i - x)$상에서 고찰해 본다. 습공기선도상에서 실내공기의 상태점과 실열부하에 의해 SHF를 구하고, SHF의 선상을 실내공기 상태점과 일치시키면 같은 SHF선상에서 취출공기상태의 교점이 송풍온도선이 된다.

1) 냉방 시의 취출공기 상태

취출구 공기상태는 설계 최대부하를 처리하기 위해 설정된다. 그 순서는 다음과 같다.

부하 계산에 의해 얻어진 실내 전열부하 q_r [kJ/h] 중의 현열부하 q_s [kJ/h], 잠열부하 q_L [kJ/h]에 의해 현열비 $SHF = q_s/q_r$을 구한다. 그리고 실내 상태점 ①의 $SHF = q_s/q_r$을 구하고, ①에서 구한 SHF선상에 취출공기 상태점 ⑤를 설정한다. ⑤로 취출된 공기상태를 설정하면 현열부하, 잠열부하를 동시에 처리할 수 있다.

그림 3-18에 표시된 정풍량 단일덕트방식에서 각 점의 공기상태를 공기선상에 표시하면 그림 3-16의 ①~⑤로 된다. 여기서 실내부하를 처리하기 위한 취출공기량을 V_o [m^3/h], $V_o = q_s / C_a(t_1 - t_5)$, C_a : 공기의비열≒1.2 [KJ/m^3],

$(t_1 - t_5)$를 취출구 온도차[2]라 한다. 그림 3-19에서는 SHF가 적당한 값이 되어 냉각장치의 현열, 잠열처리량과 일치하게 되나, 실내부하의 현열비(SHF)가 작은 경우에는 재열조작이 필요하게 된다.

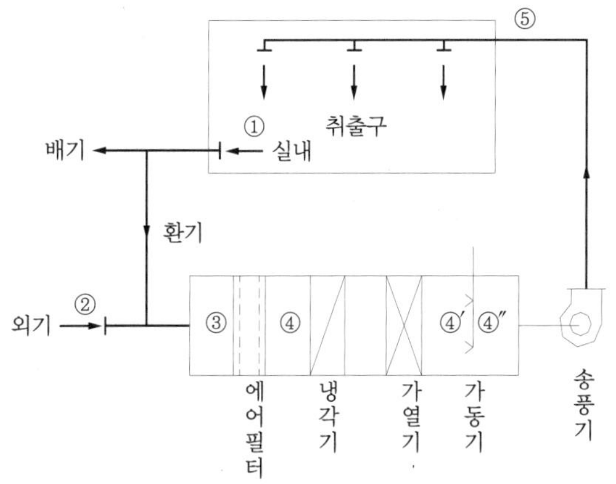

그림 3-18 | 단일덕트방식

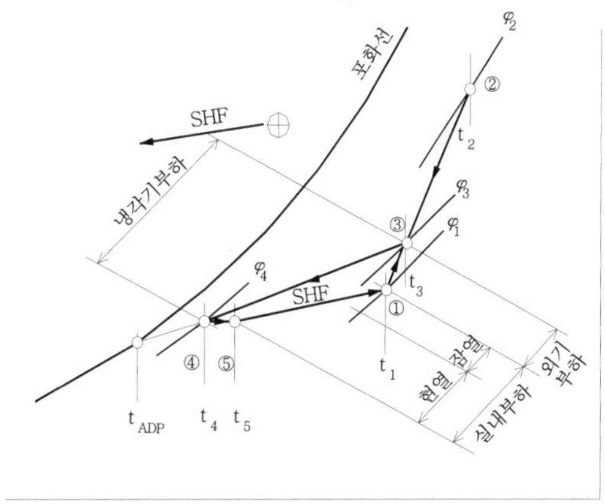

그림 3-19 | 냉방최대부하 시의 취출공기 상태

2) 냉방 부분부하 시의 취출공기 상태

전 항에서는 냉방설계 최대부하 시의 취출공기 상태를 나타내었으나, 이는 실내 현열부하가 1/2이 될 때(잠열부하 변함), 냉각코일 출구공기를 ④′ 까지 상승시키고, 취출구 온도차 Δt를 최대 시의 절반이 되도록 부하에 대응시켜, 실내 상태는 최대부하 시로 변환되지 않았다(그림 3-20). 이렇게 ④′ 까지 온도를 상승시키기 위해서는 가열기를 작동시키는 재열조작을 행할 필요가 있으나, 냉각을 실시한 뒤 다시 재열을 하는 것은 매우 비경제적이라 할 수 있다. 이러한 비경제성을 방지하기 위해 실제의 공조기 작동 시 냉각기의 냉각코일에 흐르는 냉수의 유량을 감소시키도록 냉각코일 표면온도를 상승시켜 대응한다. 그 경우 공

2) 취출구 온도차: 공기조화를 위해 실내에 설치된 취출구에의 공조용 공기의 온도와 실내온도와의 차는 취출구에의 결로, 실내온도분포 등을 배려하고, 냉방 시에는 10~12℃, 난방 시에는 10℃ 정도 이하로 설계된다.

기선도상의 움직임을 표시하면 그림 3.20의 파선에 표시된 것과 같이 냉각코일 평균표면온도가 t_{ADP}'로 상승하고, 이에 따른 냉각코일 출구공기의 습도와 취출구의 습도가 높아져서 ⑤′가 된다. 그 결과 실내습도는 소기의 설계치보다도 높은 쪽인 ①′로 이행된다. 이러한 현상은 냉각기가 냉각과 동시에 감습기능을 가지기 때문에 생기게 된다.

3) 난방 시의 취출공기상태

난방 시의 취출공기 상태도 냉방 시와 같은 형태로, 실내 상태점에 의해 실내부하의 현열비 SHF 선상에 설정하고, 현열부하, 잠열부하를 동시에 처리한 설계실내 상태로 생각할 수 있다. 그림 3-18의 정풍량 단일덕트방식에서 난방 최대부하 시 각 점의 상태를 도시화하면, 그림 3-21의 ①~⑤로 되고 취출 공기 상태는 ⑤로 된다. 그 점은 실내의 SHF 상에 있고, 취출구 온도차와 풍량의 관계는 $U_o = q_s / C_a(t_1 - t_5)$에서 구해진 냉방풍량보다 작게 되는 경우가 많다. 이 경우는 역으로 풍량을 냉각 시에 맞추어 취출구 온도차를 구한다.

난방부하가 최대부하보다 1/2로 적게 되는 경우, 이에 대응해 가열기 출구온도 ④″를 낮추고(그림 3-21의 파선), 만일 가습부하가 적게 되면 가습량을 감한 ④″의 절대온도를 낮추도록 대응하여 실내 상태를 소기의 설계조건으로 유지할 수 있다.

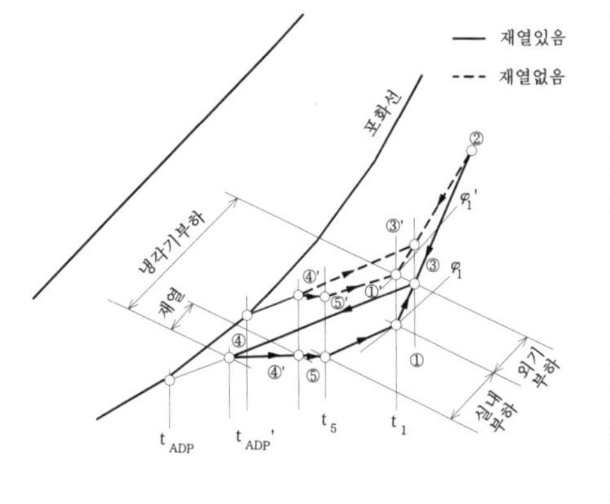

그림 3-20 | 부분부하 냉방 시

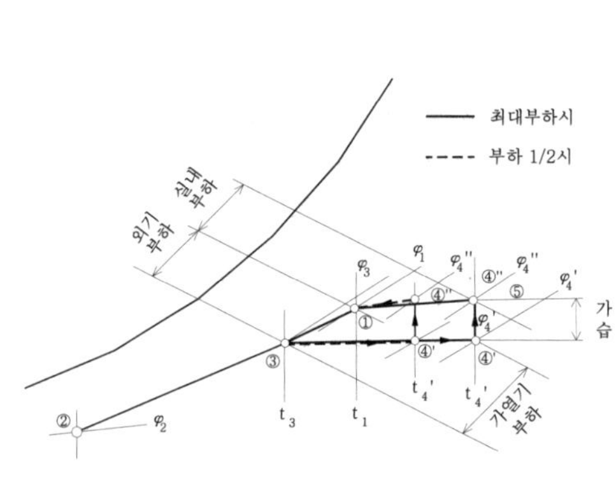

그림 3-21 | 난방최대부하 시의 1/2부하 시의 취출공기상태 (증기가습, 정풍량 단일덕트)

3-2 공기조화 부하 계산

3-2-1 개 요

공기조화 부하란 실내에서 목적하는 온도 및 습도를 유지하기 위하여, 공기의 상태에 따라 냉각, 가열, 감습, 가습 등을 하는데 필요한 열량을 총칭하는 것으로, 이 중에서 가열해야 할 부하를 난방부하(heating load), 냉각해야 할 부하를 냉방부하(cooling load)라고 한다.

부하 계산의 목적은 다음과 같다.

① 장비 선정 및 공조시스템 설계에 필요한 자료를 제공한다.

② 부하 감소를 위한 대안들을 평가할 수 있는 자료를 제공한다.

③ 시스템 설계, 운전 및 제어에 필요한 분석자료를 제공한다.

공기조하 부하의 종류는 표 3-2와 같이 실부하와 장치부하로 구분할 수 있으며, 실부하는 다시 외피부하와 내부부하로 구분된다. 난방부하의 경우에는 부하를 경감할 수 있는 요소들(일사부하, 내부발열)은 고려하지 않는다.

표 3-2 • 부하의 종류

부하의 종류		내용	냉방부하		난방부하	
			현열	잠열	현열	잠열
실부하	외피부하	외피 전열부하	0		0	
		일사부하	0			
		침기부하	0	0	0	0
	내부부하	조명발열부하	0			
		인체발열부하	0	0		
		기기발열부하	0	0		
장치부하		환기부하	0	0	0	0
		송풍기부하	0		0	
		덕트의 열손실	0		0	
		재열부하	0		0	

3-2-2 부하 계산방법의 종류

부하 계산에는 연간 냉난방을 위해 필요한 에너지를 구하기 위한 연간부하 계산과 냉동기, 보일러, 공조기 등 공조설비에 필요한 용량을 결정하기 위한 최대부하 계산이 있다. 일반적으로 부하 계산이라고 하면 최대부하 계산을 의미하는 것이다. 최대부하 계산은 특정한 월이나 시간의 조건에 대해 수 계산으로 수행하므로 이를 위해 많은 표 또는 계산양식이 만들어져 있다. 연간부하 계산은 매 시각에 대한 부하를 연간 계산하는 것으로 방대한 계산이 필요하게 되므로 컴퓨터를 이용하여 계산하는 것이 일반적이며, 이를 위한 많은 프로그램들이 개발되어 있다. 최근에는 최대부하 계산도 컴퓨터를 이용하여 수행하고 있다.

건물의 부하 계산 혹은 에너지해석 방법은 계산방법(필요한 변수의 수, 대수방정식 또는 미분방정식 해석)에 따라 단일척도방식, 단순다중척도방식 및 동적 열부하 계산방식 등으로 분류할 수 있다. 여기서 단일척도방식과 단순다중척도방식은 정적 열부하 계산방법이라고 할 수 있다.

단일척도방식은 연간 난방도일과 같은 오직 한 가지 조건만을 이용하게 되며, 이러한 방법은 단순한 건물에만 적용이 가능하다. 그러나 단순 계산을 확대하여 어떤 특정 조건이 발생하는 시간의 수와 같은 몇 가지의 자료를 더 이용하게 되면 계산의 정확도를 향상시킬 수 있다. 이를 단순다중척도방식이라고 하며 여기에는 빈(bin)방식 등이 있다. 건물 에너지 해석방법 중 가장 발전되고 자세한 방법은 주어진 분석기간 동안 매 시간당 에너지 균형(energy balance)을 계산하는 동적 열부하 계산방식이다.

(1) 단일척도방식

단일척도방식은 부하 계산의 척도로 도일(degree day) 한 가지만을 사용하는 방식으로 주거용 건물과 같이 단순한 외피부하 위주의 건물에서 흔히 사용된다.

도일방식은 오랜 기간 동안의 관찰에 근거하여, 일평균 기온이 일정온도(일반적으로 18℃)가 되면 태양열이나 내부열 발생으로 인한 취득열이 열손실량을 상쇄하게 되며, 또한 하루 동안의 난방부하는 기준온도와 일평균기온의 차이와 비례한다는 가정에 근거를 둔 것이다. 수정 디그리데이방식(modified degreeday method)에 의한 연간 난방부하(AHL)는 식(3 · 17)로 구한다.

$$AHL = \frac{q \times 24 \times HDD}{\Delta t} \times cd \qquad (3 \cdot 17)$$

여기서, q : 최대난방부하 [kW]

HDD : 연간 난방도일 [℃ day/yr]

Δt : 설계 온도차 [℃]

cd : 보정계수

(2) 단순다중척도방식

단일척도방식은 건물에서 일어나는 수많은 에너지 요소들의 복합적 상호작용을 고려하지 않기 때문에 건물의 형태나 기능이 복잡한 경우에는 연간부하의 계산이 부정확하게 된다. 따라서 중요한 몇 개의 변수를 사용한 열부하 계산을 여러 가지 서로 다른 외기조건에 대하여 구한 후, 이를 외기조건의 발생빈도에 따라 합산하는 방식이 개발되었다.

1) 빈방식(bin method)

빈방식이란 여러 가지 외기조건에서 일어나는 순간 열부하를 계산한 후 그 결과를 계산된 외기조건을 포함하는, 소위 빈(bin)으로 불리는 온도 간격의 빈도수에 따라 가중 계산하는 방식이다. 빈은 임의의 간격으로 정할 수 있으나, 보통 3℃(화씨의 경우 5° F가 이에 해당)의 간격을 많이 사용한다. 빈방식에서는 건물의 점유기간(occupied period)과 비점유기간(unoccupied period) 동안의 열부하를 따로 계산하는 것이 보통이며, 또한 균형점 온도를 사용하여 내부열 발생과 태양열 취득의 영향을 고려하기도 한다.

2) 수정 빈방식(modified bin method)

수정 빈방식은 재래의 빈 방식에 추가로 평균부하 혹은 다변부하(diversified load)의 개념을 도입하여 태양열 취득과 내부열 발생을 기후조건과 발생 정도에 맞도록 가중 계산된 값으로 각각의 빈에서 계산하는 방식이다. 또한 이 방식에서는 축열계수 혹은 냉방부하계수를 사용하여 구조체의 축열성능도 동시에 고려하고 있어, 단순계산방식 중에서는 비교적 정밀한 에너지 부하 계산방식의 하나이다.

3) 동적 열부하 계산방식(dynamic load calculation)

정밀 시뮬레이션방식에 의한 건물에너지 계산은 기본적으로 축열재 내에서의 열전달을 컴퓨터나 스프레드 쉬트(엑셀)를 이용하여 비정상 상태의 동적 열전달로 해석, 계산하는 방식이다. 전달함수법(transfer function method), 열평형법(heat balance method), 복사시계수법(radiant time series method) 등이 이에 해당한다.

3-2-3 부하 계산법

부하 계산의 방법은 최대부하 계산과 연간부하 계산의 목적에 따라 다양한 계산방법이 있다. 과거에는 주로 장비용량 산정을 위해 정적 계산에 의한 최대부하 계산이 실시되어 부하가 과다하게 산출되는 경우가 많았다. 이후 동적 열부하 방법인 TFM이 ASHRAE에서 개발되었으나, 계산량이 방대하여 컴퓨터를 이용한 계산만이 가능하므로 수 계산으로도 가능한 CLTD법이 개발되었다. CLTD법은 상당온도차, 일사열, 축열부하계수 등을 적용하여 계산하며, 수 계산 뿐만 아니라 컴퓨터를 이용한 계산으로 현재까지 주로 사용되고 있다.

2000년 이후로는 TFM을 대치하는 열평형법(heat balance method), CLTD법을 대치하는 복사시계수법(radiant time series method)이 ASHRAE 핸드북(2001)에 소개되었다.

정밀계산에 의한 난방부하의 계산은 기본적으로는 냉방부하의 계산방법과 동일하다. 난방부하의 계산도 TFM이나 CLTD법을 사용하여 계산할 수 있으며, 종종 냉방부하와 연계되어 계산되나 시간지연의 효과가 훨씬 덜 중요하므로 대개 정상상태 분석으로 충분하게 된다. 이 책에서는 현재 국내에서 가장 보편적으로 사용되는 CLTD법을 소개하고자 한다.

CLTD/SCL/CLF법은 TFM법을 기초로 하여 수 계산으로도 공간의 냉난방부하를 계산할 수 있도록 개발되었다. 이 방법은 창문, 지붕, 벽과 같은 표면을 통한 전도열획득, 투과에 의한 태양열획득, 조명, 사람, 장비로부터의 열획득 및 침기에 의한 열획득을 계산하며, TFM법을 기초로 하여 외피에서의 전도열획득의 time-lag효과와 열용량에 따른 복사열의 time-delay 효과를 고려할 수 있어, 자료들을 유효하게 이용한다면 TFM법에 의한 계산결과와 일치하게 된다. 표 3-3은 CLTD/SCL/CLF법에 의한 부하 계산방법을 요약한 것이다.

표 3-3 • CLTD/SCL/CLF법에 의한 부하 계산방법의 요약

냉방부하의 분류	부하요소 및 내용	계 산 식
외 피 부 하	지붕을 통한 전도열	$q = K \times A \times CLTD$
	벽체를 통한 전도열	$q = K \times A \times CLTD$
	창문을 통한 전도열	$q_{con} = K \times A \times CLTD$
	창문을 통한 일사열	$q_{rad} = A \times SC \times SCL$
	칸막이, 천장, 바닥을 통한 전도열	$q = K \times A \times \Delta T$
내 부 부 하	재실인원발열	현열 $q_s = No \times Sens.H.G. \times CLF$ 잠열 $q_l = No \times Lat.H.G.$
	조명발열	$q = INPUT \times CLF$
	기기발열	현열 $q_s = HEATGAIN \times CLF$ 잠열 $q_l = HEATGAIN$
	동력기기발열	$q = HEATGAIN \times CLF$
환 기 부 하	환기 및 침기에 따른 부하	현열 $q_s = 1.23 \times V \times \Delta T$ 잠열 $q_l = 3{,}010 \times V \times \Delta W$ 합 $q = 1.20 \times V \times \Delta h$

1) 지붕과 벽체를 통한 열획득으로 인한 부하

$CLTD$는 지붕과 벽체에 대한 냉난방부하를 결정하기 위해 사용된다.

$$q = K \times A \times CLTD \quad (3 \cdot 18)$$

여기서, K : 열관류율 [W/m^2℃]

A : 표면적 [m^2]

ASHRAE의 표에 나타난 $CLTD$ 값들은 외기의 최대 건구온도 35℃, 일변화 6.1℃, 실내건구온도 25.6℃를 기준으로 한 것이므로, 실내외 온도 일변화에 대해 다음과 같이 보정해야 한다.

$$CLTD = CLTD_r + (25.6 - t_i) + t_{om} - 29.4 \qquad (3 \cdot 19)$$

여기서, $CLTD_r$: 표에서 구한 $CLTD$ [℃]

t_i : 실제적인 설계온도 [℃]

t_{om} : $t_{om} - (DR/2)$, 평균설계 외기온 [℃]

DR : 일변화 [℃]

2) 창문을 통한 열획득

창문을 통한 부하는 전도성분과 일사성분의 열획득으로 나누어진다. 전도에 의한 부하는 $CLTD$법을 이용하여 구한다.

$$q_{con} = K \times A \times CLTD \qquad (3 \cdot 20)$$

여기서, K : 유입에 대한 열전달 계수의 합 [W/m^2℃]

A : 열류의 유입면적 [m^2]

$CLTD$: 태양시를 토대로 한 상당온도차 [m^2]

창문을 통한 일사 유입을 구하는 데에는 새로운 용어인 SCL(Solar Cooling Load)이 도입된다. 유리에 의해 흡수되거나 유리를 통해서 들어오는 태양복사로 인한 단위면적당 부하는 다음 식(3 · 21)에 의해 구한다.

$$q_{rad} = A \times SC \times SCL \qquad (3 \cdot 21)$$

여기서, A : 유입면적 [m^2]

SC : 차폐계수

SCL : 일사 냉방부하 [W/m^2℃]

창문을 통한 총부하는 전도성분(q_{con})과 복사성분(q_{rad})의 합이 된다. 특정한 존에 대한 SCL은 위도, 향, 내부존의 변수에 따라 다르다. 따라서 존 타입(A,

B, C, D)을 결정한 후 표를 이용하여 각 위도에 따른 SCL을 구하게 된다.

3) 내부열획득에 의한 부하

내부에서 발생하는 열은 총부하에 큰 영향을 미친다. 이러한 내부 열원으로는 인체, 조명, 여러 가지 기기들이 포함된다. 내부열획득에 의한 부하 계산에는 CLF(Cooling Load Factor)가 사용된다.

① **인체** : 인체로부터의 열획득에는 현열과 잠열의 두 가지 요소가 동시에 존재한다. 잠열획득은 직접 공기로 전달되므로 즉시 냉방부하가 된다.

$$q_1 = N \times F_d \times q_1' \tag{3·22}$$

여기서, N : 사람수
F_d : 변환계수
q_1' : 1인당 잠열획득 [W/인]

인체로부터의 현열획득으로 인한 냉방부하 계산에는 인체발열에 대한 CLF가 사용된다.

$$q_s = N \times F_d \times q_s' \times CLF \tag{3·23}$$

여기서, N : 사람수
F_d : 변환계수
q_s' : 1인당 현열획득 [W/인]
CLF : Cooling Load Factor

② **조명** : 특정한 존에 대해서 조명에 의한 냉방부하는 다음과 같이 구할 수 있다.

$$q_s = W \times F_u \times F_s \times CLF \tag{3·24}$$

여기서, W : 조명 총Watt수 [W]

F_u : 사용계수

F_s : 안정기 발열계수(special ballast allowance factor)

CLF : Cooling Load Factor

존 타입이 결정되면, CLF는 존 타입과 시간의 함수로서 표에서 구할 수 있다. CLF표는 8, 10, 12, 14, 16시간, 그리고 연속으로 사용하는 경우에 대해 구해져 있으므로, 상황에 맞게 선택해서 사용해야 한다. 이 표들은 실온을 항상 일정하게 유지한다는 가정을 토대로 한 것이다. 만약 냉방시스템이 조명이 켜져 있는 시간에만 작동된다면 $CLF = 1.0$을 사용한다.

③ 기기 : 잠열획득은 즉시 냉방부하가 된다. 후드(배기장치)가 없는 기구나 장비로부터의 현열획득은 복사와 대류성분을 가지고 있고, 인체로부터의 열획득과 같은 표를 이용하여 CLF를 구한다. 후드가 있는 기기로부터의 열획득에 대하여는 대류성분은 실로부터 완전히 배기되는 것으로 가정하고, 복사성분에 대하여는 별도의 표를 이용하여 CLF값을 구한다. 기기에 대한 현열에 의한 냉방부하는 다음과 같이 구한다.

$$q_s = q_{sa} \times CLF \qquad (3 \cdot 25)$$

여기서, q_{sa} : 기기당 현열획득(W)

CLF : Cooling Load Factor

잠열에 의한 냉방부하 q_1은 자료로부터 직접 구한다. 기기당 총냉방부하(Watt)는 $q_s + q_1$이 된다. CLF는 여러 가지 존 변수에 따라 다르며, 냉방시스템이 24시간 작동되지 않을 때, $CLF = 1.0$이다.

④ 동력기기 : 공조되는 공간에서 전기모터에 의해 작동하는 기기에 의한 열획득은 다음과 같다.

$$q_s = (P/E_M) \times F_1 \times F_u \times CLF \qquad (3 \cdot 26)$$

여기서, P : 모터의 파워(power)

E_M : 모터의 효율

F_1 : 부하계수–마력에 대해 실제로 사용되는 마력

F_u : 모터 사용률–간헐 사용을 설명

CLF : Cooling Load Factor

냉방시스템이 24시간 작동되지 않을 때, $CLF = 1.0$

4) 침기에 의한 냉방부하

모든 구조체는 틈새를 통해 침기가 이루어지고 있다. 다습한 외기는 설계조건에 맞게 냉방이 되고 제습이 되어야 하기 때문에 열획득 요소로 작용한다. 침기에 의한 현열냉방부하는 식(3 · 27)로 구할 수 있다.

$$q_s = 1.204 \times (1.006 + 1.84 \times W) \times V \times (t_o - t_i) \tag{3 · 27}$$

여기서, 1.204 : 표준공기의 밀도 [kg/m^3]

1.006 : 건조공기의 비열 [kJ/kg℃]

1.84 : 습윤공기의 비열 [kJ/kg℃]

W : 중량절대습도 [kg/kg']

V : 침기량 [liter/s]

표준공기 조건에 대해서

$$q_s = 1.23 \times V \times (t_o - t_i) \tag{3 · 28}$$

침기에 의한 잠열성분의 냉방부하는 다음 식(3 · 29)로 구한다.

$$q_1 = 1.204 \times 2{,}500 \times V \times (W_o - W_i) \tag{3 · 29}$$

여기서, 2,500 : 24℃, 50% 실공기와 10℃ 물의 열용량 차이 [kJ/kg]

W_o : 외기에 대한 절대습도 [kg/kg]

W_i : 내부공기에 대한 절대습도 [kg/kg]

표준공기 조건에 대해서

$$q_1 = 3{,}010 \times V \times (W_o - W_i) \tag{3 · 30}$$

3-2-4 설계조건

(1) 외기 온습도 조건

1) 정적부하 계산용 외기 온습도

장치용량 계산 등을 위한 정적부하 계산에서는 실온과 마찬가지로 외기 온습도 조건도 공조 시에 일정하다고 가정하고 있다. 이 계산을 위한 데이터로서 과거의 기상통계에서 구한 위험률(TAC) 1.0%, 2.5%, 5.0%의 값이 참고로 사용된다. 국내에서는 일반적으로 TAC 2.5% 기준의 기상자료를 사용하고 있다. 국내 주요지역의 TAC 2.5% 기준의 외기조건은 표 3-4와 같다.

표 3-4 ● 냉 · 난방설계용 외기조건

구분 / 도시	여름		겨울	
	건구온도(℃)	습구온도(℃)	건구온도(℃)	평균건구온도(℃)(상대습도)(%)
서울	31.1	25.8	−11.9	−1.1(69)
인천	29.7	25.9	−11.2	−0.7(73)
수원	30.3	25.9	−12.8	−1.3(74)
전주	31.9	26.6	−8.5	2.2(74)
광주	31.9	26.3	−7.4	4.5(73)
대구	32.9	26.4	−8.2	1.3(68)
부산	29.7	26.0	−5.8	2.9(66)
울산	32.2	26.8	−7.0	1.5(70)
목포	31.1	26.3	−5.9	3.3(75)
제주	31.6	26.8	−1.6	6.9(73)

(2) 실내 온습도 조건

실내 온습도 조건은 실의 사용목적, 작업상황, 착의상태 및 계절에 따라 차이가 나며, 이 조건의 설정에 따라 부하가 크게 변하게 된다. 일반적으로 사용되는 실내의 온습도 조건은 표 3-5와 같다.

표 3-5 • 실내 온습도 조건

건물	여름철				겨울철		
	고급		일반		가습 있음		가습 없음
	DB(℃)	RH(%)	DB(℃)	RH(%)	DB(℃)	RH(%)	DB(℃)
일반건물 아파트, 주택, 호텔, 사무소 병원, 학교 등	23~25	50~45	25~27	50~45	23~25	35~30	24~25
영업용 건물(단시간 재실) 은행, 이발소, 미장원, 백화점, 슈퍼마켓 등	25~26	50~45	26~27	50~45	22~23	35~30	23~24
현열이 적고 잠열이 많은 건물 공회당, 교회, 바, 식당, 조리장 등	25~26	55~50	26~27	60~50	22~23	40~35	24~25
공업용 건물 조립공장 기계공장 등	25~27	55~45	27~29	60~50	20~22	35~30	21~24

3-3 난방설비

3-3-1 난방방식

겨울철과 같이 실외의 기온이 낮은 기간에는 구조체를 통해 실내에서 실외로 빠져나가는 열량과 구조체 틈새로 드나드는 공기로 인해 손실되는 열량이 발생하게 된다. 난방이란 이와 같이 실외로 열손실이 있는 실내에, 열손실을 보상할 만큼의 열량을 공급하여 실내를 적정온도로 유지하는 것을 말한다.

(1) 난방방식의 분류

난방을 위해 열량을 공급하는 방식은 그림 3-22와 같이 열원장치의 위치에 따라, 열전달 형태에 따라, 열매체의 종류에 따라 분류할 수 있다.

열원장치의 위치에 따라서는 각 거실 혹은 각 세대별로 열원장치(난로, 소형 온풍기, 보일러 등)를 설치하여 난방하는 개별난방과 별도의 기계실을 두어 보일러나 히트펌프를 두거나 지역난방 열원과 열교환하여 만든 열매체를 배관이나 덕트를 통해 각 거실이나 세대로 배분하여 열을 공급하는 중앙난방으로 나눌 수 있다.

난방기기에서 실내로의 방열은 대류와 복사, 두 가지 열전달이 동시에 일어나지만 그 비율에 따라 대류난방과 복사난방으로 분류된다. 대류난방은 따뜻한 공기의 대류로 실내를 난방하는 방식으로 방열량 중 70~75%가 대류에 의한 것이다. 복사난방은 방열량의 50~70%가 복사에 의한 것으로, 건물의 바닥, 벽, 천장 등의 구조체나 별도의 방열판을 설치하여 방열체로 활용한다.

열매체의 종류에 따라서는 가열된 공기를 직접 실에 보내 열을 공급하는 공기난방(온풍난방이라고도 함), 실내에 설치된 방열체로 열원에서 생산된 증기를 보내어 열을 공급하는 증기난방, 온수를 보내어 열을 공급하는 온수난방, 실내의 방열체를 전기로 가열하는 전기난방으로 분류한다.

한 가지의 난방설비는 위와 같은 분류로 설명할 수 있는데, 예를 들어 국내의 주거건물에 주로 사용하는 난방방식은 세대 내에 보일러를 설치하여 각 실의 바닥에 매설되어 있는 배관에 가열된 물을 보내 방열하는 방식이므로 개별난방, 복사난방, 온수난방으로 분류할 수 있다.

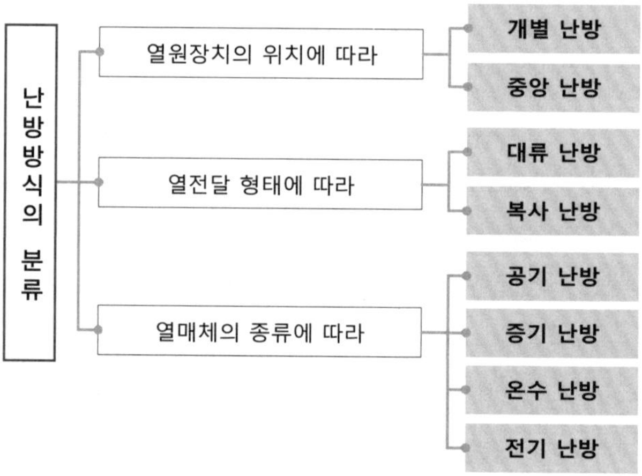

그림 3-22 | 난방방식의 분류

(2) 난방방식별 특징

1) 수직온도분포

실내의 이상적인 수직온도분포는 "두한족열"이라는 말로 표현될 수 있다. 즉, 그림 3-23과 같이 바닥은 따뜻하고 위로 올라갈수록 온도가 떨어지는 분포가 사람에게는 가장 쾌적한 상태라 볼 수 있다. 이와 가장 유사한 수직온도분포를 보이는 난방방식은 바닥구조체를 방열체로 활용한 복사난방방식이다. 복사난방방식 중에서도 천장이나 벽 등을 방열체로 사용하거나 라디에이터 등의 방열기를 실내에 설치한 경우에는 방열체의 위치에 따라 수직온도분포가 달라지게 되어 항상 쾌적한 분포를 보이는 것은 아니다. 방열체의 위치가 높아질수록 쾌적성이 떨어지게 된다.

공기의 대류를 활용하여 쾌적온도를 맞추는 대류난방 및 공기난방의 경우는, 온도가 높아질수록 밀도가 작아지는 공기의 성질에 의해 따뜻한 공기가 상층부에 모이게 되므로 복사난방에 비해 쾌적성이 떨어진다. 특히 천장고가 높아질수록 불쾌적이 심화되므로, 이러한 공간에는 복사난방방식을 사용하는 것이 적합하다.

2) 방열량 조절능력 및 열용량

증기난방에서는 방열량 입구 밸브 조절에 의한 방열량 조절이 어렵고, 또 장치 전체의 방열량 억제를 위해 주관에서 증기압을 내리면 원거리의 방열기까지 증기가 도달하지 않아 조절목적을 달성하지 못하는 일이 있다. 그에 비해 온수난방에서는 방열기 입구 밸브 조절에 의한 방열량 조절이나 장치 전체의 순환수량을 일정하게 하고 온수온도를 조절함으로써 방열량을 조절할 수 있어 방열량 조절능력은 증기난방에 비하여 온수난방이 우수한 편이다.

온수가 증기보다 관내 보유 수량 및 열용량이 커 증기난방에 비해 온수난방이 예열부하가 크지만 가열을 정지한 후에도 어느 정도의 시간 동안은 난방효과가 계속되는 이점이 있다. 특히 구조체에 매설된 배관으로 온수를 보내어 난방을 하는 복사난방의 경우는 구조체의 열용량까지 더하여서 이러한 특성은 더욱 배가 된다. 이에 비하여 증기난방은 증기의 열용량이 상대적으로 작고 매우 높은 온도로 공급되기 때문에 난방 초기에 방열기가 방열하기까지의 시간은 짧지만

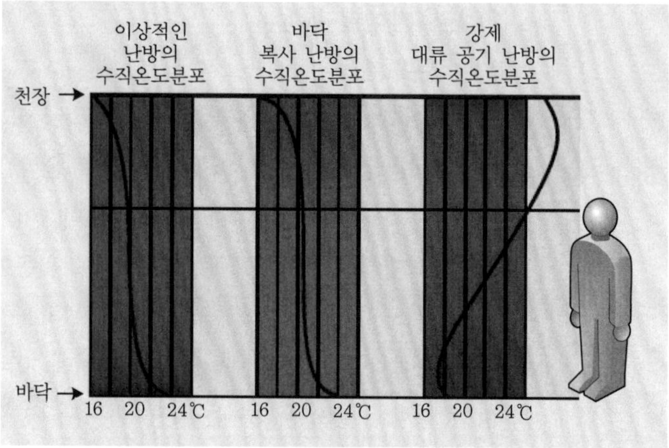

그림 3-23 | 난방방식별 수직온도분포 비교

가열을 정지하면 난방효과가 금방 사라진다. 따라서 온수난방은 연속난방, 증기난방은 간헐난방에 더 적합하다고 할 수 있다.

3) 설치 및 유지관리

온수난방의 경우가 증기난방에 비하여 열매체의 온도가 낮기 때문에 설치 방열면적이 커지고 배관이 굵어지게 된다. 또한 건물의 높이에 따라 설비기기에 걸리는 수압이 커져 고층 건물에 온수난방을 설치할 때는 이를 반드시 고려해야 한다.

증기난방은 상기에 언급하였듯이 방열량 조절이 어렵기 때문에 조절용 배관부속의 설치가 온수난방보다 많다.

공기난방의 경우 공기의 열용량이 물의 열용량보다 작아 같은 열량을 공급해야 할 때 훨씬 많은 양의 공기가 필요하게 된다. 따라서 공기를 운반하는 덕트의 크기가 온수나 증기를 운반하는 배관보다 더 커지게 되어 설치에 소요되는 공간이 많아지고, 덕트 표면적이 넓기 때문에 단열재의 사용량도 증가하게 된다.

일반적으로 부식은 공기와 습기가 함께 작용할 때 가장 활발하게 일어나는데 온수난방의 경우는 배관 내에 온수가 꽉 차서 운반되기 때문에 비교적 부식이 적다. 이에 비해 증기난방의 경우는 배관 내에 습기와 공기가 공존하기 때문에 부식이 빠른 편이다.

그러나 온수난방은 겨울철의 경우 배관 내 온수가 꽉 찬 채로 유동이 일어나지 않으면 얼면서 부피가 늘어나 배관이 동파될 위험성이 높다. 그러나 증기난방은 배관 내에 물이 거의 없기 때문에 동파의 위험은 없다.

상기의 난방방식 중 증기난방, 온수난방, 공기난방, 복사난방은 그 구성과 특성에 따라 좀 더 세부적으로 나누어 설명할 수 있다. 다음 절에서 이들 방식에 대하여 자세히 설명하도록 한다.

3-3-2 증기난방

증기난방은 열원장치에서 증기를 발생시켜 배관을 통하여 각 실의 방열기로 공급하여 증기의 증발잠열을 실로 공급하여 난방하는 방식이다. 실내에 증발잠열을 빼앗겨 응축된 방열기 내의 응축수는 트랩에서 분리된 후 환수관을 통하여 열원장치에 환수된다. 증기를 생산하는 열원장치는 기계실을 따로 두어 관리하기 때문에 대부분 중앙난방방식으로 운영된다.

증기난방은 사용압력, 배관방식, 응축수 환수방식, 보일러에의 급수방식 등에 의해 표 3-6과 같이 분류할 수 있다.

증기난방시스템을 설계할 때는 필요한 양만큼의 증기를 적정 압력으로 신속하게 공급하여 빠른 시간 내에 실을 쾌적하게 할 수 있도록 해야 한다. 적정 관지름을 선정해야 하며, 각종 계통(증기공급 계통, 응축수 환수 계통, 열원장치 보급수 계통 등)을 명확하게 정리해야 하고, 공기배출방법, 배관의 적정 구배, 배관의 보온 및 신축문제, 동파문제, 증기공급 시 수격현상으로 인한 소음문제 등을 고려해야 한다.

방열기는 설치되는 실의 난방부하를 만족시킬 수 있도록 충분한 방열면적을 갖는 것으로 선택하고 배치에 따라 열효율이 달라지므로 주의를 기울여야 한다. 되도록 외벽 창문 하부에 배치하여 차가운 공기에 의한 냉기류(cold draft)를 방지하는 것이 좋다.

표 3-6 • 증기난방방식의 분류

구 분	분 류	설 명
사용압력에 의한 분류	고압식	압력범위 계기압력 100~300kPa 정도 배관을 가늘게 할 수 있으나 방열면 온도가 높아 불쾌감이 큼
	저압식	압력범위 계기압력 10~100kPa 정도 배관 도중에 감압하여 수요 측에서는 저압으로 하는 경우
	증기식	압력범위 진공압~계기압력 20kPa 정도
	진공식	진공펌프를 이용하는 경우 방열기 내의 압력을 조절하여 그 온도를 광범위하게 변화시켜 방열량을 조절할 수 있음.
배관방식에 의한 분류	단관식	증기 공급관과 응축수 환수배관을 동일한 배관으로 사용하는 방식 증기트랩을 쓰지 않고 방열량의 조절은 방열밸브로 함.
	복관식	증기 공급관와 응축수 환수배관을 별도로 사용하는 방식 증기트랩을 통해 응축수를 배출한 후 환수관을 통해 환수함. 일반적으로 쓰이고 있는 배관방식
응축수 환수 방식에 의한 분류	중력환수식	환수관에 1/100 정도의 하향구배를 주어서 중력에 의해 돌려보내는 방식
	진공환수식	환수관의 하부에 진공펌프를 접속하여 응축수와 함께 배관 내 공기를 흡입함으로써 증기트랩 이후의 환수관 측을 진공압으로 하여, 응축수의 반환을 강제적으로 촉진시키는 방식
	기계환수식	환수를 우선 환수조에 모은 후 별도의 급수펌프를 통해 기계적으로 보일러에 급수하는 방식

주철 방열기 및 강판제 방열기는 길이가 길고 높이가 낮고 폭이 좁은 것일수록 바닥과 천장면 사이의 온도차가 적게 되어 보다 쾌적한 상태를 얻을 수 있으며, 대류 방열기의 그릴은 되도록 상면에 두는 것이 좋다. 베이스보드 히터는 원래 실내의 걸레받이 부분에 설치하게 만들어진 것이며, 실내의 사용면적이나 가구배치에 영향을 주는 일이 적고 높이가 적을수록 바닥과 천장면 사이의 온도차가 적으므로, 특히 지하층이 없어 바닥이 차가워지는 건물에 적합하다.

3-3-3 온수난방

온수난방은 열원장치에서 가열하여 따뜻한 물을 만든 후 각 실에 설치된 라디에이터, 컨벡터, 패널에 매설된 온수코일로 보내 난방하는 방식이다. 온수난방은 사용 온수의 온도, 온수순환방식, 배관방식 등에 따라 표 3-7과 같이 분류된다.

표 3-7 • 온수난방방식의 분류

구 분	종 류
사용 온수의 온도에 의한 분류	저온수식, 고온수식
온수순환방식에 의한 분류	중력순환식, 강제순환식
배관방식에 의한 분류	단관식, 복관식

(1) 사용 온수온도에 의한 분류

1) 저온수식

사용 온수의 온도가 100℃ 이하로 별도의 열교환 없이 바로 실로 공급하여 사용할 수 있다. 대기압에서의 물의 포화온도는 100℃이기 때문에 장치의 최고부(일반적으로 팽창탱크)를 대기에 개방한 채로 사용할 수 있으며, 고온수식 온수난방이나 증기난방에 비해 취급이 간단하고 안전하기 때문에 주택, 일반건물 등에 많이 사용된다. 평균적으로 80℃ 온수를 가장 많이 사용하며, 온수온도 강하는 5~20℃ 정도이다.

2) 고온수식

온수온도가 100℃ 이상으로 물의 증발을 방지하기 위하여 밀폐식 팽창탱크 등을 사용하여 포화압력 이상으로 가압하여 온수의 온도를 유지한다. 온수온도가 높아 저온수식에 비해 작은 방열면적과 가는 배관으로 난방이 가능하다. 화상의 위험이 있어 사람이 거주하는 실내의 말단 기기로는 이 고온수와 열교환을 하거나 혼합한 저온수를 공급하는 방식이 주로 사용된다.

(2) 온수순환방식에 의한 분류

1) 중력순환식

장치 내 온수의 밀도차와 방열기와 보일러의 고저차에 의해 생기는 순환력을 이용하는 것이며, 자연순환식이라고도 불리지만 순환력이 작고 기술적인 제약이 있다.

2) 강제순환식

강제순환식은 볼류트펌프 등의 기계력으로 온수를 장치 전체에 강제적으로 순환시키는 방식이며, 온수순환이 신속, 확실하고 배관도 가늘게 되므로 주택과 같은 소규모의 건물에서 일반 대형건물에 이르기까지 이 방법이 사용된다.

(3) 배관방식에 의한 분류

1) 단관식

단관식은 한 배관으로 온수가 순환하고 방열기 온수 공급관과 환수관을 이 주관에 연결하는 것이다. 따라서 주관 내 온수온도는 방열기에서의 온수와 혼합하기 때문에 앞으로 갈수록 내려가고, 이에 따라 앞으로 갈수록 소요방열면적도 할증해 줄 필요가 있다. 단관식은 방열량 조절문제 등의 결점이 있지만 설비비가 저렴하다는 장점이 있다.

2) 복관식

복관식은 방열기 혹은 온수코일에의 공급관과 환수관을 별도로 배관하기 때문에, 각 말단기기로 가는 온수를 일정하게 할 수 있다. 따라서 단관식에 비해 설비비가 많이 들지만, 주관 내의 온도변화가 없고 밸브의 개폐에 의해 방열량을 임의로 조절할 수 있으면, 다른 말단기기에 영향을 미치는 일이 적으므로, 일반 건물에서는 주로 이 방법이 채용되고 있다. 복관식으로, 송수관과 환수관의 분기헤더를 일체로 하여 각 방열기로 단독으로 송 · 환수관을 접속하는 배관방식도 이용되고 있다. 이 방식에서는 배관경이 가늘게 되고 배관재료로서 동관이나 폴리에틸렌관과 같은 쉽게 휘는 배관을 사용하고 배관 도중에 이음매가 없어도 되므로 시공이 용이하고 누수의 우려가 적다. 방열기로의 온수공급방법에 따라 상향공급식과 하향공급식이 있고, 또 환수관의 배관방식으로서 직접환수식과 리버스리턴식이 있다.

건물 내의 방위별 등에 따라 방열기의 조닝을 하여 각 존의 방열기군에 대해 존 제어를 할 경우에는 리버스리턴식(reverse return)의 환수주관에 비례제어 삼방밸브(3-way valve)를 사용하면 각 방열기로의 유량분포가 좋게 된다. 또한 존마다 순환펌프를 사용하고 송수주관에 혼합삼방밸브를 설치하여 보일러로부터의 온수와 존의 환수를 혼합해서 온수온도를 바꾸도록 하고, 방열기로의 유량을 항상 일정하게 유지하는 방법도 있다.

3-3-4 공기난방

공기난방은 열원장치에 의해 가열된 공기를 실내에 공급하여 실내공기와 혼합하여 실내의 온도를 적정수준으로 일정하게 유지시키는 난방방식이다. 대류를 이용하는 방식으로 복사난방에 비해 실내의 건구온도가 높아야 쾌적감이 유지된다. 증기나 온수난방방식과는 달리 환기를 함께 할 수 있고, 습도조절도 용이하여 실내공기질을 향상시킬 수 있다. 따뜻한 공기를 실에 바로 공급하므로 예열시간이 짧고 난방응답성이 좋다. 그러나 천장고가 높은 건물의 경우는 더워진 공기가 상층부로 이동하여 상하 온도차가 크게 발생하므로 설계 시 급기구의 위치, 풍속 및 급기온도 등의 선정에 주의해야 한다.

공기난방은 공기순환방식, 공기 가열원에 따라 표 3-8과 같이 분류할 수 있다.

공기순환방식에 의한 분류 중 중력식 순환방식은 가열된 공기로 자연대류에 의해 난방하는 방식이다. 따뜻해져 밀도가 작아진 공기는 상승하고 밀도가 큰 찬 공기는 하강하는 자연 순환력을 이용하는 것이다. 이 방식을 활용하기 위해서는 열원장치가 건물의 최하층에 위치해야 하는 제약이 있다. 이에 반하여 강제순환방식은 열을 전달시키는 공기의 유동이 기계적 송풍기에 의해 이루어지는 방식이다. 중력식에 비해 순환력을 기계가 제공하기 때문에 열원장치의 위치에 제한이 없으며, 덕트의 크기가 작고 공기의 분배가 용이하며 실내공기를 일정한 온도로 유지하는 것이 가능하므로 공간 활용도나 쾌적도가 높다.

표 3-8 • 공기난방방식의 분류

구 분	종 류
공기순환방식에 의한 분류	중력식 순환(열순환)식, 강제순환식
공기 가열원에 의한 분류	증기 혹은 온수코일 등을 활용한 방식, 가스 혹은 기름을 연속하여 가열하는 직화식

3-3-5 복사난방

복사 열전달은 온도를 가지고 있는 물질에 의해 에너지가 전자기파의 형태로 방사되는 것으로 열전달 시 별도의 매개체가 필요하지 않다. 복사난방방식은 실내에 설치되는 방열체의 온도를 높게 유지하여 이 방열체로부터 방사되는 복사열을 활용하는 것이다. 이처럼 복사열 전달은 난방공간의 공기의 유동과 무관하게 위치에 관계하여 비교적 균일한 난방이 이루어지므로 보다 쾌적한 난방효과를 얻을 수 있다.

복사난방방식의 장점은 다음과 같다.

① 복사부하를 직접적으로 취급할 수 있고 난방공간의 공기 유동을 통풍 수준으로 유지할 수 있기 때문에 다른 난방시스템보다 쾌적하다.

표 3-9 • 복사난방방식의 분류

구 분	종 류
가열방법에 의한 분류	구조체에 배관을 매설하여 온수를 통과시켜 가열하는 방법, 가열용 패널에 코일을 붙이고 고온수나 증기를 통과시켜 가열하는 방법, 전열선을 구조체에 매립하여 발열시키는 방법
표면온도에 의한 분류	저온식, 고온식, 적외선식
위치에 의한 분류	천장패널, 바닥패널, 벽패널
구조의 의한 부류	파이프 매설식, 덕트식, 유닛패널식

② 대류난방방식에 비하여 실내공기의 건구온도가 낮아도 되므로 실외의 열손실이 감소하며 에너지 소비량을 줄일 수 있다.

③ 건물구조체를 방열체로 활용할 수 있기 때문에 실내에 방열기 등의 설비를 처리하기 위한 공간이 필요 없다. 이 점은 기존의 건물, 병원의 실내 등 특정한 제약조건이 있거나 청결이 유지되어야 하는 장소에서 특히 유용하다.

④ 공급 공기량이 환기와 제습에 필요한 공기량을 초과하지 않는다.

복사난방방식은 패널의 가열방법, 표면온도, 위치, 구조 등에 의해 표 3-9와 같이 분류할 수 있다.

(1) 표면온도에 의한 분류

1) 저온식

저온식이란 패널 표면온도를 30~40℃ 정도로 유지하는 것으로 패널 내에 매설한 배관코일에 온수를 보내 난방하는 것이다. 열매체인 온수의 온도가 다른 난방방식에 비해 낮아도 되기 때문에 태양열, 지열 등 대체 에너지 열원을 활용할 수 있는 가능성이 크다.

온수를 열매로 하는 것 외에도 전선을 매설하는 전기식, 바닥 밑에 덕트를 부설하고 공기통로를 만들어 온풍을 보내 가열하는 온풍식이 있다. 전기식은 난방용도 외에도 노면이나 지붕의 동결 방지용으로도 사용되며, 온풍식은 한국의 재래식 온돌이 이에 해당한다. 패널의 가열에 사용된 온풍을 직접 실내로 급기하는 공기온돌방식도 있다.

2) 고온식

패널 표면온도를 100℃ 이상으로 유지하는 것으로, 이를 위하여 열전도율이 아주 좋은 금속류의 강판에 부착된 파이프 코일에 고온수나 증기를 보내 난방한다. 공장, 체육관, 식당 등 대규모 공간의 난방에 많이 이용된다.

3) 적외선식

적외선식은 연소가스나 전열기를 이용하여 패널 표면온도를 800~1,000℃ 정도로 유지하여 그 고온 면에서 나오는 적외선을 직접 인체에 방사하여 난방효과가 얻어지도록 하는 방식이다. 이는 실 전체를 난방하기보다는 국부적으로 난방이 필요한 공장, 창고, 건물입구나 실외 등에 주로 사용된다.

(2) 위치에 의한 분류

패널의 위치와 종류에 따라 거주자가 접촉하여 화상을 입거나 재료의 내화온도를 넘어서 화재가 발생하는 등의 위험성이 있기 때문에 위치별 혹은 종류별로 허용최고온도가 있다. 이는 나라마다 차이가 있으나 우리나라의 경우는 대체로 표 3-10과 같다. 이처럼 허용온도 조건이 달라지면 공급되는 온수온도나 온도강하 역시 달라지는데 이는 표 3-11과 같다.

표 3-10 • 패널의 위치 및 재료에 따른 표면의 허용최고온도

위 치	허용최고온도(℃)	위 치	허용최고온도(℃)
플라스터 마무리의 천장	43	복도 · 통로의 바닥	43
플라스터 마무리의 벽	43	철판 패널(증기)	82
일반바닥	31	철판 패널(온수)	71

표 3-11 • 패널 내 온수온도와 온도강하

가열면의 종류	온수온도(℃)	온도강하(℃)
콘크리트 바닥	38~55	6~8
목재 플로어커버 바닥	65~82	15
일반천장	49~60	15
콘크리트 천장	49~55	6~8
콘크리트 벽	38~55	6~8
철판	65~82	

1) 천장패널

일반건축물에서 천장패널은 바닥패널에 비해 시공이 곤란하지만 복사면이 가구 등에 의해 방해되는 일이 없고, 표면온도를 바닥패널의 경우보다 높게 취할 수 있으므로 패널면적이 작아도 된다. 그러나 천장이 낮은 곳에서는 인체의 머리부분으로 방열량이 많아서 불쾌감을 느끼게 되는 일이 많으므로 공장, 체육관 등 천장이 높은 곳에 적합하다.

2) 바닥패널

우리나라의 주거건물에 가장 많이 사용하는 방식으로 바닥을 방열체로 활용하는 것이다. 바닥패널을 사용할 경우 실내공간 중 바닥표면의 온도가 가장 높고 수직온도분포가 사람에게 가장 이상적인 분포를 나타내게 되어 쾌적감이 좋다. 그러나 표면온도를 30℃ 정도 이상으로 하는 것은 체감상 좋지 않아 비교적 큰 패널면적을 요하게 되며, 복사 면이 가구 등으로 덮여서 유효하게 쓸 수 없게 되는 일이 있으므로 주의를 요한다.

3) 벽패널

벽패널은 창문 근처에 설치하여 실내로의 방열 방지에 주의하면 바닥 또는 천장패널의 보조로서 효과적이지만, 벽구조체에 배관을 매설하는 방식은 시공이 어렵고 가구 등에 의해 방해되는 일이 많아 주의해야 한다.

(3) 구조에 의한 분류

1) 파이프 매설식

파이프 매설식은 콘크리트나 플라스터 구조체 내부에 강관 혹은 동관, 플라스틱 배관 등을 매설하는 것이다. 주로 매설이 용이한 바닥과 천장에 이용하며 관경은 일반적으로 바닥패널보다 천장패널 쪽이 가늘게 된다. 배관의 간격은 각 실의 난방부하에 맞추어 설계되어야 하며 열손실이 많은 측(외주부)에서는 좁게, 적은 측(내주부)에서는 넓게 하는 것이 일반적이다. 배관 내의 수력 저항을 고려하여 하나의 배관길이는 50m 이내 정도로 하고 이음쇠는 쓰지 않는다. 파이프의 매입깊이가 깊을수록 패널 표면온도가 균일해져서 이상적이지만 비경제적이다. 보통 배관 표면에서 구조체 마무리 면까지의 두께는 배관의 외경의 1.5배 이상으로 해야 표면에 균열이 생기지 않는다.

2) 덕트식

복사면을 온풍으로 가열할 때 이용되는 것으로 주로 콘크리트 덕트나 중공타일을 사용한다.

3) 유닛패널식

강판에 강관을 용접 또는 금속고정구로 고정하고 후면은 단열재를 사용하여 열손실을 방지하거나 적외선 난방에 이용하는 복사난방기 등이 있다.

3-4 공기조화설비

3-4-1 공기조화기기

공조기기란 실내 또는 특정한 공간의 공기를 사용목적에 적합하도록 적당한 상태로 조정하여 실내의 온도, 습도, 환기, 청정도, 기류 등을 알맞은 상태로 조절하여 유지시키는 장치를 말한다. 일반적으로 공조기기는 열원기기(냉동기, 냉각탑, 보일러, 히트펌프 등), 열운반장치(송풍기, 덕트, 펌프, 배관 등), 공기조화기, 자동제어장치로 분류된다.

(1) 냉열원 기기

건축물의 공조용 냉열원기기로 사용되는 냉동기의 분류 및 냉동기의 최대능력시의 동력소비량과 성적계수(COP : Coefficient of Performance)의 비교를 표 3-12에 나타낸다.

표 3-12 • 냉동기 종류별 성적계수(COP)

종류		명칭	능력 (RT)	동력소비 (kW/RT, kg/RTh)	COP 2차 에너지	COP 1차 에너지
전동식	냉방용	왕복식 · 로터리식	20~40	1.1	3.2	1.12
		스크루식	100~500	1.07	3.2	1.16
		터보식	200~500	0.98	3.6	1.26
	히트펌프	터보식(열회수)	200~500	10/0.86	3.5/5.1	1.2/2.43
		공기열원 왕복식 · 로터리식	20~40	1.23/1.16	2.84/4.0	1.0/2.1
		공기열원 스크루식	100~1,000	1.05/1.86	3.33/3.1	1.2/1.7
흡수식		단효용	100~1,000	8.2 (kg/Rth)	0.58	0.50
		이중효용	100~1,000	4.8 (kg/Rth)	1.30	1.11
		가스연소 냉온수발생기	100~1,000	0.63 (kg/Rth)	0.97	0.83

[주] 냉수는 전동식 7/12℃, 흡수식 8/13℃, 냉각수 입구는 모두 32℃, 히트펌프는 온수 40/45℃에서 동력과 COP의 A / B는 A(냉방시), B(난방시)를 나타낸다.

1) 왕복동식 냉동기

왕복동식 냉동기는 피스톤의 왕복운동에 의해 냉매증기를 압축하는 방식이다. 왕복동식 냉동기는 냉매를 냉각코일에 직접 팽창시켜 냉방용 순환공기를 냉각시키는 직접팽창식과 증발기를 순환하는 냉수를 냉각시키는 냉수식이 있다. 또, 냉동기의 구성품의 조합에 따라 콘덴싱 유닛(condensing unit), 칠링 유닛(chilling unit), 패키지 유닛(package unit) 등으로 구분된다. 왕복동식 냉동기의 장점은 높은 압축비를 필요로 하는 경우에 적합하며, 설비비가 낮고 설치면적도 적게 차지한다. 또한, 제어는 언로더방식에 의해 0 ~ 100%까지 가능하여 동력절감이 된다. 그러나 고압기기에 속하므로 운전자격자가 필요하며, 피스톤의 왕복운동에 의한 진동 및 소음이 크다. 따라서 공조용으로는 칠링 유닛, 패키지 유닛, 콘덴싱 유닛 및 각 실의 개별공조용 유닛과 중 · 소규모의 중앙공조용으로 사용된다.

2) 터보냉동기

터보냉동기는 원심식(centrifugal compressor)으로 대용량의 냉매가스 압축에 적당하다. 따라서 100~7,000 RT의 대형 냉동기에 이용된다. 건축용으로는 100~1,000 RT의 단단형이 이용되고 지역냉방용으로는 1,500~7,000 RT의 다단형이 많이 이용된다.

히트펌프에 이용할 경우에는 압축비가 냉방 시보다 커지며, 단단형은 큰 압축비에서는 서징(surging)현상 때문에 제어범위가 좁아지므로 40℃ 이상의 온수온도가 필요하고, 제어범위를 넓게 잡을 때에는 1,000 RT 이하라도 다단형을 이용하는 것이 좋다. 터보냉동기는 임펠러의 원심력에 의해 냉매가스를 압축하는 방식이다. 터보냉동기의 장점은 수명이 길고 초기 투자비가 싸며, 유지 및 보수가 쉽다. 또한, 대용량에서는 압축효율이 좋고 비례제어가 가능하다. 그러나 30% 이하의 출력에서는 서징(surging)현상이 일어나므로 운전이 곤란하고 직접팽창식으로는 곤란하다. 또한, 흡수식에 비해서는 소음 및 진동이 심하다. 따라서 대형 및 중형 규모의 중앙식 공조에서 냉방용으로 많이 사용된다.

3) 스크루냉동기

스크루냉동기는 회전식 압축기(rotary compressor)의 일종으로 1965년대 후반부터 대형(100 RT 이상) 공기열원 히트펌프(air source heat pump, 이하 ASHP)용으로 전용되고 있다. 이 ASHP는 증발기, 응축기를 하나의 유닛으로 제작하는 경우가 많다. 이 기계의 장점은 왕복식과 같이 압축비를 높게 잡을 수가 있어 서징의 우려가 없고, 저부하 시 COP는 왕복식보다 우수하다. 다만, 제작이 까다롭고 비용이 압축식 냉동기 중에서 가장 비싸다. 왕복식과 회전식을 총칭해서 용적형이라 하며, 압력비가 높은 압축에 적합하다.

① **기능과 구조** : 스크루냉동기는 회전형 압축기(rotary compressor)의 일종이며, 그 역사는 냉장창고용으로 1967년경부터 사용되었으며, 공조용으로는 1970년경부터 사용되기 시작했다. 그 외형은 암·수의 2개의 스크루형 회전자가 맞물려 기어와 기어의 틈이 토출 측에 가까울수록 작아지며, 가스를 압축하는 것이다. 용량제어는 이러한 회전자 축과 평행으로 설치된 피스톤상의 슬라이드 밸브의 이동으로 되며, 그 제어성은 매우 양호하다. 표 3-13은 스크루냉동기의 냉동능력과 COP를 나타낸다.

표 3-13 • 스크루냉동기의 각종 조건하의 냉동능력, 동력, COP

<table>
<tr><th colspan="2">냉각수</th><th rowspan="2">냉수출구
온도
[℃]</th><th colspan="6" rowspan="2">냉수 출구온도[℃] 또는 냉각수 입구온도[℃]</th></tr>
<tr><th>입구온도
[℃]</th><th>수량
[l/min]</th></tr>
<tr><td rowspan="4">33</td><td rowspan="4">4,100</td><td rowspan="4">변동</td><td>구 분</td><td>5</td><td>6</td><td>7</td><td>8</td><td>9</td></tr>
<tr><td>RT</td><td>328</td><td>339</td><td>351</td><td>364</td><td>375</td></tr>
<tr><td>kW</td><td>222</td><td>223</td><td>225</td><td>227</td><td>229</td></tr>
<tr><td>COP</td><td>5.2</td><td>5.3</td><td>5.5</td><td>5.6</td><td>5.8</td></tr>
<tr><td rowspan="4">변동</td><td rowspan="4">4,100</td><td rowspan="4">7</td><td>구 분</td><td>33</td><td>35</td><td>37</td><td>39</td><td></td></tr>
<tr><td>RT</td><td>351</td><td>345</td><td>338</td><td>332</td><td></td></tr>
<tr><td>kW</td><td>225</td><td>234</td><td>243</td><td>252</td><td></td></tr>
<tr><td>COP</td><td>5.5</td><td>5.2</td><td>4.9</td><td>4.6</td><td></td></tr>
</table>

② **스크루냉동기의 적용** : 서징 특성이 없고 압축기의 저가격화가 진행되기 때문에 약 50 USRT ~ 100 USRT 범위에서는 범용적으로 사용할 수 있게

되었다. 특히 100 USRT 이상의 공기열원 히트펌프에는 한결 같이 스크루형이 사용된다.

4) 흡수식 냉동기

① **개요** : 흡수냉동기(absorption refrigerating machine)의 종류는 표 3-14와 같으며, 먼저 단효용(일중효용이라고도 한다)이 사용되어 왔는데, 1965년부터 이중효용식(double effect)에 이어 가스(또는 오일)의 직화식 냉온수 발생기가 개발되었다. 현재는 가스연소 이중효용형이 압도적으로 많이 사용되며, 대형의 단효용은 코제너레이션 배열온수를 열매로 하는 경우에나 볼 수 있는 정도가 되었다.

표 3-14 • 흡수냉동기의 종류

항목 / 냉동기 명칭	냉매와 흡수제 종류	사이클의 종류	주용도	용량 [RT]	가열원 종류	비고
단효용 흡수냉동기	물과 염화리튬	일중	공조용	50~ 2,000	증기 · 고온수	저압증기 (2atg 이하)인 경우에 칠러로 사용
이중효용 흡수냉동기	물과 염화리튬	이중	공조용	100~ 3,000	증기	중압증기 (8kgf/cm^2)인 경우에 칠러로 사용
직화식 냉온수기	물과 염화리튬	일중	공조용	50~100	도시가스 · 등유	소 · 중형 빌딩용, 냉온수 공급
직화식 이중효용 냉온수기	물과 염화리튬	이중	공조용	20~ 1,500	도시가스 · 등유	도시공해 대책으로 가스 연소에 사용, 냉온수 공급
소형 냉온수기	물과 염화리튬	일중	가정 공조용	3~10	도시가스 · 등유	가정용 중앙식 난방에 사용, 냉온수 공급
저온 흡수냉동기	암모니아와 물	일중	공업용	대용량	증기 외	사용에는 극히 드물다.
암모니아 소형 흡수 냉동기	암모니아와 물	일중	가정용	3 ~ 12	도시가스	미국에서는 사용되지만 통상 국내에서는 사용되지 않는다. 공랭식 칠러

② **냉온수발생기** : 이중효용 흡수식냉동기의 고압재생기에 증기를 통과시키는 대신에, 이곳을 보일러의 형식으로 해서 가스(또는 기름)를 때는 형식을 직접연소식 2중효용 흡수식냉동기 또는 냉온수발생기라 한다. 겨울에는 이 기계로 60℃ 전후의 온수를 만들어 난방을 한다. 이 온수를 만드는 방법은 제조업체마다 다르나 고온재생기에서 발생한 증기를 열교환기로 끌어들여 여기서 온수를 가열한다. 표준형은 온수온도가 60℃이기 때문에 직접난방 용도로 80℃ 이상의 온수가 필요할 때에는 특별주문을 해야 한다. 최근의 신형 냉온수 발생기는 가스소비량이 5,000 kcal/m^3의 가스로서 0.65 m^3/hRT 전후가 되고, 더욱이 0.56 m^3/hRT 정도의 에너지절약형도 생산되고 있다.

(2) 냉각탑

냉각탑은 다음과 같이 개방식, 밀폐식 냉각탑으로 분류한다. 개방식은 냉각수가 냉각탑 내에서 대기에 노출되는 개방회로방식이며, 공기조화에서는 대부분 이 형식이 사용된다. 그러나 밀폐식은 냉각수 배관이 밀폐된 것으로서 공기와 간접접촉하는 방식으로 냉각수를 냉각시키는 방식이다. 대기식이나 자연통풍식은 기계적인 강제통풍에 의하지 않는 형식으로, 전자는 냉각탑의 상부에서 냉각수를 살수하고 자연대기에 의해 냉각된다. 그러나 후자는 냉각탑의 상부에 원통을 세워 굴뚝효과에 의해 자연통풍력을 발생시켜 살수되는 냉각수를 냉각시킨다. 기계통풍식 냉각탑은 그림 3-24와 같이 기류와 냉각수의 흐름 방향에 따라 평행류형, 직교류형, 대향류형(역류형)으로 구분된다.

또한 그림 3-25와 같은 밀폐식은 겨울철 동파방지용이나 폐회로 수열원 히트펌프방식처럼 냉각수 배관이 길고 건물 내부에 널리 분포된 경우에 많이 사용되며, 건설비의 여유가 있을 때에는 일반공조시스템에도 사용할 수 있다. 표 3-15는 냉각탑 종류별 특성을 나타낸다.

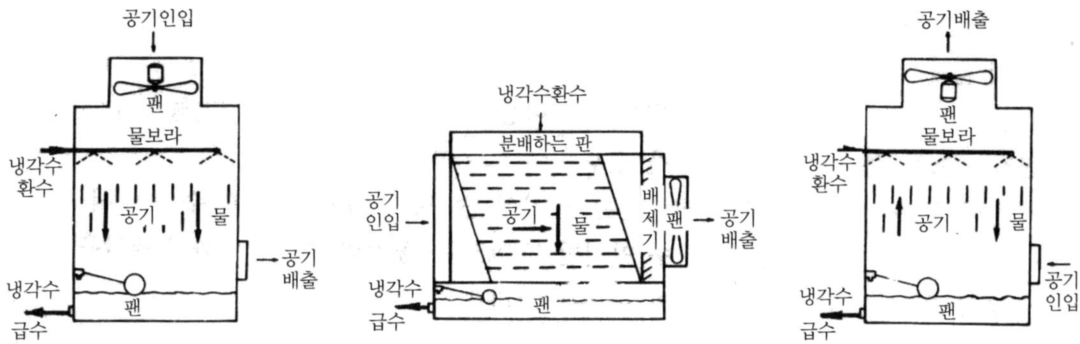

그림 3-24 | 기계통풍식 냉각탑의 종류

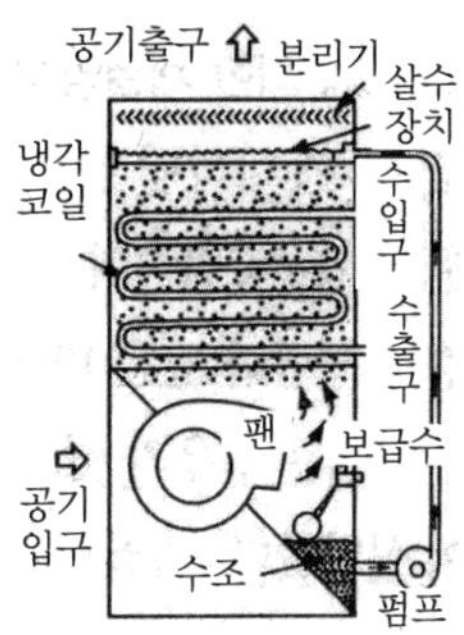

그림 3-25 | 밀폐식 냉각탑

(3) 온열원기기

건물의 난방용 열원기기로 사용되는 보일러의 종류로서는 표 3-16과 같다. 난방용 보일러는 압력 0.2 ~ 8.0 atg의 증기보일러와 수온 70 ~ 90℃의 일반 온수보일러를 가장 많이 사용하고 있으며, 형식으로서는 주철제, 노통연관식, 관류형 등이 많이 쓰이고 있다.

표 3-15 ● 일반 공조용으로 사용되는 냉각탑

명칭		특성
개방식	대향류형(역류형) (counter flow)	압입식과 유인식으로 구분. 설치면적은 작지만 높이가 높다. 이론적 해석이 용이하다.
	직교류형 (cross flow)	대향류형에 비해 설치면적, 설치중량은 커지고 높이는 낮다. 충전물의 성능에서 K_a의 값은 대체로 대향류형보다 낮다.
밀폐식 냉각탑 (증발식 냉각탑)		순환수의 오염을 방지하기 위해 코일 내부에 냉각수 흐름, 코일 외표면에 물을 살포, 설치면적은 개방식의 약 4~5배이다.

1) 주철제 보일러(cast Iron sectional boiler)

주철제 보일러는 주철제로 된 여러 장의 섹션을 난방부하의 크기에 따라 조립하여 사용한다. 따라서 반입이 쉽고 재질이 주철이므로 내식성이 강하여 수명이 길다. 그러나 재질이 약하여 고압으로는 사용할 수 없고, 용량도 적다. 따라서 비교적 규모가 작은 건물의 난방용으로 많이 사용된다.

2) 연관보일러(fire tube boiler, flue tube boiler)

연관보일러는 노통 내의 파이프 속으로 연소가스를 통과시켜 파이프 밖에 있는 물을 가열 또는 증발시킨다. 장점은 부하변동에 잘 적응되며, 보유수면이 넓어서 급수용량의 제어가 쉽다. 단점은 예열시간이 길고 반입 시 분할이 어려우며 수명이 짧다. 따라서 공조 및 급탕을 겸하며 비교적 규모가 큰 건물에 많이 사용되고 있다.

3) 수관보일러(water tube boiler)

수관보일러는 드럼과 드럼 간에 여러 개의 수관을 연결하고 관내에 흐르는 물을 가열하므로 온수 및 증기를 발생시킨다. 장점은 사용압력이 연관식보다 높고 부하변동에 대한 추종성이 높다. 또한 예열시간이 짧고 효율이 좋다. 단점은 연관식보다 설치면적이 넓고 초기 투자비가 많이 들며 급수처리가 까다롭다. 따라서 수관보일러는 대형건물 또는 병원이나 호텔 등과 같이 고압증기를 다량 사용하는 곳, 또는 지역난방 등에 사용된다.

4) 관류보일러(through flow boiler)

관류보일러는 수관보일러와 같이 수관으로 되어 있으나, 드럼(즉, 수실)이 없다. 장점은 보유수량이 적으므로 가열시간이 짧고, 부하변동에 대한 추종성이 좋으며, 경량 및 설치면적이 작다. 그러나 급수처리가 까다롭고, 수명이 짧으며, 값이 비싸고 소음이 크다. 따라서 관류보일러는 공조용으로 사용하지만 간단히 고압의 증기를 얻으려 하는 경우에도 많이 사용된다.

5) 입형 보일러(vertical type boiler)

입형 보일러는 수직으로 세운 드럼 내에 연관(fire tube)또는 수관(water tube)이 있는 소규모의 패키지형으로 되어 있다. 장점은 설치면적이 작고 취급이 용이하며 수처리가 필요 없다. 단점은 사용압력이 낮고 용량이 적으며 효율도 낮다. 따라서 입형 보일러는 규모가 작은 건물 및 일반 가정용 난방에 사용된다.

표 3-16 • 보일러의 종류

보일러의 종류		보일러에서 취출하는 열매의 종류	증기압력 또는 온수온도	증발량 또는 열출력	보일러 효율 [%]	주요 용도
주철제 보일러		증기	0.1 MPa 이하	0.3~4 t/h	80~86	급탕 · 난방용
		저온수	120℃ 이하	29~2,300MW		
원통보일러	입형 보일러	증기	0.7 MPa 이하	0.1~0.5 t/h	70~75	난방 · 프로세스용
	노통연관식 보일러	증기	1.6 MPa 이하	0.5~20 t/h	85~90	급탕 · 난방 · 프로세스용
		중 · 고온수	170℃ 이하	350~9,300MW		지역난방용
관류보일러	단관식 소형 관류보일러	증기	3 MPa 이하	0.1~15 t/h	80~90	난방 · 프로세스용
	다관식 소형 관류보일러	증기	1 MPa 이하	0.1~2 t/h	75~90	난방 · 프로세스용
	대형 관류 보일러	증기	1 MPa 이하	100 t/h 이상	90	발전용
		고온수	130℃ 이하	5.8 GW 이상		지역난방용
수관보일러	입형 수관 보일러	증기	1 MPa 이하	0.5~2 t/h	85	급탕 · 난방 · 프로세스용
	이통 수관 보일러	증기	0.7 MPa 이하	5t/h이상	85~90	난방 · 프로세스용 · 발전용
전기보일러		온수	120℃ 이하	120~930MW	98	전전기식 공조보조 열원용
열매체 보일러		기상	200~350℃	1.2~2,300MW	80~85	프로세스용
		액상				
진공온수기	주철형	저온수	80℃ 이하	120~3,000MW	85~90	급탕 · 난방용
	노통연관식	저온수	80℃ 이하	46~1,860MW	85~88	
주택용 소형 온수 보일러		온수	0.1 MPa 이하	12~41MW	60~80	급탕 · 난방용

(4) 공기조화기

공기조화기는 실내로 공급되는 공기를 사용목적에 적합하도록 조절하기 위해 공기조화기 내에 냉방 시에는 공기를 냉각, 감습시키기 위한 냉각코일, 난방 시에는 공기를 가열하기 위한 가열코일, 공기 중에 혼합되어 있는 먼지 등의 불순물을 제거하기 위한 필터, 난방 시에는 가습을 위해 물이나 증기를 분무하는 가습기, 신선한 외기와 실내공기를 혼합하는 혼합챔버, 공기의 양을 조절하는 댐퍼 등으로 구성된다. 공기조화기는 수평형, 복합형, 환기팬 내장형, 콤팩트형 등의 형태가 있다.

(5) 팬코일 유닛

팬코일 유닛의 주요 구성요소는 코일(냉각 및 가열코일), 송풍기(fan), 필터(filter)이며, 여기에 따른 각종 요소가 하나의 유닛으로 구성되어 있다. 팬코일 유닛은 설치장소 및 취출기류의 방향에 따라 여러 종류로 분류된다. 바닥에 설치하여 공기를 상부로 취출하는 바닥 설치 상부취출형은 창문 밑에 설치하여 스킨 로드(skin load)를 처리하고, 바닥 설치 전면취출형은 창문 밑이나 벽 속에 부착시킬 수 있다. 천장걸이형은 바닥에 설치할 수 없는 경우에 적합하고 천장 속이나 벽에 매립하는 천장매립형과 벽매립형도 있으며 취출 면이 그대로 천장의 마감 면이 되는 천장카세트형도 있다.

(6) 개별형 공기조화기

패키지 유닛방식은 냉동사이클의 구성요소인 압축기, 응축기, 팽창밸브, 증발기와 공조기의 구성품인 송풍기, 필터 등을 하나의 케이스 내에 갖추고 있다. 증발기는 냉매가 직접 팽창되며, 냉각코일의 역할을 한다. 응축기의 냉각은 냉각탑에서 공급되는 냉각수로 하는 수냉식과 응축코일을 건물 밖에 있는 공랭식 응축기로 연결하여 응축시키는 방식이 있다. 패키지 유닛방식을 난방용으로 사용할 때는 가열코일을 케이스 내에 별도로 설치하고 외부로부터 공급되는 온수·증기로 가열한다. 또는 전열코일을 별도로 설치하여 가열하기도 한다. 최근에 출시되는 히트펌프형 패키지 공조기는 증발기가 응축기(가열코일)로 되도록 4방 밸브를 조작하여 냉동사이클의 응축 방열량을 이용하면 난방이 가능하다. 조화된 공기는 패키지 상부에 있는 취출구를 통해 실내로 직접 취출시키지만, 여러 개의 방으로 분배시킬 경우에는 덕트를 병용한 덕트 병용 패키지 방식으로 이용할 수 있다. 이 방식은 최근에 패키지 유닛의 고급화로 대규모 사무실 건물, 병원 등에서 사용하는 사례가 증가하고 있다. 제품 선택 시 표준사양 제품이지만 용도에 따라 표준형, 저풍량형, 저온형, 전외기형, 전산실용 등을 선정할 수 있으므로 건물의 사용목적 및 환경에 적합하도록 주의해야 한다.

(7) 난방기기

난방기기란 난방공간의 쾌적한 열적 환경을 조절하기 위해 설치된 전용기기를 말한다. 이들 기기들은 증기난방, 온수난방, 복사난방, 온풍난방 등에 이용되며 방열기기, 온풍기기, 개별난방기기로 다음 표 3-17과 같이 구분된다.

표 3-17 • 난방기기의 종류

난방기기	분 류	종 류
방열기	자연대류형	방열기, 컨벡터, 베이스보드 히터, 기타
	강제대류형	팬 컨벡터, 유닛히터
	재료에 따라	주철 방열기, 강판 방열기, 알루미늄 방열기, 동 방열기, 스테인리스 방열기
	형태에 따라	평판형 방열기, 핀 방열기, 원통형 방열기, 길드 방열기
	열매에 따라	증기용 방열기, 온수용 방열기, 전기방열기
온풍기	연료에 따라	기름 연소용, GAS 연소용, 전기전열용
	형식에 따라	직접 토출형, 덕트 접속형
개별 난방기기	소형 온수보일러	기름 온수보일러, 가스 온수보일러, 심야전력 온수보일러
	보조 난방기기(가스용)	스토브, 팬히터, 적외선 난방기
	보조 난방기기(전기용)	전기 라디에이터, 전기 온돌패널

(8) 에어필터

에어필터는 여과대상 물질, 규모, 여과작동 기능 등에 의해 여러 가지로 분류되나 표 3-18과 같이 여과작용에 의해 건성여과식, 충돌점착식, 전기식, 활성탄흡착식 등으로 분류되며, 또는 보수 및 관리면으로 분류하기도 한다.

표 3-18 • 여과기의 분류

여과작용에 의한 분류	충돌 점착식	여과재교환형, 유닛교환형(수동청소형) 자동식 충돌 점착식(자동청소형)
	건성 여과식	폐기 또는 유닛교환형(수동청소형) 자동이동형 고성능 필터(HEPA)
	전기식	2단 하전식 정기청소형, 2단 하전식 여과재 집진형, 1단 하전식 여과재 유전형
	활성탄 흡착식	원통형, 지그재그형, 바이패스형
보수관리상의 분류	자동청소형	연속해서 여과재가 청소용 기름탱크를 통과하면서 청소되므로 재사용할 수 있다.
	자동재생형	더러워진 오염 매트는 자동적으로 감겨져 새로운 부분이 나온다.
	정기청소법	여과재가 오염되면 청소하여 재사용한다.
	여과재 교환형	오염된 여과재는 새것으로 교환한다.
	유닛교환형	여과재가 오염되면 유닛 자체를 새것으로 교환한다.

(9) 전열교환기

전열교환기는 공기 대 공기의 열교환기로서 현열은 물론 잠열까지도 교환되는, 즉 엔탈피 교환장치이다. 공조시스템에서 배기와 도입되는 외기와의 전열교환으로 공조기는 물론 보일러나 냉동기의 용량을 줄일 수 있고, 연료비를 절약할 수 있는 에너지 절약 기기로 공기방식의 중앙공조시스템이나 공장 등에서 환기에서의 에너지 회수방식으로 많이 사용된다.

구조는 외기가 들어와서 급기되는 윗부분과 환기가 배기되는 아랫부분으로 나누어지고, 각각 덕트에 접속된다. 카세트의 내부에는 알루미늄박지(aluminum element) 등을 사용하여 표면적이 최대가 되고, 공기저항이 최소가 되도록 파상형으로 연속성형한 것을 다시 벌집형(honeycomb)의 원통으로 제작함으로써 열교환 효과를 크게 하는 회전체(rotor)가 있다. 회전체의 중앙부에는 수평으로 분리판(seperator)이 있어서 상부와 하부의 공기가 혼합되지 않도록 하며, 회전체는 모터와 구동벨트에 의해 11~13RPM의 느린 속도로 회전한다.

3-4-2 시스템

(1) 빙축열시스템

1) 빙축열시스템 분류

빙축열방식은 축열조 용량에 따라 대형건물에 적용하는 현장 시공형과 중소형 건물에 적용하는 유닛형으로 구분된다. 또한 제빙, 해빙방식에 따라 빙방리형, 관외 착빙형, 관내 착빙형, 캡슐형으로 구분되고 냉매순환방식에 따라 브라인 순환식과 프레온 강제순환식으로 구분된다. 운전방식에 따라 전부하 축열방식과 부분부하 축열방식으로도 구분된다.

2) 빙축열시스템의 구성

빙축열시스템은 축열조와 냉동기가 직렬로 조합 구성되며 제빙률(ice packing factor : IPF)이 양호한 시스템을 구성해야 한다. 빙축열시스템이 축열조와 냉동기가 직렬로 조합되므로 축열방식 및 축열조 용량 및 운전방식을 선정하는 것은 설계자의 임무다. 빙축열시스템은 chiller up stream방식과 chiller down stream방식으로 구성할 수 있다. 또한 빙축열시스템의 운전방식은 축열조우선방식과 냉동기우선방식으로 분류되며 운전방식별 특징은 표 3-19와 같다.

(2) 변풍량시스템

풍량분배방식에 의해 분류되는 공조방식은 부하변화에 따라 공급 풍량 혹은 급기온도를 제어하는 방식에 따라 정풍량(CAV), 변풍량(VAV)방식이 있다. 열매운송방식에 따라 분류되는 공조방식은 실내부하를 제거하기 위해 공급되는 열매에 따라 전공기방식, 전수방식, 공기-수방식 및 냉매방식으로 분류되며 환기방식에 따라 압출환기와 혼합환기로 분류한다. 상기와 같이 구분되는 공기분배시스템은 정풍량공조방식, 변풍량공조방식, 복합공조방식 순으로 변천되었다. 변풍량시스템은 냉방용 공조방식으로 개발되었기 때문에 건물 내부에 난방부하가 발생하게 되면 공조풍량이 감소하여 환기량이 부족해지고 실내의 공기분포가 나빠지게 되므로 설계 시 많은 주의를 기울여야 한다.

표 3-19 • 빙축열시스템의 구성방식과 운전방식별 특성 비교

구분		chiller up stream	chiller down stream
축열조 우선 방식	냉동기 효율	높다	낮다
	축열조 효율	낮다	높다
	설 치 비 용	가장 높다	높다
	운 전 비 용	가장 낮다	대응운전 가능(복잡함)
	부하 대응성	대응운전 가능	다소 복잡함
	시스템 제어	가장 편리함	냉동기 입구 온도가 급변하여 냉동기의 정숙운전 불가능
	특 기 사 항	냉방운전 비용이 최소화	낮다
냉동기 운선 방식	냉동기 효율	높다	낮다
	축열조 효율	낮다	높다
	설 치 비 용	높다	가장 낮다
	운 전 비 용	보통	가장 높다
	부하 대응성	대응운전 불가능	대응운전이 불가능
	시스템 제어	가장 복잡함	간단함
	특 기 사 항	중간기의 냉방운전비용을 절감하기 위해 부하 예측	중간기에 냉방운전비용이 증가되는 현상을 방지하기 위해 제어가 복잡

1) VAV시스템 제어

VAV시스템을 제어하는 방법에는 크게 송풍온도 제어, 송풍량 제어, 정압 제어, 외기량 제어, warm-up시의 제어 등이 있다. 기타 제어로는 night purge 제어와 night setback 제어, CO_2 센서에 의한 외기도입량 제어 및 습도 제어가 적용된다.

2) VAV 유닛의 종류

변풍량 유닛에는 크게 두 가지가 있는데, 유닛 입구 정압의 영향을 받는 것을 압력종속식, 유닛 입구 정압의 영향을 받지 않는 것을 압력독립식이라 한다.

① **압력종속식** : 동일 덕트계에 압력종속식 변풍량 유닛을 여러 개 설치한 경우, 각개 유닛의 제어동작에 따른 덕트 내의 압력변동에 따라서 다른 유닛의 통과풍량이 변동하게 되어 제어가 불안정해지므로, 제어성능을 그다지 요구하지 않은 경우에만 사용될 수 있다.

② **압력독립식** : 압력독립식은 유닛 내에 정풍량 기구를 가지고 있어서, 제어

조작량이 정해지면 입구 정압이 변동하여도 풍량은 변하지 않은 특성(정풍량 특성)이 있기 때문에 제어가 안정적이며 일반적으로 이용되고 있다.

3-4-3 공기조화방식

공기조화방식은 열매운송방식, 풍량분배방식, 환기방식에 따라 분류되며 이 세 가지 방식의 적절한 조합에 의해 건물규모 및 용도에 적합한 최적의 공기조화시스템을 설계 및 시공하게 된다. 그러므로 다양하게 분류되는 공기조화방식을 적절하게 조합하여 건축물의 특성에 적합한 최적 공기조화시스템을 구성하는 것이 중요한 인자이다. 공기조화(HVAC)시스템은 중앙열원방식, 개별열원방식 및 겸용열원방식으로 구분되며 중앙열원방식으로 운전된 HVAC시스템의 구성 열매에 따라 분류되는 공조방식인 전공기방식, 공기-수방식, 전수방식으로 구분할 수 있고 열매체와 공조방식의 연관성은 표 3-20과 같다.

(1) 전공기방식

공조기에 냉각코일과 가열코일을 설치하고 필요한 냉·온열원에서 공급하는 냉·온수를 이용하여 냉·난방을 수행한다. 전공기방식의 대표적인 공기분배방식인 단일덕트 정풍량방식은 부하변화에 따라 급기온도를 변화시키는 방식이므로 실별로 불균일한 부하에 적합하게 급기온도를 변화시킬 수 없는 단점을 보완하기 위해 단일덕트 터미널재열방식과 이중덕트방식이 고안되었으며, 대표적인 단점은 낮은 열용량을 갖는 공기를 활용하여 냉난방을 함으로 인해 반송동력비가 증가하지만 공기분배덕트의 내구성이 증가하는 장점이 있다. 현재는 변풍량방식이 에너지절약형 시스템으로 많이 채택되고 있다.

(2) 공기-수방식

공기-수방식은 외주부와 내주부로 분리되는 중형 이상의 건물에 적용되는 공조방식이다. 외주부의 부하특성은 일사열취득, 외기로부터의 전도열취득, 조명 및 재실자에 의한 열취득이 동반되며 태양의 위치 및 고도에 따라 방위별로 취득하는 냉방부하는 방위별로 현저한 차이를 나타낸다. 즉, 겨울철에 태양의 고도가 낮을 때 일사열취득이 피크가 되므로 다른 존은 난방을 요구하는데도 불구하고 남향 존만 냉방을 수행해야 한다. 그러나 내주부는 최상층과 최하층을 제외하고는 외기조건의 영향을 받지 않으므로 일정한 부하를 유지한다.

(3) 전수방식

전수방식은 실내부하를 제거하기 위해 설치되는 유닛을 각 실의 외주부에 배치하는 방식으로 높은 열용량을 갖는 물을 냉난방 열매로 사용함으로 인해 반송동력비가 감소하는 장점을 갖고 있으나, 배관의 내구성 저하와 과도한 수압에 대한 대책 요구 및 신선외기 도움에 어려움을 갖고 있어 wall-thru type의 팬코일 유닛이 고안되고 적용되고 있다. 배관방식에 따라 2관방식, 3관방식 및 4관방식으로 분류되며 특징은 다음과 같다.

① 2관방식 : 냉수 혹은 온수를 겸용으로 사용하는 공급관과 환수관으로 구성한다.

② 3관방식 : 냉수와 온수의 공급관은 각각 설치하며 환수관은 겸용으로 사용한다.

③ 4관방식 : 냉수와 온수의 공급관과 환수관을 각각 설치하는 배관방식이지만, 냉·온수 코일이 겸용인 경우와 냉·온수 코일이 분리하는 방식이 있다.

표 3-20 • 열순환 매체 종류에 따른 공조방식의 분류

열매체	공조방식 명칭	설비비	유지관리	개별제어	습도제어	외기냉방	용도변경 유연성	필요공간
전공기방식	단일덕트방식(저속덕트)	B	A	D	C	A	(A)	D
	단일덕트방식(고속덕트)	C	A	D	C	A	(A)	C
	이중덕트방식	C	B	A	B	A	A	D
	각층 유닛방식	C	B	C	C	A	(B)	(A)
	멀티존방식	C	A	A	B	A	A	D
전수방식	팬코일방식	A	D	A	C	–	(C)	A
공기-수방식	단일덕트 재열방식	D	B	A	A	A	(A)	D
	유인유닛방식	C	C	A	A	D	A	B
	덕트+팬코일방식	B	C	A	A	D	A	B
	복사패널+덕트병용방식	D	A	B	A	D	(A)	B
냉매방식	패키지 유닛방식(개별)	A	D	A	C	–	C	B
	히트펌프 유닛방식(겸용)	A	D	A	C	–	C	B

* A : 유리 B : 불리

3-4-4 배관설비

(1) 배관재료

배관에 사용되는 재료로는 다음 그림 3-26과 같이 여러 가지가 있으며, 배관 재료를 선택할 때에는 관 속을 흐르는 유체의 특성, 온도 및 압력 등을 고려해야 함은 물론 배관재질의 내식성, 내구성, 내압성, 내열성, 가공성 및 강도 등을 고려해야 한다.

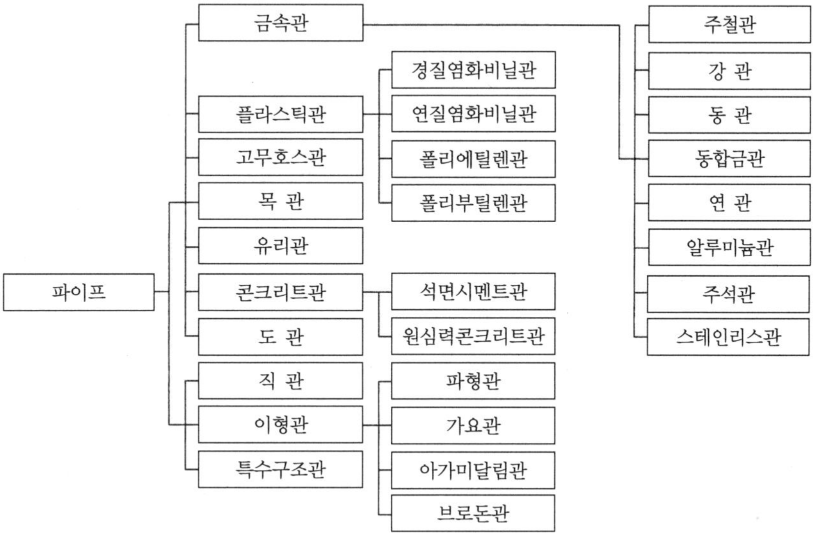

그림 3-26 | 배관의 종류

(2) 배관의 지지

배관의 길이가 길어지면 배관 자체의 무게와 열에 의한 신축 그리고 유체의 흐름에서 발생하는 진동이 배관에 작용한다. 이러한 배관의 하중 및 열에 의한 신축 그리고 진동 등이 배관에 접속된 기계 및 계측기의 노즐에도 작용하여 변형을 일으켜 기기의 성능을 저하시킨다. 이것을 방지하기 위하여 배관을 지지하는 장치를 만들어 배관을 지지한다.

배관계의 지지장치는 화학플랜트를 비롯하여 화력, 원자력 발전, 플랜트, 선박, 가스터빈설비 등에 널리 사용되고 있으며 그 용도도 사용조건에 따라 다양하게 구분되어 있다. 기능을 용도별로 구별하면 표 3-21과 같다.

표 3-21 • 배관 지지장치의 분류

번호	대구경용		소구경용		비 고
	명 칭	용 도	명 칭	용 도	
1	서포트 (support) 또는 행거 (hanger)	배관계 중량을 지지하는 장치(위에서 달아매는 것을 행거 밑에서 지지하는 것을 서포트라 함.	리지드 행거 (rigid hanger)	수직방향 변위가 없는 곳에 사용	부하용량 35~1,400kg travel 0~120mm
			베리어블 행거 또는 스프링 행거	변위가 적은 개소에 사용	
			코스탄트 행거	변위가 큰 개소에 사용	
2	레스트레인 (restraint)	열팽창에 의한 배관관계의 자유로운 움직임을 구속하거나 제한하기 위한 장치	앵커(anchor)	완전히 배관관계 일부를 고정하는 장치	
			스톱(stop)	관의 회전은 되지만 직선운동을 방지하는 장치	
			가이드(guide)	관이 회전하는 것을 방지하기 위한 장치	
3	브레이스 (brace)	열팽창 및 중력에 의한 힘 이외의 외력에 의한 배관 이동을 제한하는 장치	방진구	주로 진동을 방지하거나 감쇠시키는 장치	레스트레인트식, 스프링식, 유압식,
			완충기	주로 진동 water hammering 안전밸브 토출반력 등에 의한 충격을 완화하기 위한 장치	기지드식, 스프링식, 유압식

(3) 배관의 보온 두께

1) 각종 보온재의 종류

냉·온수 배관에 사용되는 보온재는 규산칼슘 보온재, 미네랄울 보온재, 글라스울 보온재, 발포 폴리스티렌(PS) 보온재, 경질 폴리우레탄폼 단열재, 발포 폴리에틸렌 보온재, 발수성 펄라이트 보온재, 고무 발포 보온재 등이 사용되고 있다. 최근 가장 범용적으로 사용되고 있는 글라스울 보온재의 관내 유체의 온도에 따른 배관 보온재의 두께는 보온재 종류별 적용온도와 관경을 고려하여 선정한다.

(4) 냉온수 및 냉각수 배관의 설계

① 각종 관에 대한 수배관 선정을 위한 마찰손실은 허용마찰손실을 식(3·

31)을 이용하여 구한 후, 식(3 · 32) 및 식(3 · 33)의 Hagen- William식에 적용하여 산정하지만 관의 종류에 따라 내경이 차이 나므로 동일한 유량에서 마찰손실이 차이 나게 된다. 예를 들면 배관용 탄소강관의 경우 50A의 관에 70 $l$pm의 온수를 흐르게 하는 경우, 유량 70 $l$pm을 종축으로 잡고 50A와 만나게 하면 횡축값의 압력강하, 즉 저항 $R=7.5$ mmAq/m, 직관 1 m당 수주 7.5 mm가 되는 것을 알 수 있다.

② 배관 도중에 있는 엘보, 티(T지관)와 같은 이음류 또는 게이트밸브, 스톱밸브와 같은 밸브류의 저항(이것을 국부저항이라 함)은 국부저항 상당관길이로 나타낸다.

③ 배관경 설계를 위해서 사용하는 배관저항을 R mmAq/m이라 하면, R은 아래의 식(3 · 31)에 의해 구할 수 있다.

$$R[\mathrm{mmAq/m}]=\frac{H}{l(1+k)}=\frac{H}{l+l'} \tag{3 · 31}$$

여기서, H : 이용해야 할 순환 수두 [mmAq]
l : 가장 먼 곳의 유닛까지 이르는 왕복관의 직관길이 [m]
l' : 국부저항의 상당길이 합계 [m]
k : 국부저항의 직관부 저항에 대한 비율

④ 유량선도표는 Hazen & William 식에 의한 것으로 유속 V와 유량 Q는 다음과 같이 나타낸다.

$$V=0.3546\cdot C\cdot d^{0.63}\cdot R^{0.54} \tag{3 · 32}$$

$$Q=0.2785\cdot C\cdot d^{2.63}\cdot R^{0.54} \tag{3 · 33}$$

여기서, V : 유속 [m/s]
Q : 유량 [m^3/s]
R : 마찰손실 [mmAq/m]
C : 유속계수
d : 관경 [m]

(5) 증기배관의 설계

1) 직관의 마찰저항

건포화증기 또는 습증기가 흐를 때 마찰저항(압력손실)은 다음 식(3 · 34)로 계산할 수 있다.

$$R = f\frac{l}{d}\cdot\frac{\rho v^2}{2}\ [\text{Pa}] \tag{3·34}$$

여기서, R : 배관 1m에서 생기는 마찰저항 [Pa]

f : 관의 마찰계수(관 내부의 거칠기의 함수로서 Moody선도에서 구함)

l : 직관 및 배관 부속의 국부저항길이 [m]

d : 배관의 내경 [m]

v : 배관 내 평균유속 [m/s]

ρ : 증기의 밀도 [kg/m³]

2) 국부저항

증기의 배관 중 엘보, 티, 밸브 등 부속류의 저항을 국부저항이라 하며, 이와 같은 마찰저항을 갖는 동일경의 직관길이(상당길이)로 표시한다.

3) 허용압력강하

증기관의 관경을 결정할 때 최대 직관 상당길이를 가지는 기기에 이르는 배관에서의 허용압력강하를 기준으로 한다.

① 총압력강하는 증기공급압력의 1/2을 넘지 않아야 하며 설계 시 1/3을 기준으로 한다.

② 과대한 증기속도가 되는 큰 압력강하를 선정하지 않도록 한다.
보일러 주 증기관에서는 25~40m/s, 순구배 시 증기속도 $V = 0.2 \times d$ [m/s] (배관경 내경 mm) 정도로 한다. 역구배 시에는 제한속도를 절대 넘지 않도록 한다.

③ 중력 환수식에서는 환수관 내의 응축수 수위가 주 증기관이나 방열기 등에 응축수가 고이지 않도록 한다.

④ 증기압력이 200kPa 이상인 경우는 배관 내 증기유속에 따라 관경을 결정하는 경우도 있다.

4) 마찰저항선도(유량선도)에 의한 관경 결정

증기압력 100kPa 이하의 경우 배관의 허용압력손실 값은 식(3 · 35)로 표시한다.

$$R = \frac{\Delta P}{L + L'} \text{ [Pa/m]} \tag{3 · 35}$$

여기서, R : 직관길이 m당 압력손실값 [Pa/m]

ΔP : 전 배관 내의 허용되는 압력손실 [Pa]

L : 보일러에서 가장 먼 증기기기까지의 길이 [m]

L' : 배관 내의 부속류, 밸브류 등의 직관 상당길이 [m]

직관 상당길이 L'는 국부상당계수 표를 참조하거나 보통 추정하지만

① 증기압 100kPa 미만의 경우 $L' = (0.5 \sim 1.0)L$로 한다.
일반적으로 저압증기관의 국부저항값은 직관길이로 한다. 즉, ($L' = L$)

② 증기압 100kPa 이상인 경우에서는
배관이 단순한 경우 $L' = 0.1L$, 배관이 복잡한 경우 $L' = 0.2L$로 한다.

3-4-5 덕트설비

(1) 일반사항

거주공간의 균등한 기류분포, 온도분포, 진동, 소음, 청정도, 댐퍼의 부착위치, 점검구 설치 등 시스템 요건과 설계요소 등을 고려하여 합리적인 덕트경로가 되고 유지 관리가 용이하도록 계획한다.

(2) 공조설비의 필요 송풍량

$$Q = \frac{q}{C_P \, \rho \, (t_r - t_s)} = \frac{q}{1.2 \, (t_r - t_s)} \tag{3·36}$$

여기서, Q : 송풍량 $[l/s]$
q : 현열취득량 [W]
C_P : 공기의 정압비열 1.005 [kJ/(kg · K)]≒1 [kJ/(kg · K)]
ρ : 공기의 밀도 1.2 [kg/m^3]
t_r : 실내공기의 건구온도 [℃]
t_s : 취출구 송풍 건구온도 [℃]

(3) 덕트경로

① 취출구 또는 흡입구와 송풍기까지는 최단거리로 계획한다.

② 각 공조기로부터 계통별 덕트 길이를 최소화한다.

③ 덕트의 굴곡이나 변형 등 저항 증가요소를 적게 하여 송풍동력 증가를 방지한다.

④ 덕트가 고온다습한 구역으로 통과하는 것을 피하여 열손실 및 덕트의 부식을 방지한다.

⑤ 외기 흡입구와 실내공기 배출구 사이에는 최소 10m 이상 이격시키거나 상호방향을 다르게 하여 오염공기의 재유입을 방지한다.

⑥ 배기계통(정화조, 화장실, 주방, 실험실 배기 등)은 건물의 최상층에 배출기를 설치하여 실내 냄새 확산을 방지한다.

⑦ 사무소 등의 공조 및 환기덕트는 원칙적으로 저압덕트로 한다.

(4) 덕트 계통의 치수 결정

① 덕트의 치수 결정방법은 등마찰손실법(등압법 또는 정압법), 등속법, 정압재취득법으로 대별된다.

② 공조용 덕트는 일반적으로 등마찰손실법에 의해서 저속덕트(풍속 : 15 m/s 이하, 정압 : 50mmAq 이하)로 설계하며, 단위길이당 마찰손실은 다

음과 같이 정한다.

- 저속덕트 0.08~0.15(약 0.1mmAq/m)
- 방송국 등 소음제한이 엄격한 장소 : 0.07
- 소음이 문제가 되지 않는 경우 : 0.15

③ 등압법으로 설계하는 경우 통과풍량이 30,000~40,000m³/h 이상이면, 등속법으로 한다.

④ 공기의 온도가 20±15℃를 초과하는 경우에는 다음 식(3 · 37)로 공기밀도에 대한 보정으로 하여 압력손실을 계산한다.

$$H_0 = k_T H_c \qquad (3 \cdot 37)$$

여기서, H_0 : 표준상태 마찰계수

H_c : 실제의 마찰계수(보정값, $k_T = 293/(273+t)$)

⑤ 덕트의 재질이 아연도금철판 이외의 것은 표면조도에 대한 보정을 한다.

⑥ 주 덕트의 주요 분기점 및 송풍기 출구 측 덕트에 과대풍속지점 및 주 덕트와 저항 차이를 조절할 수 있는 풍량조절 댐퍼를 설치한다.

⑦ 장방형 덕트의 단면은 원칙적으로 가로세로비(aspect ratio)는 2를 표준으로 하며, 최대 8을 초과하지 않도록 한다.

⑧ 장방형 덕트의 치수는 표준치수 및 권장치수에 의해서 정하며, 300mm 이하는 25mm 간격, 300~800mm는 50mm 간격, 800mm 이상은 100mm 간격으로 표준치수로 한다.

⑨ 덕트의 굴곡은 $R/d = 1.5 \sim 2.0$ 정도로 한다.

⑩ 덕트의 확대부 각도는 15° 이하, 축소부는 30° 이하로 한다.

3-5 환기설비

3-5-1 개 요

밀폐된 실내에서는 인체, 조명 및 기기 등에서 발생하는 열, 수증기 등에 의하여 온습도가 상승하고 먼지, 탄산가스, 냄새 등으로 공기가 오염된다. 이러한 오염된 공기를 배기하고 깨끗한 외기를 공급해 주는 것을 환기(ventilation)라고 한다. 공기조화를 하는 실에서는 공기조화기에 의하여 온습도가 조절되며 공기여과기(filter)로 먼지는 제거되지만 탄산가스 또는 냄새 등을 제거하기 위해서 환기를 해야 한다. 또한, 공기조화를 하지 않는 실에서는 실내의 온습도가 비정상적으로 높아지는 것을 방지하기 위하여 환기를 한다.

일반적인 건물에서는 주거공간 이외에 화장실, 세면장, 주방, 기계실, 주차장 등에서 환기를 한다. 또한 보일러실이나 욕실 등 연소를 하는 실에서는 연소에 필요한 공기를 공급하기 위하여도 환기가 필요하다.

3-5-2 환기방식

건물의 환기는 자연환기와 기계환기로 구분되며, 자연환기는 자연풍에 의한 압력차 그리고 실내외 온도차에 의한 공기의 밀도차를 이용하는 것을 말한다. 기계환기는 급기팬과 배기팬 등과 같은 송풍기에 의한 기계력을 이용하는 환기로 보다 강력한 환기를 할 수 있다.

기계환기는 법규상 그림 3-27과 같이 세 가지 방식으로 나누어진다.

(1) 제1종 환기

급기팬 및 배기팬에 의해서 실내의 환기를 하는 것이며, 실내외의 압력차를 조절할 수 있고, 어떤 경우에도 적용할 수 있으며, 가장 우수한 환기를 할 수 있다.

(2) 제2종 환기

급기만을 송풍기에 의하고 배기는 배기구 또는 개구부를 통하여 옥외(복도 등을 통하여 간접적으로 옥외와 연결하는 경우도 있다)로 배출된다. 따라서 송풍공기 이외의 외기라든가 기타 인접실로부터의 유입공기는 없지만, 역으로 다른 실로 배기가 유입될 수 있으므로 주의해야만 한다. 동물실험실, 반도체와 같은 정밀기계실 및 병원의 수술실과 같은 클린룸에 있어서 신선한 청정공기를 공급하는 경우에 많이 이용된다.

(3) 제3종 환기

배기만을 송풍기로 하고 급기는 급기구 또는 개구부에 의해 외기를 유입시키는 방식이다. 따라서 공기가 실내로 들어오는 유입경로를 설치해서 환기에 지장이 없도록 해야만 한다. 화장실, 기계실, 주차장, 기타 냄새 또는 유독가스 등을 발생할 염려가 있는 장소에 적합하다.

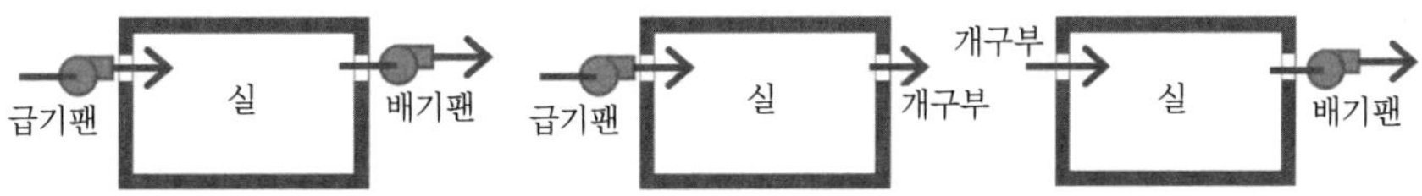

(a) 제1종 환기방식 (b) 제2종 환기방식 (c) 제3종 환기방식

그림 3-27 | 기계환기방식

3-5-3 환기 계통

환기 계통은 거실과 오염된 실과를 같은 계통으로 연결하면 정지 시에 오염된 공기가 역류할 염려가 있으므로 다음의 실들은 별도의 계통으로 구분한다.

① 거실, ② 인화성 가스가 발생하는 실, ③ 영업용 식당, ④ 주방, ⑤ 화장실, 욕실, ⑥ 주차장, ⑦ 먼지발생이 심한 실, ⑧ 습기발생이 심한 실, ⑨ 냄새가 심한 실, ⑩ 유해가스가 발생하는 실

3-5-4 필요환기량

(1) 환기량의 표시방법

필요환기량은 실의 종류, 재실자의 수, 실내에서 발생하는 유해물질 및 외기 등의 여러 가지 조건에 따라 다르며, 환기량을 나타내는 단위로는 다음과 같은 것이 있다.

① 단위시간당의 환기량 [m^3/h]

② 1인당 환기량 [m^3/h · 인]

③ 단위 바닥 면적당 환기량 [$m^3/h \cdot m^2$]

④ 환기횟수 [회/h]

(2) 소요환기량 계산방법

일반적인 환기설비에서는 오염물질이 실 전체에 확산하였다고 가정하여 오염된 공기를 배기하고 같은 양의 외기를 도입하여 실내 오염물질의 농도를 허용치 이하로 저하시키도록 필요환기량을 계산한다.

필요환기량은 오염물질의 종류, 발생상태 및 환경기준 등에 따라서 다르지만 일반 건물이나 주택에서는 다음과 같이 결정한다.

1) CO_2 농도를 기준으로 한 환기량

실내에서 인체의 호흡이나 실내 연소물에 의해 CO_2가 발생하며, CO_2 농도의 실내 환경기준은 1,000PPM이다. CO_2 농도를 기준으로 한 필요환기량은 다음 식(3 · 38)에 의해 계산될 수 있다.

$$Q_f = \frac{K}{C_i - C_o} \tag{3 · 38}$$

여기서, Q_f : 필요환기량 [m^3/h]

K : 실내에서의 CO_2 발생량 [m^3/h]

C_i : CO_2 허용농도 [m^3/m^3]

C_o : 외기의 CO_2 농도 [m^3/m^3]

2) 온도를 기준으로 한 환기량

실내의 인체, 조명 및 기기 등의 발열에 의해 온도가 상승하게 되며, 실내의 설정온도를 맞추기 위해서는 실내 설정온도보다 낮은 외기나 냉풍을 도입해야 하며, 필요환기량은 다음 식(3 · 39)에 의해 계산될 수 있다.

$$Q_f = \frac{H_s}{C_p \cdot \gamma(t_a - t_s)} \qquad (3 \cdot 39)$$

여기서, Q_f : 필요환기량 [m^3/h]
H_s : 발열량(현열) [kcal/h]
C_p : 공기비열 [kcal/kg℃]
γ : 공기비중량 [kg/m^3]
t_a : 실내 설정온도 [℃]
t_s : 급기온도 [℃]

3) 습도를 기준으로 한 환기량

실내는 인체, 실내 연소물 또는 기타 취사 등에 의해 수증기가 발생하게 되며, 이 경우 필요환기량은 다음 식(3 · 40)에 의해 계산될 수 있다.

$$Q_f = \frac{W}{\gamma(x_a - x_o)} \qquad (3 \cdot 40)$$

여기서, Q_f : 필요환기량 [m^3/h]
W : 수증기 발생량 [kg/h]
γ : 공기 비중량 [kg/m^3]
x_a : 실내공기의 절대습도 [kg/kg]
x_o : 외기의 절대습도 [kg/kg]

4) 분진을 기준으로 한 환기량

분진이 발생되는 실의 경우 다음 식(3 · 41)을 이용하여 필요환기량을 계산할 수 있다.

$$Q_f = \frac{K}{P_a - P_o} \qquad (3 \cdot 41)$$

여기서, Q_f : 필요환기량 [m^3/h]

K : 분진발생량 [mg/h]

P_a : 허용분진농도 [mg/m^3]

P_o : 신선공기 분진농도 [mg/m^3]

(3) 환기횟수

필요환기량 등의 환기량에 대해 언급하는 경우는 실의 크기와는 상관없이 절대량만을 사용하는 경우도 많으나 실의 크기와 관련하여 표현하는 경우 환기횟수 n을 다음 식(3 · 42)로 표현한다.

$$n = \frac{Q}{V} \text{ [회/h]} \qquad (3 \cdot 42)$$

여기서 Q는 환기량 [m^3/h], V는 실의 용적 [m^3]을 나타낸다. 즉, 1시간에 실의 공기를 몇 번 바꾸느냐를 나타내고 있다. 환기횟수는 실의 틈새, 풍량 등을 나타낼 때에도 사용되며, 실의 기밀 정도를 나타내는 척도로 사용되는 경우가 많다.

3-5-5 외기 도입구, 배기구

외기 도입구는 가능하면 깨끗한 외기를 도입하기 위하여 특히 도심지에서는 지면에서 높이 떨어진 위치에 설치해야 한다. 지면 부근에서는 먼지 또는 자동차의 배기가스를 흡입하기 쉬우므로 도로에 면하지 않은 장소에 설치하거나 제진장치를 설치하는 등 특히 주의해야 한다.

배기구는 건물의 창이나 외기 도입구 및 도로(보행자의 높이 부분)로부터 충분하게 떨어뜨려 설치함으로써 배기가 실내 또는 외기 도입구로 들어가거나 보행자한테 직접 불어내는 일이 없도록 해야 한다.

아울러 외기 도입구 또는 배기구에서의 소음에 대해서도 주위에 영향을 주지 않도록 설치장소를 선정하고, 필요하면 차음벽이나 소음장치를 설치해야 한다.

3-5-6 공기정화장치

도입외기가 깨끗하지 않을 때에는 공기여과기 등의 공기정화장치를 이용한다. 일반적으로 공기여과기는 먼지만을 제거하므로 냄새 등이 문제가 되는 곳에는 활성탄 필터 등을 사용한다. 또한 배기를 그대로 방출하게 되어 주위에 악영향을 미치는 경우에는 공기정화장치를 이용하여 오염물질을 제거한 다음 방출시켜야 한다.

3-5-7 덕트, 송풍기

덕트 또는 송풍기의 설계는 일반적인 공기조화설비에서와 같지만 오염가스나 유독가스 등의 배기덕트는 덕트에서의 누설에 의한 장해가 일어나지 않도록 특히 건물 내에서는 덕트 안이 부압(-)이 되도록 송풍기의 설치장소를 선정하고 덕트도 가능하면 기밀한 구조로 해야 한다. 또한 부식성 가스를 취급할 때에는 덕트 또는 송풍기에 내식성 재료를 사용하고 먼지가 덕트 내에서 정체하지 않도록 적당한 덕트 내 풍속을 유지할 필요가 있다.

참고문헌

1. 강정길, 김규생, 김양현, 김윤한, 김점수, 박봉성, 박인시, 서광수, 일본건축설비기술자협회 편저, 건축설비설계매뉴얼, 기문당, 2002.
2. 김영호, 건축설비, 보문당, 1998.
3. 김용식, 건축설비, 구미서관, 2005.
4. 김정태, 이승복, 김병선, 이성, 김곤, 건축설비시스템, 기문당, 2003.
5. 대한건축학회, 건축학전서 9 건축환경계획, 사단법인 대한건축학회, 2000.
6. 서승직, 건축설비계획, 일진사, 2004.
7. 유동렬 외, 건축설비계획, 문운당, 1997.
8. 임정명, 건축설비, 기문당, 2004.
9. 圖解 空氣·給排水の大百科, 空氣調和·衛生工學會 編, Ohmsha, 1999.

4장 전기설비

4장 전기설비

4-1 전기설비계획

4-1-1 전기설비 개요

(1) 총론

건축물에서 쾌적한 주거환경을 조성하고, 원활한 기능적 활동을 도모하려면 건물의 훌륭한 배치, 구조, 적당한 출입구나 창호 또는 아름다운 실내마감 등의 건축디자인 외에 각종 건축설비가 필요하며, 건축설비의 첨가로 적극적인 건물의 편리성이나 쾌적성을 도모할 수 있다. 특히 최근에는 빌딩, 아파트, 공장 등의 건축물이 대규모화, 고층화, 근대화(인텔리전트화)됨에 따라서 건축설비의 다양화와 복잡화가 가속되면서 그 중요성이 나날이 더해가고 있다. 건축물의 인텔리전트화로 건물에 대한 기능성과 쾌적성이 더욱 요구되고 있는 추세이다. 그러한 관계로 고층건축이나 현대식 아파트단지 건축의 경우, 건축에 부대된 설비공사비가 건축공사비와 비등할 정도로 올라가고 있으며 초고층 빌딩이나 복합건물의 경우는 오히려 건축공사비를 상회하고 있다.

건축설비는 전기설비와 기계설비로 크게 나뉘며, 기계설비에서는 온도, 습도, 공기의 청정도 등을 조절하는 항온항습설비나 공기조화설비, 클린룸(clean-room) 설비 등과 급수 · 배수 및 위생설비를 취급하고 있다.

건축물의 전기설비로는 옥내설비가 주가 되며, 그 외 옥외설비 등을 포함하는 설비로 대별하여 보면 다음과 같다.

건축전기설비
- 전력설비 (강전으로 분류되는 종류)
- 약전 및 정보통신설비 (약전으로 분류되는 종류)
- 방재설비 (화재, 피뢰 및 방범설비로 분류되는 종류)

그림 4-1 | 건축전기설비의 분류

즉, 전력설비는 전력회사로부터 공급되는 전원을 포함해 대개 교류 100V 이상의 전압으로 공급하는 시설을 말하고, 약전 및 정보통신설비는 사용전원을 축전지로 이용하거나 교류 60V 이하의 전압으로 공급 사용되는 설비를 말하며, 방재설비는 전기를 응용한 인명 및 재산의 안전을 위한 설비가 그 내용을 이룬다.

이러한 전기설비는 건축물 내의 주거환경을 구성하는 요소인 조명, 환경, 온 · 습도를 조정하기 위한 전력, 교통시설과 이들을 제어하는 제어시설, 정보전달 기능의 통신시설이며, 사고나 재해 시에 적응성을 갖도록 하는 방재설비와 건물의 대규모화, 고층화에 따른 건물이나 시설의 복잡화와 다양화에 상응하는 건물이나 시설의 유지관리설비 등을 포함하고 있다. 그러므로 전기설비는 각 전기관련 공학의 원론이나 이론, 공식을 기초로 환경 및 생산설비에 응용하여 이용한 것으로 기본원리 자체의 이해뿐만 아니라 그 이론이나 경험을 효율적으로 적용하는 설비이다.

최근에는 전기설비가 시스템화하여 구성에 따라 상호 조합된 시스템기술로 발전되어 운용되고 있다.

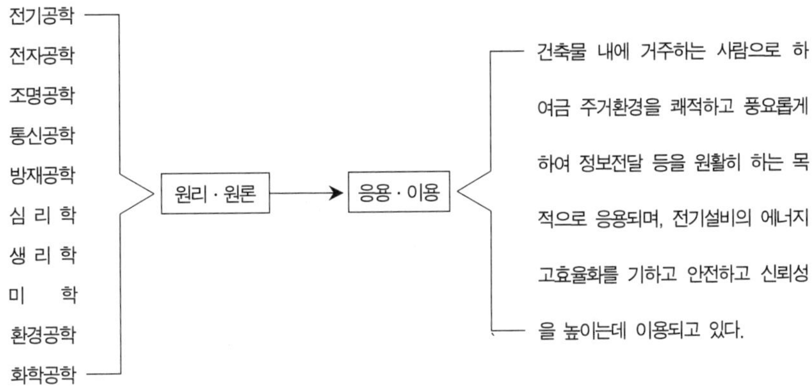

그림 4-2 | 전기설비 관련 학문 분류

(2) 분류

전기설비는 크게 두 가지, 기능적으로 분류하는 방법과 전류에 의한 분류방법으로 나누어 볼 수 있다. 그 내용을 항목으로 나누어보면 다음과 같다.

- 기능에 의한 분류
  - 전 원 설 비 : 전기에너지 공급원 설비
  - 전력공급설비 : 전력을 부하에 공급하는 설비
  - 전력부하설비 : 전기에너지를 소비하는 설비
  - 감시제어설비 : 전력공급상태와 가동상태 등을 감시, 제어하는 설비
  - 반 송 설 비 : 사람이나 물품을 이동시키는 설비
  - 약전 및 정보통신설비 : 통신관련설비
  - 방 재 설 비 : 재해예방, 경보 역할을 담당하는 설비
- 전류세기에 의한 분류
  - 강 전 류 : 전등, 전동기, 전력간선, 구내배전선, 축전지, 자가발전, 피뢰설비와 접지공사 등
  - 약 전 류 : 전기시계, 방송설비, 자동화재탐지, 배연비상통보, 신호표시기, 인터폰, 전화 및 LAN설비, TV 공청설비 등

그림 4-3 | 전기설비의 기능과 전류 세기에 의한 분류

기능에 의한 분류를 주축으로 내용을 살펴보면 전기에너지 공급원으로서의 전원설비, 전기에너지를 부하에 공급하는 공급설비, 전기에너지를 소비하는 전력부하설비, 전력의 공급상태와 전력부하설비의 가동상태를 감시, 제어하는 감시제어설비, 사람이나 물품을 운반하는 반송설비, 정보전달을 위한 통신설비와 각종 재해의 예방 · 통보 역할의 방재설비 등으로 나눌 수 있다.

4-1-2 전력부하설비

전력부하설비로는 건축물 내부 조명용 전등설비, 외등설비의 조명설비와 비상조명설비, 공기조화, 급배수, 위생, 엘리베이터 등의 시설에 전력을 공급하는 동력설비와 비상엘리베이터, 배기팬, 소화펌프 등의 비상전원을 공급하는 비상동력, 일반콘센트 및 비상콘센트 등으로 되어 있다. 이 외에 컴퓨터용 전원, 주방

용, 의료용 전원 등의 특수 전원설비와 항공장애등 및 도로에 전열설비를 하는 로드히팅, 건물 내의 바닥난방 등을 위한 패널히팅이다.

4-1-3 전원설비

전원설비는 전력회사로부터 전력을 수전하는 수전설비, 특고압수전을 부하의 사용전압으로 강압하고 또한 기기의 보호기능을 갖고 있는 변전설비, 정전 시 또는 비상용의 발전기 설비인 예비발전설비, 비상용의 조명 및 변전, 발전설비, 감시제어용, 직류전원으로서의 축전지설비와 컴퓨터용 전원 등에 정전압, 정주파수를 위한 장치 및 무정전장치 등의 특수부하에 대한 전원인 특수전원설비이다.

4-1-4 전력공급설비

전력을 변전실로부터 전력부하로 공급하는 전력공급설비는 각 부하설비에 공급망을 통해 전력을 보내는 설비로서, 바닥 내에 덕트(duct)를 설치하여 배설하는 플로어 덕트설비, 전기샤프트 내의 버스덕트(bus-duct)설비, 다량의 배선을 시설하는 경우에 덕트를 사용하는 설비인 배선덕트, 케이블 트레이설비, 전등 및 동력 등의 부하에 각각 배선을 집약하여 공급하는 배선인 일반간선설비 등을 전력공급설비에서 취급한다.

4-1-5 감시제어설비

부하설비의 기동, 정지, 역전, 속도가변, 보호 등의 제어와 상태감시를 시행하는 설비인 제어, 감시설비와 전등, 동력, 전원설비 등의 원격 감시제어를 한 곳에서 정보를 집중하여 실시함으로써 유지관리의 노력을 최소화시키는 중앙감시설비와 중앙감시설비에 컴퓨터를 도입하여 종합관리시스템으로서 프로그램 제어감시, 기록 등을 실시하는 설비인 컴퓨터 컨트롤 등을 취급하는 설비가 감시제어설비 등이다.

4-1-6 반송설비

사람이나 물품을 운반하는 설비로서 엘리베이터, 에스컬레이터, 덤웨이터(dumb waiter), 컨베이어 및 슈터(air-chutter), 곤돌라(gondola) 등이다.

4-1-7 약전 및 정보통신설비

음성에 의한 정보전달수단의 설비인 방송설비, 시각정보전달의 전기시계 및 표시설비, 내·외부와의 통화교환수단설비인 전화기 및 전자교환장치(PABX), 특정 장소 간의 통화설비인 인터폰, TV 수신에 필요한 전파수신설비인 TV공청설비, CATV설비, 근거리통신망(local area network)설비 등을 정보설비라 한다.

4-1-8 방재설비

방재설비는 그 주목적이 화재이나 건축물에서 발생할 수 있는 모든 재난을 방지하는 설비를 말한다. 화재관련설비로 화재의 조기발견과 화재의 자동통보설비인 화재자동통보설비, 비상시에 피난을 유도하는 비상스피커설비, 도난 및 불법침입자에 대한 방지설비인 방범설비와 인명과 장비를 직격뇌 및 서지로부터 보호하는 피뢰설비 등이다. 그리고 고층건물에 설치되는 항공장애등으로 항공기의 안전비행을 위한 표시설비 등도 포함된다.

4-1-9 전기설비 설계 성과물

(1) 설계의 성과물은 설계도서라고도 하며, 설계를 진행하는 순서인 기본설계 및 실시설계에 따라 그 내용과 종류가 달라진다. 기본설계 성과물을 보다 구체화시켜 공사에 적용할 수 있도록 해야 한다.

2) 기본설계 성과물

기본설계 성과물은 설계 개요서, 기본설계도면, 개략공사비 내역 및 기타의 용량 계획서, 시스템 선정 검토서, 협의기록서 등으로 이루어지며 일반적으로 다음 그림을 참조한다.

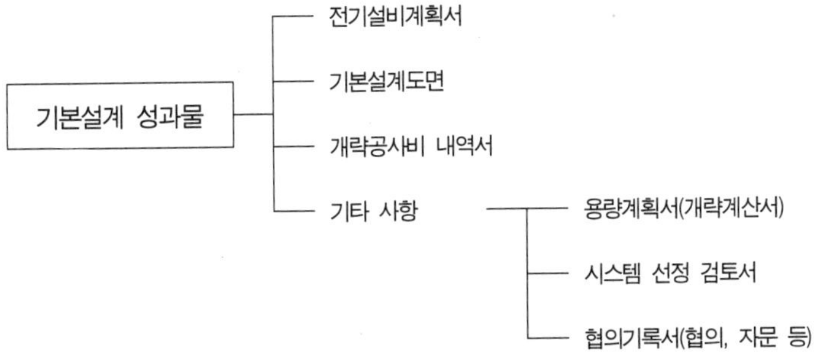

그림 4-4 | 기본설계 성과물의 분류

(3) 실시설계 성과물

실시설계 성과물은 설계도면, 시방서, 사비내역서, 각종 계산서, 기타 협의기록 등으로 이루어지며 다음 그림을 참조한다.

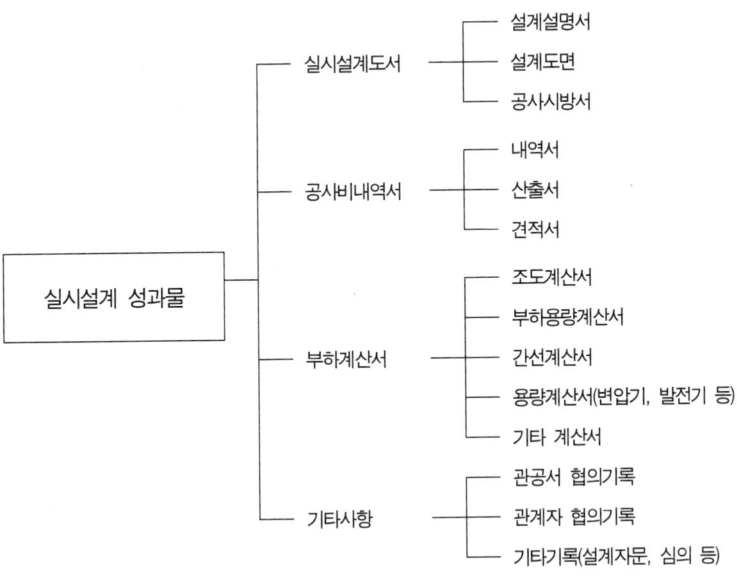

그림 4-5 | 실시설계 성과물의 분류

4-2 수변전설비

4-2-1 전기공급방식 및 계약전력의 결정

우리나라 전력 계통의 전압체계는 765 [kV]/345 [kV]/154 [kV]/22.9 [kV]/380-220 [V]를 사용한다. 일반적으로 업무용 건물 및 관람집회시설, 대학 등과 같은 수용가에는 전력회사로부터 22.9 [kV]를 공급 받아 사용기기에 적합한 저전압으로 변성하여 공급하고 있다.

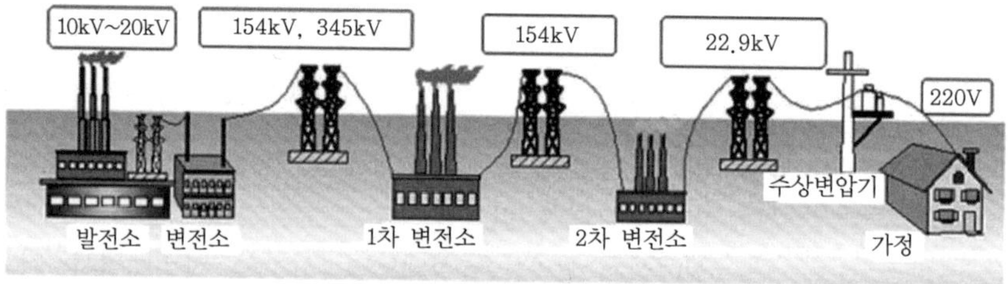

그림 4-6 | 전력전송 체계도

계약전력 100kW 이상, 고압 이상의 전력을 구내에 수전 받는 수용가는 다시 부하 기기의 사용 전압에 적합하게 바꾸는 설비를 시설하여 구내에만 배전하고 구외로 전송하지 않을 경우에는 이 설비를 '수변전설비'라 한다. 그러므로 전기설비 기술 기준에서 정의하는 변전소와는 달리 '변전실' 또는 '전기실' 등으로 부른다.

다시 말해서 전력회사의 배전선로에서 분기하여 끌어들인 특별 고압을 전기실에 있는 변압기에 의해 220V, 380V의 전압으로 낮추어 전등, 동력설비의 전원으로 사용하는 설비이다. 수변전설비에서 가장 중요한 전기기기는 변압기이며, 변압기를 중심으로 시스템의 구성이 달라질 수 있고 수변전설비를 계획하고 설계함에 있어 시스템 구성 내용에 따라 전력공급 신뢰성, 안전성, 경제성 또는 운용의 용이성에 직접적인 영향을 주기 때문에 매우 중요하다.

한국전력공사 전기공급 약관에 의하면 표 4-1과 같이 계약전력에 준하여 전기공급방식 및 공급전압을 정하고 있다.

계약전력의 결정은 계약상 사용할 수 있는 최대전력을 말하며, 결정기준은 사용설비에 의한 계약전력과 변압기설비에 의한 계약전력으로 산정한 것 중 작은 것으로 한다. 또한, 사용설비 및 변압기설비의 변경 없이 최대수요전력이 계약전력을 초과하였을 경우는 위의 경우와 관계없이 최대수요전력으로 할 수 있다.

표 4-1 • 전기공급방식 및 공급전압

구 분	공급방식 및 공급전압
계약전력 100 [kW] 미만	교류단상 220 V, 또는 교류3상 380V 중 전력회사가 적당하다고 결정한 한 가지 전기공급방식 및 공급전압으로 한다.
계약전력 100 [kW] 이상	교류3상 22,900V · 154,000V · 345,000V 중 전력회사가 적당하다고 결정한 한 가지 전기공급방식 및 공급전압으로 한다.

4-2-2 구성 개념

수변전설비는 전력회사의 배전선로에서 분기하여 끌어들인 특별 고압을 전기실에 있는 변압기에 의해 220V, 380V의 전압으로 낮추어 전등, 전열, 동력설비의 전원으로 사용하는 설비이다. 그러나 단순히 필요한 용량의 변압기를 설치하는 것만으로는 충분하지 않다. 외부 배전선로에서 낙뢰가 침입하면 변압기는 순식간에 소손되어 버릴 것이고, 또 변압기 자체가 어떤 원인으로 고장이 발생하게 되면 외부의 배전선로를 통해 전력회사의 변전소로 사고가 파급될지도 모르기 때문이다. 건축물 내의 급수펌프에 이르는 간선에서 누전되면 화재의 원인이 될 수도 있다. 이와 같이 전기는 위험성을 내포하고 있으므로 그 취급 여하에 따라서는 감전, 화재, 전기쇼크 등의 장해를 동반한다. 또 전기발생(발전)과 소비(사용)가 동시에 이루어지므로 저장할 수 없고, 더구나 전산실이나 화학공장 혹은 병원 등에서는 순간 정전도 허용하지 않는다.

그러므로 부하설비에 적합한 충분한 용량의 변압기를 설치하고 지속적으로 점검, 유지 관리함으로써 안전하고 끊임없는 전력공급을 도모해 나갈 필요가 있다. 변압기를 중심으로 이와 같은 취지에 입각하는 전력의 배분, 공급시스템이 '수변전설비'라고 하며, 이것을 구성하는 기기의 전기접속 관계와 전체적인 설비 내용에 대해 계통을 세워 간결하게 표시하는 것이 '단선 결선도(skeleton diagram)'이다. 따라서 이것은 수변전설비를 계획하고 설계함에 있어서는 필수적이며 시스템 구성내용에 따라 신뢰성, 안전성, 경제성 또는 운용상의 난이도에 직접적인 영향을 주기 때문에 매우 중요하다.

이와 같은 전기의 특성을 감안하여 수변전설비를 설계할 경우 우선적으로 고려해야 할 것은 경제성을 고려한 안전하고 신뢰성 높은 전기설비를 계획해야 한다. 이와 같은 건물의 특성과 부하설비의 중요도를 고려하여 ① 경제성에 중점을 두어야 하는지, ② 신뢰성에 중점을 두어야 하는지에 따라 당연히 시스템의 내용도 달라진다. 따라서 시스템을 계획할 때에 위에서 지적한 사항을 고려하여 질적인 설계를 해야 한다.

예를 들어, 빌딩의 경우 건물 내에 구성되는 여러 가지 설비에 대하여 사용부하기기마다 적합한 전압을 만들어 공급해야 한다. 우선 전력회사로부터 공급되는 전압은 22.9kV의 특별고압이므로 저전압으로 변성할 수 있는 변압기를 구성해야 한다.

수전변압기는 수전설비의 가장 중요한 기기로 변압기 구성의 결정에 있어서는 사용 전압 및 부하용도(냉방동력부하, 조명부하, 일반동력부하, 특수부하 등) 등을 고려해야 하고, 또한 부하공급방법(부하 중요도를 고려하여 병렬운전방식 등)과 변압방식(직접강압방식과 이단강압방식) 등도 고려하여 결정한다. 또한, 번개 침입, 전기실 내부에서의 단락 · 지락 · 과부하 사고 등이 발생하였을 때 또는 변압기의 수리 점검이 요구될 때 부하 측의 정전범위를 최소화하면서 항상 안전하고 신뢰성 있게 전원 공급해야 한다.

4-2-3 구성형태 분류

고압 또는 특별고압 수용가들의 수전설비회로 구성은 KSC 4507(큐비클식 고압 수전설비) 및 내선 규정에서 ① CB형 ② PF · CB형 ③ PF · S형으로 정하고 있으나, 각 수전설비들의 형태는 사고의 발생확률과 설비의 경제성을 비교해서 각 설비에 적합한 수전형태를 사용하고 있다.

(1) CB형

CB형 수전설비회로 구성은 지락계전기, 과전류계전기와 차단기(CB : Circuit Breaker)의 조합에 의해 과부하 · 단락 · 지락 등의 고장 보호를 하는 구성형태이다. 차단기는 회로에 전류가 흐르고 있는 상태에서 그 회로를 개폐한다든지 또는 차단기 부하 측에서 단락사고 및 지락사고가 발생했을 때 신속히 회로를 차단할 수 있는 능력을 가지는 기기이다. 일반적으로 계약전력 500kW 이상인 수용가 및 500kW 미만일지라도 완전한 보호를 하고자 하는 경우에 적용되고 있다.

(2) PF · CB형

CB형에서는 설비비가 고가로 되는 점, 배전 사정의 변화(개조, 증설 등에 의한)에 의해 종래의 차단기의 차단 부족을 초래한다는 점 등에서 전력 퓨즈(PF : Power Fuse)를 병용하여 보호장치의 경제화를 도모하려는 방식이 그림 4-7과 같은 PF · CB형 수전설비회로 구성방식이다. 여기서 전력퓨즈는 고압 및 특별고압 기기의 단락보호용 퓨즈인데, 확률적으로 적은 단락사고의 보호를 전력퓨즈(한류형)에 분담시켜서 차단기를 소형화한 것인데, 보통 500 kW 미만의 수용가에 적용된다.

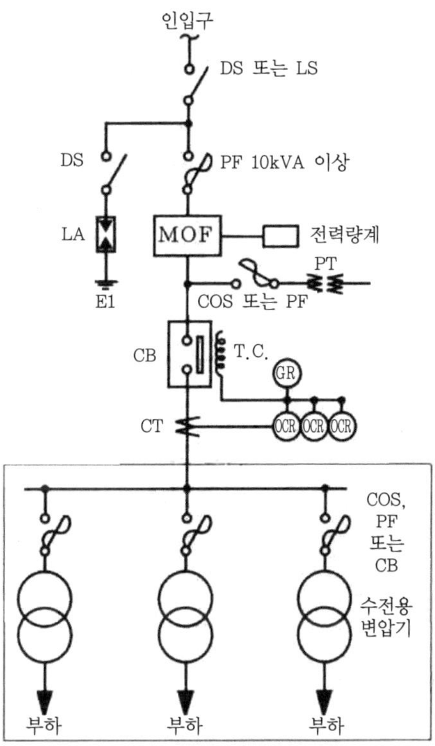

그림 4-7 | PF · CB형 수전설비 표준결선도

(3) PF-S형

P-S형 구성방식은 가장 경제성을 고려한 방식인데, 전력퓨즈와 교류부하 개폐기(S : switch)를 조합해서 보호를 하려는 것으로 300kW 이하의 수용가에 적용되고 있다. 그러나 경제성을 우선으로 하기 때문에 보호기능이 일부 희생된다. 즉, 교류부하개폐기가 자동복구장치를 가지지 않기 때문에 과부하 및 지락보호를 할 수 없다는 것이다. 이 해결책으로 교류부하개폐기에 자동복구장치를 부하하는 방법이 있지만, 전력퓨즈와 협조 및 교류부하개폐기의 차단용량을 고려할 필요가 생겨 궁극적으로는 과부하보호를 할 수 없게 된다. 그러나 최근에는 PF · S형의 수전형태 대신에 자동고장구분 개폐기(ASS)를 적용하고 있으며, ASS는 수용가 구내에 사고(지락사고, 단락사고 등)를 즉시 분리하여 사고의 파급확대를 방지하고 구내설비의 피해를 최소화 하는 개폐기이다. 한국전력공사에서도 그 성능과 신뢰성을 인정하고 있으며, 22.9kV-Y 배전계통에 부하용량 4,000kVA 이하 선로에 설치하여 고장구간을 자동으로 보호하며 순간고장은 재투입기능을 선택할 수 있다.

4-2-4 주요 구성기기

특별고압 수변전설비는 앞에서 설명한 바와 같이 여러 종류의 기기로 구성되어 있으며, 부하설비에 양질의 전기를 필요한 양만큼 안전하고 확실하게 공급하는 사명을 가지고 있다. 따라서 수변전설비는 다음의 조건을 구비할 필요가 있다.

그림 4-8 | 몰드변압기

① 고장이 없고 신뢰도가 높을 것.

② 조작이 안전하고 용이하여 감전사고 등의 위험이 없을 것.

③ 보수, 점검이 용이하고, 또 사용기간이 되도록 길 것.

④ 전기설비에 의한 화재의 위험이 없을 것.

⑤ **설비비, 보수비가 저렴할 것.** : 일반 사무실용의 빌딩, 백화점, 은행, 호텔, 학교, 병원 등 빌딩의 종류, 사용목적, 규모 등에 따라 설비 내용에 요구되는 정도가 달라지는 것은 당연하며, 또 각종 관련법규의 규제에도 차이가 있다. 최근 전산센터는 양질의 전원조건을 요구하고 있으며, 만약 전원공급이 중단되면, 대형 컴퓨터의 기능정지를 초래하게 되고, 그 영향이 그 빌딩

에만 한정되지 않고 때로는 커다란 사회문제로 발전하는 경우도 있어서 주의를 해야 한다. 주요 구성기기의 선정조건은 다음과 같다.

(1) 변압기

변압기는 수변전설비 중에서 가장 중요한 기기이며, 그 신뢰성은 전체의 신뢰도를 결정한다. 1차 전압 22.9kV급을 2차 전압 3,300V 또는 220~380V 등으로 강압하는 데에 사용된다. 주요 선정요건은 다음과 같다.

① 변압기는 사용장소, 경제성, 전기적 특성을 고려하여 선정하며, 고효율 변압기를 설치한다.

② 부하특성, 부하종류, 계절부하 등을 고려하여 변압기의 운전대수제어가 가능하도록 뱅크를 구성한다.

③ 몰드변압기의 용량별 규격은 제작자의 시방을 참조하여 정한다.

(2) 차단기

그림 4-9 | 진공차단기

차단기는 회로에 전류가 흐르고 있는 상태에서 그 회로를 개폐한다든지 또는 차단기 부하 측에서 단락사고 및 지락사고가 발생했을 때 신속히 회로를 차단할 수 있는 능력을 가지는 기기이다. 차단기의 종류에는 유입차단기(OCB), 공기차단기(ABB), 자기차단기(MBB), 진공차단기(VCB), 가스차단기(GCB) 그리고 기중차단기(ACB) 등이 있으며, 이 중에서 많이 사용되고 있는 진공차단기(VCB : vacuum circuit breaker)는 진공에서의 높은 절연내력과 아크 생성물이 진공 중으로의 급속한 확산을 이용하여 소호하는 구조이다. 매우 높은 절연내력을 가지고 있고 차단기의 형태가 소형이고 가벼우며 기름을 사용하지 않으므로 화재의 위험이 없어 최근에 많이 채용되고 있다. 그러나 동작 시 높은 서지전압을 발생시키는 결점이 있다.

차단기는 회로의 사고 시 고장전류를 차단하는 능력을 주목적으로 하며, 회로를 선택하여 개폐하는 것이므로 동작횟수 등이 한정된다.

(3) 전력퓨즈

전력퓨즈(PF)는 고압 및 특별 고압기기의 단락보호용 퓨즈이고, 소호방식에 따라 한류형과 비한류형이 있다. 한류형 퓨즈는 높은 아크저항을 발생하여 사고 전류를 강제적으로 한류 억제시켜 차단하는 퓨즈인데(단락전류 최고치에 달하지 않도록 억제하는 작용을 한류작용이라 함), 밀폐 절연통 안에 퓨즈 엘리먼트와 규소 등의 소호제를 충전 밀폐한 구조로서, 현재 수·변전설비에 많이 적용되고 있다. 전력퓨즈의 정격 선정 시 주의할 사항은 다음과 같다.

① **정격전압** : 3상 회로에서 사용 가능한 전압한도를 표시하는 것으로서 선로의 공칭전압에 대해 다음과 같이 나타내고 있다.

$$\text{정격전압} = \text{공칭전압} \times \frac{1.2}{1.1}\ [\mathrm{V}]$$

전력퓨즈의 정격전압은 선로의 계통이 접지, 비접지에 무관하고 계통 최대 선간 전압에 의해 선정하게 되어 있다.

② **정격전류** : 전력퓨즈가 온도상승 한도를 넘지 않고 연속으로 흘러보낼 수 있는 전류값이며, 실효값 [A]로 표시한다. 전력퓨즈의 정격전류의 표준값은 표 4-2와 같으나, 그 선정에는 다음과 같은 점에 유의해야 한다.

그림 4-10 | PF

표 4-2 • 전력퓨즈의 정격전류 표준값

정격전류의 표준값 [A]
1, 2, 3, 5, 7, 10, 15, 20, 25, 30, 40, 50, 65, 80, 100, 125, 150, 200, 250, 300, 400

- 전부하전류, 과부하, 과도전류, 반복부하에 대한 검토를 할 것.
- 기기, 회로와의 보호협조(단락전류에 의한 기기 손상의 보호, 전원 측 및 부하 측 보호기기와 동작 협조에 대한 검토 필요)
- 회로 또는 기기의 전부하전류보다 큰 정격 전류값의 퓨즈를 선정해야 한다.
- 회로 또는 기기에 빈번하게 일어날 수 있는 허용 과부하전류 이내의 과부하전류보다 퓨즈의 단시간 전류값이 클 것.
- 전력퓨즈의 차단시간-전류 특성이 전류측 보호기기의 동작 특성보다 빠르고, 또 전력퓨즈의 단시간 허용전류-시간 특성이 부하 측 보호기기의

차단시간-전류 특성보다 늦어지도록 선정한다.

- 전력퓨즈를 보호기기의 백업용으로 사용하는 경우는 전력퓨즈의 최소 차단전류 이하의 전류에서는 보호기기의 차단시간-전류 특성이 전력퓨즈의 단시간 허용전류 특성보다 빨라지도록 선정해야 한다.

(4) 피뢰기

그림 4-11 | 피뢰기

피뢰기(LA : Lightning Arrester)는 특별고압 가공전선로에 의하여 수전하는 변전실의 입구에 설치하며, 낙뢰나 혼촉사고 등에 의하여 이상전압(낙뢰 또는 개폐 시 발생하는 전압)이 발생하였을 때, 선로와 기기를 보호할 목적으로 설치한다.

피뢰기는 전력용 기기를 보호하는 것이 주목적이므로 주변압기에 최대한 가깝게 설치하는 것이 좋다. 피뢰기와 기기가 같은 곳에 있으면 기기에 걸리는 전압은 피뢰기의 단자 전압과 같지만 거리가 너무 멀리 떨어져 있으며, 침입 파형이나 기기의 배치 등에 따라 피뢰기로 억제되는 전압보다 큰 값이 된다.

(5) 전력용 콘덴서

그림 4-12 | 전력용 콘덴서

전력용 콘덴서(SC : Static Capacitor)는 빌딩이나 공장 등에서 사용하는 전력 중 백열전등이나 전열기 회로는 역률이 높기 때문에 문제가 없지만, 동력설비회로는 역률이 60~80%의 것이 많기 때문에 역률을 개선하기 위하여 설치하게 된다. 전력회사에서는 수용가에게 기기 역률을 90% 이상으로 유지하도록 요구하며, 90%를 초과하는 경우 95%까지는 매 1%에 대하여 기본요금을 감하여 주고, 또 90%에 미달할 때는 매 1%에 대하여 추가 징수하고 있다.

콘덴서 설치장소의 선정방법은 수용가의 구내 계통, 부하조건에 따라 검토가 개별적으로 요구되며, 적용효과, 보수, 점검, 경제적인 선정요소가 다양하여 각각 특징이 있기 때문이다. 대한전기협회 제정 내선규정에 의하면 저압 진상용 콘덴서는 개개의 부하에 설치하는 것을 원칙으로 하고 있다.

4-2-5 수변전실

(1) 일반사항

1) 건축적 고려사항

① 장비반입 및 반출통로가 확보되어야 한다.

② 장비의 배치에 충분하고 유지보수가 용이한 넓이를 갖고 장비에 대해 충분한 유효높이를 확보한다.

③ 수변전관련 설비실(발전기실, 축전지실, 무정전전원장치실 등)이 있는 경우 가능한 한 이와 인접되어야 한다.

④ 수변전실은 불연재료의 구조로 구획하고, 출입구는 건축적인 방화문으로 한다.

2) 환경적 고려사항

① 환기가 잘되어야 하고 고온다습한 장소는 피해야 하며, 부득이한 경우는 환기설비, 냉방 또는 제습장치를 설치해야 한다.

② 화재, 폭발의 우려가 있는 위험물 제조소나 저장소 부근은 회피한다.

③ 염해의 우려가 있거나 부식성 가스 또는 유독성 가스가 체류할 가능성이 있는 장소는 회피한다.

④ 홍수 또는 건축물 내부의 배관 누수사고 시 침수나 물방울이 떨어질 우려가 없는 위치에 설치해야 하고 최하층은 피해야 하며, 특히 변전실 상부층의 누수로 인한 사고의 우려가 없도록 해야 한다. 다만, 침수에 대한 대책을 하는 경우(예, 기계실 등보다 600mm 이상 높게 하는 경우 등)에는 최하층으로도 할 수 있다.

⑤ 수변전실에는 가연성 가스, 물, 연료 등의 배관이 시설되지 않아야 한다.

⑥ 수변전실은 내부소음이 외부로 전달되지 않도록 해야 한다.

3) 전기적 고려사항

① 외부로부터의 수전이 편리한 위치여야 한다.

② 사용부하의 중심에 가깝고, 간선의 배선이 용이한 곳이어야 한다.

③ 용량의 증설에 대비한 면적을 확보할 수 있는 장소로 한다.

④ 수전 및 배전을 경제적으로 할 수 있는 곳이어야 한다.

(2) 변전실 면적

1) 변전실 면적은 동일 용량이라도 변전실 형식 및 기기 시방에 따라 큰 차이(일반적으로 30~40%)가 생기므로 주의해야 한다.

2) 변전실 면적에 영향을 주는 요소

① 수전전압 및 수전방식

② 변전설비 강압방식, 변압기용량, 수량 및 형식

③ 설치기기와 큐비클 및 시방

④ 기기의 배치방법 및 유지보수 필요면적

⑤ 건축물의 구조적 여건

(3) 계획 시 면적의 산정방법

1) 계획 시 개략 단선도에 의하거나 계산식으로 추정하며, 설계 시 실제 배치에 의해 면적을 확정해야 한다.

2) 계산에 의한 추정은 다음을 참고한다.

$$A = k \cdot (\text{변압기용량}\,[\mathrm{kVA}])\ 0.7$$

여기서, A : 변전실 추정면적 $[\mathrm{m}^2]$

k : 추정계수 (일반적으로 특고압에서 고압으로 변전하는 경우 1.7

특고압에서 저압으로 변전하는 경우는 1.4, 고압에서 저압으로 변전하는 경우 0.98을 기준)

※ 현장에 설치되는 기기의 크기를 예상할 수 있는 경우 배치에 의하고 장비반입 및 유지보수, 증설공간을 감안한 실무데이터를 이용하여 면적을 산정해야 한다.

(4) 기기 배치 시 최소 이격거리

(1) 변압기, 배전반 등 설치 시 최소 이격거리는 다음 표를 참조하며, 유지보수 및 교체 시를 고려하여 충분한 면적을 확보해야 한다.

표 4-3 • 기기 배치 시 최소 이격거리

부위별 / 기기별	앞면 또는 조작, 계측면	뒷면 또는 점검면	열상호간 점검면	기타의 면
특별고압반	1,700mm	800mm	1,400mm	–
고압배전반	1,500mm	600mm	1,200mm	–
저압배전반	1,500mm	600mm	1,200mm	–
변압기 등	1,500mm	600mm	1,200mm	300mm

[주] 1) 앞면 또는 조작 계측 면은 배전반 앞에서 계측기를 판독할 수 있거나 필요시 조작을 할 수 있는 최소거리이며, 뒷면 또는 점검 면은 사람이 통행할 수 있는 최소거리 이상의 여유를 갖는 것을 기본으로 한다.

2) 열상호간(점검하는 면)은 기기류를 2열 이상 설치하는 경우를 말하며, 배전반류의 내부에 기기가 설치되는 경우 이의 인출을 대비하여 내장기기의 최대에 적절한 안전거리를 가산한 거리를 확보해야 하며 앞면 또는 조작, 계측 면과 같도록 하는 것을 기본으로 한다.

3) 기타 면은 변압기 등을 벽 등에 연하여 설치하는 경우 최소확보 거리이며, 이 경우도 사람의 통행이 필요할 경우는 600 [mm] 이상으로 하는 것을 기본으로 한다.

(5) 변전실의 높이

① 변전실의 높이는 실내에 설치되는 기기의 최고높이, 바닥 트렌치 및 무근 콘크리트 설치 여부, 천장배선방법 및 여유율을 고려한 유효높이가 되어야 한다.

② 메탈클래드식 수변전설비가 설치된 변전실인 경우로서, 특별고압수전 또는 변전기기가 설치되는 경우 4,500 [mm] 이상, 고압의 경우 3,000 [mm] 이상의 유효높이를 확보한다. 그러나 높이를 불필요하게 높게 하지 않도록 해야 한다.

4-3 배전설비

4-3-1 배전방식과 간선의 배선방식

(1) 배전방식

배전방식은 부하설비의 종류, 규모, 분포 상황 및 변전설비와의 관계를 검토하여 선정한다. 간선에서 사용하는 배전방식은 전압에 따라 고압배전, 저압배전으로 분류하고, 전기의 성질에 따라 직류배전, 교류배전으로 분류되며, 또한 교류 저압배전의 종류로는 설비의 필요에 따라 여러 가지 종류가 있을 수 있지만, 우리나라에서 주로 채용되는 전기방식은 단상 2선식 220V, 3상 4선식 380/220V, 3상 3선식 440V 등이 있다.

(2) 간선의 배선방식

간선을 건물에 분산시켜 분전반 등에 배전하는 방식에 대하여는 그림 4-13과 같이 개별방식, 나뭇가지방식, 병용방식으로 구분한다. 간선 하나당 분전반 수량에 따라 전체 분전반을 한 개 간선으로 공급하는 나뭇가지방식, 분전반 개개마다 각각 간선을 설치하는 개별방식, 그리고 몇 개씩 분전반을 몇 개의 간선으로 공급하는 것을 병용방식이라고 한다. 또한 각 방식에서 다른 간선을 통하여 전력을 공급할 수 있도록 한 것을 루프방식 간선이라 한다. 특히 루프방식 간선방식 채용일 때는 보호협조에 대한 검토를 해야 한다. 어느 경우이든 변전실로부터 거리를 되도록 짧게 하고, 각 간선의 용량을 균등하게 하여 배선비가 적게 들도록 계획해야 한다.

여기서, 나뭇가지방식은 각 층에서의 부하규모가 비교적 작은 경우에 사용되며, 여러 층을 묶어서 간선 회선수를 줄이는 것이 특징으로 가장 일반적인 방식이다. 개별방식은 각 분전반을 차례로 경유하여 간선의 굵기를 감소시킴으로써 배선비는 가장 경제적이지만, 간선의 굵기가 변하는 접속점에는 보안장치를 시설해야 하며, 또 분전반 사이의 단자전압이 일정하지 않으므로 규모가 작은 경우 채용하는 방식이다. 2계통 병용방식은 고층건물에서 주로 채용하는 방식으로 배전반 2개소로부터 전력을 공급하는 관계로, 하나의 간선에서 사고가 일어나도 건물의 나머지 절반은 급전을 계속할 수 있다. 배전반 중 하나에서 고장이 생겨 두 간선을 연락 차단기를 통해 전부하에 급전이 가능하다. 간선의 배선방식은 다음과 같은 사항을 고려하여 선정한다.

① 부하분포와 배전방식에 따라 분전반이 정해지면 한 개 간선당 분전반의 전력공급수량을 정한다.

② 간선 하나당 전력공급 분전반 수량은 부하의 용도별 중요도, 용량별 구분에 의한다.

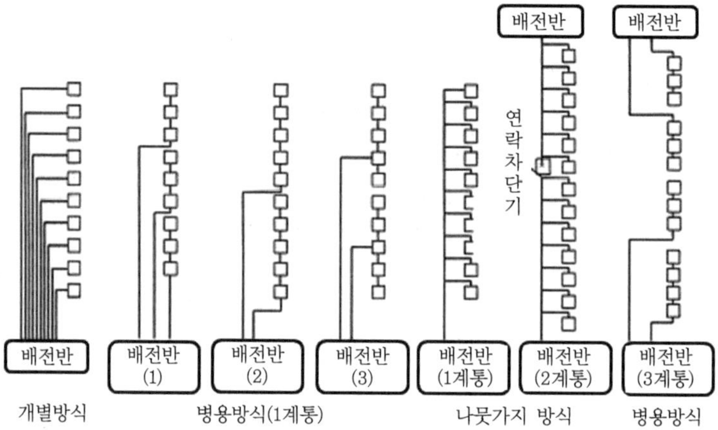

그림 4-13 | 간선의 배선방식 종류

4-3-2 저압차단기의 시설

전등, 전열 및 전동기 등에 전기를 공급할 때 인·축에 대한 감전 또는 전기기계기구의 손상을 방지하기 위하여 전로의 보호용으로 개폐기, 과전류차단기, 누전차단기 등을 시설해야 한다.

(1) 개폐기의 시설

(1) 저압 개폐기는 저압전로 중 다음 각 호에 명시하는 개소 또는 따로 정하는 개소에 설치해야 한다.

① 부하전류를 단속할 필요가 있는 장소

② 인입구 기타 고장, 점검, 측정, 수리 등에 있어서 개로할 필요가 있는 개소

③ 퓨즈의 전원 측, 다만, 분기회로용 과전류차단기 이후의 퓨즈가 플러그 퓨즈와 같이 퓨즈 교환 시에 충전부에 접촉될 우려가 없을 경우에는 이 개폐기를 생략해도 무방하다.

2) 저압전로 중에 개폐기를 시설하는 경우에는 부하의 종별 및 용량에 적합한 크기의 것을 각극(제어회로 등에 시설하는 조작용 개폐기는 제외한다)에 설치하며, 전원공급 계통으로부터 모든 비접지 전선을 동시에 개폐할 수 있도록 시설해야 한다.

(2) 배선용 차단기

1) 배선용 차단기의 개념

배선용 차단기라 함은 전자작용 또는 바이메탈의 작용에 의하여 과전류를 검출하고, 자동으로 차단하는 과전류차단기로서, 그 최소 동작전류가 정격전류의 100%, 125% 사이에 있고, 또 외부에서 수동, 전자적 또는 전동적으로 조작할 수 있는 것을 말한다.

2) 용도

회로의 과전류를 차단하는 가장 간단한 것은 퓨즈이다. 일반적으로 퓨즈는 단락 및 과전류로부터 보호계전기를 사용하지 않는 간단한 방법으로 사용되나 과부하 보호에는 적합하지 않다.

3상 전동기 운전회로에서 과부하로 퓨즈가 1상만 끊어진다면 전동기는 "웅" 소리만 나고 운전되지 않는다. 이러한 상태가 장시간 계속되면 전동기가 손상될 수 있다. 이러한 위험을 방지하기 위해 퓨즈를 사용하지 않고 NFB(No Fuse Breaker) 또는 MCCB(Molded Case Circuit Breaker)라 불리는 배선용 차단기를 사용한다. 전기설비기술 기준에 의하면 출력이 0.2kW를 넘는 전동기에는 소손 방지를 위해 전동기 보호용 배선용 차단기를 설치하도록 되어 있다. 과전류차단기는 그곳을 통과하는 단락전류를 차단하는 능력을 가지는 것이어야 한다.

그림 4-14 | 배선용 차단기

3) 전선을 보호하는 과전류차단기

① 저압 옥내간선을 시설하는 경우 저압 옥내간선의 전원 측 전로에는 당해 저압 옥내간선을 보호하는 과전류차단기를 시설해야 한다. 다만, 저압 옥내간선이 손상 받을 우려가 없는 곳에 시설하는 경우에는 그러하지 않아도 된다.

② 저압 옥내간선에서 분기하여 전기 사용기계 기구에 이르는 분기회로 전선에는 분기점에서 전선이 길이가 3m 이하인 곳에 개폐기 및 과전류차단기를 시설한다. 다음과 같은 경우에는 3m를 초과하는 곳에 시설할 수가 있다.

- 분기회로 전선의 허용전류가 간선을 보호하는 과전류차단기의 정격전류의 55% 이상인 경우
- 분기회로 전선의 허용전류가 간선을 보호하는 과전류차단기의 정격전류의 35% 이상, 55% 미만이고, 그 길이가 8m 이하인 경우

③ 다음의 곳에 과전류차단기를 설치하면 차단기 동작 시에 접지보호가 안 되기 때문에 위험하므로 차단기 설치를 금지하고 있다.

- 접지공사의 접지선
- 제2종 접지공사를 한 저압 가공전로의 접지 측 전선
- 다선식 전로의 중성선

(3) 누전차단기

1) 개요

누전 차단기는 전로에 지락이나 누전이 일어났을 경우 영상 변류기가 이를 감지하여 사고점을 전로로부터 차단하는 기기이다. 즉, 누전차단장치를 일체로 하여 용기 속에 넣어서 제작한 것으로서 용기 밖에서 수동으로 전로의 개폐 및 자동차단 후에 복귀가 가능한 것을 말한다.

사람이 쉽게 접촉될 우려가 있는 장소에 시설하는 사용 전압이 60V를 초과하는 저압의 금속제 외함을 가지는 기계기구에 전기를 공급하는 전로에 지락이 발생했을 때 자동적으로 전로를 차단하는 누전차단기 등을 설치해야 한다.

2) 누전차단기의 선정

저압전로에 시설하는 누전차단기 등은 전류 동작형으로서, 다음 각 호에 적합한 것이어야 한다.

그림 4-15 | 누전차단기의 종류

① 누전차단기는 고감도형(고속형, 시연형, 반한시형), 중감도형, 저감도형이 있으며, 감전 방지를 목적으로 시설하는 누전차단기는 고감도 고속형(정격감도전류, 5, 10, 15, 30mA)이어야 한다.

② 인입구장치 등에 시설하는 누전 차단기는 충격파 부동작형이어야 한다.

③ 누전차단기의 조작용 손잡이 또는 누름단추는 트립 프리(trip free) 기구여야 한다.

④ 누전차단기가 인입개폐기를 겸하는 경우는 과전류 보호기능이 있는 것을 사용한다.

3) 누전차단기의 시설기준

전로에 지락사고가 생기면 감전, 화재 등의 위험이 있어 보안상 바람직하지 못하므로 전기설비기술 기준에서는 다음의 곳에는 지락사고 시 자동적으로 동작하는 지락차단장치를 설치하도록 규정하고 있다.

① 금속제 외함을 가지는 사용전압이 60V를 넘고 사람이 쉽게 접촉할 우려가 있는 곳에 시설하는 저압의 기계기구로서, 전기를 공급하는 전로에 지락전류가 생긴 경우에는 자동적으로 선로를 차단하는 장치를 해야 한다.

② 주택의 옥내에 시설하는 대지전압 150V 초과, 300V 이하의 저압전로 인입구에는 인체감전 보호용 누전차단기를 설치해야 한다.

③ 플로어 히팅(floor heating) 및 로드 히팅(road heating) 등 난방 또는 결빙 방지 등을 위한 발열선을 시설하는 경우, 그 전로에는 누전차단기를 설치해야 한다.

④ 풀장, 공중목욕탕, 분수, 연못, 논 등 이와 유사한 곳에 사용하는 순환 및 여과펌프, 급배수펌프 등에 연결하는 전동기 설비에 전기를 공급하는 전로에는 누전차단기를 설치해야 한다.

⑤ 풀 주위에 시설하는 조명설비에 전기를 공급하는 전로에는 누전차단기를 설치해야 한다.

⑥ 임시로 공중에 띄우는 전기장식 설비에 전기를 공급하는 전로에는 누전차단기를 설치해야 한다.

⑦ 사람이 쉽게 접촉할 우려가 있는 장소에 시설하는 라이팅 덕트에 전기를 공급하는 전로에는 누전차단기를 설치해야 한다.

4-3-3 간선 및 분기회로

(1) 간선

1) 간선의 개념

간선은 전선로 중에서 나무의 줄기에 해당하는 것으로서 끝의 부하에 전기를 공급하기 위한 주요한 부분을 말한다. 일반적으로 인입점, 수변전설비 등의 전원 측에서 전등분전반, 동력제어반까지의 전로를 간선이라 한다.

건축물 내에서 사용하고 있는 전력은 전기실에 설치되어 있는 변압기와 배전반 등을 경유하여 건물 내의 각 수용장소에 설치한 전등분전반, 동력제어반 등으로 배전하고, 그곳으로부터 조명기구, 콘센트, 전동기 등의 전력부하로 공급된다.

이와 같은 건물 내의 전력 계통 중 인입점, 발전기 또는 축전지 등의 전원에서 변압기 또는 배전반 사이를 접속하는 배전선로 및 배전반에서 각 전등분전반 또는 동력제어반에 이르는 배전선로를 전력간선 및 간선이라 한다.

그림 4-16은 간선 계통도의 한 예를 나타낸 것이며, 간선은 전등분전반이나 동력제어반을 거치면서 여러 개의 분기회로를 형성한다. 간선의 배전방식은 부하점에서의 선로 전압 강하가 적고 전압이 균일하게 분포되어야 한다.

또한 사고가 발생하였을 때에 영향을 끼치는 범위가 작아야 하고, 공사비가 비싸지 않을 것 등을 고려하여 정해야 한다.

2) 간선의 종류

간선의 종류는 그 사용목적, 사용전압(전기 방식), 배전방식에 따라 분류된다. 사용목적에 따라서는 전등용, 동력용으로 구분한다.

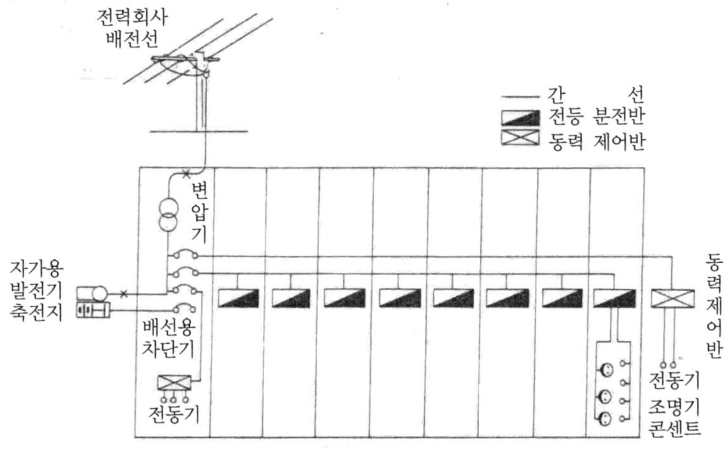

그림 4-16 | 간선 계통도의 예

전등간선은 조명기구, 콘센트, 사무용 기기 등에 전력을 공급하는 간선으로 전력회사에서 항시 급전되는 것과 비상시에 발전기에서 급전되는 것이 있다. 보통 이것을 상용 전등간선(일반용 전등 간선), 비상용 전등간선이라 한다.

동력간선은 보일러나 냉동기의 열원기기, 공기조화기, 급배기 팬, 급배수펌프, 엘리베이터, 에스컬레이터 등의 기기에 전력을 공급하는 간선으로 상용 동력간선과 비상용 동력간선이 있다.

또, 특수 간선은 보통 중요도가 높은 특수 기기 및 장비, 건물에 전력을 공급하는 것으로서 전산기용 간선, 의료기용 간선 등이 이에 해당하는 것으로 기능의 다양화와 복잡한 부하 특성이 고려된 간선을 말한다.

일반 건축물에서 사용되는 저압간선의 배전방식을 어느 방식으로 채용하느냐 하는 것은 대상 건물의 규모, 사용설비, 경제성 등을 충분히 고려하여 결정한다.

3) 간선 굵기의 산정 시 고려조건

간선 굵기를 정하는 중요요소는 다음과 같다.

① 전선의 허용전류

② 전압강하

③ 기계적 강도

④ 연결점의 허용온도

⑤ 열방산 조건

⑥ 장래 예비사용 또는 증설에 대한 여유율

⑦ 부하의 수용률

⑧ 비선형 부하의 연결

(2) 분기회로

1) 분기회로의 개념

저압 옥내간선으로부터 분기하여 과전류 보호기를 거쳐 전등 또는 콘센트와 같은 부하에 이르는 배선을 분기회로라 한다.

부하의 용량이 적을 때는 모든 부하를 접속해도 무방하나, 부하가 많아지면 반드시 분기회로를 시설하여 전기기기를 안전하게 사용하고, 고장이 발생하였을 경우 고장의 범위를 될 수 있는 대로 줄여 사고로 인한 신속한 복귀와 경제적 손실을 줄이기 위해 분기회로를 시설한다.

그림 4-17 | 간선과 분기회로

조명설비에서는 분전반 내의 분기회로의 과전류 차단기에서 조명기구나 콘센트에 이르는 배선이 이에 해당한다. 그러므로 분기회로의 설계는 공급하는 부하용량에 따라 전선의 허용전류, 전압 강하가 적절하고, 과전류 등 사고전류에 대하여 안전하게 회로를 차단할 수 있도록 계획해야 한다. 분기회로의 공급에 대해서는 전기설비기술기준에 정해져 있다.

2) 분기회로의 종류

분기회로의 과전류차단기는 퓨즈 또는 배선용차단기(MCCB : molded case circuit breaker)를 사용한다. 퓨즈 또는 배선용차단기는 특수한 경우를 제외하고 보호하고자 하는 부분 중 가장 가는 전선의 허용전류 이하의 용량의 것을 사용하는 것이 원칙이다.

분기회로의 종류는 회로를 보호하는 과전류 차단기의 정격전류에 따라 분류되며, 조명설비에 사용되는 분기회로는 일반적으로 20A 배선용차단기에 의한 분기회로(15A 분기회로와 같다)가 많지만, HID(고압 방전램프) 등과 같이 용량이 큰 조명기구나 1kW를 초과하는 전기기기의 전원 콘센트에는 20A 분기회로로 되게 된다.

3) 분기회로수

사용전압이 220 V의 15A, 20A(배선용차단기에 한한다) 분기회로수는 부하상정에 따라 상정한 설비용량(전등 및 소형 전기기계기구에 한한다)을 3,300 VA로 나눈 값을 원칙으로 한다. 다만, 사용전압이 110 V인 경우에는 1,650 VA로 나눈 값을 기준으로 한다.

단, ① 대형 전기기계 기구에 대해서는 별도의 전용 분기회로를 시설할 것

② 표준부하에 따라 계산하지 않고 개개의 부하용량의 합계로 부하를 산정하였을 경우에는 1회로의 부하를 2,600 VA(사용전압이 200V급인 경우) 이하로 하여 회로수를 결정하는 것이 바람직하다.

4) 분기회로 구성 시 유의사항

① 전등과 콘센트는 별개의 콘센트로 구분하는 것을 원칙으로 한다.

② 분기회로의 전선의 길이는 전압 강하와 시공을 고려하여 약 30m 이하로 하고, 분기회로 전선의 굵기도 $8mm^2$ 이하의 것을 사용한다. 전선관의 굵기도 28mm 이하의 것을 사용하는 것이 바람직하다.

4-4 조명설비

4-4-1 인공광원

일반적으로 광원은 발광원리에 따라 열방사(incandescence)와 방전발광(luminescence-discharge)으로 그 종류를 구분한다. 열방사는 열복사에 의한

가시광선의 연속스펙트럼 방사를 의미하며, 이에 해당되는 광원은 백열램프와 할로겐램프가 있다. 이러한 열방사 램프들은 사용되는 에너지 중 많은 부분을 열로 소비하기 때문에 비효율적이나 가시광선영역대의 연속된 파장을 포함하고 있어 연색성(color rendering index)이 좋은 광원이다.

방전발광은 전자(electron)의 에너지 상태변화에 따른 기체방전에 의한 발광을 의미하며, 형광램프, 콜드캐소드램프(cold cathode fluorescent lamp ; CCFL), 무전극 형광램프(induction lamp), 고압방전램프(high intensity discharge ; HID) 등이 대표적이고, 이러한 방전등은 일정한 전압을 가하여 방전을 일으키게 함으로써 전류의 증가를 방지하기 위한 안정기(ballast)를 필요로 한다. 고압방전램프에는 수은램프, 고압나트륨램프, 저압나트륨램프, 메탈할로이드램프 등이 있다. 이러한 고압방전램프는 큰 광속, 높은 효율, 장수명으로 경제적이다. 이 밖의 기타 발광원리의 광원에는 LED(light emitting diode), 무전극황램프(sulfur lamp) 등이 있다.

(1) 백열램프(Incandescent lamp)

백열램프의 구조는 유리구 안에 텅스텐 필라멘트를 넣고 텅스텐 코일의 산화방지를 위해 아르곤과 질소가스를 봉입한 것으로, 전류가 흐르면 텅스텐 필라멘트가 가열되고 빛을 발하게 된다.

백열램프는 형광램프에 비해 가격이 저렴하고 설치가 간편하나, 필라멘트 표면으로부터 텅스텐 원자가 증발하여 유리 내벽에 부착하는 흑화현상에 의해 빛의 투과율 감소와 광속의 저하가 발생하고 필라멘트가 끊어짐으로 인해 백열램프의 수명은 비교적 짧다. 또한 소비전력의 약 90%가 복사열로 방출되기 때문에 효율이 약 15~20lm/w로 매우 낮아서 유지비가 많이 든다.

(2) 할로겐램프(Halogen lamp)

할로겐램프는 일반 백열램프에 할로겐 화합물(요오드, 브롬, 염소 등)을 봉입하여 증발된 텅스텐 입자가 할로겐 입자와 결합하고 다시 고열의 텅스텐으로 복귀하게 함으로써, 텅스텐의 수명을 연장하고 흑화현상을 방지하도록 하여 광원의 효율 향상과 수명연장을 이룩한 램프이다. 할로겐램프는 연색성이 높고 효율이 높은 저전압의 소형 광원으로 상업공간의 디스플레이 조명, 박물관의 전시조명으로 많이 사용된다. 저전압 할로겐램프를 사용 시에는 정전압을 내려주는 변압기의 사용이 필수적이다.

(3) 형광램프(fluorescent lamp)

형광램프는 양쪽 전극 사이에 높은 전압을 걸면 필라멘트에서 전자가 방출되어 두 전극 사이에는 방전이 일어난다. 이때 방전관 내부에는 저압 수은증기에 의한 방전으로부터 자외선이 발생하고, 이 자외선은 유리관 내벽에 칠해진 형광물질을 자극하여 가시광선의 빛을 발산한다. 형광체의 종류에 따라 여러 가지 색온도를 나타내며, 다양한 모양과 형태의 형광램프가 생산되고 있다. 효율은 약 80lm/w이다. 형광램프가 백열램프와 다른 특징은 안정기를 함께 사용한다는 것이다. 안정기는 충분한 시동전압을 공급하고, 전류의 공급을 안정되게 유지하며 전력손실을 최소화한다.

(4) 무전극 형광램프(Induction lamp)

일반적으로 램프는 진공상태의 내부에 전극을 설치하여 점등하는 방법을 사용한다. 그러나 전극을 사용하면 점등하기 쉬우나 전극이 노출되어 있으므로 전극 손상이 급속히 진행되며, 그 결과 램프의 수명이 단축되는 단점이 있다. 이에 반하여 무전극 형광램프는 램프 내부에 전극이 없는 대신 외부 코일의 초고주파 방전으로 램프 안의 형광물질이 발광하기 때문에 램프수명이 길어져, 주로 고천장 등의 유지보수가 어려운 곳에 설치한다. 방전방식에 따라 전구형, 환형, 관형, 평판형 등 다양한 형상의 제작이 가능하다.

(5) 콜드캐소드램프(cold cathode fluorescent lamp, CCFL)

콜드캐소드라는 명칭은 냉음극의 전극을 의미하며, 일반 형광램프의 핫캐소드와 구별된다. 즉, 점등되었을 때 일반 형광램프의 필라멘트 전극에 비하면 낮은 온도로 작동되기 때문에 콜드캐소드라고 한다. 일반 형광램프보다 효율은 떨어지나 수명이 길어진 장점이 있다. 흔히 이야기되는 '네온'도 콜드캐소드램프의

한 종류이며, 일반 콜드캐소드램프보다는 직경이 작은(약 15mm 이하) 램프를 의미한다. 콜드캐소드램프는 다양한 색상으로 만들어져 실내외 장식조명으로 많이 사용되며, 최근에는 BLU(back light unit)로 많이 사용되어 평판형 TV, 컴퓨터 모니터 등에 사용된다.

(6) 수은램프(mercury lamp)

수은램프는 고증기압의 수은 내 방전을 이용한 램프로 큰 유리구 안에 석영유리로 아크튜브 형태의 작은 유리구로 되어 있다. 선스펙트럼에 의해 연색성이 좋지 않고, 다른 고압방전램프보다 상대적으로 효율이 낮으며(약 40~50lm/w), 시동(약 5~7분) 및 재시동에 시간이 소요된다. 수은램프는 주로 도로, 공장, 옥외 경기장에 설치된다.

(7) 메탈할로이드램프(Metal Halide Lamp, MH)

수은램프의 발광관 내에 금속의 화합물(Metal Halide-indium, Thallium, Sodium, Scandium)을 첨가하여 수은램프의 연색성 및 효율을 개선하였다. 각각의 금속물이 서로 다른 선스펙트럼을 형성하여 연색성을 향상시킨 램프이다. 물리적 구조는 수은램프와 유사하나, 상대적으로 적은 광원 사이즈로 광학조절이 용이하고 효율을 향상시켰다. 메탈할로이드램프의 사용전력은 70~1500W, 효율은 약 80~100lm/W, 수명은 수은램프보다 짧고 시간경과에 따른 광속저하가 발생하기도 한다. 메탈할로이드램프는 연색성이 우수하고(80~90), 광색은 백색 형광램프와 유사하다. 최근에는 저 전력용 메탈할로이드램프가 개발되어 전시조명으로 사용되고 있는 할로겐램프를 대체할 수 있게 되었다.

(8) 고압나트륨램프(high pressure sodium lamp, HPS)

고압나트륨램프는 나트륨 사용에 적합한 특별 세라믹 물질을 사용한 아크튜브의 개발로 등장하게 되었다. 고효율과 장수명으로 도로, 공장, 광장, 옥외 경기장 등 수은램프가 쓰였던 모든 장소에 사용되고 있다. 효율은 100lm/W 이상이며 점등시간이 빠르고 점등방향이 자유롭지만 색상이 적황색으로 낮은 연색성을 가지고 있다.

(9) 저압나트륨램프(low pressure sodium lamp, LPS)

저압나트륨램프는 발광관 내에 수은 대신 약 0.5Pa의 나트륨을 봉입한 589nm의 황색의 단색램프로 효율은 좋지만(100~180lm/W) 물체의 색 구별이 어렵기 때문에 일반 조명용으로는 적당하지 않다. 따라서 도로, 터널 등에 제한적으로 사용되고 있다.

(10) LED(light emitting diode : 발광 다이오드)

LED는 반도체 접합부에 전류를 가하여 내부에서 발생되는 에너지 변환작용에 의한 방사를 이용한다. 다이오드의 특성을 이용해 전기신호를 적외선 또는 빛으로 변환시켜 신호를 교환한다. 반도체의 일종으로 주로 전자표시소자로 사용되어 왔으나, 고휘도의 백색 LED의 개발을 통해 조명용으로서의 적용 가능성이 부각되고 있다. 특징은 장수명(약 100,000시간), 고효율, 고신뢰성이며, 사용범위도 신호등, BLU(back light unit) 등으로 넓혀가고 있다. 특히 다양한 색상연출이 가능하여 실내장식용, 실외경관조명용으로 많이 사용되고 있으며, 향후에는 램프당 효율 200lm/W, 광속 1500lm의 LED 램프가 등장할 것으로 예측되면서 실내외의 일반광원도 대체할 것이라 예상하고 있다.

(11) 무전극 황램프(sulfur lamp)

무전극 황램프는 마이크로 방전에 의한 백색광의 연속스펙트럼을 발산하는 광원으로, 전극의 제거를 통해 전극노화에 따른 성능저하를 예방하였다. 전자레인지에 사용되는 고주파 발진기, 마그네트론을 이용하여 마이크로웨이브(2.45 GHz)를 발생시키고, 이에 의해 램프 내의 불활성가스가 플라즈마 상태로 변하면서 빛을 방출하는 원리를 가진다. 장수명의 램프로 장기간 고조도가 필요하거나 접근하기 어려운 장소에 설치한다. 수은 대신 황을 사용함으로써 환경오염 방지에 유리하고, 효율은 약 80~100lm/W이다.

4-4-2 조명기구

조명기구는 배광에 따라 직접조명, 간접조명 및 전반확산조명으로 분류되며, 조명기구를 조명기구의 부착이나 형태에 따라 분류하면 다음과 같다.

(1) 매입형 조명기구(recessed light or downlight)

천장에 조명기구를 매입하는 형식이다. 천장이 낮고 천장 면과 슬래브 사이에 조명기구를 매입할 수 있는 공간이 있을 경우에 주로 사용하는데, 빛의 확산이 잘되고 공간 전체를 밝게 해주는 장점이 있다. 천장을 깨끗하게 처리할 수 있으며 부분조명과 전체조명으로 그 쓰임이 다양하다. 기구의 선택이 잘못되거나 위치를 이동해야 한다면 이미 천장은 손상되어 있어 수정하기가 쉽지 않고, 천장 마감과 그 상층부 슬래브 사이의 공간이 좁을 경우에는 시공이 어려울 수 있으므로 다운라이트의 선택은 신중해야 한다.

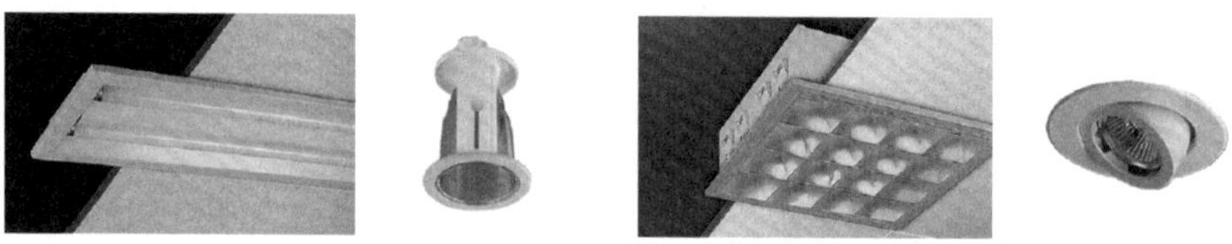

그림 4-18 | 매입형 조명기구

(2) 직부형 조명기구(ceiling-mounted light)

천장 표면에 직접조명기구를 부착하는 형식으로, 배광이나 조명효율은 좋으나 매입등보다 눈부심이 많다. 직접 천장에 부착하기 때문에 거의 천장과 일체감을 줄 수 있다. 천장 위에서 전체를 조명하므로 전체조명에 어울리며, 다양한 디자인이 가능하여 주택이나 오피스텔과 같은 주거공간에 주로 사용된다. 천장 면과 슬래브 사이의 공간이 협소하여 매입이 불가능한 경우에도 주로 사용된다.

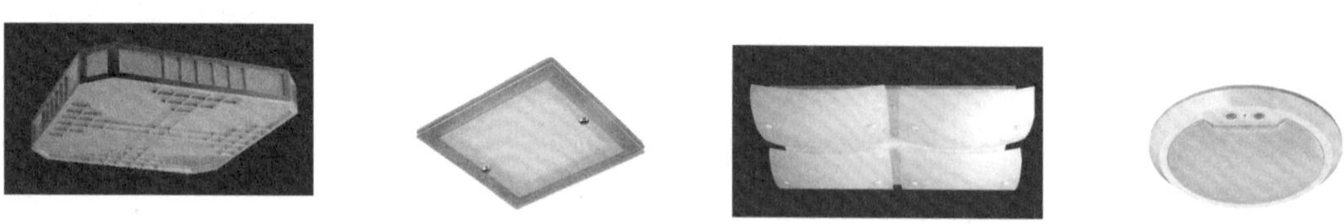

그림 4-19 | 직부형 조명기구

(3) 벽부형 조명기구(wall-mounted bracket)

조명기구를 벽체에 설치한 것으로 부착되는 위치가 시선 내에 있으므로 휘도 조절이 가능한 조명기구나 휘도가 낮은 광원을 사용한다. 또한 설치된 장소가 눈에 띄기 쉬우므로 공간의 디자인 특성을 고려하여 선택하는 것이 중요하다.

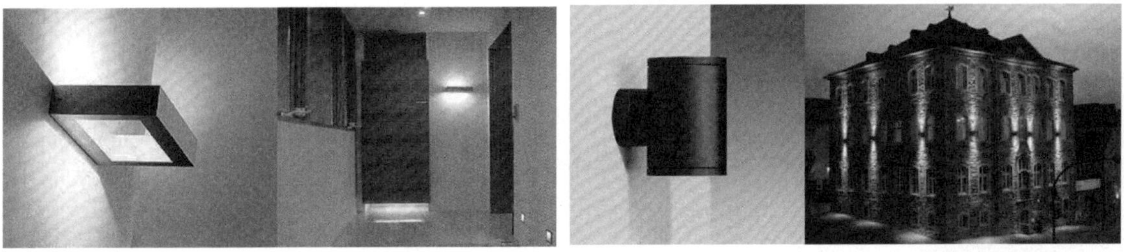

(a) 실내 (b) 실외

그림 4-20 | 벽부형 조명기구 및 적용사례

(4) 펜던트와 샹들리에(pendant & chandelier)

천장에서 체인이나 파이프로 매달아 조명하는 방식으로 조명기구 자체가 장식적인 요소를 한다. 이 조명을 선택할 때 광원이 사람의 눈에 직접 도달하지 않도록 하는 것이 좋고 공간 전체 분위기를 밝게 만들고 싶다면 부분조명과 함께 쓰는 것이 바람직하다. 펜던트와 샹들리에를 구분하는 기준은 펜던트는 주로 반직접조명으로 기능적인 측면을, 샹들리에의 경우 장식적인 측면을 강조한 경우로 구분할 수 있다.

(a) 펜던트 (b) 샹들리에

그림 4-21 | 펜던트와 샹들리에 및 적용사례

테이블 스탠드

그림 4-22 | 플로어 스탠드와 테이블 스탠드

(5) 이동형 조명기구(movable light)

조명기구를 필요에 따라 자유로이 이동할 수 있으며 장식적, 기능적, 보조조명등으로 다양하게 사용하게 사용할 수 있다. 이동형 조명기구로는 플로어 스탠드 및 테이블 스탠드가 대표적이고 가구 또는 인테리어 소품과 결합된 장식적인 조명기구 등이 있다.

(6) 투광 조명기구(flood light)

주로 옥외 조명기구로 실내에서는 체육관과 같이 넓은 장소에서 일부 사용된다. 일반적으로 옥외의 환경에 맞는 내구성을 고려하여 제작되어야 한다. 투광조명기구는 빛을 멀리 보내거나 넓게 조사하기 위하여 특수목적의 빔 각도를 필요로 할 때 사용되므로 고압나트륨, 메탈할로이드 등의 고용량의 램프를 사용한다. 커버 유리재료의 내열성 가공이나 기구 몸체의 내열구조로 램프의 수명을 연장시키고 반사판에 의해 빛의 방향(배광)을 제어하고 있다. 설계 시에 피조면의 크기, 주변여건에 따른 요구조도 산정과 반사율을 고려하여 빛의 손실이 적은 알맞은 조명기구를 선정하는 것이 중요하다.

(a) 실외 (b) 실내

그림 4-23 | 투광조명기구 및 설치사례

(7) 등주조명기구(pole & bollard)

공원의 가로등이나 도로의 조명이 등주조명기구에 속하며 정원에 사용하는 볼라드(bollard)와 폴등으로 분류된다. 도로조명의 경우, 광원부는 방향성을 갖는 반사판을 이용해 도로면에 효율적인 배광으로 만들지만, 공원이나 정원등은 특별한 반사판의 기능보다는 빛의 흐름과 주변 분위기에 어울리는 빛의 느낌을 중

시하며, 공원의 기타 구조물 또는 전경 디자인에 어울리는 형태를 선정해야 한다. 또한 외부에 설치되는 조명기구로 재료의 내구성이나 마감도료의 내구성이 확보되어야 한다.

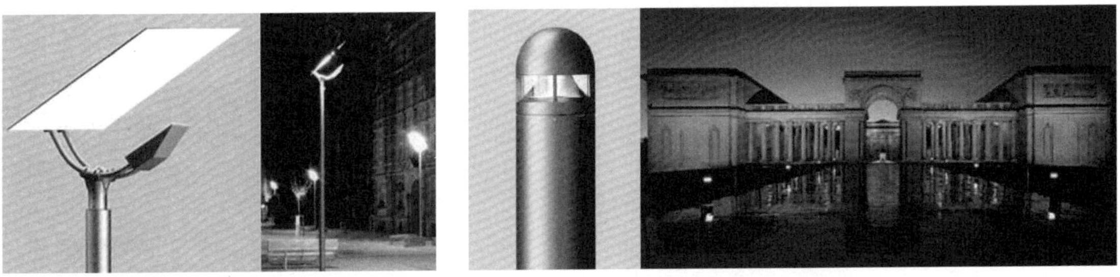

(a) 가로등　　(b) 볼라드

그림 4-24 | 가로등과 볼라드 조명기구 및 설치사례

(8) 스포트조명(spot light)

일종의 악센트조명(accent lighting)으로 어떠한 대상물이나 표현물을 강조하기 위하여 상대적으로 좁은 빔 각도를 갖는 용도의 조명을 말하며 그림, 꽃, 옷, 장식물 등을 비추어 원근감 및 입체적인 효과를 낸다. 스포트조명은 특히 전시 및 무대조명에 있어 그 비중이 크며, 일반적으로 실내공간에서는 트랙과 함께 사용되어 가변성을 증대시킨 조명계획을 연출한다.

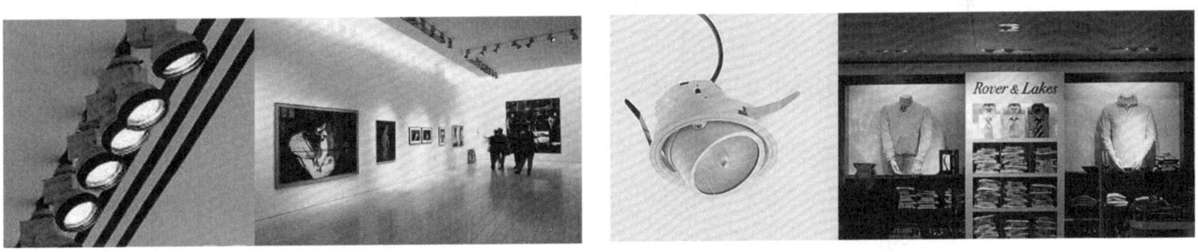

(a) 트랙용 스포트조명　　(b) 매입형 스포트조명

그림 4-25 | 스포트조명기구 및 설치사례

(9) 건축화 조명(architectural lighting)

보통의 조명기구를 쓰지 않고 천장, 벽, 기둥, 보 등 건축구조체 내에 광원을

설치하는 조명방법이다. 특히 건축인테리어와 연계되어 계획되는 경우가 많으며, 최근에는 바리솔 등의 확산재를 이용한 건축화 조명이 늘어나고 있다.

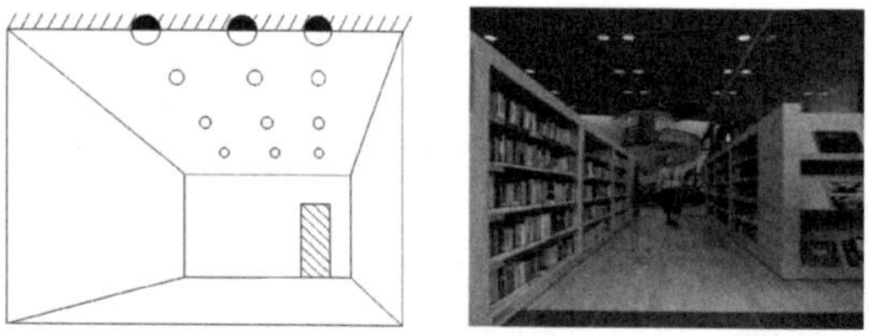

(a) 다운라이트 조명

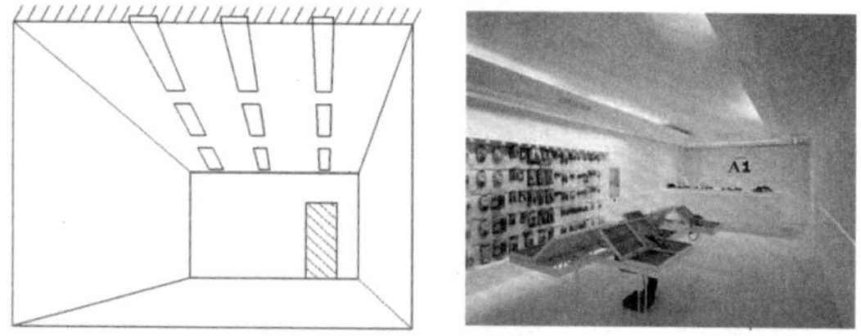

(b) 트로퍼 조명

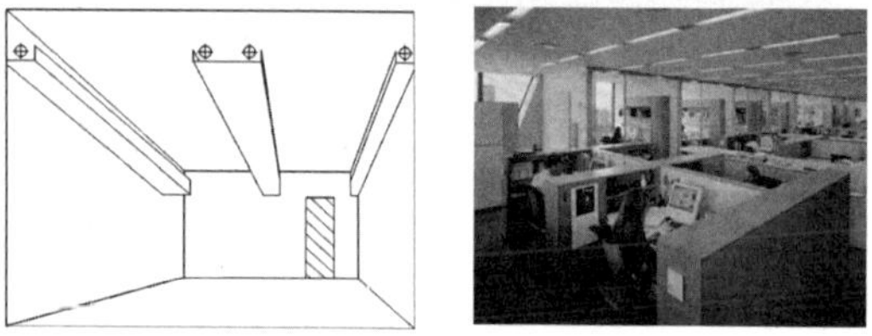

(c) 코브 조명

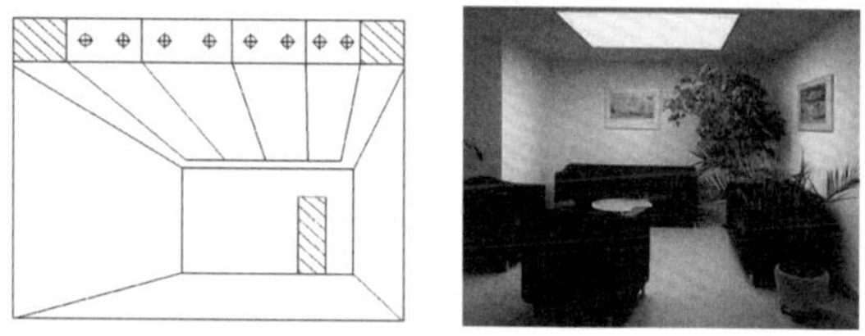

(d) 광천정 조명

그림 4-26 | 건축화조명 및 설치사례

4-4-3 조명제어

실내의 조명에 있어서도 과거의 단순한 조명기구의 점·소등 개념에서 탈피해서 좀 더 적극적인 제어의 개념이 도입되고 있다. 조명제어의 정의는 적절한 조명의 양과 질을 필요한 공간에 공급할 수 있는 수단이라 할 수 있다. 또한, 공간의 미적 창출, 에너지 절감, 공간의 사용 편리성 등 다양한 목적 아래 조광제어(dimming control) 등의 진보된 제어가 채택되고 있다.

조명제어는 크게 지역제어(local control)와 중앙제어(central control)로 나눌 수가 있다. 지역제어는 재실자가 자신이 사용하고 있는 공간의 조명시스템을 직접 제어하는 것을 의미하고, 중앙제어는 각 공간의 조명시스템을 중앙에서 원격 제어하는 것을 의미한다. 지역제어에는 재실감지센서, 주광이용을 위한 광센서, 다양한 분위기를 연출하기 위한 프로그램과 조명제어기 등이 사용되고 있으며, 중앙제어에는 릴레이와 프로그래밍 스위치를 이용한 중앙조명제어 시스템이 사용되고 있다.

(1) 재실감지제어

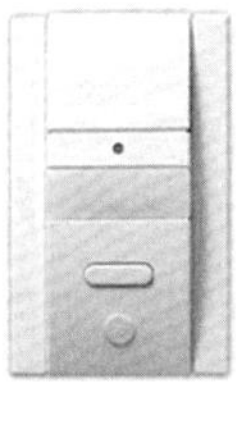

(a) 스위치형

(b) 벽부형

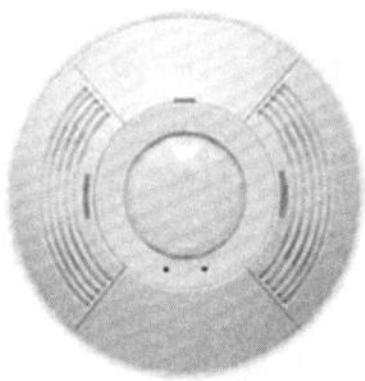

(c) 천장형

그림 4-27 | 재실감지 센서

재실감지는 재실감지센서(또는 거주감지센서로 불림, occupancy sensor)를 통해 재실자의 움직임을 감지하여 인공조명을 점·소등하는 것이다. 이러한 방법은 실내공간 중의 엘리베이터 홀, 아파트 동 출입구 및 현관, 화장실, 회의실 등과 같이 간헐적으로 사용되면서 오랜 시간 사용되지 않는 공간에서 주로 사용되고 있다. 이러한 센서들은 기존의 조명시스템에도 손쉽게 적용될 수 있으며, 이를 통해 기존 조명시스템 대비 약 25~50%의 조명용 전기에너지를 절감할 수 있다. 재실 감지의 방법은 초음파(ultrasonic waves)를 이용하는 방법과 적외선(infrared rays)을 이용하는 방법으로 나눌 수 있다. 초음파의 이용은 인간의 움직임으로 인해 생기는 공간 음장에서의 간섭이 높은 주파수의 소리 파장에 변화를 주어 움직임을 감지하는 것이다. 주파수는 주로 25,000~40,000Hz의 범위를 갖는다. 이 감지방법은 파티션, 큐비클 등에 의한 장애물이 있는 공간에서도 비교적 효과적으로 사용될 수 있으나, 인체가 장기간 걸쳐 초음파에 노출되었을 때 인체의 유해성에 관한 우려가 제기되기도 한다. 적외선의 이용은 인간의 움직임 등에 의한 공간의 적외선 변화를 감지하는 것이다. 이 방법은 초기투자의 비용 면에서 초음파를 이용하는 센서보다는 경제적이고 디자인도 간단하다. 이런 두 가지 감지방법의 센서들은 각 공간의 특성에 맞는 빔(beam) 퍼짐 각도, 방법 등에 따라 각기 여러 종류를 가지며, 주로 벽 또는 천장에 설치된다. 최근에는 두 가지의 감지방법을 하나의 감지기에 복합시킨 제품도 제작되고 있다. 또한, 센서는 시간 지연(delay)장치, 센서의 민감정도 조절장치, 주변조도에 의한 조절장치(ambient light adjustment) 등의 세 가지 조절장치를 포함하기도 한다.

(2) 주광이용 광센서제어

주광이용은 기존에 설치된 인공조명의 전력소비를 상당히 줄여줄 수 있고, 그에 따른 에너지 절감의 가능성을 갖고 있다. 주광이용에 있어 이용 가능한 주광량은 여러 가지 요인에 의해 결정되는데 창문의 종류, 크기, 투과율, 건물의 디자인, 건물의 방향, 실내의 디자인, 가구, 차광기구 등에 영향을 받는다. 그러나 주광만으로는 항상 계획(설정)조도를 유지할 수 없기 때문에 인공조명이 반드시 필요하며, 인공조명의 절감을 위해서는 주광과 인공조명의 통합(integration), 즉 인공조명의 제어가 꼭 필요하다. 인공조명과의 통합방법은 인공조명의 점 · 소등(on/off)제어와 조광제어로 나누어 볼 수 있다.

점 · 소등제어는 실내공간에 계획조도 이상의 주광이 유입될 때 인공조명을 소등하는 것인데, 조명기구의 램프 중 한두 개만을 먼저 소등하고 그 다음 단계로 전부를 소등하거나(step control), 또는 조명기구의 모든 광원을 한 번에 점 · 소등할 수 있다. 조광제어는 실내로 입사된 주광과 조광된 인공조명에 의한 조도의 합이 실내의 주광량 변화와 관계없이 항상 설정조도에 유지될 수 있도록 하는 것이다. 이를 통해 유리창의 면적과 투과율, 공간의 방위 등에 따라 조명용 전기에너지가 약 30~60%까지 절감될 수 있다. 조광제어를 위해서는 조명제어기(lighting controller), 광센서(photosensor), 전자식 조광용안정기(dimming ballast) 등이 필요하다.

점 · 소등제어는 실내조도레벨의 급격한 변화를 초래하여 재실자의 불만이 발생하고, 잦은 점 · 소등에 의한 램프의 수명단축 등의 부작용이 발생할 가능성이 있다. 조광제어는 여러 면에서 점 · 소등제어보다 더 효율적이고 인간 친화적이지만, 조명제어기, 광센서, 조광용 안정기 등의 요소 기술적인 문제점들과 직사일광의 차광에 의한 효율저하 문제로 인해 효과적으로 사용되지 못하고 있다.

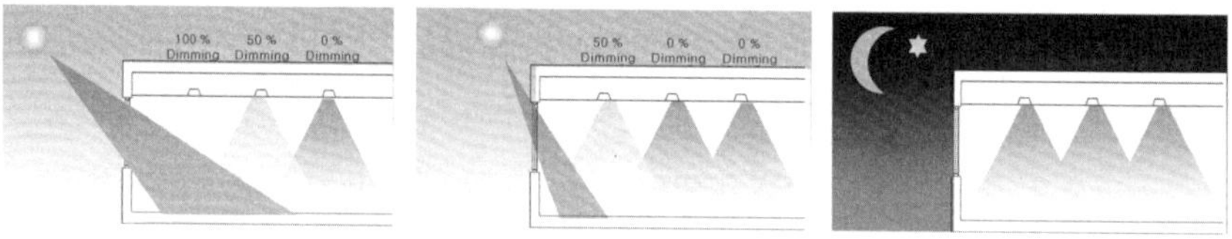

그림 4-28 | 주광이용 조광제어 개념

(3) 중앙조명제어

중앙조명제어의 의미는 흔히 방재실이라 불리는 중앙감시반에서 원격으로 건축물 각 공간의 조명시스템을 점 · 소등할 수 있고, 아울러 각 공간별 조명시스템의 점 · 소등 상태를 그래픽으로 처리하여 쉽게 모니터링 할 수 있도록 하는 것이다. 단순 모니터링뿐만 아니라 각 공간의 조명시스템 사용패턴을 확인할 수 있고, 각 공간별 조명시스템 사용시간과 사용전력을 체크할 수도 있다. 이러한 조명의 중앙제어시스템은 일반적으로 전력감지시스템과 일체로 되어 있는 경우가 대부분이다. 조명시스템의 원격조정이 가능함에 따라 조명시스템의 점·소등 제어가 가능하여, 많은 조명용 전기에너지를 절감할 수 있게 되었다. 이른 아침 출근 전의 조명시스템을 통제할 수 있고, 점심시간에는 전체의 조명기구를 부분적으로 소등하여 불필요한 전력낭비를 방지할 수 있는 스케줄 제어를 가능하게 하였다. 스케줄 제어는 소프트웨어를 통해 일간, 주간, 휴일, 국경일 등으로 분리 설정할 수 있도록 되어 있다. 그리고 저녁 퇴근 후에는 잔업자들의 공간만 조명시스템을 점등할 수 있는 그룹제어가 가능하다. 이러한 조절은 잔업자들이 미리 방재실로 연락하거나 전화 컨트롤러를 채용한 경우에는 직접 전화로 자기 주변의 조명시스템을 조절할 수 있게 되어 있다. 또한, 정전 등에 대비한 비상제어의 기능도 포함하고 있다. 비상제어의 기능은 정전 시 비상발전의 용량에 맞추어 조명부하를 분담시키며, 복전 시 원상태로 순차적으로 점등시킨다.

그림 4-29 | 중앙조명제어 하드웨어

(4) 가정에서의 조명제어

현재 우리나라에는 조명제어가 일반 가정에까지 널리 보급되어 있지 못한 상태이다. 그러나 최근 초고층 대형평수의 주상복합건물이 계획되기 시작하면서 가정에서의 조명제어에 대한 관심이 높아지고 있다. 가정에서의 조명제어는 주로 조명제어기에 거실 또는 주방공간의 여러 조명기구를 연결하여 다양한 시각적인 분위기와 조도를 연출할 수 있도록 미리 프로그램하여 사용하고 있다. 보통 3~4가지의 서로 다른 분위기를 미리 입력하여 거실에서의 가족 간의 대화, TV 시청, 독서, 손님접대 등에 맞는 적절한 조명연출을 조명제어로써 이루어고 있다. 이미 구미에서는 큰 규모의 개인저택에서 조명제어기를 많이 사용하여 보다 안락한 생활을 추구하고 있으며, 그에 따른 에너지 절감의 효과도 부수적으로 얻고 있다.

(a) 0% 출력 (b) 50% 출력 (c) 100% 출력

그림 4-30 | 가정에서의 조명제어 사례

4-5 약전 및 정보통신설비

4-5-1 정보통신설비 일반

(1) 일반사항

1) 건축물에 설치되는 60V 이하의 전압을 사용하는 '약전설비'와 건물 내 '정보통신설비'를 의미한다.

2) 정보통신설비는 정보설비와 통신설비로 구분한다.

① 정보설비는 시각정보설비인 모자식 전기시계설비와 원격검침설비에 대한 기기 선정과 배선로 구성에 대한 사항 및 건축물 내 근거리통신망(LAN) 구성 등을 구내 정보설비로 하며, 기타 뉴미디어설비 등을 위한 설비 중 배선로 구성 등을 포함한다.

- 정보통신 및 약전설비의 일반적인 구성은 다음 표를 참조한다.

② 통신설비는 음성통신설비인 전화설비, 인터폰설비, 구내방송설비, 무선통신설비 등과 영상통신설비인 TV공청설비(케이블 TV설비 포함), 영상회의설비 등을 말하며 이에 대한 기기 및 장비 선정과 배선로 구성 등을 포함한다.

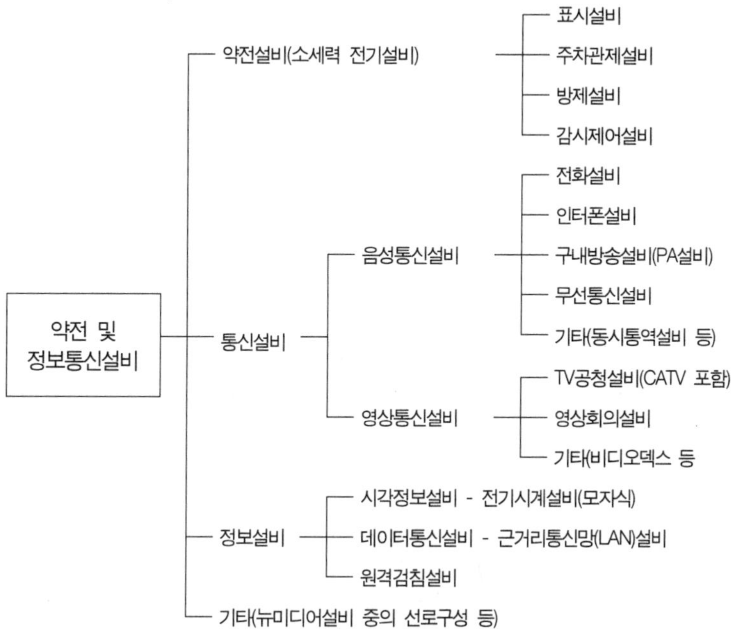

그림 4-31 | 약전 및 정보통신설비의 분류

4-5-2 전화 설비

(1) 일반사항

1) 전화설비 설계사항

① 사설교환대(PABX) 설치방식은 전화인입배관 주배선반(MDF) 또는 국선용단자함, 단자함과 전화용 아웃렛을 설치하고, 이들 각 기기간의 연결배선을 실시하며, 사설교환대를 설치하여 건물 내 전화기에 전체 또는 부분적인 서비스를 하는 방식으로 한다.

② 통신사업자 교환대 설치방식은 사설교환대 대신에 공중통신사업자가 교환대 및 부대설비를 설치하여 서비스 되도록 한다.

③ 공중통신망 직결방식은 전화인입 배관, 주배선반(MDF) 또는 국선용단자함, 단자함과 전화용 아웃렛을 설치하고, 이들 각 기기간의 연결배선을 실시하여 공중전화통신망이 직접 전화기로 서비스되도록 구성한다.

2) 교환대

① PABX(private automatic branch exchange)라고 하며, 설치하는 경우 일반적으로 디지털교환대(PBX)를 설치하여 전화교환 이외에 LAN구성이 가능하도록 설치한다.

(2) 회선수 산출

① 구내 통신선로설비에는 구내로 인입되는 국선의 수용, 구내회선의 구성, 단말장치 등은 증설을 고려하여 산출해야 한다.

② 구내통신 회선수는 다음 표 4-4를 참고하여 계산한다.

표 4-4 • 건축물의 종류별 구내통신 회선수

건출물의 종류	회선수 확보 기준	비 고
주거용 건축물	단위세대당 1회선 이상	여기서 1회선은 4쌍 꼬임케이블을 기준으로 한다.
업무용 건축물	각 업무구역당 1회선 이상	

[주] 1. 각 업무구역은 $10m^2$를 기준으로 한다.
2. 이외의 건축물은 이 표를 참고하여 신축적으로 적용한다.

(3) 국선인입

① 국선의 인입에 사용할 배관의 설치로서 공중통신사업자의 지중함(맨홀, 핸드홀)로부터 인입부지 내 지중함 등의 설치를 포함하는 국선용 단자함까지의 배관을 설치한다.

② 광케이블로 인입되는 경우는 광단국 설치면적을 확보한다.

③ 지중배관이 건물을 관통하는 경우는 물이 건물 내로 침입하지 않도록 하는 방법으로 배관하고 인입배선이 완료된 후에는 침수방지 시설을 시행한다.

(4) 배선방법

① 배선에 사용하는 케이블은 일반적으로 광케이블, 동축케이블, 꼬임케이블 및 기타 통신선 중 용도를 참고하여 선정한다.

② 배선방식(구내간선계, 건물간선계, 수평배선계에 대한 것)은 확보된 건축적 루트, 통신용 ES(TPS)상태, 여유성 및 경제성을 고려해야 한다.

4-5-3 방송설비

(1) 입력장치

① 입력장치로 사용되는 기기는 마이크로폰, 카세트덱, 콤팩트디스크플레이어, 레코드플레이어, 라디오튜너 등이며, 기능에 따라 선별하여 사용한다.

② 마이크로폰은 소리의 진동을 전기신호로 변환하는 방식에 따라 일반적으로 다이내믹형, 리본형, 콘덴서형, 압전형(cystal type) 중 특성에 따라 선정한다.

③ 시작과 종료를 알리도록 전자차임이나 아나운스멘트 또는 환경음악(BGM) 등을 시계와 기계적으로 연동하거나 마이크로프로세서에 의해 프로그램적으로 연동시킨다.

④ 믹서(믹싱콘솔)는 여러 가지로 입력된 신호를 출력레벨 주파수 특성에 따라 조정하고 혼합하여 증폭기로 보낸다.

(2) 증폭장치(AMP)

① 증폭기 출력계산은 다음 식을 참조하고 실내의 체적 [m^3]에 대한 전력증폭기의 출력의 관계는 다음 식을 참조한다.

$$PE \geq \sum PS \text{ 방의 부피 } [m^3] \tag{4·1}$$

여기서, PE : 증폭기 출력 [W]
PS : 스피커 각각의 입력합계 [W]
주 : 일반적으로 콘형 스피커에 적용된다.

② 증폭기용 전원용량 계산은 다음 식을 참조한다.

$$PA = k \cdot PE \tag{4·2}$$

여기서, PA : 증폭기 소비전력 [W]
PE : 증폭기 출력 [W]
k : 소비전력 계수 (일반적으로 3)

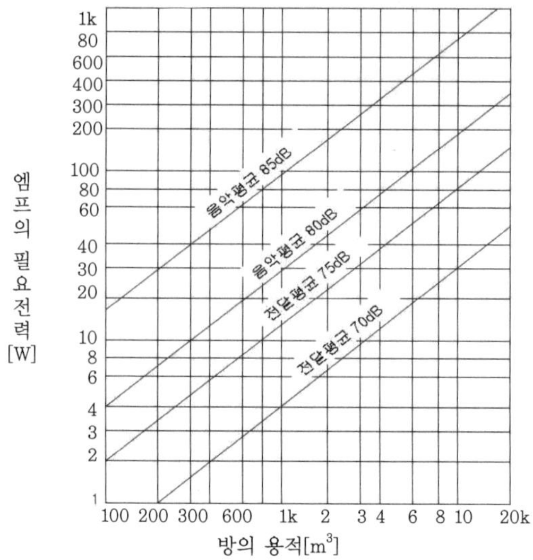

그림 4-32 | 방의 용적과 앰프의 필요전력

(3) 스피커

1) 스피커는 전기에너지를 음에너지로 바꾸는 것으로 콘형 스피커와 혼형 스피커를 사용한다.

2) 사무실에서의 스피커 배치(BGM방송 수신기준)

① 콘형 스피커의 음향커버 범위(반정각 60° 기준) 이내에 사람의 청취할 수 있는 귀 높이를 1 [m] 정도로 하여 배치간격을 구한다.

- 스피커 배치는 다음을 참고한다.

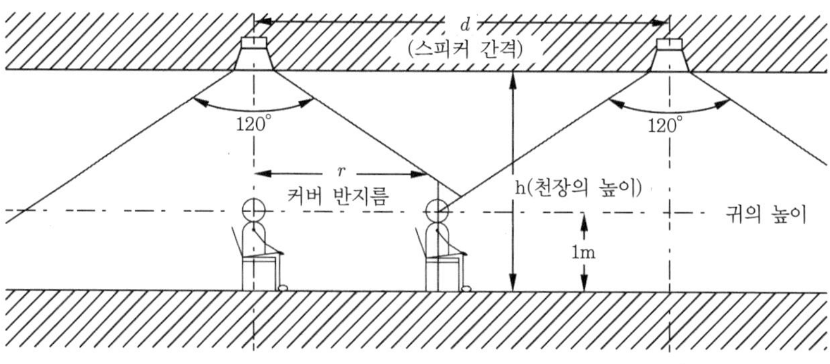

그림 4-33 | 스피커 배치 간격

• 설계 시 스피커 1개가 커버하는 면적은 다음 표를 참조한다.

표 4-5 • 천장의 높이와 스피커의 간격

용 도	천장의 높이 [m]	스피커의 간격 [m]	1개의 스피커가 커버하는 면적 [m^2]
BGM방송	2.5m 이하 2.5m~4.5m 4.5m~15m	5(m) 6(m) 9(m)	25 이내 36 이내 81 이내
안내방송	-	9~12	81~144

4-5-4 전기시계설비

(1) 일반사항

1) 전기시계설비는 일반적으로 모자식 전기시계를 말한다.

2) 모시계는 수정식을 사용한다.

3) 자시계는 일반적으로 유극식을 사용한다.

4) 설계순서

① 자시계의 설치장소, 수량에 대한 검토

② 모시계 설치에 대한 검토

③ 회선수(모니터수) 산정

④ 배선설계

(2) 자시계

1) 자시계의 일반적 형태

① 일반사무실에는 벽걸이형을 사용한다.

② 임원실, 식당, 카페테리어 등 건축적 의장이 고려되는 곳은 반매입형을 사용한다.

③ 현관, 로비, 엘리베이터 홀 등의 내구성 벽 부분에는 매입형을 사용한다.

④ 자시계의 설치높이는 하단부가 2m 이상으로 한다.

⑤ 자시계 배치는 벽면의 중앙에 설치하고 칸막이 가능성이 있는 위치는 피한다.

(3) 모시계

1) 모시계 형식

① 탁상형 및 벽걸이형은 소규모 모시계로 자시계 회로수가 3회로 이내인 경우 사용한다.

② 자립형 모시계는 회로수가 3회로 이상인 경우 사용한다.

2) 설치장소

① 온도의 변화, 습기, 먼지, 진동이 많은 장소는 피한다.

② 일반적으로 중앙감시실(방재센터), 관리소, 경비실, 전화교환실 등에 설치한다.

③ 모시계 회선수 산출은 다음 식을 참조한다.

$$Mm \geq N/20 \qquad (4 \cdot 3)$$

여기서, Mm : 모시계 회선모니터 수량(회로수)

N : 자시계 수량[개]

4-5-5 AV 및 동시통역설비

(1) AV설비

1) 개요

① 각종 행사(대규모 집회, 세미나, 브리핑, 주요 회의, 홍보영화 상영 등)를 다양한 영상 및 음향매체를 이용하여 행사 지원

② 국제 행사가 가능한 동시통역설비 구축

2) 도입효과 및 기능

① 각종 행사의 효과 극대화

② 각종 영상 및 음향을 이용한 교육의 효율화

③ beam projector에 의한 대형 display

④ 동시통역 서비스 및 회의 장면녹화

⑤ video자료 제시(VTR, main PC, camera, CATV 방송 등)

⑥ audio자료 제시(유·무선 MIC., CD, cassette tape 등)

⑦ 진행을 위한 유·무선 MIC. 시스템

⑧ 통합 SI 지원

(2) 동시통역설비

동시통역장치의 구성은 번역부스 내에 증폭기, 제어탁자를 시설하고, 각 회의장의 탁자에는 각국어 선택스위치, 마이크, 헤드폰이 설치된다.

번역부스는 대부분 폭 2.5m, 높이 2.3m, 옆면 2.4m로 실내공명음을 막기 위하여 각 치수를 달리하고 있으며, 실내음의 잔향시간은 주파수 63~8000Hz까지 0.8초를 넘지 않아야 하며 실내바닥은 반드시 카펫을 깔아야 한다. 특히 실내온도 및 습도도 항온항습으로 일정 값을 유지해야 하고(18~22℃, 습도 45~65%), 실내조도는 최소 400lx 이상을 유지해야 한다.

무선인 와이어레스(wireless) 장치의 경우는 와이어레스 마이크와 수 채널의 와이어레스 콜과의 조합이며, 수화는 모두 와이어레스 마이크를 사용하고 또한 송화는 와이어레스를 사용함으로써 배선의 복잡성을 피할 수 있다.

또한 유선의 경우에는 일반 확성설비의 복수조합에 의한 것으로서 마이크선, 스피커선의 배선수가 많아진다.

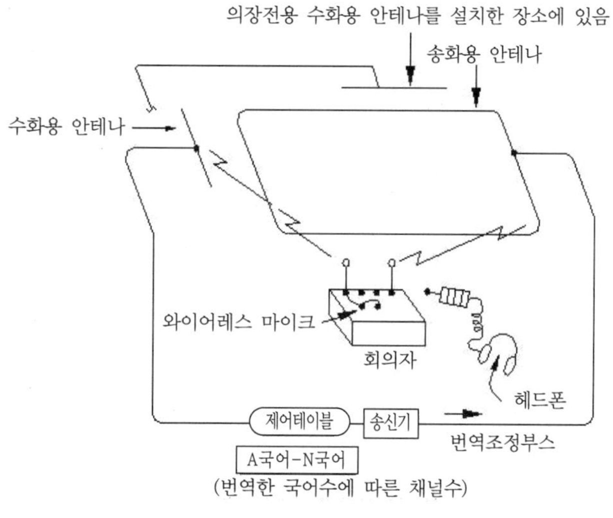

그림 4-34 | 동시통역설비 구성도

4-5-6 인터폰설비

(1) 일반사항

(1) 인터폰설비는 공중통신망에 접속하지 않는 순수한 구내통신용 유선통화설비이다.

2) 인터폰설비 구분

통화망구성 방식은 모자식, 상호식 및 복합식 중 검토하여 선정한다.

① 통화방식에 따른 종류는 동시통화방식(전화방식) 및 교호통화방식(프레스토크방식)이 있으며, 건축전기설비에서는 동시통화방식을 사용한다.

② 통화기의 형태는 전화형, 스피커형, 전화스피커형 중 선정한다.

③ 용도별 구분은 주택용, 사무용, 산업용, 방재용, 병원용, 기타관리용 등으로 구분된다.

(2) 통화망 구성방식

1) 모자식 인터폰

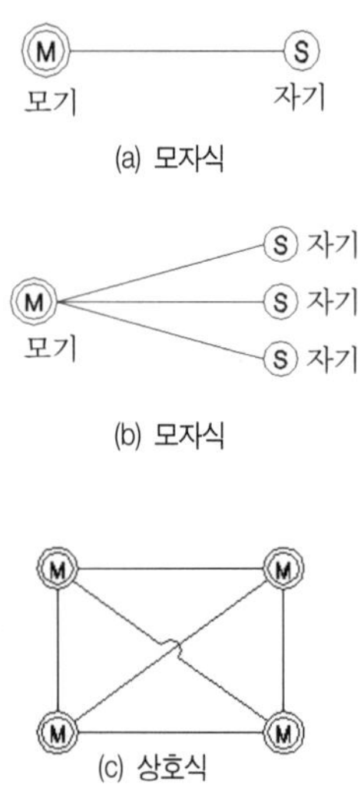

(a) 모자식 (b) 모자식 (c) 상호식

그림 4-35 | 인터폰 설비의 분류

① 1대의 모기와 2대 이상의 자기로 이루어진 시스템이며, 모기 1대와 자기 1대로 이루어진 것이 직통식이다.

- 직통식 개념도
- 다국용 구성개념도

2) 상호식 인터폰

① 상호식 인터폰 사용은, 예를 들어 중앙감시실, 방재센터, 주차관제실, 방송실, 전기실, 기계실 및 기타관리실과 같이 동등한 위치에서 통화해야 하는 장소의 연결에 사용한다.

② 상호식 인터폰 구성개념도

3) 복합식 인터폰

① 복합식 인터폰은 모자식 인터폰 그룹간의 연락이 필요한 경우, 모기 사이

를 상호식 인터폰 개념으로 호출 통화하는 것이다.

② 복합식 인터폰 구성개념도

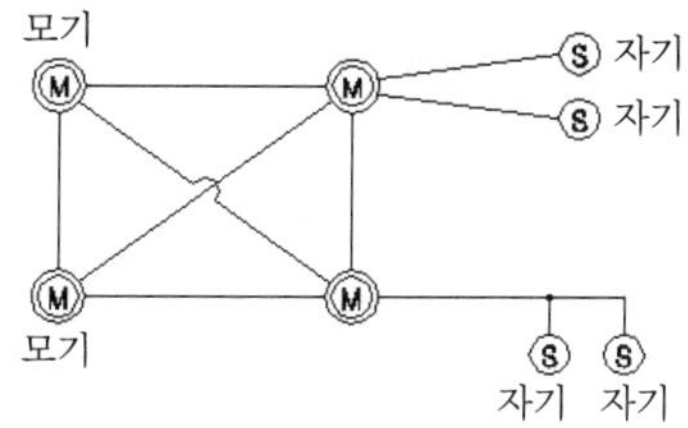

그림 4-36 | 복합식 인터폰의 구성도

4-5-7 공청 안테나설비

(1) 일반사항

1) TV 공동시청설비(이하 'TV공청설비')는 1조의 안테나로 TV전파를 수신하여 증폭기를 통하거나 직접 TV수상기로 배분하는 시스템이다.

2) TV공청설비는 규모에 따라 주택용 TV공청, 공동주택 TV공청, 빌딩 TV공청, 수신장애 해소(빌딩그늘 및 반사대책)용 TV공청, 난시청지구용 마을공청설비와 시내케이블TV(CATV)시스템으로 구분한다.

3) TV공청설비에서 고려하는 공중파 방송은 일반적으로 VHF(very high frequency), UHF(ultra high frequency) 및 위성방송용 SHF(super high frequency)를 수신한다.

(2) 구성기기

1) 안테나

① 수신대상 TV전파에 대응하는 안테나로 해야 하며, 종류는 각 채널 전용, VHF대역용, UHF대역용, 위성방송수신용 등이다.

② 안테나의 이득은 반파장 다이폴안테나의 감도를 기준하여 몇 배의 전력감도인가를 데시벨[dB]로 나타내는 것으로, 소자수가 많으면 이득이 커지고 동일 소자수인 경우는 수신대역이 넓을수록 이득이 작아진다.

2) 혼합기(mixer)

서로 다른 주파수대의 전파를 간섭 없도록 한 개의 전송선으로 모으는 장치로서 보통 U-V 혼합기를 사용한다.

3) 컨버터

① SHF로 수신된 신호를 UHF로 변환할 때 다운컨버터를 사용한다.

② UHF신호를 SHF로 변환하고자 할 때는 업컨버터를 사용한다.

4) 증폭기(booster)

① 수신점의 전계강도가 낮은 경우에 설치하고 배선, 분기기, 분배기, 직렬유닛에서의 감쇄신호레벨을 보상하도록 한다.

② 증폭기는 단말TV수상기 입력(단말유닛출력)이 70 dB 이상 80 dB 이하가 되도록 수신레벨을 검토하여 설치한다.

5) 선로기기는 분기기, 분배기, 정합기(직렬유닛), 분파기 등으로 나눈다.

6) 전송선

안테나로 수신된 전파를 각 기기에 연결하는 것으로 TV수상기까지 전달하는 것을 말한다.

4-5-8 표시설비

(1) 일반사항

1) 표시설비는 전기에너지를 사용하여 문자, 도형, 영상으로 나타내어 안내, 표시, 연락 및 호출의 용도로 사용한다.

2) 일반적으로 설치하는 표시설비는 다음과 같다.

① **회사 및 관공서** : 출퇴근표시장치

② **병원** : 투약표시장치, 간호사 호출표시장치

③ **경기장** : 기록표시장치, 영상디스플레이장치

④ **교통기관 청사와 대합실** : 발착표시, 행선지 안내표시, 운항표시

⑤ 기타 안내용 디스플레이설비

(2) 출퇴근(재실)표시설비

1) 표시반

① 표시반은 일반적으로 램프식과 발광다이오드(LED)방식을 사용한다.

② 표시창의 표시방법은 램프식으로는 직접표시, 양각표시, 난반사표시 방식을 사용하고 LED방식으로 할 수 있다.

2) 조작기

① 조작기는 표시반의 표시상태(램프점멸) 변경을 위한 것으로 개별조작기와 중앙조작기(반)로 구분 설치한다.

② 조작기의 형식은 개별조작기인 경우는 벽 매입형, 중앙조작기의 경우는 탁상형(또는 탁상매입형)을 기준으로 한다.

3) 전원장치

전원장치는 중앙조작형식인 경우는 조작기에 내장하고 개별조작형식인 경우는 별도로 설치하여 공급한다.

(3) 간호사 호출표시설비(너스콜시스템)

① 간호사 호출설비는 환자용 거실(침대, 화장실, 목욕실)과 간호사 대기소(너스 스테이션)간의 연락설비로서 환자의 호출에 따라 간호사 대기소에서 호출위치를 확실하게 인지하도록 구성한다.

② 환자용 호출설비는 침대에서는 베드콘솔과 일체형 또는 별도로 누름버튼형을 설치하고 욕실 및 화장실에서는 풀스위치 식을 기준으로 설계한다.

③ 간호사가 호출장소를 복도에서 알아볼 수 있도록 호출장소의 복도부분에 복도표시등을 설치하고 복도표시등은 호출한 실내만 제어할 수 있도록 한다.

4-5-9 뉴 미디어 정보 설비

(1) 유선통신망(CATV : community antenna television system)

1) 기본구성

기본구성은 크게 세 가지로 구분된다.

① 수신점장치(head end) : 재송신 채널을 양호한 조건으로 수신하여 다른 송출채널과 함께 레벨을 조정하는 송출장치로 이루어져 있다.

② 중계전송망(주간선, 간선) : 신호를 서비스구역 내로 끌어들이는 선로를 말한다.

③ 분배선 및 가입자 댁내설비(분기선, 분배선, 인입선, 댁내설비) : 가입자의 효율적인 분배를 하기 위한 분기분배선로를 말한다.

(2) 데이터통신망(data and communication)

1) 데이터통신의 구성

데이터통신망 구성은 전자계산기와 단말장치통신회선 선로 등으로 이루어져 있다.

전자계산기와 단말장치와의 연결통신회선 선로방식으로는

① 전기통신방식

② 광통신방식

③ 전화형 데이터 전송방식으로 크게 구분할 수 있다.

(3) 정보통신망(INS ; information network system)

1) 정보통신망의 구성 및 기능도

위성통신과 컴퓨터 주장치가 통신구성상 연결되어 주 디지털네트워크의 통제 및 조정을 받아 자료를 공급 받고자 하는 가입자들에게 상호 자료를 전송하도록 되어 있다. 이러한 정보통신망(INS)이 디지털화하여 종합정보통신망으로 발전한 것이다.(ISDN ; integrated service digital network)

(4) 공중비디오텍스망(CAPTAIN : character and pattern telephone access information network)

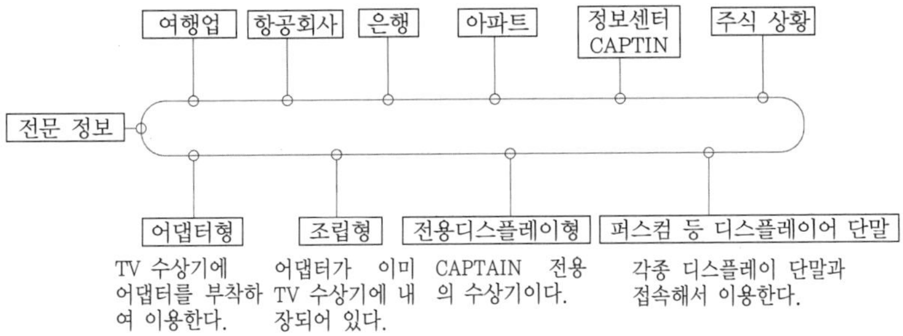

그림 4-37 | 공중비디오텍스망의 구성도

4-6 접지 및 피뢰설비

4-6-1 접지설비

(1) 전기설비기술 기준 판단기준에 의한 접지공사

표 4-6 • 접지공사의 종류

접지공사의 종류	접 지 저 항 치
제1종 접지공사	10Ω 이하
제2종 접지공사	변압기의 고압측 또는 특별고압측 전로의 1선지락전류의 암페어 수로 150(변압기의 고압측 전로 또는 사용전압이 35,000V 이하의 특별고압측 전로가 저압측 전로와 혼촉(混觸)에 의하여 대지전압이 150V를 초과하는 경우로서 1초를 넘고 2초 이내에 자동적으로 고압전로 또는 사용전압이 35,000V 이하의 특별고압전로를 차단하는 장치를 한 경우에는 300, 1초 이내에 자동적으로 고압전로 또는 사용전압이 35,000V 이하의 특별고압전로를 차단하는 장치를 한 경우에는 600)을 나눈 값과 같은 Ω수 이하
제3종 접지공사	100Ω 이하
특별 제3종 접지공사	10Ω 이하

(2) IEC60364에 의한 접지공사

1) 접지극

다음과 같은 형태의 접지극을 사용할 수 있다.

① 접지봉이나 관

② 접지테이프나 선

③ 접지판

④ 기초부에 매입한 접지극

⑤ 철근콘크리트

2) 접지선

① 접지선의 규약 단면적

표 4-7 • 접지선의 규약 단면적

구 분	기계적 보호 있음	기계적 보호 없음
부식에 대한 보호 있음	543.1에 의함	$16mm^2$/Cu $16mm^2$/Fe
부식에 대한 보호 없음	$25mm^2$/Cu $50mm^2$/Fe	

② 접지선과 접지극과의 접속은 견고하고 전기적으로 연속성을 갖도록 해야 한다.
클램프를 사용할 경우에는 접지극(예 : 파이프) 또는 접지선을 손상시키지 말아야 한다.

3) 주 접지단자 또는 바

각 설비에는 주 접지단자 또는 바를 설치하고 다음과 같은 도체를 연결시켜야 한다.

① 접지선

② 보호도체

③ 주 등전위 본딩용 도체

④ 필요한 경우에는 기능용 접지선

4) 등전위 본딩용 도체

최소단면적

① 주 등전위 본딩용 도체 : 주 등전위 본딩용 도체는 설비보호 도체의 최대

단면적에 1/2 이상인 단면적을 가져야 한다. 즉, 최소 $6mm^2$로 한다. 단, 본딩용 도체가 구리이거나 단면적이 기타 다른 금속과 동등한 허용전류를 갖는 경우에는 $25mm^2$를 초과할 필요가 없다.

② **보조 등전위 본딩용 도체** : 두 개의 노출 도전성 부분을 연결하는 보조 등전위 본딩용 도체의 단면적은 해당 노출 도전성 부분에 접속된 작은 쪽 보호도체의 단면적 이상으로 할 수 있다.

노출 도전성 부분과 계통 외 도전성 부분을 접속하는 보조 등전위 본딩용 도체의 단면적은 해당 보호도체 단면적의 1/2 이상으로 할 수 있다.

보조 등전위 본딩은 금속 구조체와 같이 영구적인 계통 외 도전성 부분 또는 보조도체 또는 두 가지를 조합해 공사할 수 있다.

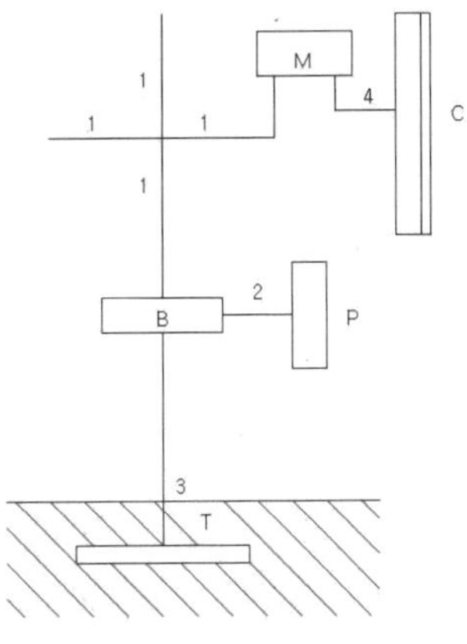

그림 4-38 | 등전위접지 계통도

1 = 보호도체
2 = 주 등전위 본딩용 도체
3 = 접지선
4 = 보조 등전위 본딩용 도체
B = 주 접지단자
M = 노출 도전성 부분
C = 계통 외 도전성 부분
P = 주 금속제 수도관
T = 접지극

4-6-2 피뢰설비의 설치기준(IEC 62305)

일반건물에 관해서는 건축기준법에 의하여 지반면상 20m 이상의 건축물 또는 공작물에는 피뢰설비를 설치하도록 규정되어 있다. 그러나 박물관과 같이 중요한 건조물, 천연기념물, 다수의 사람들이 많이 집합하는 건물, 예건대 학교, 교회, 백화점, 병원 등, 또한 화약, 가연성 가스 등 위험물을 취급하거나 저장하는 건물 등 및 뇌해 위험도가 높은 지방의 건물은 그 높이가 20m 이하의 경우에도 피뢰설비를 하도록 되어 있다.

4-6-3 피뢰 설비의 4등급(IEC 62305)

IEC 62305에서 정하고 있는 건축물의 등급과 뇌격의 영향은 표 4-8과 같다

표 4-8 • 건축물의 등급 및 뇌격의 영향

건축물의 등급	건축물의 형태	뇌격의 영향
일반건축물	주택	전기설비의 파손, 화재 및 물질적인 손상 일반적으로 뇌격점이나 뇌격로에 노출된 물체에 한해 손상됨.
	농장	화재의 일차적인 위험과 위험한 보폭전압 전력손실에 따른 이차적 위험, 정전 시 환기시스템이나 사료공급시스템의 고장으로 가축이 폐사될 위험
	극장 학교 백화점 운동장	전기설비(조명 등)의 손상으로 혼란 발생 화재경보설비의 고장으로 화재진압이 지연
	은행 보험회사 상업지구 회사 등	위의 영향에 추가하여 통신두절, 컴퓨터의 고장과 데이터의 손실
	병원 요양원 교도소	위의 영향에 추가하여 집중치료중인 환자에게 불편을 주고 거동이 부자유스런 사람들의 구조 어려움
	제조사업장	제조물에 따라 추가 영향이 있으며 광범위한 피해와 생산손실
	박물관과 유물전시	문화적인 유산의 복구 불가능한 손실
위험을 내포한 건축물	전신전화국 발전소 화재위험이 있는 사업장	공공 서비스의 손실 화재 등에 의해 인근주변에 피해를 줌
주변에 위험한 건축물	정유공장 주유소 화기작업장 군수 작업장	공장과 그 주변에 화재와 폭발의 피해를 줌
환경적으로 위험한 건축물	화학공장 원자력공장 생화학 실험실과 공장	해당지역과 환경에 결정적인 피해를 가져올 공장의 화재나 운전정지

[비고] 1. 모든 종류의 일반 건축물 내에 뇌격과 전압에 의해 쉽게 손상될 수 있는 민감한 전자기기가 설치될 수도 있다.

2. 서비스의 손실이란 한명의 사용자가 서비스를 이용하지 못한 시간 동안의 생산량에 1년에 관련사용자의 수를 곱한 것이다.

4-6-4 수뢰부시스템(IEC 62305)

(1) 일반사항

수뢰부시스템을 적절하게 설계하면 뇌격전류가 구조물을 관통할 확률은 상당히 감소한다.

수뢰부시스템은 다음의 요소의 조합으로 구성된다.

① 돌침〈자립형 지지대(마스트) 포함〉

② 수평도체

③ 메시도체

(2) 배치

구조물의 모퉁이, 뾰족한 점, 모서리(특히 용마루)에 다음의 하나 이상의 방법으로 수뢰부시스템을 배치해야 한다.

① 보호각법 ② 회전구체법 ③ 메시법

표 4-9 • 피뢰시스템의 레벨별 회전구체 반경, 메시치수와 보호각의 최대값

	보호법		
피뢰시스템의 레벨	회전구체 반경 r (m)	메시치수 W (m)	보호각 $\alpha°$
Ⅰ	20	5×5	아래 그림 참조
Ⅱ	30	10×10	
Ⅲ	45	15×15	
Ⅳ	60	20×20	

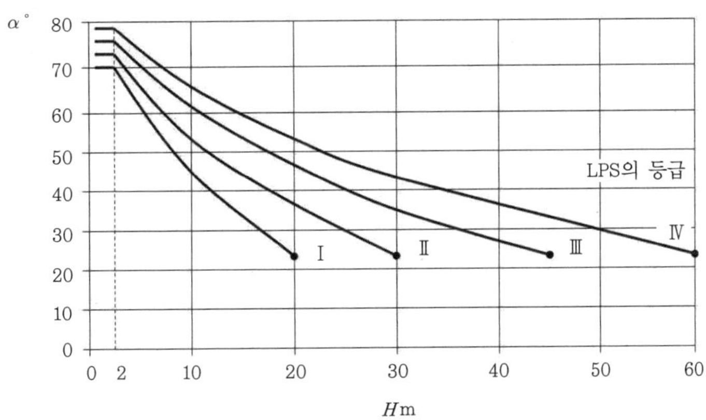

그림 4-39 | 피뢰시스템의 레벨

4-6-5 인하도선시스템

(1) 일반사항

피뢰시스템에 흐르는 뇌격전류에 의한 손상확률을 감소시키기 위해서 뇌격점과 대지 사이의 인하도선은 다음과 같이 설치한다.

① 여러 개의 병렬 전류통로를 형성할 것.

② 전류통로의 길이는 최소로 유지할 것.

(2) 분리된 피뢰시스템의 배치

① 수뢰부가 금속 또는 서로 접속된 철골이 아닌 별개의 지주(또는 하나의 지주)에 설치된 돌침인 경우 각 지주에는 1조 이상의 인하도선이 필요하다. 지주가 금속이나 상호 접속된 철골인 경우에는 인하도선을 추가할 필요가 없다.

② 수뢰부가 수평도선(또는 1조의 도선)인 경우 각 지지하는 구조물에 1조 이상의 인하도선을 시설한다.

③ 수뢰부가 도체망인 경우 각 지지선 단말에 1조 이상의 인하도선이 필요하다.

(3) 분리되지 않은 피뢰시스템의 배치

각 분리되지 않은 피뢰시스템의 경우 2조 이상의 인하도선이 필요하다. 시공상의 제한이 없으면 보호대상 구조물의 둘레에 균등한 간격으로 배치하는 것이 바람직하며, 대표적인 인하도선 상호간의 거리를 다음 표에 나타내었다.

표 4-10 • 피뢰시스템의 레벨별 대표적인 인하도선 사이의 간격과 환상도체 사이의 간격

피뢰시스템의 레벨	간격 (m)
Ⅰ	10
Ⅱ	10
Ⅲ	15
Ⅳ	20

4-6-6 접지극시스템

접지시스템에서 접지극은 기본적으로 두 종류가 사용된다.

(1) A형 접지극

A형 접지극은 각 인하도선에 접속된 보호대상 구조물의 외부에 설치한 수평 또는 수직 접지극으로 분류한다.

A형 접지극의 수는 두 개 이상이어야 한다.

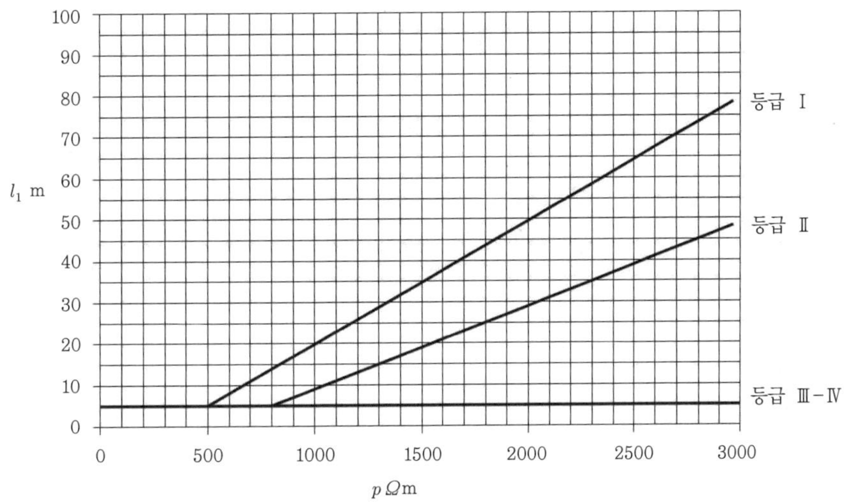

그림 4-40 | LPS레벨 각 접지극의 최소길이 l_1

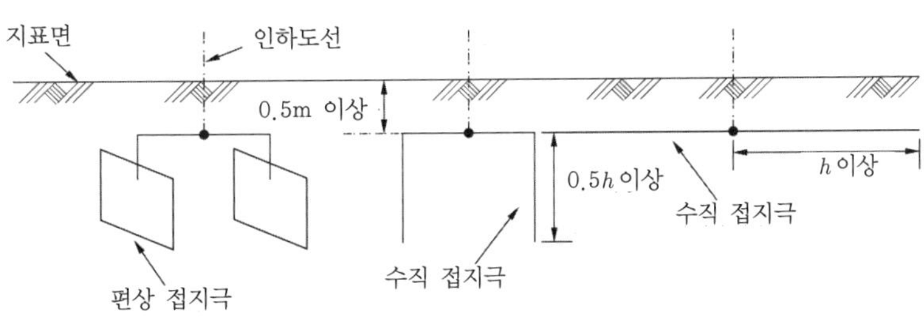

그림 4-41 | 인하도선에 접속하는 A형 접지극의 도식적 설명

각 인하도선의 하단에서부터 측정된 각 접지극의 최소길이는

① 수평접지극 : l_1

② 수직(또는 경사진)접지극 : $0.5l_1$

2) B형 접지극

B형 접지극은 보호대상 구조물의 외측에 전체 길이의 최소 80% 이상이 지중에 설치된 환상도체 또는 기초접지극으로 이루어지며, 접지극은 메시형 환상 접지극(또는 기초접지극)의 경우, 환상 접지극(또는 기초접지극)에 의해서 둘러싸인 면적의 평균반지름 re은 l_1 이상이어야 한다.

$$re \geq l_1 \qquad (4 \cdot 4)$$

규정값 l_1이 re값보다 클 때는 다음의 식으로 주어진 길이 lr인 수평접지극 또는 길이 lv인 수직접지극을 추가로 시설해야 한다.

$$lr = l_1 - re \qquad (4 \cdot 5)$$

$$lv = \frac{l_1 - re}{2} \qquad (4 \cdot 6)$$

(3) 피뢰 등전위 본딩

1) 일반사항

등전위화는 다음과 같은 피뢰시스템을 서로 접속함으로써 등전위화를 이룰 수 있다.

- 구조물 금속 부분
- 금속제 설비
- 내부시스템
- 구조물에 접속된 외부 도전성 부분과 선로

피뢰 등전위 본딩을 내부시스템에 시설할 때, 뇌격전류 일부가 내부시스템에

흐를 수 있으므로 그 영향을 고려해야 한다.

상호간의 접속은 다음과 같은 방법으로 할 수 있다.

① 자연적 구성부재를 통한 본딩으로 전기적 연속성이 제공되지 않는 장소의 경우 본딩 도체

② 본딩 도체로 직접 접속할 수 없는 장소의 경우 서지보호장치(SPD) 피뢰 등전위 본딩을 시설하는 방법은 중요하며, 이것과 상반된 요구사항이 있음을 감안하여 통신기술자, 전기기술자, 기타 관련기술자, 기관의 당국자와 협의해야 한다.

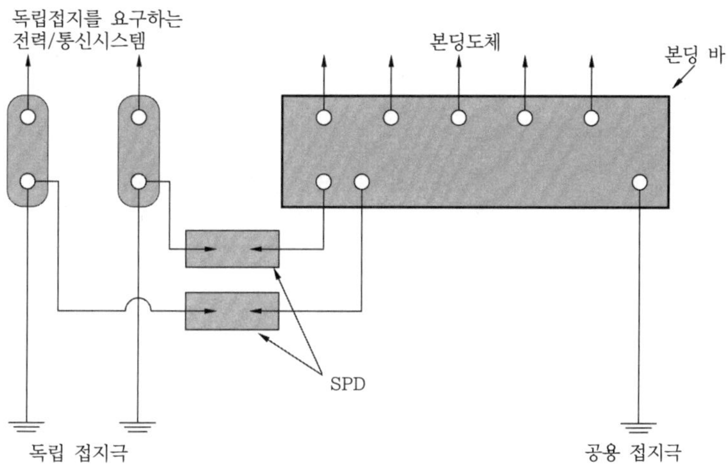

그림 4-42 | 독립접지가 요구되는 경우 등전위본딩의 예

2) 금속제 설비에 대한 피뢰 등전위 본딩

피보호구조물과 분리된 외부 피뢰시스템의 경우, 피뢰 등전위 본딩을 지표면에만 설치해야 한다.

피보호구조물에 접속된 외부 피뢰시스템의 경우, 피뢰 등전위 본딩은 다음의 장소에서 해야 한다.

① 지하(기초)부분이나 지표면 부근의 장소. 본딩용 도체는 쉽게 점검할 수 있도록 설치하고, 본딩용 바에 접속해야 한다. 본딩용 바는 접지시스템에

접속되어야 한다. 대형 건축물(일반적으로 높이 20m 이상)에서는 두 개 이상의 본딩용 바를 설치하고, 상호 접속해야 한다.

② 절연 요구조건이 충족되지 않은 장소 피뢰 등전위 본딩 접속은 가능한 한 똑바르고 곧게 연결해야 한다.

표 4-11 • 본딩 바 상호 또는 본딩 바를 접지시스템에 접속하는 도체의 최소단면적

피뢰레벨	재 료	단면적(mm^2)
Ⅰ~Ⅳ	구리	14
	알루미늄	22
	강철	50

표 4-12 • 내부 금속설비를 본딩 바에 접속하는 도체의 최소단면적

피뢰레벨	재 료	단면적(mm^2)
Ⅰ~Ⅳ	구리	5
	알루미늄	8
	강철	16

참고문헌

1. 국토해양부, 건축전기설비설계기준, 2005.
2. 기유경, 조명(옥내 편), 도서출판 기다리, 2009.
3. 김세동 외, 자가용전기설비설계, 동일출판사, 2008.
4. 김세동, 이종필, 전기설비기술기준 판단기준, 동일출판사, 2009.
5. 김영문 외, 건축전기설비, 도서출판 북스힐, 2009.
6. 김홍섭 외, 인텔리전트빌딩 설계, 기획 가이드북, 기다리, 1995.
7. 대한건축학회, 건축학전서 9 건축환경계획, 사단법인 대한건축학회, 2000.
8. 대한전기협회, 내선규정, 2008.
9. 대한전기협회, 자가용 전기기술자핸드북, 2005.
10. 윤혜림 역, 조명디자인 실무, 성안당, 2002.
11. 지철근, 조명공학, 문운당, 1990.
12. 최홍규 외, 전력사용시설물 설비 및 설계, 1999.
13. 한국산업표준, KS C IEC 62305(피뢰설비)/KS C IEC 60364(건축전기설비)
14. 建築照明研究會編, 建築の照明計劃と配線設備, 彰國社, 1970.

5 장

기타 설비

5-1 방재설비

5-2 가스설비

5-3 TAB 기술

5-4 자동제어설비

5-5 수송설비

5-6 신재생에너지

5장 기타 설비

5-1 방재설비

오늘날 경제사회생활이 급속으로 발전해 감에 따라 건축물도 점차 고층화·대형화되어 가고 있으며, 그로 인해 화재발생 형태도 자연히 대형화되고 복잡 특이한 양상을 띠고 있어, 사소한 부주의라도 순식간에 대형 화재를 초래하여 막대한 인명·재산피해를 가져올 위험성이 더욱 증대하고 있다.

최근 우리나라에서는 매년 수만 건의 크고 작은 건물화재가 발생하고 있으며, 그로 인해 귀중한 인명피해와 막대한 재산상의 손실을 가져오고 있다. 1971년 12월 25일 오전 10시17분 서울 중구 충무로 대연각 호텔에서 발생한 화재(사망 163명, 부상 63명)와 2003년 2월 18일 오전 9시 53분 대구시 중구 남일동 중앙로역에서 발생한 지하철 전동차 화재(사망 192명, 부상 148명)는 우리나라는 물론 외국에서도 찾아볼 수 없을 만큼 참혹하고 엄청난 대형 화재사건이다.

건축물의 화재 안전성 확보를 위한 대책은 크게 방화(防火) 계획적인 측면(passive system)과 보다 적극적인 소방설비적인 측면(active system)으로 구분할 수 있다.

5-1-1 건물 화재와 그 피해

건축물이란 토지에 정착하는 공작물 중 지붕과 기둥 또는 벽이 있는 것과 이에 부수되는 시설물, 지하 또는 고가의 공작물에 설치하는 사무소·공연장·점포·차고·창고 기타 건축법시행령 별표1에 명시된 건축물을 말하며, 이와 같이 건물 및 이것에 수용되어 있는 것에서 발생한 화재를 건물 화재라고 한다. 다음은 국내외의 주요 화재를 설명한 것이다.

(1) 우리나라

건국 이후 발생한 인명피해 10대 화재의 내용은 표 5-1과 같다.

표 5-1 • 인명피해 10대 화재

순서	일시	장소	원인	인명피해			재산피해 (천원)
				계	사망	부상	
1	03.02.18. 09:53	대구시 중구 남일동 중앙로역(지하철 전동차)	방화	340	192	148	4,768,845
2	71.12.25. 10:17	서울시 중구 충무로(대연각 호텔)	LPG 취급 부주의	226	163	63	838,200
3	74.11.03. 02:42	서울시 동대문구 전농동(대왕코너)	전기합선	123	88	35	21,100
4	60.03.02. 07:55	부산시 중구 범일동(국제고무 공장)	성냥	101	62	39	10,000
5	99.10.30. 18:57	인천시 중구 인현동(히트노래방)	불장난	137	56	81	64,813
6	72.12.02. 20:27	서울시 종로구 세종로(시민회관)	전기합선	131	53	78	350,000
7	55.03.02. 18:33	부산시 중구 중앙동(부산역 구내 여객 차량)	유류	56	42	14	80
8	73.08.12. 04:43	충북 영동 영동역 열차(유조차 사고)	탈선 화재	51	40	11	17,903
9	84.01.14. 08:00	부산시 진구 부전동(대아호텔)	석유난로	106	38	68	200,000
10	57.06.23. 10:50	부산시 동구 수정동(미군용 송유관)	송유관 파열	78	38	40	64세대 전소

한편, 2005년 12월 29일 밤 9시 57분 대구시 중구 대신동 서문시장에서 발생한 화재는 건국 이후 화재 중 최대 재산 피해(재산 피해 순위 1위)를 기록하고 있는데, 원인은 전기화재로 밝혀졌고 당시 피해액이 186억8천2백4십2만 원에 이른다.

(2) 외국

1663년 9월 2일 이른 아침 영국 런던의 한 채의 빵집에서 발생한 화재가 동쪽에서 부는 강풍에 의해 대화재로 번져, 9월 6일 풍향의 변화에 의해 겨우 진화에 이르기까지 약 13,000호의 건물을 소실해 시의 약 3/4을 태워버린 대화재가 발생하였다.

미국에서는 근처에 풍부한 목재를 사용한 건물로 시가지가 구성된 결과 각 지역에서 화재가 발생하였는데, 그 중에서도 유명한 것은 시카고 시에서의 1871년과 그 3년 후인 1874년의 2회에 걸친 대화재이다. 이것은 1차 대화재 후 목조방식이 석조나 벽돌조보다도 값이 싸다는 이유로 목조 건축에 의해 부흥시켰기 때문에 재차 대화재가 닥쳐온 것이다.

일본에서는 1923년 9월 1일 오전 1시 58분 관동 대지진에 수반한 도쿄 대화재와 요코하마 대화재가 발생해 3일간이나 계속되어 사망 99,331명, 부상 103,733명, 행방불명이 43,476명에 이르고, 완전히 파괴된 가옥이 1,295채, 유실된 가옥이 868채에 달하여 세계 최대 화재로 기록되고 있다.

5-1-2 건물 화재의 성상(性狀)

(1) 화재시의 플래시 오버

플래시 오버(flash over)란 출화(出火)의 단계에서는 연소가 착화물의 주변에 한정되어 있던 것이 차례로 그 범위를 확대하여 가는 과정에서 연소에 따라 발생한 가스가 주로 천장 부근에 축적하고, 그것이 공기와 혼합하여 방금 연소범위(flammable limit)에 들어간 시점에서 단숨에 인화하여 커다란 불꽃이 돼 실 전체가 불꽃으로 충만(充滿)하는 것 같은 상태가 되는 현상을 말하는 것으로, 명료하게 나타나는 경우도 있지만 조건에 따라서는 거의 나타나지 않고 끝나는 것도 있다.

(2) 건물 내의 연소(延燒) 확대

1) 창으로부터 상층으로의 연소 확대

내화건물에서 개구부 면적이 크고 외벽부분이 작은 건물에서는 외부를 경로로

한 상층 연소의 위험이 생긴다. 어떤 층에서 화재가 발생하면 그 열기에 의해 층의 창유리를 파괴하여 화염을 방출하는 것이다. 이것은 어떤 높이에 실내외의 압력차가 0인 층(중성대)이 생겨 이 층으로부터 위쪽에서는 실내 쪽이 실외 쪽보다 압력이 높고 아래는 그 반대가 된다. 이것은 중성대(neutral pressure plane) 상부에서는 유출기류가 하부에서는 유입기류가 생기기 때문이다. 분출한 화염은 상층의 창유리를 파괴해 상층연소의 원인이 된다.

2) 출입문 등의 개구부로부터 연소 확대

내화조 건물에서 대규모인 것은 건축법령에 따라 일정 면적 이내마다 내화구조의 바닥 및 벽에 의해서 수평 및 수직방향으로 방화적(防火的)인 구획을 해야 하지만, 많은 화재 사례가 보여주듯이 이 방화구획은 출입구의 문 등 개구부의 방호가 불충분했기 때문에 돌파되어, 그 부분에서 연소를 허용하고 있다. 따라서 방화구획에 설치한 개구부의 면적은 피난상 지장이 없는 한 작은 쪽이 안전하지만 실제로는 커다란 개구로 되어 있는 경우가 많다.

3) 덕트(duct)류로부터의 연소 확대

최근의 내화조 건물은 냉난방 등을 위해 공기조화설비를 준비하고 있으며, 그 때문에 덕트류가 건물 내를 종횡으로 지나고 있다. 따라서 실내에서 화재가 발생하면, 연기와 함께 열기류가 이들의 급배기구에서 덕트 내를 통해 다른 실과 복도 등에 붙기 시작하여 그 부근의 가연물에 연소하는 것 외에 덕트 내에 고여 있던 먼지 등에 불이 붙는 경우도 있으며, 또한 덕트와 덕트 공간의 보온재료가 가연성인 경우에는 그것도 불이 붙게 된다.

4) 기타의 연소 확대

그 밖에 최근의 내화조 건물에 이용되는 외벽의 커튼 월(curtain wall)식 공법에서는 바닥판의 단부와 외벽 면과의 접점 부근에 틈이 생기기 쉬워, 이것이 방화상(防火上)의 약점으로 되어 상층으로 연소한 예를 볼 수 있다. 그 관통구를 다시 묻는 공사가 완전히 행해지지 않았기 때문에 그곳이 연소경로가 된 예도 많다. 게다가 이와 같은 시공사의 결함은 천장 등의 마감공사가 완료된 후에는 발견이 곤란하여 화재발생 후에야 비로소 생각나는 경우가 많기 때문에 세심한 주의와 양심적인 시공이 필요하다.

(3) 건물 내의 연기 유동과 확대

화재가 발생한 지점의 연기는 열분해 가스류와 함께 먼저 실의 천장에 도달하고, 차차로 발생하는 열기류에 내리눌려 실의 상반부에 층류(層流)를 이루어 사방으로 확대해가며, 벽에 도달하면 하강하기 시작해 마침내 실 전체에 연기가 충만한다.

화재실에서 복도와 로비 등에 유출한 연기는 통상 0.5~1.0㎧의 유속으로 확대해 가지만, 계단실과 에스컬레이터, 엘리베이터 샤프트(shaft), 수직덕트 등이 개구되어 있으면 고저차와 온도차에 의한 부력효과에 따라 유속이 증대하고 수직통로의 최상부까지 순식간에 상승해간다.

계단실의 문이 화재층과 상층부에서 열려 있으면 드래프트(draft)가 생겨 연기의 유입속도는 점차 증대하고 다량의 연기와 열기류가 수직통로에 흡인되어 상층부분으로 배출되기 때문에 위의 각 층이 오염되어 인명(人命)을 위협하는 것이다.

계단실 외에 공조덕트도 연기를 전달하지만 특히 수직덕트에서 유입한 연기는 상층부로 연기를 배분하기 때문에 연기가 유입하는 것보다 빨리 폐쇄하여 연기의 통과를 억제할 필요가 있다.

최근 미국의 고층건물 화재 실례에 의하면 엘리베이터 샤프트 승강구 미닫이의 틈새에서 유입하는 연기로 위층부터 순차적으로 오염되어가는 것이 문제가 되고 있어, 엘리베이터 로비에 연기를 유입시키지 않는 방법이 강구되고 있다. 에스컬레이터의 경우는 더욱 큰 개구가 있는 만큼 연기의 상층 전달량은 크게 되므로 그 주위를 방연적으로 지키는 것은 매우 중요한 문제이다.

5-1-3 건물방화계획

(1) 배치계획

건축물의 배치는 외부로부터의 교통동선을 중요시하는 것은 당연하지만, 될 수 있는 한 주위에 많은 녹지를 만들고, 특히 인구조밀지역의 집단화재 영향을 받지 않도록 건물의 위치와 개구부의 배치를 고려함과 동시에, 건축물 내에서의 피난자가 옥외광장과 통로를 경유하여 안전한 장소로 피난할 수 있는 경로를 확보하도록 한다. 또한 부지 내에는 되도록 소방자동차 · 구급차가 진입하기 쉬운 광장인 통로 등을 확보하는 것이 바람직하다.

(2) 평면계획

1) 조닝계획

평면계획상 각 층의 조닝(zoning)계획이 필요하며, 피난상 유효한 구획을 설치하여 화재가 발생한 존(zone)과 다른 존을 경유하여 최종적으로 가장 안전한 구획으로 대피할 수 있도록 계획하는 것이 중요하다. 다층계(多層階)의 건물에서 계단은 가장 중요한 피난로가 되므로 알기 쉬운 위치에 균등하게 분산하고, 다른 부분과 완전히 구획할 수 있는 안전한 구획 내에 설치하여 그곳으로 통하는 복도 등의 피난로는 단순 명쾌한 것으로 하는 것이 좋다.

2) 안전구획

피난 또는 소방활동상 요청에 의해 다른 구획과 방연(방화)구획된 공간에 있어서, 그 목적과 구조에 따라 제 1차 안전구획(거실에서 화재가 발생한 경우 거실과 방연적으로 구획된 피난로인 복도, 로비, 계단 전실을 말함), 제2차 안전구획(제1차 안전구획에 이어 피난계단 또는 특별피난계단의 부속실을 말함), 제3차 안전구획(그 층의 최종 피난경로가 되고 다층계의 피난동선이 되는 특별피난계단을 말함) 등이 있다.

3) 수직통로구획

계단, 에스컬레이터, 엘리베이터, 수직덕트, 배관 스페이스 등도 되도록이면 안전도가 높은 외부나 안전하게 구획된 코어 내에 설치하고, 그 주위를 방화 방연적으로 보호되도록 계획하며, 수직통로에 의한 상층 오염을 막을 필요가 있다.

4) 용도구획

극장과 백화점, 지하가와 호텔, 차고와 맨션 등 용도와 사용시간이 다른 부분이 공존할 경우에는 상호 피난상의 장해가 되지 않는 방법으로 구획하고, 필요에 따라서는 각기 별도 경로에 의한 피난로를 설치하여 인명의 안전을 도모한다.

(3) 단면계획

1) 수평구획

건축물의 연직(鉛直)방향의 공간구성을 결정하는 단면계획에서는 먼저 각 층의 바닥에 의한 완전한 수평구획을 형성한다. 또한 각 층의 평면계획에서 계단 등의 피난시설과 설비 샤프트를 동일 부분에서 상하로 겹쳐, 수직방향의 동선과 설비 간선에 엇갈림이 생기지 않도록 하는 것이 바람직하다.

2) 수직통로구획

피난계단, 비상용 엘리베이터 등의 수직동선은 전용 구획으로서 일반 부분과 격리하기 쉬운 위치 구조로 하고 연기의 침입을 막도록 해야 한다. 특히 계단 출입구의 방화문은 항상 폐쇄형으로 하고 상부에 방연수벽(防煙垂壁)을 설치하여, 문을 연 피난 중에도 연기의 유입을 막는 것으로 한다.

3) 중간 절연층

초고층 건축에서는 중간의 설비기계층을 일상의 용도에서 분리하여 상하층을 차단할 수 있도록 하고, 중간 피난바닥으로 이용함으로써 전층(全層) 피난인 경우의 대피장소로 하는 것이 바람직하다.

4) 옥외 피난바닥

건축물의 상부를 후퇴하여 건축하는 경우에 그 옥상을 피난바닥으로 사용하는 것은 유리하며, 특히 상층에 집회실이나 대형 식당 등을 둘 경우에는 그 층 부근에 옥외 피난을 가능하게 하는 안전광장을 택하는 것이 바람직하다.

5) 발코니

병원 건축이나 공동주택 등 항상 사람들이 생활하고 취침하는 시설에서는 피난시간이 늦어지는 경향이 많기 때문에, 각 층에 발코니를 설치하는 것 외에 될 수 있는 한 외기에 면하는 복도와 계단을 설치하여 피난경로가 재빨리 연기에 오염되는 것을 막는 것이 바람직하다.

(4) 입면계획

건축물의 외부 장식은 주로 의장적 입장으로부터 재료, 구법(構法), 형상 등이 선택되는 경향이 많지만, 유리 면의 과대한 커튼월은 화재 시에 상층 연소(延燒)가 일어나기 쉬운 약점이 있으며, 한편 거실의 외면을 무창으로 한 것은 배연과 구조를 방해하는 등의 문제가 있다. 피난계단 등을 의장적인 악센트로서 일반 부분과 명확하게 구분하여 안전성을 강조하도록 하는 디자인도 방화(防火) 또는 방재상 평가되어도 좋을 것이다.

(5) 내장계획

건축물 내장의 불연화는 화재 방지, 발연량의 감소 및 플래시 오버의 지연상 유효한 것으로, 특히 천장, 벽은 물론 칸막이, 창호 등도 포함되어 전반적으로 가능한 한 불연화를 최대한 행하여 화재의 발생 및 확대를 억제하고, 인명의 안전과 재해의 확대를 막아야 한다. 특히 지하층, 고층부, 무창실, 대구획실 등에 대하여는 철저한 내부 불연화를 도모해야 한다.

(6) 설비계획

1) 공조설비

최근 일어나고 있는 화재의 특색인 연기에 의한 피난 장해와 중독사는 공조설비의 발달에 따라 무창실이 증가 혹은 덕트 수납 등을 위해 천장이 낮아져 연기의 유동이 억제되기 어렵게 된 점 등과 관계되어 부정적이다. 또한 배연이나 방연기술은 공조설비와의 상관 정도가 크다. 공조덕트의 발달은 천장을 낮게 하고 건축물에 종횡의 연통성(連痛性)을 지니게 하기 때문에, 한 개소의 화재에 의한 연기와 가스가 생각지도 않은 곳에 누출, 특히 수직덕트의 경우는 상층부로 재빨리 전달되고 상층을 위험하게 할 경우도 많아지고 있으므로, 공조계의 방연 조치는 매우 커다란 문제이다.

2) 전기설비

화재 초기의 감지, 경보, 유도 등의 설비에 사용되는 배선은 그 만큼 높은 내열성이 반드시 필요한 것은 아니고, 시간적으로도 짧아야 하지만 방화문의 폐쇄, 비상구의 해제 등의 작동 지시 전선은 이것보다도 다소 여유를 두는 것이 바람직하다. 배연구의 개구, 배연 팬(fan)의 구동 등의 전선은 더욱 고온으로 상당 시간 견딜 필요가 있으며, 더욱 중요한 피난계단과 비상용 엘리베이터의 기능을 유지하기 위한 전선은 당연 내화구획 내를 통하든지 또는 내화전선으로 그 기능을 완전히 다하도록 하지 않으면 안 된다.

3) 급배수설비

일반 소방용수는 화재진압까지 확보하지 않으면 안 되며, 스프링클러 등에 대하여는 통수(通水) 정지밸브 등을 함부로 조작할 수 없도록 함과 동시에 공사 등으로 일시 정지하였더라도 긴급한 경우 급속으로 복귀할 수 있는 설비를 고려해 둘 필요가 있다. 수압과 수량의 확보는 특히 중요하여 정전 시에도 예비 발전에 의해 수압을 확보 가능하도록 하거나 고가탱크 등에 의해 소요량의 수량을 확보하도록 한다. 채수구(採水口), 연결 송수구는 외부에서 용이하게 근접할 수 있는 위치를 선택, 용도 규모에 따라서는 그 방향에서의 접근이 가능하도록 한다.

(7) 확대 연소방지계획

1) 방화구획

발생된 화재를 상정된 기본 공간 내로 진화하기까지 완전히 가둠으로써 피난활동을 용이하게 하고 아울러 재산보호를 도모해야 한다. 이 기본공간은 바닥, 천장 및 내 · 외벽과 개구부에 의해 구성된다. 방화구획에는 바닥 등 수평방향의 부위가 방화구획이 되는 경우와 벽 등의 수직방향의 부위가 방화구획이 되는 경우가 있다. 전자(수평부위 구획)에는 면적구획 및 스팬드럴(spandrel)이 있으며, 후자(수직부위 구획)에는 수직통로구획, 면적구획 및 스팬드럴이 있다.

2) 방화문

방화구획의 약점 중의 하나인 개구부에 설치한 방화문에 대하여는 법규에 따라 일정한 방화력을 지닌 구조로 하는 외에 수시로 폐쇄 가능하고, 게다가 화재 시의 열 등을 감지하여 자동적으로 폐쇄하는 기능을 지닌 것으로 탈출할 기회를 잃은 사람을 위해 쪽문(수동으로 수시 개폐가 가능하고 동시에 자동폐쇄기능을 부착한 것)을 준비하도록 하고 있다. 한편 백화점 등에서 셔터의 위치에 상품을 방치하는 등, 유지관리 면에서 화재 시의 유효성에 의문을 품게 하는 경우가 없도록 주의해야 한다.

3) 방화댐퍼

덕트가 방화구획을 관통하고 있는 경우에는 그 위치에 방화댐퍼(fire damper)를 설치하여 차단하지 않으면 방화구획의 효과가 없다. 따라서 방화댐퍼도 방화구획의 일부를 구성하는 것으로서 앞에 기술한 방화문과 같은 모양으로 그 관통하는 바닥과 벽 등의 방화구획과 동등한 방화력을 갖는 외에 수시 수동과 자동폐쇄의 기능을 갖추지 않으면 안 된다.

5-1-4 소화설비

(1) 옥내 소화전설비

옥내 소화전설비는 건축물 기타 공작물 내에서 발생한 화재에 대해 소방대가 도착하기까지의 사이에 건축물의 관계자가 소화활동에 종사할 경우에 사용되는 것으로, 초기에서 중기까지의 화재단계에서 소화를 주 목적으로 한 것으로 노즐(nozzle) 및 소방용 호스의 조작에 의해 소화하는 이동식 설비이다. 옥내 소화전의 방수량은 $130l$/min이고 방수압력은 1.7kg/cm^{2}이다(어느 층에서나 당해 층의 전체 옥내 소화전 중 5개까지를 동시에 사용한 경우). 설치 간격은 소화전과의 수평거리가 25m 이하가 되도록 한다.

(2) 옥외 소화전설비

옥외 소화전설비는 건축물의 1층이나 2층에서 화재가 발생한 경우, 소방대가 도착하기 전까지 건물의 관계자에 의해 건물 내의 화재를 소화할 목적으로 설치되는 것이다. 옥외 소화전의 방수량은 350l/min이고 방수압력은 2.5kg/cm^{2}이다. 수원의 수량은 350l/min×2개×20분=14m^{3}이다(옥외 소화전이 2개 이상 설치된 경우에는 2개로 한다).

또한 옥외 소화전은 내화 건축물일 때 9,000m^2 이상, 준 내화건축물일 때 6,000m^2 이상, 기타 건축물일 때 3,000m^2 이상에 하나씩 설치하여 소화전과의 수평거리가 40m 이하가 되도록 설치한다.

(3) 스프링클러설비

스프링클러(sprinkler)설비는 스프링클러 헤드(head)를 부착하고 있는 천장면 아래에서 화재가 발생한 경우에 스프링클러 헤드의 감지부분이 용해 또는 파괴되어 헤드의 방수구가 개구되면서 살수하는 자동소화설비이다. 그러므로 스프링클러설비는 화재 시 초기 소화율이 높고 소화기능과 경보기능을 갖추고 있어 고층 건축물이나 지하층의 소화에 적합하다는 몇 가지 특징을 갖고 있다.

이를 크게 나누면, 개방형 스프링클러설비와 폐쇄형 스프링클러설비로 구분할 수 있는데, 전자는 개방형 스프링클러 헤드를 사용한 것으로 극장의 무대부 등 천장이 상당히 높은 곳이나 특수한 장소에 설치된다. 그리고 후자인 폐쇄형 스프링클러설비는 거실 등 일반적인 장소에 설치되는 것으로, 배관 내에 상시 물은 가압 충수하여 두는 습식설비와 스프링클러 헤드와 자동경보 밸브까지의 배관 내는 공기에 의해 가압해두는 건식설비(배관 내의 물이 동결할 우려가 있는 한랭지 등에 사용)가 있다.

한편, 스프링클러설비의 헤드 수평거리는 무대부 또는 준위험물 및 특수 가연물을 저장 취급하는 장소에 있어서는 1.7m 이하로 설치하고, 일반 건축물에 있어서는 2.1m 이하(내화구조로 된 경우에 있어서는 2.3m 이하)로 설치하도록 법령에 규정되어 있다. 스프링클러 헤드의 구조는 평상시 관내 압력수의 유출을 막고 있다가 화재발생 시 실내온도가 상승하면 용해됨으로써 관속의 물이 살수되는 가용 편(fusible link)과 화재발생 시 방수구에서 유출되는 물을 세분시키는 작용을 하는 디플렉터(deflector), 그리고 이 디플렉터를 받쳐주는 프레임(frame) 등으로 되어 있다. 스프링클러 헤드 하나가 소화할 수 있는 면적은 보통 10m² 정도로 보며, 스프링클러 헤드의 방수량은 80l/min 이상 그리고 방수 압력은 1kg/cm² 이상이어야 한다.

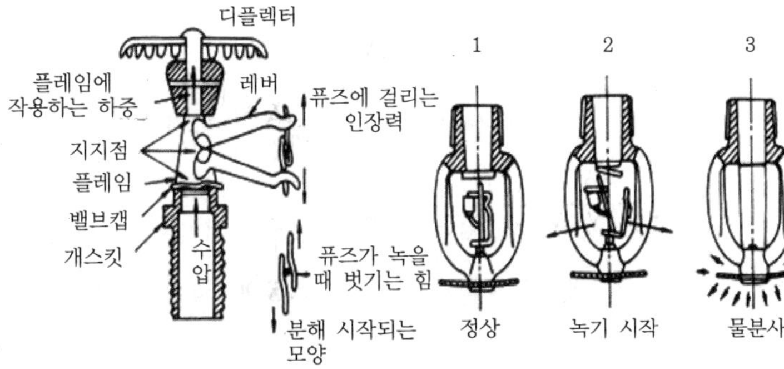

그림 5-1 | 스프링클러 헤드의 예

(4) 물분무 소화설비

물(水)분무 소화설비는 물을 미립상(微粒狀)으로 분산 방출하여 소화하고 화세의 제압 또는 연소(延燒) 방지를 목적으로 하는 것으로, 자동차 차고 등과 같이 기름화재에 대하여도 소화의 목적을 달성할 수 있는 설비이다.

(5) 포(泡)소화설비

포(foam)소화설비는 포소화 약제를 사용하여 포 수용액을 만들고, 이것을 화학적 또는 기계적으로 발포시켜 연소부분을 피복, 질식 효과에 의해 소화목적을 달성하는 것으로, 물로는 소화하기 어려운 화재, 이를테면 통신기기실이나 대형 발전기 등의 소화설비에 적용된다.

(6) 할로겐화물 소화(halogenated extinguishing agents)설비

이산화탄소 소화설비와 기능적으로는 거의 같지만 오동작 등에 의한 인체에의 위험성은 이산화탄소에 비하여 훨씬 적으므로, 종래 이산화탄소 소화설비를 설치하고 있던 장소라도 이것으로 대치하려는 경향이 있다. 소화제의 종류는 여러 가지가 있지만 할론(halon) 1301이 가장 많이 사용되고 있으나, 할론 소화설비는 오존층을 파괴하므로 몬트리올 의정서에 의하여 2010년 1월 1일부터 국내에서 생산 및 사용이 금지될 전망이다. 소화제의 방출방식에 따라 분류하면 이동식, 고정식, 전역 방출식, 국소 방출식 등이 있다.

(7) 이산화탄소 소화설비

이산화탄소(carbon dioxide) 소화설비는 연소 중인 장소에 이산화탄소를 방사하고 공기 중의 산소농도를 일정 한도 이하까지 내림으로써 그 연소의 계속을 정지시키는 것으로, 고층 건물의 전기실, 자동차 차고, 주차장 등에 사용되었으나 오존층 파괴로 인하여 환경규제를 받고 있다.

(8) 청정소화 약제(clean extinguishing agents) 소화설비

화재발생 시 스프링클러설비 등은 물에 의한 소화 시 수손(水損)의 피해가 우려되므로, 전기적으로 비전도성(傳導性)이며 사용 후 잔류물이 남지 않는 할론 소화설비 또는 청정소화설비를 사용하고 있으나, 환경규제로 인하여 향후 청정소화 약제가 많이 사용될 전망이다. 주로 전기실, 발전기실, 통신실, 감시실, 주차용 건물 등에 적용되는 소화설비이다.

5-1-5 경보설비

(1) 자동화재탐지설비

자동화재탐지설비는 화재발생을 초기단계에서 자동적으로 감지하고, 건물관리자가 있는 장소에 화재발생 장소를 표시함과 동시에, 경보를 발하는 설비로 수신기, 감지기(중계기를 필요로 할 때도 있다), 발신기, 음향장치, 배선, 전원 등으로 구성되며, 일정 규모 이상의 방화 대상물에 법령 등이 정하는 바에 따라 설치해야 한다.

이 설비의 자동작동은 물리적 및 전기적인 요소에 의해 구성된 순서에 따르고 있다. 이 때문에 당해 기기의 적응성을 중요시한 선택, 설치에 해당한 기술적 대응 등이 필요하며, 기기의 형상, 구조, 재질 및 성능은 규격에 적합한 검정품이 아니면 안 된다.

수신기는 감지기 또는 발신기에서 발한 신호를 직접 또는 중계기를 개입시켜 수신하며, 또 이것을 표시하고 동시에 음향장치를 명동(鳴動)시키는 것으로 P형 1급, 2급 및 R형이 있다.

감지기란 화재에 의해 발생하는 열, 연소생성물을 이용하여 자동적으로 화재의 발생을 감지하고, 이것을 수신기에 송신하는 것을 말하며, 종별에 따라 작동원리와 그 특성도 다르다.

열식은 화재 열(온도 상승)을 포착하는 것으로, 주위 온도의 완만한 상승에는 작동하지 않고 급상승의 경우에만 작동하는 차동식과 천장 면 가까이의 실온이 일정 온도(예를 들면 70℃)에 달하면 작동하는 정온식 및 이 양자의 기능을 겸비한 보상식이 있다.

연기식은 화재 시의 연기 또는 연소 생성물을 포착하는 것으로, 미량의 라듐과 같은 방사성 물질로 상시 그 속의 공기를 이온화하여 어느 작은 용기 2개를 전기적으로 직렬로 늘어놓고, 그 한쪽에 연소 생성물이 들어가면 그 쪽의 전리전류(電離電流)가 감소하는 것을 이용하여 검출하는 방식의 이온화식과 연기에 의해 광전 소자의 입사광량이 변화하는 것을 이용하여 작동하는 광전식이 있다.

(2) 비상경보설비

비상경보설비는 화재의 발생 또는 상황을 소방대상물 내의 관계자에게 경보음 또는 음성에 의해 통보하고, 초기 소화활동 및 피난유도 등을 원활하게 행하는 것을 목적으로 하여 설치되는 것이다. 이는 비상벨 또는 자동식 사이렌(기동장치, 조작장치 및 음향장치 등으로 구성)과 비상용 방송설비(기동장치, 비상전화, 스피커, 증폭기, 및 조작장치 등으로 구성)로 구분되는데, 이들의 설비는 인위적으로 기동장치를 조작하고 경보음을 발하는 것이지만, 방송설비로는 자동화재탐지설비와 연동하여 기동시키는 방식 및 비상전화를 이용하여 기동시키는 방식 등이 있다.

(3) 누전 화재경보기

누전 화재경보기는 600V 이하 저압 전로(電路)의 지락(地絡) 전류를 검출하고 경보를 발하며, 당해 소방 대상물의 관계자에게 누전이 있는 것을 알려 누전

화재발생을 미연에 방지하기 위한 설비이다. 이 설비는 경보설비의 일종이지만 자동화재경보설비와 비상경보설비가 화재의 발생을 조기단계에서 자동적 또는 인위적으로 통보하는데 대하여 화재발생 이전에 경보를 발하는 것으로 수신기, 변류기 및 음향장치 등으로 구성되어 있다.

5-1-6 피난설비

(1) 피난기구

피난기구는 계단 등에 의한 피난이 불가능해 도피하지 못한 사람의 피난을 위해 사용되는 것으로, 최후의 탈출수단이라고 해야 할 것이다. 본래 피난은 이와 같은 비상수단에 의할 것 없이 계단 등의 피난시설에 의해 안전하게 행해지는 건축설계가 바람직하다. 이 때문에 특별피난계단을 설치한 건축물 등에 의해 도피에 지연된 사람이 피난 가능하도록 설계된 건축물에 대하여는 법령에서도 피난기구 설치의 감소조치를 강구하고 있다.

피난기구는 옥외 발코니 또는 옥외에 면한 창 등의 개구부에 부착하여 사용하는 것이기 때문에 개구부의 종별에 따라 그 조작상 및 피난자의 탈출상 지장이 없는 크기의 개방부분과 개방형식이 필요하다.

피난기구의 종별로서는 구조대(경사 강하식, 수직 강하식), 완강기(緩降機), 피난교, 피난사다리, 미끄럼대, 미끄럼봉, 피난용 트랩, 피난밧줄 등이 있지만, 각각의 조작 사용상 안전, 유효하게 설치하는 것이 필요하다.

(2) 유도등

화재 기타 재해가 발생한 경우에 건축물 내의 사람들을 신속하고 안전하게 피난시키기 위하여 이들을 적합하고 확실하게 피난시설로 유도함과 동시에, 정전시를 포함해 항상 피난행동을 원활하게 하기 위한 밝기를 확보할 필요가 있다. 이 때문에 소방법령에서는 유도등 및 유도표지를 일정한 용도 규모의 건축물 또는 그 부분에 대하여 설치하는 것을 의무화 하고 있다. 유도등에는 피난구 유도등, 통로 유도등, 객석 유도등의 3종이 있다.

유도등은 법령상의 설치기준에 적합하게 설치하는 외에, 사람들의 눈에 띄기 쉬운 위치에 소요 크기와 밝기를 갖고, 동시에 명확한 유도표시가 있는 것을 설치한다. 또한, 유도등은 화재 시 연기발생을 고려할 것이며, 특히 통로 유도등은 바닥면에서의 높이가 1m 이하가 되도록 낮은 개소에 설치해야 한다.

(3) 비상용 조명등

비상용 조명등은 화재 기타 재해와 사고발생 시에 상용 전원이 차단되면 건축물 내부가 패닉(panic)상태에 빠질 위험성이 있으며, 피난행동이 원활하게 행해지지 않게 될 두려움이 있기 때문에, 이와 같은 위험성을 배제하는 것을 목적으로 설치하는 피난을 위한 최저 조도를 확보하는 조명장치이다.

설치 시 배선은 거실, 복도 혹은 계단, 방화구획 등의 소구획마다 구분하고, 화재에 의해 특정한 회로가 장해를 받아도 다른 것에 파급이 없도록 조치할 필요가 있다.

5-1-7 소화용수설비

모처럼 여러 가지 소방설비가 있어도 단수와 수압 저하 등의 생각지 못한 장해에 의해 소화활동이 가능하지 않을 염려가 있기 때문에, 소방용수를 확보하는 것에 의해 소방활동에 지장이 없도록 고려된 것이다.

5-1-8 기타 소화활동상 필요한 설비

피난의 안전이나 소화활동이 곤란한 건축물에 대하여 배연설비를 설치하면, 화재발생 시 연기에 의한 질식사를 방지할 수 있어 매우 효과적이다.

고층 건물의 화재와 같이 소방대의 소화 개시까지의 작업 중에서 입체적으로 호스를 연장하는 작업은 많은 인원과 시간을 필요로 하기 때문에 연결 송수관설비를 설치하면 매우 효과적이다. 연결송수관설비(siamese connection)는 펌프 차의 호스와 연결해서 건물 내의 소화전에 송수하기 위한 시설이다.

또한 지하층이나 무창층 등과 같은 화재는 연기제어가 충분히 행해지지 않으면 소방대의 진입과 소화활동이 거의 불가능하게 되므로, 연결살수설비를 설치함으로써 소방펌프 자동차에서의 송수에 의해 유효적절하게 연소부분에 소화수를 방사시킬 수 있다.

한편, 화재 시에 소방대가 장비하고 있는 조명장치나 파괴기구 등을 접속하여 사용하는 비상 콘센트 설비가 있는데, 이는 진입이 용이한 계단이나 비상용 엘리베이터의 로비 등에 설치하여 소화활동을 용이하게 하기 위한 시설이다. 이 밖에도 지하가와 대규모 빌딩의 지하층 등의 화재에서 소화활동을 효과적으로 행하기 위해 지하 상호간 또는 지하와 지상의 무선교신이 가능하게 하는 무선통신 보조설비가 있다.

5-1-9 방재시스템

최근의 건축물은 대형화와 동시에 다용도화 하여, 이들 건축물에 설치하는 각종 방재설비도 내규보화 또는 다양화하고, 종래 개개로 제어하고 있던 이들 설비를 한 개소에서 집중관리를 하는 것이 요구되고 있다.

즉, 화재의 발견, 통보, 피난유도, 소화방화, 배연 등의 각 설비를 유기적으로 결합시켜 제어, 감시의 용이성 및 관리의 노력 경감 등을 도모하기 위하여 시스템화 하는 경우가 많아졌다. 그렇지만 시스템을 짜 맞추는데 있어서 건축물의 구조, 공조설비, 기계설비, 전기설비, 위생설비 등의 각종 설비의 방재에 대한 배려 및 방재에 활용할 경우의 그 성능, 기능 등의 적응성, 또한 화재발생 시에 있어서 피난유도의 시뮬레이션, 프로그램의 설정 등 많은 문제점이 있으며, 일률적으로 방재시스템을 조합시키는 것에는 문제가 있다. 건축물의 구조, 용도, 수용인원 등을 확인하고, 더욱이 관리체제, 인적 배치 등의 제 조건을 감안하며 가장 적당한 시스템과 경제성을 고려하면서 설정하는 것이 필요한 것이다.

5-2 가스설비

5-2-1 가스설비 일반사항

(1) 가스설비 개요

현재 연료로 사용하고 있는 가스는 지구 환경오염이 심각해지고 있는 요즈음에 그 사용의 편리성과 고효율성 및 청정성으로 인하여 건축물의 부가가치를 높이며 도시 대기의 오염을 최소화 하는 연료로 각광을 받고 있다. 이와 같은 특징을 지닌 가스설비는 건축의 기본계획단계에서부터 사용목적, 사용자의 안전성, 이용성, 쾌적성, 내구성 등을 충분히 고려하여 설계해야 한다.

(2) 연료용 가스의 특성

일반적으로 가스라고 하는 연료용 가스는 각종 단체가스의 혼합물이다. 연료용 가스로 혼합되는 단체가스의 물리적 성질을 표 5-2에 나타내었고 가스에 관한 기초사항을 다음에 기술하였다.

표 5-2 ● 단체가스의 물리적 성질

가스종류	분자식	발열량 [kJ/Nm³]		비중 0℃ 1atm 공기=1	착화온도 (공기중) [0℃]	이론 공기량 [Nm³]	연소한계 [%]	
		진발열량	총발열량				하한	상한
수소	H_2	10,760	12,770	0.070	530	2.38	4.0	75.0
일산화탄소	CO	12,640	12,640	0.967	610	2.38	12.5	74.0
메탄	CH_4	35,790	39,850	0.555	645	9.52	5.0	15.0
아세틸렌	C_2H_2	56,930	58,980	0.906	335	11.90	2.5	80.0
에틸렌	C_2H_4	59,940	64,000	0.975	540	14.28	3.1	32.0
에탄	C_2H_6	64,340	70,410	1.049	530	16.70	3.0	12.5
프로필렌	C_3H_6	88,200	94,350	1.481	455	21.40	2.4	10.3
프로판	C_3H_8	93,560	101,800	1.550	510	23.80	2.2	9.5
브틸렌	C_4H_6	113,820	121,850	1.937	445	28.60	1.6	9.3
n-부탄	C_4H_{10}	123,530	134,000	2.091	490	30.90	1.9	8.5
i-부탄	C_4H_{10}	121,600	131,980	2.064	490	30.90	1.9	8.5

1) 발열량

가스의 연소는 발열반응이고 표준상태의 가스 $1Nm^3$이 완전연소할 때 발생하는 열량을 발열량이라 하며 kJ/Nm^3으로 표시한다. 가스의 연소에서 수소나 탄화수소는 연소에 의해 H_2O가 되나 연소가스가 고온이므로 수증기 상태로 있다. 연소에 의해 발생한 열량에서 수증기가 가지고 있는 발열량을 뺀 값을 진(저)발열량이라고 하며, 수증기가 물이 된다고 하고 그 발열량을 포함시킨 것을 총(고)발열량이라고 한다. 가스의 발열량은 일반적으로 총발열량으로 표시된다.

2) 비중

가스의 비중은 일반적으로 같은 온도, 압력, 부피의 공기와의 중량비로 표시되고, 공기의 비중을 1.0으로 하여 그 비로 표시한다. 특수한 경우에는 표준상태의 공기를 1.0으로 하는 경우가 있으므로 주의해야 한다. 가스 비중의 크기는 도관의 수송량 및 기구의 노즐에서 분출량에 영향을 미친다.

3) 착화온도

가스의 연소는 가스중의 가연성분과 공기중의 산소와의 화학반응이며, 이 반응은 일정온도 이상에서만 반응되는데 반응이 일어나는 최저의 온도를 착화온도라고 한다.

4) 압력

가스가 정상적인 연소를 하기 위해서는 가스기구 입구에서의 압력이 일정해야 한다. 이것을 공급압력이라고 하며, 가스 사업법에 의해 표 5-3과 같이 분류된다. 가스의 압력은 보통 게이지 압력으로 표시되며 수요가에 공급되는 저압은 Pa(수주높이 mmAq 또는 mmH_2O)의 단위로, 수송도관의 압력이 높은 것은 $kPa(kgf/cm^2)$로써 표시된다.

표 5-3 ● 압력에 따른 도시가스의 분류

<table>
<tr><th>구분
내용</th><th>가스의 호칭</th><th>가스사업법의 정의</th><th>비고</th></tr>
<tr><td>고압</td><td>1 MPa(10kgf/cm^2) 이상</td><td>1 MPa(10kgf/cm^2) 이상</td><td>고압</td></tr>
<tr><td>중압 A</td><td>0.3 MPa(3kgf/cm^2) 이상
1 MPa(10kgf/cm^2) 미만</td><td rowspan="2">0.1 MPa(1kgf/cm^2) 이상
1 MPa(10kgf/cm^2) 미만</td><td rowspan="2">중압</td></tr>
<tr><td>중압 B</td><td>0.1 MPa(1kgf/cm^2) 이상
0.3 MPa(3kgf/cm^2) 미만</td></tr>
<tr><td rowspan="2">중간압</td><td>일반가스 규정을 초월</td><td rowspan="3">0.1 MPa(1kgf/cm^2) 미만</td><td rowspan="3">저압</td></tr>
<tr><td>0.1 MPa(1kgf/cm^2) 미만</td></tr>
<tr><td>저압</td><td>공급규정 선정 압력
Pa(mmH_2O)</td></tr>
</table>

(3) 연료용 가스의 종류

일반용도로 쓰이고 있는 연료용 가스를 원료별로 분류하면 표 5-4와 같다.

5-2-2 가스배관 설계

가스설비의 설계는 가스 사업자 등으로부터 정보를 제공을 받아, 그 건물에 적합한 가스설비의 선정을 급·배기설비와 함께 검토하는 것이 중요하다.

(1) 가스기구의 설치위치

가스기구는 용도, 성능을 고려하여 안전하고 사용하기 쉬운 장소에 두며, 선정상 주의점은 다음과 같다.

① 용도에 적합하고 사용하기 쉬울 것.
② 열에 의해 주위의 손상이 없을 것.
③ 목욕탕 또는 환기가 되지 않는 곳에 설치하지 않을 것.
④ 개방형 연소기구에는 환풍기 또는 환기구를 설치할 것.
⑤ 반개방형 가스기구는 급기구 및 배기구를 설치할 것.
⑥ 가스기구의 손질이나 점검이 가능할 것.

표 5-4 • 연료용 가스의 종류

종별	명 칭	제 조 방 식	용 도
천연가스	액화천연가스 (LNG)	알라스카 · 수마트라 · 중동 등지에서 산출되는 천연가스를 현지에서 액화하여 전용선으로 수송한다.	스트레이트 공급 제조가스에 혼합
	천연가스 변성가스	천연가스를 스팀분해 등으로 저발열량의 가스로 변성한다.	제조가스에 혼합 (희석성분)
석유계 가스	액화석유가스 (LPG)	석유정제과정에서 생성하는 프로판 · 부탄을 주체로 하는 가스를 압축 액화하여 가압 하에서 수송한다.	용기 호별공급 스트레이트 공급 공기 희석 공급
	LPG 변성가스	LPG를 스팀 분해 등으로 저발열량의 가스로 변성한다.	그대로 공급, 제조가스에 혼합 (희석성분)
	나프타 분해가스	석유의 경질 유분을 ICI식 · CRC식 · 사이클식 등의 개량장치로 분해한다.	그대로 공급, 제조가스에 혼합
	정제소 가스	석유정제 과정에서 고발열량의 혼합가스를 파이프라인으로 수송한다.	제조가스에 혼합
	대체천연가스 (SNG)	나프타 등을 특수건조 하에서 분해하여 천연가스와 동등한 발열량 · 연소특성을 가진 가스를 제조한다.	그대로 공급(천연가스 스트레이트 공급지구)
석탄계 가스	코크스로 가스	석탄을 코크스로에서 건류시켜 발생시킨다. 코크스를 주 제품으로 하고 가스를 부제품으로 할 때가 많다.	제조가스에 혼합 (주성분)
	발생로 가스	코크스와 공기를 고온으로 반응시켜 제조하는 저발열량의 가스	제조가스에 혼합 (희석성분)

(2) 사용량의 추정

1) 일반건물의 가스 소비량

사용량의 추정은 사용하는 가스기구의 종류, 개수, 각 기구의 최고 사용량, 이들 중 동시 사용하는 개수 및 장래의 설비 증설계획 등을 고려하여 사용자와 합의 후 가스유량이 최대로 될 때의 유량을 설계유량으로 한다.

가스 소비량의 결정은 다음 식에 따른다.

$$\theta = \Sigma q \times a \quad (5 \cdot 1)$$

여기서, θ : 최대가스 소비량 [m^3/h]

$\sum q$: 수요가 가스 소비량 합계 [m^3/h]

a : 동시사용률

표 5-5 • 동일종별 기구개수에 의한 동시사용률

기구종류 \ 개수	1	2	3	4	5	6
가스레인지 · 취사기구류	100%	80%	70%	60%	55%	50%
난방기구류	100%	65%	50%	45%	40%	35%
온수기 · 목욕솥류	100%	85%	83%	80%	77%	75%

표 5-6 • 가스기구의 가스소비량

기구명	규격	가스소비량	비 고
순간온수기	4호	8,500 kcal/h	
	5호	9,500 kcal/h	
	12호	23,000 kcal/h	
	16호	30,000 kcal/h	
가스오븐		1,500 ~ 7,000 kcal/h	
취 반 기	1*l* 취사	1,100 kcal/h	
	4*l* 취사	2,600 kcal/h	
	8*l* 취사	5,100 kcal/h	
로스터		2,300 ~ 3,000 kcal/h	
2구 가스레인지		2,200 ~ 2,500 kcal/h	
탁상곤로		1,500 ~ 2,500 kcal/h	
밸런스형 목욕솥	샤워가 없는(공단형)	12,000 kcal/h	
	샤워설치	22,000 kcal/h	

2) 일반공동주택의 가스소비량

① 공급방식

- 도시가스 공급지구 : 세대별 가스공급관 설치 공급
- 도시가스 미공급지구 : LPG가스 플랜트 설치 공급

② 가스특성 및 세대별 가스 사용량

• 가스특성

구분	비중	발열량(kcal/Nm^3)	비고
LNG	0.65	10,500	당해지구 발열량 기준
LPG	1.56	24,000	공급사업자별 기준
LPG + AIR	1.34	15,000	당해지구 발열량 기준

• 가스 사용량의 예

구분	취사 전용	취사 난방		비 고
2구 레인지	5,500	5,500	5,500	
그릴	2,500	2,500	2,500	
난방부하		5,300÷0.85 =6,300	6,600÷0.85 =7,800	전용세대 평면에 따라 차등 적용
급탕부하		13,577÷0.85 =16,000	19,627÷0.85 =23,100	전용세대 평면상의 욕실에 따라 차등 적용
계	8,000	24,000	31,000	

※ 보일러 효율 : 85% 적용

※ 가스 사용량의 소요열량 합계(취사+난방 겸용 지구)는 취사용(레인지+그릴)에 급탕부하를 합한 것임.

※ 취사+난방 겸용 지구 등 욕실의 수에 따라 평형의 소요열량 합계는 별도 계산하여 적용

※ 도시가스공급업체 요구 시 취사용 가스사용량 조정 가능(가스오븐레인지 적용 등)

(3) 가스계량기 선정과 설치위치

1) 계량기 선정

① 가스사용량, 용도별로 선정한다.

② 계량기의 최저가스 계량용량과 최대가스 계량용량의 범위 내에서 선정한다.

2) 계량기 등급 산정

① 가정용은 동시 사용률을 100% 적용하여 등급을 결정한다.

② 영업용은 기구의 총유량에 동시 사용률을 적용하여 결정한다.

③ 냉·난방, 산업용은 주 열원기기의 용량에 따라 등급을 결정한다.

3) 계량기 설치위치

① 계량성능에 악영향을 미치는 장소 즉, 고 · 저온, 직사광선, 습기, 진동, 부식성의 환경을 피한다.

② 30 m^3/h 미만의 계량기는 바닥면으로부터 1.6m ~ 2m 이내에서 설치한다. 다만, 격납상자 설치 시와 계량기실 내에 설치 시에는 예외로 한다.

표 5-7 • 집단주택 동시 사용률(APT, 연립주택)

호 수	동시사용률		호 수	동시사용률	
	취사용	난방 겸용		취사용	난방 겸용
1	1.00	1.00	24	0.39	0.75
2	0.82	1.00	25	0.38	0.75
3	0.72	1.00	26	0.38	0.75
4	0.64	0.95	27	0.38	0.75
5	0.59	0.92	28	0.38	0.75
6	0.54	0.89	29	0.37	0.75
7	0.50	0.86	30 ~ 39	0.37	0.75
8	0.49	0.84	40 ~ 49	0.34	0.75
9	0.48	0.82	50 ~ 59	0.32	0.71
10	0.47	0.81	60 ~ 69	0.31	0.66
11	0.46	0.80	70 ~ 79	0.29	0.61
12	0.46	0.80	80 ~ 89	0.28	0.59
13	0.44	0.80	90 ~ 99	0.27	0.55
14	0.44	0.79	100 ~ 199	0.27	0.45
15	0.43	0.79	200 ~ 299	0.26	0.43
16	0.43	0.78	300 ~ 399	0.26	0.43
17	0.42	0.78	400 ~ 499	0.25	0.42
18	0.42	0.77	500 ~ 599	0.24	0.42
19	0.41	0.76	600 ~ 699	0.23	0.42
20	0.41	0.76	700 ~ 799	0.22	0.42
21	0.40	0.75	800 ~ 899	0.21	0.42
22	0.40	0.75	900 ~ 999	0.21	0.42
23	0.39	0.75	1000이상	0.20	0.42

(4) 가스공급방식

1) 공급방식의 종류

제조소에서 생산된 도시가스는 배관에 의해 수요가까지 공급된다. 일반적으로 제조소의 출구에서는 수송압력이 높고, 순차적으로 정압기에 의해 감압된다. 고압 본관은 1MPa(10kg/cm²) 이상, 공업용 또는 가스가 대량으로 사용되는 건물의 보일러나 냉온수기 등의 중앙본관은 0.1~1 MPa(1~10kg/cm²)의 압력이고, 가정용 · 상업용 등의 일반에게 공급되는 말단 배관은 0.5~2.5kPa(50~250mmAq)의 압력으로 공급된다.

표 5-8 • 가스공급방식의 분류

<table>
<tr><th colspan="2">공급방식</th><th>개념도 및 특징</th></tr>
<tr><td colspan="2">저압공급방식</td><td>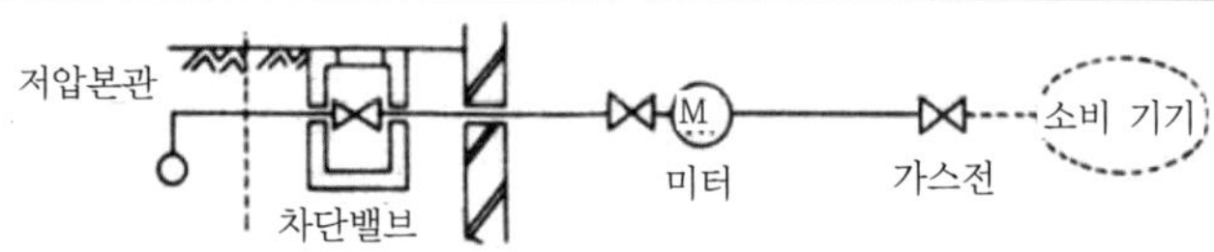

• 일반주방이나 주택에의 공급에 이용된다.
• 압력은 50 ~ 200mmAq 또는 100 ~ 250mmAq로 유지되고 있다.</td></tr>
<tr><td rowspan="2">중압공급방식</td><td>기구정압기 공급방식</td><td>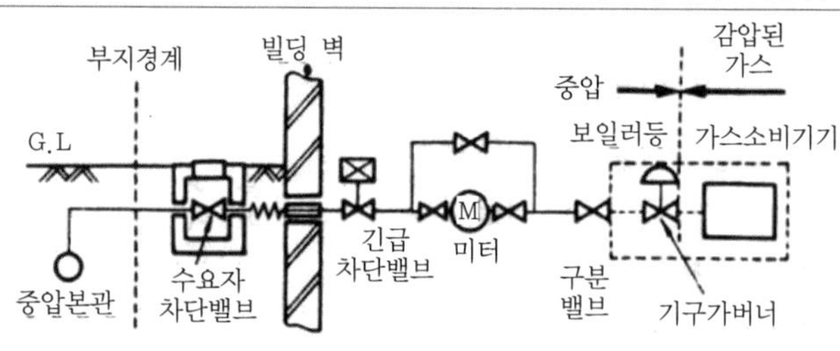

• 빌딩냉난방용 등 대형보일러나 냉온수발생기가 있는 경우 많이 사용된다.</td></tr>
<tr><td>전용정압기 공급방식</td><td>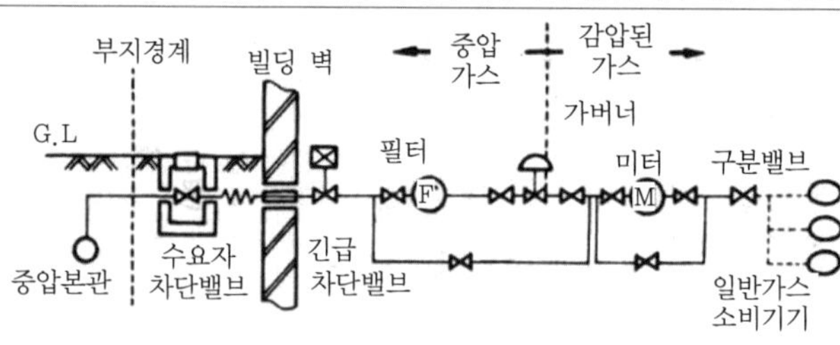

• 일반저압가스 소비기기의 가스소비량이 대량일 때나 건물 부근에 저압 가스관이 없을 때 많이 사용된다.</td></tr>
</table>

2) 도시가스의 공급방식

도시가스의 공급은 외국으로부터 도입되어 국내 인수기지에서 액체상태로 하여 저장된 후 기화시설을 거쳐 지하 간선 배관망을 통하여 도시가스 공급회사와 화력발전소에 2 ~ 7MPa의 고압으로 공급되고 있다.

도시가스회사는 가스공사의 각 지역별 수급지로부터 감압시설과 계량시설을 거쳐 0.1 ~ 1MPa 이하의 중압으로 공급받아 자체 배관망을 통해 중압 A 및 중압 B로 최종소비지 인근까지 공급되고, 각 지역에 설치된 지역 정압기를 통하여 필요한 적정압력으로 감압시켜 단독주택, 공동주택 및 일반건물과 산업체에 공급되고 있다.

3) 도시가스 공급 계통도

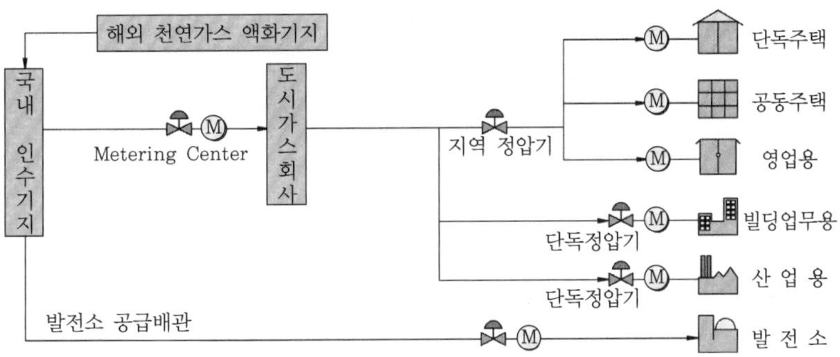

그림 5-2 | 도시가스 공급 계통도

4) 도시가스 배관방식

다른 설비와 이격거리는 다음의 사항을 유의한다.

① 가스배관은 수도관, 하수도관, 전기통신선로 등 다른 설비와 직접 접촉되지 않게 한다.

② 배관이음부와 전기계량기 및 전기개폐기와의 이격거리는 60cm 이상, 굴뚝, 전기점멸기 및 전기접속기와의 거리는 30cm 이상, 비절연 전선과의 거리는 15cm 이상으로 한다.

③ 배관매설 심도 및 지하매설 배관과 매설설비의 이격거리는 표 5-9, 10과 같이 유지하도록 권장한다.

표 5-9 • 배관 매설심도 기준

배관구분	매설장소	매 설 심 도
본관	8m 이상 도로	1.2m
	8m 이하 도로	1.0m
공 급 관	8m 이상 도로	1.2m
	6m 이상 8m 이하 도로	1.0m
	6m 이하 소도로 및 공동주택단지 내 인도	0.6m
	보도 수용가 인입관경 50A 이하	0.6m

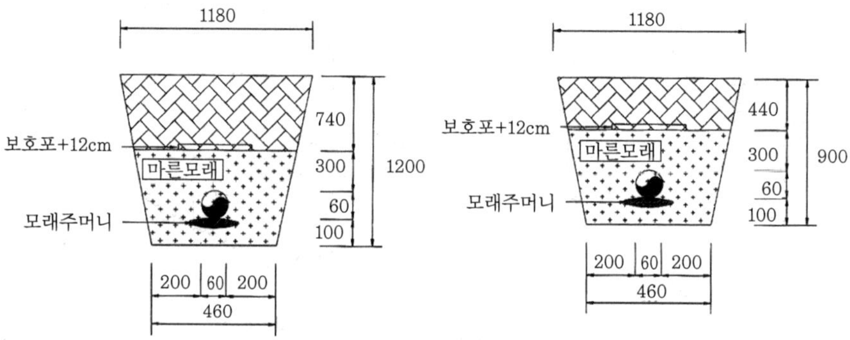

(a) 차량 도로 (b) 보행자 도로

그림 5-3 | 가스배관 매설도

표 5-10 • 다른 설비와의 이격거리

가스배관	병행이격거리	교차이격거리	비 고
50A 이하	20cm 이상	10cm 이상	
300A 미만	30cm 이상	15cm 이상	
300A 이상	40cm 이상	20cm 이상	

5-2-3 가스관경 산정방법

(1) 유량 산정

가스의 배관설계에 사용되는 유량 산정은 다음 식이 많이 쓰인다.

1) 저압의 경우

20,000 Pa(2,000 mmAq) 이하의 저압배관 관경은 폴(Pole)식에 의해 계산한다.

$$Q = K\sqrt{\frac{H\,D^5}{S\,L}} \tag{5·2}$$

$$D = \sqrt[5]{\frac{Q^2\,SL}{K^2\,H}} \tag{5·3}$$

여기서, Q : 가스의 유량(m^3/h)
S : 가스의 비중(공기=1)
L : 관 길이(m)
D : 관 내경(cm)
H : 압력(Pa, mmAq)
K : Pole 유량계수 0.7055(SI단위일 때 0.2253)

이 공식에 의해 산출된 저압 가스관 유량의 일례를 표 5-11에 나타낸다.

표 5-11 • 저압 가스관 유량표(m^3/h)

관경(mm)		관의 길이							
공칭경	관의 근사내경	5	10	20	30	40	50	80	100
20	21.6	6.05	4.28	3.03	2.47	2.14	1.91	1.51	1.35
25	27.6	11.1	7.82	5.53	4.51	3.91	3.49	2.76	2.47
32	35.7	21.2	15.0	10.6	8.67	7.51	6.72	5.31	4.75
40	41.6	31.1	22.0	15.6	12.7	11.0	9.84	7.78	6.96
50	52.9	56.8	40.1	28.4	23.3	20.1	18.0	14.2	12.7
관경(mm)		관의 길이							
공칭경	관의 근사내경	50	100	200	500	800	1,000	1,200	1,500
80	80.7	69.7	51.6	36.5	23.1	18.2	16.3	14.9	13.3
100	105.3	142	100	70.9	44.9	35.5	31.7	29.0	25.9
150	155	373	264	186	118	93.2	83.4	76.1	68.1
200	204.7	748	529	374	236	187	167	153	137
250	254.7	1,280	908	642	406	321	287	262	234
300	304.7	2,020	1,430	1,011	639	505	452	413	369

상기 표는 폴 식에서 K=0.7055, 비중=0.64, D=50mm 이하의 경우 H=5mmAq, D=80 mm이상의 경우 H=10 mmAq로 계산한 것임.

2) 중압의 경우

20,000 Pa(2,000 mmAq) 이상의 중압의 관경은 콕스(Cox)식에 의해 계산한다.

$$Q = K\sqrt{\frac{(P_1^2 - P_2^2)\,D^5}{S\,L}} \tag{5·4}$$

$$D = 5\sqrt{\frac{Q^2\,SL}{K^2\,(P_1^2 - P_2^2)}} \tag{5·5}$$

여기서, Q : 가스의 유량(m^3/h)
S : 가스의 비중(공기=1)
L : 관 길이(m)
D : 관 내경(cm)
P_1 : 시점 절대압력(MPa, kgf/cm^2)
P_2 : 종점 절대압력(MPa, kgf/cm^2)
K : 콕스의 유량계수 52.31(SI단위일 때 533.6)

(2) 가스관경 산정요령

1) 저압가스 유량선도에 의한 방법

① 선도에 의하여 사용구간별 관경을 구한다.(저압유량 계산선도 참조)

② 선도에 의하여 구한 관경을 Pole공식에 대입하여 압력손실을 구한다.

- 압력손실이 허용압력 손실보다 작을 시 선도에서 구한 관경보다 작은 관경 적용 재계산
- 압력손실이 허용압력 손실보다 클 시 선도에서 구한 관경보다 큰 관경 적용 재계산

2) 시행착오법에 의한 방법

① 허용압력 손실값을 각 구간별로 균등 배분한다.

② 균등 배분된 압력 손실값은 Pole 공식에 대입하여 각 구간별 관경을 산정한다.

③ 실제 계산치의 관경을 공칭관경으로 선정한다.

④ 공칭관경에 따른 손실압력을 재계산한다.

⑤ 재계산한 손실압력을 합산하여 전체허용압력 손실범위 내에 드는지 확인하여 확정한다.

5-2-4 가스미터

상용으로 사용되는 가스미터는 계량 및 계측에 관한 법률의 규제를 받으며 국가검정을 필해야 하고 검정유효기간 중의 것이어야 한다.

(1) 가스미터의 종류

가스미터는 실측식과 추량식이 있다. 실측식은 일정 용적의 되를 설치하여 그 되로 가스가 몇 번 되어졌는가를 적산하는 방식이며, 추량식은 유량과 일정관계가 있는 다른 양(예 : 흐름중의 임펠러의 회전수)을 측정하여 구하는 방식이다.

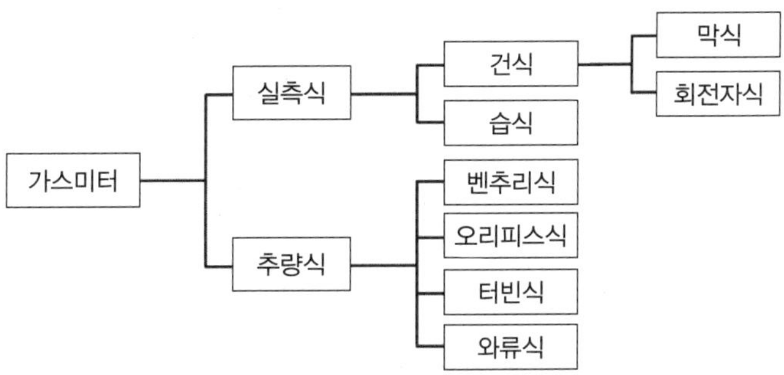

그림 5-4 | 가스미터기의 종류

(2) 가스미터의 구조 및 기능

① 막식 가스미터(diaphram gas meter) : 대표적인 건식미터로 가정용 · 상

업용 등 저압용으로 이용, 가스를 일정 용적의 주머니 속에 넣어서 충만 후 배출하고 그 횟수를 용적의 단위로 환산한다.

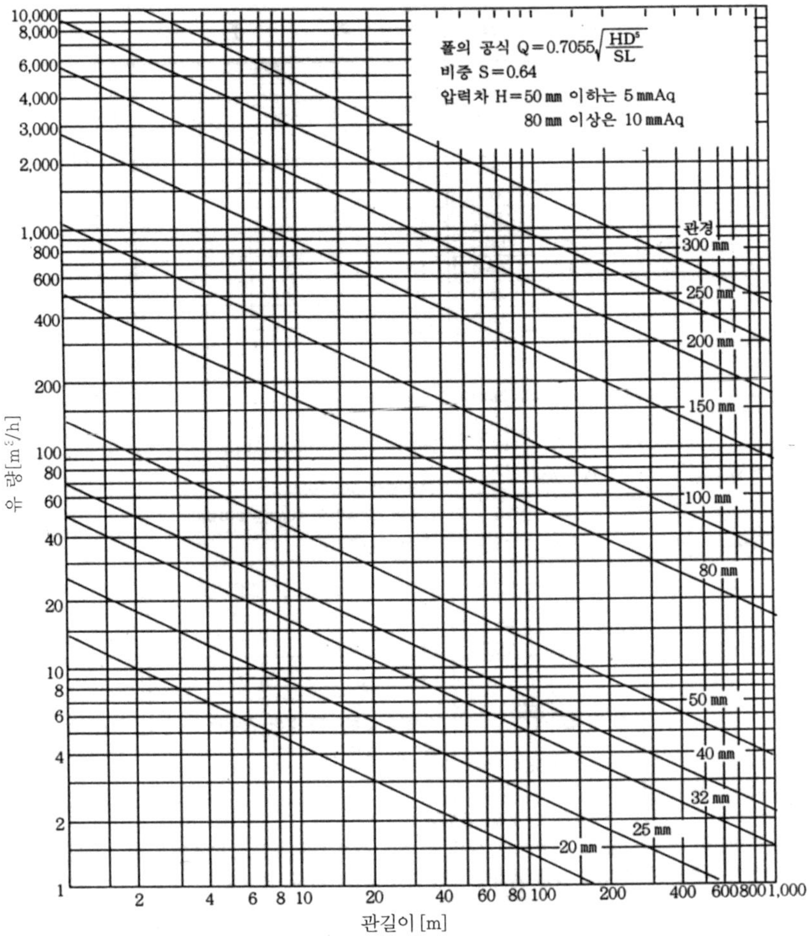

그림 5-5 | 저압가스유량 계산선도

② **습식 가스미터** : 정확한 계산을 할 수 있어 기준기로 쓰이며 가스의 발열량 측정에도 쓰인다. 내부의 후면에 있는 일정한 계량통이 1회전하는 사이 흡입 또는 토출하는 가스량이 일정하므로 회전수를 제어하여 계량한다.

③ **루트(root)미터** : 대표적인 회전자식 가스미터로 누에고치 형상의 로터를

맞물려서 회전시켜 가스를 이송시키고, 이 회전수를 측정하여 계량한다. 또한 고속회전이 가능하여 소형이지만 대용량(100 ~ 500m^3/h)을 계량할 수 있다.

(3) 가스미터의 특성

가스미터의 종류별 특성을 표 5-12에 든다.

표 5-12 • 저압가스관 유량표(m^3/h)

구분 \ 종류	막식 가스미터	습식 가스미터	루트미터
장 점	1. 가격이 싸다 2. 설치 후 유지관리가 간편하다.	1. 계량이 정확하다 2. 사용중에 기차의 변동이 거의 없다.	1. 대 유량가스 측정에 적합 2. 중압 가스계량 가능 3. 설치공간이 적다.
단 점	1. 대용량에서는 설치공간이 크다.	1. 사용중에 수위 조정 등의 관리가 필요하다. 2. 설치공간이 크다.	1. 여과기(strainer)의 설치 및 설치 후의 유지관리가 필요 2. 소용량(0.5m^3/h) 이하에서는 움직이지 않는다.
일반용도	일반 수요가	기준용, 실험실용	대 수요가
용량범위	1.5 ~ 200m^3/h	0.2 ~ 300m^3/h	100 ~ 500m^3/h

5-2-5 가스설비 안전기준

(1) 안전기준

1) 배관의 지지

① ϕ15 미만 : 1m

② ϕ15 이상 ϕ32 미만 : 2m

③ ϕ32 이상 : 3m

2) 배관이음부(용접이음매 제외)와 안전거리

① 전기계량기, 전기개폐기 : 60 cm 이상

② 굴뚝, 전기전열기, 전기접속기 : 30 cm 이상

③ 전열전선 : 10cm 이상

④ 전열조치를 하지 않은 전선 : 30cm 이상

3) 가스계량기와 안전거리

① 전기계량기, 전기개폐기 : 60cm 이상

② 굴뚝, 전기전열기, 전기접속기 : 30cm 이상

③ 화기와의 우회거리 : 2m 이상

④ 전열조치를 하지 않은 전선 : 15cm 이상

4) 지하매설관과 이격거리

① 지하매설배관과 특별고압 지중전선 : 1m 이상
  단, 1m 이내인 경우 견고한 내화성 격벽 설치

② 타 배관과 평형배관 시 : 30cm 이상

③ 타 배관과 교차배관 시 : 10cm 이상

5) 신축흡수장치

① 11층 이상~ 20층 이하 : 곡관 1개소 이상

② 21층 이상~ 30층 이상 : 곡관 2개소 이상

(2) 가스누출 방지

가스누출경보기는 연소기(또는 외벽의 가스관 관통부)에서 8m 이내에 설치하고 천장면에서 0.3m 이내에 설치한다. 단 연소기와 경보기 사이에 높이 0.6m 이상 돌출한 보가 있어서는 안 된다. 천장면에 공조용의 리턴 그릴 또는 배기구가 있을 때는 연소기에 가장 가까운 배기구 근처에 설치한다. 공기보다 무거운 가스의 경우는 바닥면 위 0.3m 이내에, 연소기(또는 관통부)에서 4m 이내에 설치한다.

5-3 TAB 기술

5-3-1 개 요

"시험조정평가(testing, adjusting and balancing, TAB)" 기술이란 공기조화설비의 에너지 반송매체인 공기와 물에 대하여 시공된 설비기술에 출입하는 양이나 질이 설계값에 합당한가 "시험(testing)"하고, 오차가 있는 경우 "조정(adjusting)"하여 최종적으로 설비계통을 "평가(balancing)"하는 분야이다. 따라서 공기조화설비의 성능과 품질 확보, 기기의 수명 연장, 에너지 절감, 소음 방지 및 실내환경의 쾌적성을 추구하는 중요한 기술분야이다.

5-3-2 적용범위

시험조정평가의 적용범위는 다음 사항들이 포한된다.

1. 공기와 물분배 계통, 자동제어 계통 및 소음에 대한 시스템 검토
2. 공기조화설비가 설계도면에 부합되도록 설치되어 있는지의 현장 설치상태 확인
3. 공기 및 물분배 계통의 밸런싱
4. 공기 및 물분배 계통의 설계값을 유지할 수 있는 전체 계통의 조정
5. 공조장비의 성능 확인 및 자동제어 작동상태 확인
6. 실내 소음 및 온습도 측정
7. TAB 결과에 대한 종합보고서 작성

5-3-3 TAB 필요성 및 효과

건물에서 사용하는 공조 에너지는 다른 분야의 에너지 사용량보다 비중이 크나 소홀히 취급되고 있다. 이처럼 다량의 에너지가 소비되고 있는 공조설비가 부적합한 설치와 비효율적이고 비경제적으로 운전되면 실내 환경의 쾌적하게 유지할 수 없을 뿐 아니라 에너지가 과다하게 소모된다.

TAB기술은 공기조화설비가 최적 상태에서 최고의 효율이 발휘될 수 있도록

장비의 성능을 측정, 조정하여 덕트 계통, 배관 계통의 유체량을 설계값에 근접되도록 한다. 또한 장비의 역기능이나 오기능을 방지하여 시스템이 설계의도 대로 운전되도록 하는 기술이다.

TAB기술은 공기 및 물이라는 유체의 흐름과 온·습도에 관련된 분야로 시각적으로 쉽게 그 성과를 알아 볼 수는 없고 TAB기술을 적용한 후 결과값을 정밀하게 분석함으로써 판단할 수 있다. TAB기술을 적용하면 다음과 같은 효과를 얻을 수 있다.

(1) 설비 초기 투자비의 절감

건물을 신축할 때 TAB기술을 공사 초기단계에서 실시하면 설계도서의 오류, 시스템 구성상의 미비 및 기기용량을 확인하여 부적절한 설계부분의 자료를 발주자에게 제공함으로써 장비 발주와 시공비용을 절감할 수 있다.

(2) 시공의 품질 향상

TAB기술을 적용하면 현장의 시공상태를 세세히 점검하여 미비한 사항은 수정 보완하도록 하고 장비 및 시스템의 성능시험을 통하여 발생한 문제점은 개선방안을 제시하여 발주자, 시공자와 협의하여 현장여건에 맞는 최선의 방안을 강구하여 품질 향상의 효과를 얻을 수 있다.

(3) 쾌적한 실내 환경을 조성

TAB를 실시하면 실내의 기류분포 및 온·습도가 보다 균일하게 유지되고 환기횟수 및 외기 도입량을 설계요구 조건에 적합하게 유지시킬 수 있으며, 구동기기 및 유체 이동관로에 의한 소음발생을 최소화 할 수 있어 편안하고 쾌적한 실내 환경을 조성할 수 있다.

(4) 불필요한 열손실 방지

공기조화설비의 열 반송매체인 공기와 물에 대한 통과유량을 측정하고 분석하여 분배 계통에 대한 통과유량의 불균형을 해소함으로써 과열 또는 과냉으로 인한 불필요한 열손실의 원인을 제거할 수 있다. 또한 덕트의 누기요인을 점검 보완하여 에너지 손실을 사전에 예방할 수 있다.

(5) 관련장비의 수명 연장

TAB 적용은 적정한 장비용량의 선정과 부하의 합리적인 분포결과를 가져오므로 관련장비가 적합한 상태로 운전하게 되어 장비의 수명단축을 방지하고 개·보수의 빈도를 최소화 할 수 있다.

(6) 효율적인 시설관리

현장에서 TAB 기술업무가 완료되면 관련된 모든 장비의 시스템 용량, 효율, 성능, 작동상태에 대한 종합적인 자료를 정리하여 TAB 종합보고서로 제공된다. 이 보고서는 건물의 유지관리 업무에 많은 도움을 주어 합리적인 시설관리가 가능하게 된다.

5-3-4 업무내용

(1) 대상 설비

대상 설비는 공기조화 설비에 대한 시험조정평가를 수행할 대상이 되는 설비를 말하며, 공기분배와 물분배 계통으로 구분된다.

1) 공기분배계통

① 공조 장비 : : 공조기, 팬, 전열 및 현열교환기. 패키지 및 멀티형 에어컨, 항온항습기, 가열 및 환기유닛, 유인유닛

② 말단 유닛 : 변풍량 유닛, 정풍량 유닛, 팬파워 유닛

③ 공기터미널 및 댐퍼 : 디퓨저, 노즐, 레지스터, 루버, 그릴, 후드, 풍량조절 댐퍼, 방화풍량조절 댐퍼(FVD)

④ 급기덕트, 환기덕트, 배기덕트

2) 물분배 계통

① 열원 관련장비 : 보일러, 열교환기, 냉동기, 냉각탑, 냉온수 펌프, 냉각수

펌프

② 말단 유닛 : 냉각 및 가열코일, 팬코일 유닛, 유닛히터, 방열기, 복사패널

③ 각종 조절밸브

④ 냉온수, 냉각수 배관 계통

(2) 수행항목

공기조화설비의 시험조정평가(TAB)를 수행할 때 필요한 포괄적인 수행항목은 다음과 같으며, 작업진행 순서는 나열된 항목에 의한다. 다음에 열거된 각 항목은 공기분배 계통, 물분배 계통 및 소음관련 등으로 나누어 개별 수행이 가능하다.

1) 시스템 검토

모든 공기조화설비에 관련되는 설계도면, 부하계산서 및 설계에 참고된 각종 자료를 검토한다. 검토결과 문제점이나 부적합 사항이 발견되면 검토 보고서에 제시하여 개선되도록 한다.

2) 현정점검

현장측정이나 조정작업을 실시하기 이전에 각 계통이 시공도면 및 장비제작 규격에 나타난 사항과 일치하는지의 여부를 현장에서 확인하고 덕트 시공업체에서 수행하는 덕트누기시험은 적절하게 수행되었는지 확인한다.

3) 전원점검

전력이 공급되는 공기조화장비에 있어서 모터 등 전기기기에 공급되는 전원이 적절히 공급되고 있는가를 점검하여, 이상이 있을 때에는 담당자에게 통보하여 조치하도록 한다.

4) 공기분배 계통 시험조정

상기 1)~3)항의 모든 작업이 완료되고 건축시공이 완료되면 해당 공조용 팬을 가동시킨 후 풍량이 설계값과 일치되도록 밸런싱 작업을 실시한다. 우선 팬의 풍량을 측정하고 각 메인에서의 풍량을 측정하여 조정한 후 마지막에 각 실

디퓨저에서의 풍량을 측정하고 조정한다. 용역을 수행하면서 발생되는 설계 및 시공상의 문제는 즉시 담당자와 협의하여 수정하도록 한다.

5) 물분배 계통 시험조정

공기분배 계통의 작업이 완료되면 펌프를 가동시켜 펌프와 각 터미널에서의 유량 및 압력을 측정하여 설계값에 맞도록 조정한다.

6) 자동제어 계통의 점검

외기 상태의 변화와 실내조건의 변경에 적절히 대응할 수 있는 계통인지를 파악하고 설계의도에 적합하게 설치되었는지 점검한다.

7) 온습도 측정 및 확인

실내 또는 계통에 설치된 센서에 의하여 실내 온습도가 적절히 유지되고 있는지를 확인하고 측정한다.

8) 소음 측정

장비 또는 설비에서 발생하는 소음을 측정하는 것으로 장비 가동 시와 정지 시로 나누어 측정한다.

9) 종합보고서 작성

공기조화 계통에 대한 시험조정 평가결과를 정리·분석하여 보고서를 작성한다. 보고서의 내용에는 설계자료, 초기 측정자료 및 최종 조정자료를 포함해야 하며 측정결과와 설계값 사이의 차이점을 도출하여 분석한 내용이 포함된다.

5-3-4 수행절차

(1) 열원 및 공조기기 수행절차

열원 및 공조기기 수행절차는 TAB 시행을 위한 준비작업 단계와 장비의 성능을 시험하는 측정절차 단계가 있다.

준비작업 단계에는 사전준비작업, 현장의 설치규격 확인, 측정위치 선정, 측정항목 및 사용 계측기 선정 등이 있다.

측정절차에는 측정요건, 장비운전, 장비의 성능항목에 대한 측정방법과 절차가 있다. 측정요건은 성능을 측정하는데 있어서 중요한 조건으로 그 조건 중에 한 가지라도 만족하지 못하면 장비에 대한 성능을 측정해서는 안 된다.

측정방법과 절차는 장비와 시스템의 특성을 고려하여 작성한 것으로, 이에 따라 장비의 성능을 측정하면 보다 정확한 TAB 수행이 가능할 것이다.

(2) 공기분배 계통 수행절차

공기분배 계통에는 풍량측정방법, 송풍기시험, 정풍량시스템의 TAB, 변풍량 계통의 TAB, 배기시스템의 TAB 등의 절차가 있다.

풍량을 측정하는 방법에는 피토관 이송법과 풍속계에 의한 풍량 측정법이 있다. 피토관과 마노미터에 의한 풍량 측정방법에는 동일면적 분할법과 대수선형 분할법이 있다. 동일면적 분할법은 일반적으로 사용하는 측정법이며, 대수선형 분할법은 덕트에서의 마찰을 고려한 것으로 정밀측정이 요구되는 경우에 사용하고 있다. 풍속계는 주로 공기 터미널에서 풍량 측정할 때 이용한다.

송풍기 시험은 성능측정 전에 점검해야 할 사전준비작업과 성능측정에 대한 절차가 있다.

정풍량, 변풍량 및 배기시스템에 대한 TAB 작업은 풍량 밸런싱 기준, 밸런싱 전의 점검사항, 단계별 밸런싱 방법, 말단 유닛에 대한 밸런싱 방법 등이 있으며 각 절차에 대하여 철저히 분석한 후에 현장 TAB 작업에 임해야 한다.

(3) 물분배 계통 수행절차

물분배 계통에는 유량측정방법, 펌프시험, 정유량시스템의 TAB, 변유량시스템의 TAB 등의 절차가 있다.

유량을 측정하는 방법에는 유량계 또는 유량기구 이용법, 검정된 밸런싱 밸브 이용법, 장비의 압력손실 이용법, 열전달 이용법, 펌프 성능곡선 이용법 등이 있다. 이들 유량 측정방법은 현장여건에 따라 TAB 기술자의 판단에 의하여 선정된다.

펌프시험은 성능 측정 전에 점검해야 할 사전 준비작업과 성능 측정에 대한 절차가 있으며 측정항목에는 유량, 흡입 및 토출압력, 전동기의 전류 및 전압, 회전수 등이 있다.

물분배 계통 TAB 작업은 시스템에 대한 사전점검 작업이 완료된 후에 밸런싱 기본절차, 배관시스템의 밸런싱, 장비유량 밸런싱, 정유량 및 변유량시스템 TAB 절차에 따라 밸런싱을 실시한다.

(4) 소음측정 수행절차

소음측정 수행절차에는 TAB 기술자가 기본적으로 습득해야 할 기술정보, 소음 측정위치와 측정방법, 실내 소음의 평가척도, 실내 소음 측정절차, 측정자료의 분석 등이 있다.

소음도를 측정하기 위해서는 사전에 승인되고 검정된 소음 측정기를 사용해야 하고 소음 측정은 측정자와 지시소음계가 소음 측정을 방해하지 않도록 주의를 기울여야 한다. 측정자 또는 지시소음계는 주어진 방향에서 음향을 막을 수 있다. 측정자나 지시소음계로 인한 음의 회절이 측정오차를 발생시키는 요인이 될 수 있다.

일반적으로 지시소음계로 인한 회절은 1,000Hz 이하인 경우 무시된다. 그러나 지시소음계 바로 뒤에 측정자가 서 있다면 300~1,000Hz 사이의 주파수 범위 내에서는 상당한 오차가 발생할 수 있다. 아주 정밀한 소음측정에서는 측정자와 계측기 오차를 피하기 위해 마이크로폰을 삼각대에 설치한다. 마이크로폰은 연장 케이블을 통해 소음기 본체에 연결되고 측정자와 소음기 본체는 삼각대로부터 1.5m의 최소거리를 유지해야 한다.

다음으로 최선의 측정은 마이크로폰과 지시소음계를 함께 삼각대에 설치하는 것이다. 이 경우 측정자는 지시소음계 뒤로 0.5m 이상 떨어져 서 있어야 하고 측면으로도 0.5m 이상 떨어져 있어야 한다.

5-3-5 수행 계측장비

TAB 용역업무를 수행하기 위하여 보유해야 할 계측장비는 다음과 같으며, 적절한 허용오차 범위 내에서 작동되어야 하므로 공인교정기관 또는 대한설비공학회에서 인정하는 기관에 의하여 주기적으로 교정되어야 한다.

(1) 공통장비

공기 및 물 계통 측정에 공동으로 사용되는 대표적인 장비들에 관한 측정범위, 허용오차 및 교정주기는 다음 표에 따른다.

표 5-13 • 공통장비 목록

장비	측정범위	허용오차	교정주기
회전수 측정장비	0~5,000rpm	지시값의 ±2%	12개월
온도측정장비	−40~50℃	지시값의 ±0.5℃	12개월
	−20~105℃	지시값의 ±0.5℃	12개월
전기계측장비	0~600 VAC 0~100 A 0~30 VDC	지시값의 ±3%	12개월
소음측정계	25~130dB (옥타브밴드 필터 포함)	지시값의 ±2%dB	12개월

(2) 공기 계통 장비

공기 계통 측정에 사용되는 대표적인 장비들에 관한 측정범위, 허용오차 및 교정주기는 다음 표에 따른다.

표 5-14 • 공기 계통 장비목록

장비	측정범위	허용오차	교정주기
공기압력측정장비	0~250Pa 0~1,250Pa 0~4,500Pa	지시값의 ±2%	12개월
피토관	450mm, 900mm 1,200mm, 1,500mm	해당 없음	해당 없음
풍속측정장비	0.5~15m/s	지시값의 ±10%	12개월
습도측정장비	10~90% RH	지시값의 ±2% RH	12개월
후드형 풍량계	0~600 L/s	지시값의 ±5%	12개월

(3) 물 계통 장비

물 계통 측정에 사용되는 대표적인 장비들에 관한 측정범위, 허용오차 및 교정주기는 아래 표에 따른다.

표 5-15 • 물 계통 장비목록

장비	측정범위	허용오차	교정주기
온도측정장비 (접촉식 표면온도계)	−20~120℃	지시값의 ±0.5%	12개월
압력측정장비	0~400kPa 0~1,400kPa −100~400kPa	지시값의 ±1%	12개월
차압측정장비	0~100kPa	지시값의 ±1%	12개월
초음파 유량계	0~6m/s	지시값의 ±3%	12개월

5-3-6 종합보고서 작성

종합보고서는 공기조화 계통의 밸런싱 보고서를 뜻한다. 보고서 양식과 보고서의 내용에 구체적인 정보들이 포함되어야 하며, 이들 내용에 포함되는 시험결과는 전체 보고서의 배경이 되므로 반드시 필요하다. 보고서는 설계자료, 초기측정자료 그리고 최종 조정자료가 포함되어야 하며 측정결과와 차이점을 표출하고 분석한다. 또한 보고서는 실제 TAB를 수행한 결과의 기록이며, 이 기록은 전체 시스템을 밸런싱하는 동안에 모든 시스템과 구성요소의 실측된 조건과 결과를 반영한다.

보고서 내용에는 다음 사항이 포함된다.

① 설비개요의 기술

② 설계값과 측정값의 비교 검토

③ 설계, 시공상태의 문제점 표출 및 대안 제시

④ 운전작동 기준 설정

⑤ 밸런싱 작업의 순서 및 결과를 기술

(1) 보고서 작성 시 유의사항

보고서에는 조정이 완료된 계통에 대한 실제적이고 정밀한 설명이 포함되어야 한다. 그리고 보고서는 다음과 같이 설계평가, 문제점 제시 및 자료의 기록을 갖추어야 한다.

① 설계는 관념상의 사고와 계산에 의한 창조적인 결과이기 때문에 실제 시험 및 조정된 자료는 설계서와 비교할 수 있는 중요한 자료가 된다. 따라서 종합보고서는 추후 설비를 개선하기 위한 자료를 제공하며 실제의 설비관련 공사에 영향을 미치는 예기치 못한 요인들을 지적해야 한다.

② 시공 시 생략되었거나 미비사항에 관한 지적이 있어야 하며, 또한 이에 대한 개선안을 제시해야 한다.

③ 자료는 원활한 건물관리에 기초가 되도록 작성되어야 한다.

5-3-7 보고서 세부사항

보고서 작성은 머리말, 목차, 약어 설명, 참고문헌에 이어 다음과 같은 순서로 작성되어야 한다.

(1) 용역 목적

해당 건물의 공기조화설비에 관하여 그것이 설계의도 대로 시공되었으며, 유지되고 있는지 확인하기 위하여 장비의 성능을 측정한 후 설계의도에 부합되게 조정하는데 있다. 또한 관련기술 및 장비의 상호 불균형으로 인하여 발생되는 문제점을 파악하여 개선하며, 낭비되는 에너지를 최소화 하면서 쾌적한 환경 및 효율적인 유지관리가 가능하도록 전체 공기조화설비를 시험하고 조정하여 균형을 유지시킴으로써 향후 운전 및 개보수의 지침이 될 수 있는 자료를 제시하는데 목적이 있다.

(2) 용역범위 및 내용

공기조화설비에 대한 설계검토와 설비점검 후 각종 성능을 측정하고 조정하는 범위 및 내용은 아래 사항을 포함한다.

① 공기 및 물분배계통의 밸런싱

② 설계값을 공급할 수 있는 전체 계통의 조정

③ 전기 계측

④ 공기조화관련 장비와 자동제어장치의 성능에 대한 확인

⑤ 소음 측정

⑥ 보고서 작성

5-3-8 건물 개요 및 기능

(1) 건물 개요

① 건물명

② 소재지

③ 대지면적

④ 건물 연면적

⑤ 구조 및 형태

⑥ 건축연혁

⑦ 건물 단면 및 기준층 평면도

(2) 건물기능

① 용도별 기능

② 각실 배치도

5-3-9 용역기간 및 일정

용역 수행을 위한 전체 일정표를 제시하고 구체적인 용역일정을 구분하여 기록한다.

<table>
<tr><td rowspan="3">년, 월, 일
구분</td><td colspan="8">년</td><td colspan="8">년</td></tr>
<tr><td colspan="4">월</td><td colspan="4">월</td><td colspan="4">월</td><td colspan="4">월</td></tr>
<tr><td></td><td></td><td></td><td></td><td></td><td></td><td></td><td></td><td></td><td></td><td></td><td></td><td></td><td></td><td></td><td></td></tr>
<tr><td></td><td></td><td></td><td></td><td></td><td></td><td></td><td></td><td></td><td></td><td></td><td></td><td></td><td></td><td></td><td></td><td></td></tr>
<tr><td></td><td></td><td></td><td></td><td></td><td></td><td></td><td></td><td></td><td></td><td></td><td></td><td></td><td></td><td></td><td></td><td></td></tr>
</table>

5-3-10 용역 수행조직

TAB 용역 수행에 참여한 인원구성에 관한 조직표를 작성한다.

그림 5-6 | 수행 조직도

5-3-11 측정계기 현황

TAB 용역 수행에 사용한 측정계기 목록과 사진을 첨부한다.

5-3-12 설비설계 개요

공기조화설비의 공기분배 계통과 물분배 계통에 관한 제반설비에 관하여 기술한다.

(1) 설비설계 기준

1) 외기 온습도 조건

구분 / 계절	건구온도 (℃ DB)	습구온도 (℃ WB)	상대습도 (% RH)	절대습도 x (kg/kg)	엔탈피 i (kcal/kg)	비고
여름						
겨울						

2) 실내 온습도 조건

구분 / 실명	여 름			겨 울			비고
	건구온도 (℃ DB)	상대습도 (% RH)	절대습도 (kg/kg)	건구온도 (℃ DB)	상대습도 (% RH)	절대습도 (kg/kg)	
사무실							

(2) 시스템 개요

열원장비의 용량 및 각 열원공급 계통에 대한 공급방식을 기술한다.

(3) 공조장비 일람표

각 공조장비의 설계용량 일람표를 작성한다.

5-3-13 측정결과 요약 및 분석

상기 용역범위에 해당하는 장비 각각을 명시한 후 각 해당 시스템별 작업절차서의 측정방법에 의하여 필요한 물리량을 측정한 후 설계자료 및 조정자료를 장비 유형별로 구분 집계하고, 다음 표와 같이 분류하여 결과를 기술한다.

또한 TAB 수행결과를 요약 기술한 후 공기조화 부분에 대하여 에너지 사용처 및 사용방법에 근본적으로 문제가 되고 있거나 개선의 여지가 있는 부분 및 쾌적성 확보를 위한 항목을 조사 검토하고 분석하여 개선안을 제시한다. 문제가 된 계통에 대한 문제점 및 개선방법과 더불어 개선효과에 관하여 요약 기록한다.

(1) 공기분배 계통

① 공기조화기

② 급·환기 및 배기팬

③ 터미널

④ VAV, CAV 유닛

⑤ 기타 장비

표 5-16 • 팬 성능 측정결과 표

장비 번호	용도	풍량		정압		회전수		전류	
		설계	실측	설계	실측	설계	실측	정격	실측

(2) 물분배 계통

① 펌프

표 5-17 • 펌프성능 측정결과 표

장비 번호	용 도	유량		양정		전류	
		설계	실측	설계	실측	설계	실측

② 냉동기 및 냉온수기

③ 냉각탑

④ 열교환기

⑤ 기타 장비

(3) 실내 온습도 측정

표 5-18 • 실내 온습도 측정결과 표

No	측정위치	설계		측정		비고
		온도(℃)	습도(RH%)	온도(℃)	습도(RH%)	

(4) 소음 측정

대상소음 및 암소음 측정

표 5-19 • 소음 측정결과 표

No	실명	허용소음(dBA)	실측소음(dBA)		비고
			장비정지 시	장비가동 시	

(5) 문제점 및 특기사항

표 5-20 • 문제점 및 특기사항 요약표

항목	문제점	개선대책	비고

5-3-14 측정기록지

현장에서 수행한 모든 측정기록지를 목록화하여 첨부한다.

표 5-21 • 시험조정평가(TAB) 측정기록 양식

양식번호	양식 명칭	양식번호	양식 명칭
TAB-1	시험조정평가(TAB) 측정기록	TAB-14	패키지 냉동기 측정기록
TAB-2	계측기 교정기록	TAB-15	흡수식 냉온수기 측정기록
TAB-3	시스템 계통도	TAB-16	흡수식 냉동기 측정기록
TAB-4	공기조화기 측정기록	TAB-17	냉각탑 측정기록
TAB-5	송풍기 측정기록	TAB-18	펌프 측정기록
TAB-6	VAV/CAV 유닛 측정기록	TAB-19	열교환기 측정기록
TAB-7	터미널 측정기록	TAB-20	가열/냉각코일 측정기록
TAB-8	각형덕트 풍량 측정기록	TAB-21	제습기(건식) 측정기록
TAB-9	원형덕트 풍량 측정기록	TAB-22	팬코일 유닛 측정기록
TAB-10	팬파워 유닛(FPU) 측정기록	TAB-23	실내온도 측정기록
TAB-11	패키지형 공조기 측정기록	TAB-24	소음 측정기록(Ⅰ)
TAB-12	보일러 측정기록	TAB-25	소음 측정기록(Ⅱ)
TAB-13	냉동기 측정기록	TAB-26	소음평가(NC) 차트

5-3-15 TAB 작업사진

TAB 작업사진을 각 과정별로 분류하여 첨부한다. 각 사진에는 간단한 설명을 기술한다.

5-3-16 TAB 수행자의 자격인증제도

TAB 수행자의 자격인증제도는 TAB 수행자의 신뢰성을 확보하고 수행자의 기술을 향상시키기 위한 것이다. TAB 수행업체가 국가기술자격법에 의해 해당 기술 분야의 기술사를 포함한 10인 이상의 전문기술인력과 건축기계설비공사 표준시방서의 제3장 5절 2항의 수행장비를 보유하고 (사)대한설비시험조정평가 협회의 TAB 수행자의 자격에 관한 규정에 따라 자격인증 신청서를 서면으로 제출하면, 협회는 TAB 수행자의 자격에 대하여 심의하여 TAB 수행자격에 대하여 심의하여 TAB 수행자격 확인증을 교부한다.

(1) 교육 및 평가시험

대한설비공학회는 전문기술인력 확보를 위하여 매년 1회 이상, 24시간 이상의 TAB 실무교육 및 매년 2회 이상의 평가시험을 시행하고 있다. 전문기술인력은 매 3년마다 학회에서 주관하는 보수교육을 이수해야 한다.

(2) 계측장비 검교정

계측장비 심사는 보유 계측장비가 교정주기 이내에 있는지, 허용오차 이내에 있는지 확인하는 것이다. 검교정 유효기간은 심사기간을 고려하여 자격인증 신청서를 제출일로부터 30일 이상의 잔여기간이 있는 검교정 성적서를 제출해야 한다.

5-4 자동제어설비

자동제어설비는 건물 내의 재실자에게 쾌적한 거주환경을 확보 제공하고, 각종 장비류를 가장 안전하고 경제적인 운전조건으로 유지하며, 비상시에 즉각 대처할 수 있도록 하여 건물의 운영, 보수, 유지를 가장 합리적으로 수행할 수 있도록 하기 위한 제반 요소를 제어, 관리하는 설비를 말한다.

5-4-1 자동제어 개론

(1) 자동제어의 제요소

그림 5-7은 실온을 사람의 눈과 손 등에 의존하여 조절하는 수동제어 시스템의 구성도이며 그림 5-8은 검출부, 조절부, 조작부 등 자동제어 기기에 의존하여 조절하는 자동제어시스템의 구성도를 나타낸 것이다.

'검출부'는 제어량을 측정하는 곳을 말하며, '조절부'는 검출값과 설정치의 차이에 따른 조절신호를 만드는 곳으로, 이 조절신호를 만드는 방법에 따라 여러 가지 제어방식이 구별된다. '조작부'란 앞 단계의 조절신호(조작신호)에 따라 손발처럼 움직이는 밸브나 스위치 등을 말한다. '제어량'이란 제어대상이 되는 물리량이며 실내온도 · 습도가 이에 해당된다.

'설정치'란 이른바 설정온도에 해당되며 이는 실내온도를 25℃로 하고자 할 때는 그 목표온도를 말한다. '외란'이란 공조계에서는 갖가지 부하 즉 재실자수의 변동, 조명의 유무, 외기온도, 틈새바람 등을 말하며 목표값(설정치)이 혼란을 일으키게 되는 원인 모두를 말한다.

'제어대상'이란 건축설비 예에서는 방이나 보일러, 냉동기 등이 해당된다.

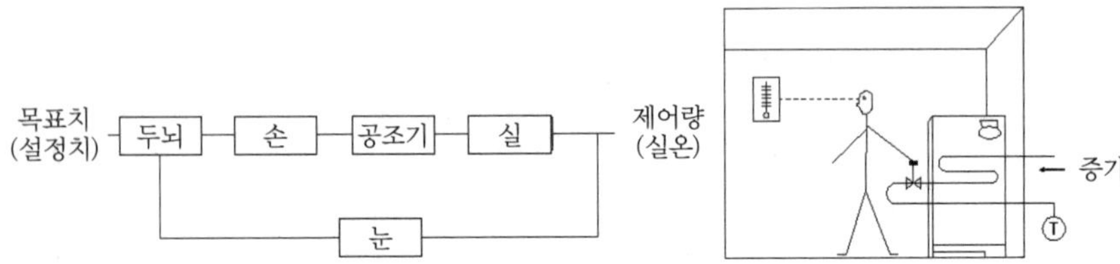

(a) 블록선도 (b) 실온의 수동제어

그림 5-7 | 수동제어시스템 구성도

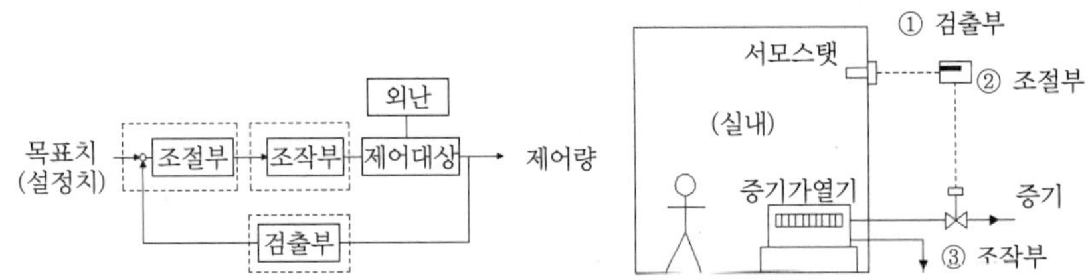

(a) 블록선도 (b) 실온의 자동제어

그림 5-8 | 자동제어시스템 구성도

(2) 자동제어를 통한 에너지 절약

건물 자동화 시스템은 현재 사용하고 있는 에너지원의 대부분인 화석연료는 향후 30~40년 내에 고갈될 것으로 예상되고, 온실가스 감축목표에 따른 교토의정서 발효 등 에너지절약에 대한 필요성은 더욱 높아지고 또, 경제발전과 고도정보화 사회로 변하는 과정에서 보다 쾌적한 환경에 대한 요구도 커지고 있다. 이러한 요구에 부응하기 위하여 각종 자동화 장치가 개발되고 있으며, 대규모 사무소 건물이나 호텔, 병원, 연구소 등에 적용하는 건물자동화시스템을 BAS (building automation system) 혹은 BMS(building management system)라 부르고 있다.

건물자동화 시스템에도 여러 형식이 있으나 가장 보편화된 것은 중앙연산장치(C.P.U)를 갖추고 각 현장으로부터의 데이터를 감시, 조절 및 기록하는 기능을 보유한 시스템을 말한다.

5-4-2 피자동제어의 분류

자동제어에 대한 연구는 근래에 급속히 발달하여 그 응용분야도 대단히 넓어졌고, 종류도 여러 관점에서 분류되고 있다.

(1) 목표치의 시간적 성질에 의한 분류

1) 정치제어

제어량이 일정치가 되도록 제어하는 것으로 목표값이 일정한 제어방식

2) 추치제어

목표값이 시간에 따라 변화하는 제어방식

(2) 제어대상에 의한 분류

제어방식을 그 제어량의 수에 따라 분류한다.

1) 일변수 제어

제어량이나 조작량이 각각 한 개 뿐인 제어

2) 다변수 제어

제어량이나 조작량이 2개 이상인 제어

(3) 조작 에너지원에 의한 분류

1) 자력제어

조작부를 움직이는데 필요한 에너지가 제어대상에서 검출부를 통해 직접 얻어지는 제어

2) 타력제어

조작부를 움직이는데 필요한 에너지가 보조에너지원으로부터 얻어지는 제어

(4) 조작부의 동작특성에 따른 제어동작의 분류

자동제어 장치의 제어동작은 조절부에서의 동작신호에 대한 조작부의 동작특성에 따라 다음과 같이 분류한다.

① 2위치 동작(on−off동작)

② 다위치 동작(step동작)

③ 단속도 동작(floating동작)

④ 비례동작(P동작)

⑤ 시간 비례동작

⑥ 비례+적분동작(PI동작)

⑦ 비례+적분+미분동작(PID동작)

이 중에 가장 일반적으로 사용되는 것은 2위치 동작과 비례동작이다.

PI동작이나 PID 동작은 고정도가 필요한 장치나 대규모 장치에 사용되었지만, 최근 전자회로에 비교적 용이하게 조립되므로 일반공조용으로도 사용하게 되었다.

또, 대상제어량에 관련하는 상태값이나 데이터를 더해 조작신호를 정하는 각종 복합제어가 사용된다.

이것의 비교적 간단한 것은 리밋제어나 외기온도보상제어, 급기온도보상제어에서 종래에는 사용되었지만, 컴퓨터에서는 각종 데이터의 연산이나 기억으로 복잡한 최적제어나 순차제어를 하게 되었다.

이러한 자동제어의 사용대상은 공기조화기 계통, 열원기기 계통 및 반송 계통으로 구분되지만, 공기조화 계통에서는 실내온·습도조절기 외에 실내외 차압조절기가 클린룸이나 오염물질을 취급하는 건물에 사용되며, 외기량 제어를 위한 CO_2 농도조절기나 외기냉방용 엔탈피조절기가 일반 건물의 에너지 절약을 위한 장치로 사용된다.

열원 계통에서는 열원기기에 부속하는 제어기기 외에 군관리 운전을 위한 온도조절기, 압력조절기, 유량조절기, 대수제어장치 등이 사용된다.

또, 반송 계통에서는 변유량 제어용의 덕트 내 압력조절기, 온냉수 변유량용의 압력조절기, 차압조절기 등도 사용되고 있다.

5-4-3 자동제어방식

자동제어방식의 결정을 위해서는 우선 각 방식의 특징을 검토한 다음 고려해야 한다.

어느 한 방식을 채용했다고 전 관, 전 계통을 그 방식으로 통일할 필요는 없고, 그 기기의 설치장소, 조작기의 제어동작이나 조작력 등을 고려한 다음, 각각의 제어방식의 장점을 살릴 수 있도록 계장하면 좋다. 단, 보수정비의 면에서 계장은 가능한 한 간단히 사용하고 기기의 종류는 적게 하는 것이 더 좋다.

(1) 전기식 자동제어

전기식 자동제어기기는 공조용으로 현재 가장 많이 사용되고 있다.

신호의 전송 및 조작동력으로 전기를 이용하는 것으로, 조절기구에 전자 증폭기구 등을 포함하지 않는 것으로 고정밀도(高精密度)를 요구하지 않는(±2℃, ±5%이상) 중 · 소규모 건물의 제어에 적합하다.

(2) 전자식 자동제어

전자식 제어시스템은 전기식과 마찬가지로 신호의 전달이나 조작용 동력으로 전기를 사용한다. 보통 취급되고 있는 제어량으로는 온도, 습도 및 노점온도가 있다. 이들의 제어량 변화는 직접 전기저항값의 변화로서 검출되어 브리지회로의 입력으로 전송된다.

브리지는 제어량의 변화(전기저항값의 변화)를 전압변화로 변환하여, 그 편차 신호 증폭되어 조작신호로서 조작부를 구동하여 수행하는 것으로 전자식 제어시스템은 비교적 복잡한 제어에 최적이고, 대 · 중규모 빌딩의 공조나 산업공조 및 항온항습실 등 높은 정밀도를 요구하는 용도에 적합하다.

(3) 공기식 자동제어

공기식 제어방식은 전기식, 전자식과 함께 공기조화의 자동제어에 널리 이용되었으나 현재는 사용빈도가 점점 떨어지고 있다.

(4) DDC방식 자동제어

현장제어 기기는 1980년대 초까지도 공기식 및 전기식 주종을 이루었으며, 전자식 제어기기에 처음 마이크로프로세서를 활용하기 시작하여 자동제어 역사상 대발전이라고 할 수 있는 DDC(direct digital controller) 기술이 실현 보급되기에 이르렀다.

DDC방식은 입·출력기기, 즉 검출기와 조작기를 연결하여 제어목적을 달성하기 위한 복잡한 아날로그식 조절기와 하드웨어 LOGIC기능 등을 컴퓨터를 사용하여 소프트웨어 프로그램으로서 하는 방식이다. 또한 아날로그 방식과의 큰 차이는 DDC 방식은 컴퓨터를 사용함으로써 통신기능을 갖고 있어 중앙관제장치와도 직접 연결이 되고 각종 복잡한 프로그램을 할 수 있다는 것이다. 즉, 아날로그 방식은 개별적인 반면 DDC방식은 분산형이다.

표 5-22 • 자동제어방식의 종합비교

구분 \ 방식	전기식	전자식	공기식	DDC
검출 정도	중	상	중	상
제어모드	중	상	중	상
제어모드 변경	불 가	불 가	불 가	가
제어방식 임의결정	불 가	불 가	불 가	가
동작	중	중	상	상
부속설비	불필요	불필요	필 요	불필요
기기가격	저	고	고	고
자동제어 대상	소 · 중형	주 · 대형	중	소 · 중대형
최근의 추세	증가	감소	감소	증가

5-4-4 IBS 개요

(1) IBS(intelligent building system) 정의

건축환경 및 설비, 정보통신, 건물자동화 등 주요 시스템을 유기적으로 통합하여 첨단 서비스 기능을 제공함으로써 경제성, 효율성, 쾌적성, 기능성, 신뢰성 그리고 안정성을 추구하는 지적 생산에 적합한 건물을 의미한다.

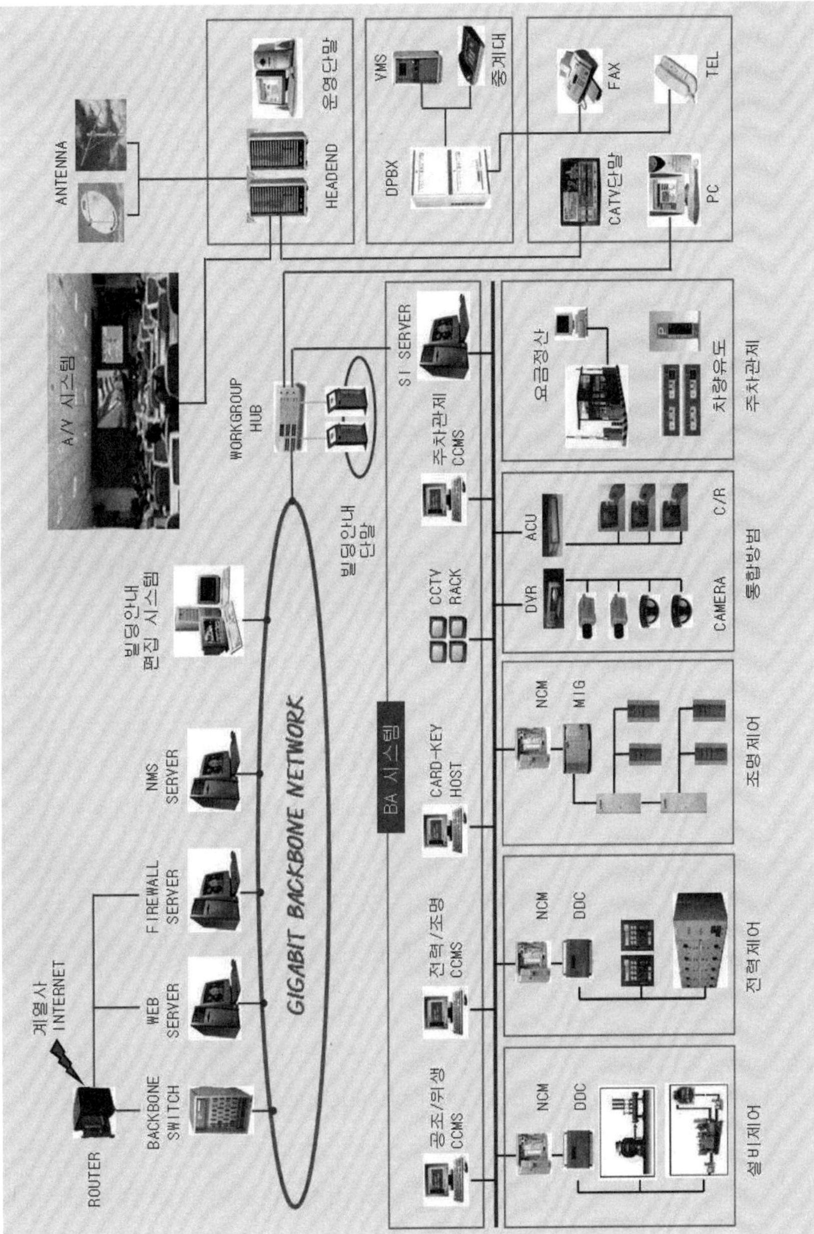

그림 5-9 | IBS 통합구성도

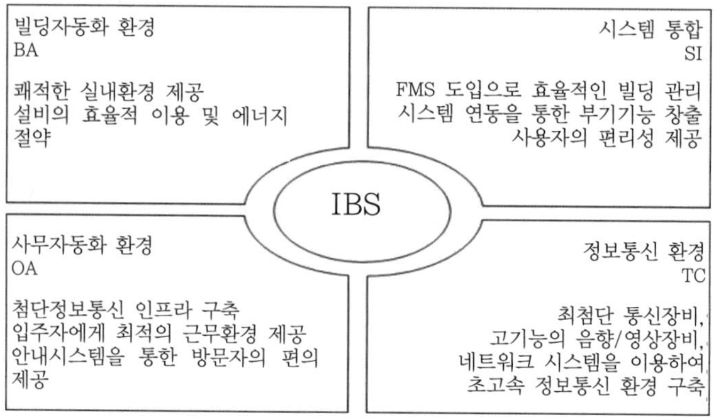

그림 5-10 | IBS 구축 목표

(2) 시스템별 구축방안

1) BA - 공조·위생 제어시스템

① **개요** : 건물 내 공조·위생설비의 자동화를 통해 쾌적한 업무환경 제공과 에너지 절감효과를 구현하며, 더불어 중앙집중적인 감시 및 제어로서 관리 업무의 효율화를 가능케 하는 시스템이다.

② 시스템 구성

- BA시스템과 동종의 시스템으로 구성하여 별도의 interface장비 없이 시스템 통합
- 3단계 네트워크 구성을 통한 제어 및 관리기능 분담
- 분산처리장치(DDC)를 통한 기계설비 제어

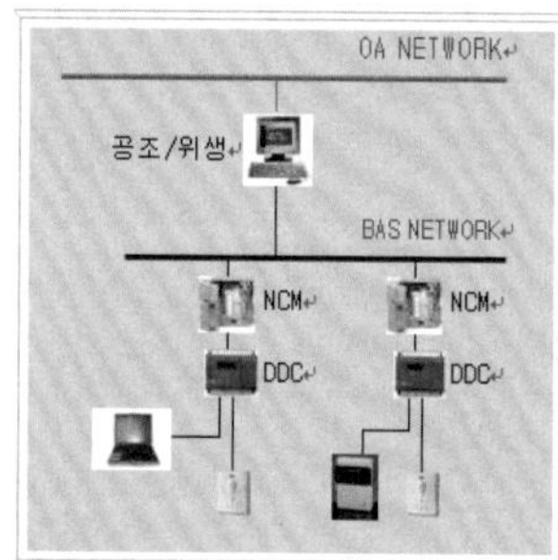

그림 5-11 | 기계 자동제어시스템 구성도

- EMS(energy management S/W)기능 제공

③ 기능

- 구역별 온·습도 감시 및 제어
- 최적 기동·정지, 장비대수 제어
- 공조설비(fan, VAV, FPU, 공조기)제어

- 열원설비, 위생설비 감시 및 제어
- trend 분석
- 일별/월별 보고서 출력

2) BA-전력제어시스템

① **개요** : 수·배전설비의 자동화를 통해 양질의 전원을 공급하여 시설물의 안정적 운영을 보장한다.
한전 측과의 계약 전력량을 초과하지 않도록 제어함으로써 비용절감 및 관리인원을 절감하며, 또한 시스템 간 연동에 의하여 부가적인 기능을 발휘할 수 있도록 구성한다.

② **시스템 구성**
- BA시스템과 동종의 시스템으로 구성하여 별도의 interface 장비 없이 시스템 통합
- 대형 graphic panel을 이용한 전력계통 감시
- 분산처리장치(DDC)를 통한 전력설비 제어
- EMS(energy management S/W)기능 제공

③ **기능**
- 각종 전력관련 데이터 감시
- 상황별 급전·단전 sequence 제어
- 정·복전 제어
- trend 분석
- peak demand control
- 일별·월별 보고서 출력

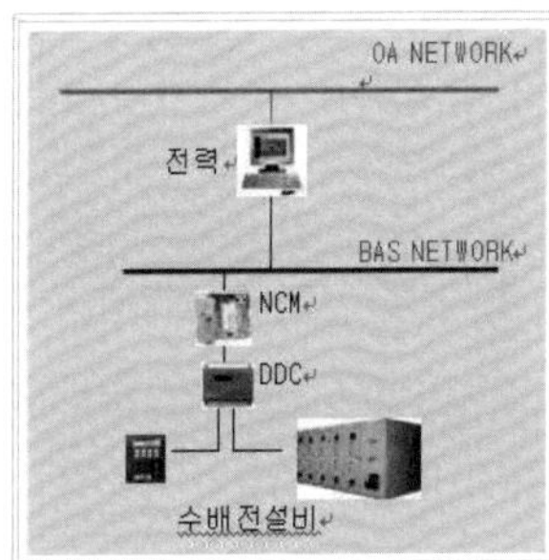

그림 5-12 | 전력 자동제어시스템 구성도

3) BA-조명제어시스템

① **개요** : 건물 내 전력 사용량의 상당 부분을 차지하는 조명설비를 자동화함으로써 전력 사용량을 절감하며, layout변경에 따른 조명 zone의 유연한 대처가 가능하도록 한다. 또한 시스템 간 연동에 의하여 부가적인 기능을 발휘할 수 있도록 구성한다.

② 시스템 구성

- BA시스템과 동종의 시스템으로 구성하여 별도의 interface 장비 없이 시스템 통합
- CCMS 전력 자동제어시스템과 공용으로 사용
- LCP를 이용한 조명제어
- 포토센서를 이용한 조도제어 및 프로그램 스위치 현장제어

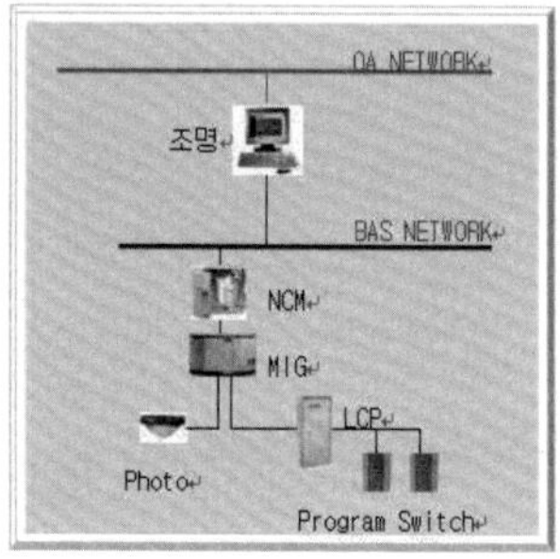

그림 5-13 | 조명 자동제어시스템 구성도

③ 기능

- 일/월/년 단위의 스케줄제어
- 계절/시간/용도에 따른 패턴제어로 불필요한 점/소등 예방
- 공용부 조명에 대한 중앙제어
- 창측 조도제어를 통한 전력사용량 절감
- 프로그램 스위치에 의한 자유로운 조명 zoning
- 전체조명에 대한 중앙제어

4) BA-통합 방범시스템

① **개요** : 건물 내 침입 및 비상사태에 대비하여 인명과 재산을 보호하며 정보누출을 사전에 예방하기 위하여 CCTV 및 출입통제시스템을 도입하여 완벽한 통합방범시스템을 구축한다.

② 시스템 구성

- RF방식의 카드리더 도입을 통한 비인가자의 출입통제
- 주요실에 대한 CCTV 감시 및 침입센서 연동
- 디지털 녹화방식 채택으로 선명한 화질 및 신속한 자료 검색
- 통합 BAS 구축을 통한 비상시 연동 기능

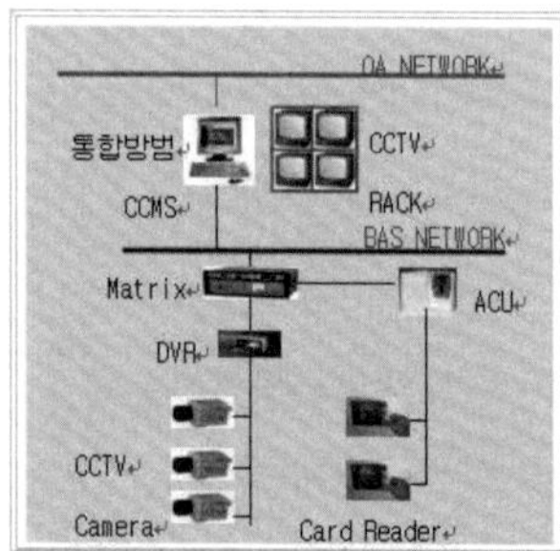

그림 5-14 | 통합 방범시스템 구성도

③ 기능

- 주요 실에 대한 출입통제
- 주요 동선 및 구역에 대한 CCTV 및 침입 감시
- 신속하고 선명한 CCTV 검색 (DVR 도입)
- 효율적 연동을 통한 방범효과 극대화
- 범죄심리를 사전에 예방

5) BA-주차 관제시스템

① **개요** : 주차 유도 및 요금정산 업무의 자동화를 통하여 지하주차장의 안전하고 신속한 입·출차 유도 및 주차사고를 미연에 방지하고 주차료 징수 관리업무의 효율화를 통하여 관리인원을 절감하는 시스템이다.

② 시스템 구성

- 지하주차장의 신호관제시스템 도입
- 디지털 입구 종합 만차 등 도입
- 주차장 입·출구에 유인요금정산시스템 도입
- 주차동선 유도를 위한 차량유도등 도입
- 방재센터에 종합적인 주차관리체계 구축

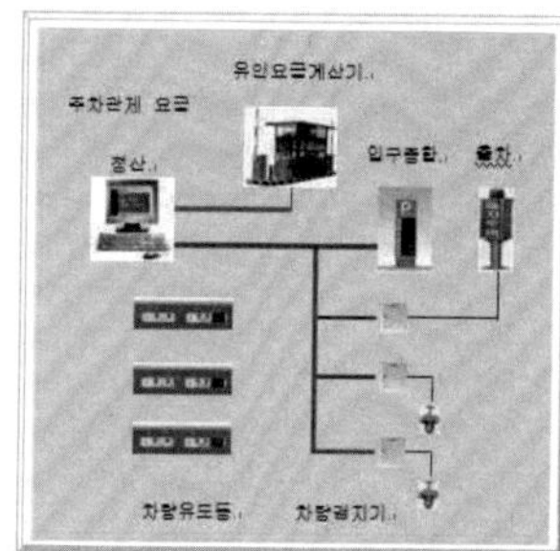

그림 5-15 | 주차관제시스템

③ 기능

- 차량현황 파악
- 주차공간 파악
- 주차공간의 효율적 관리
- 주차장 내의 안전사고 예방
- 주차요금 징수 및 관리의 효율화
- 관리를 위한 각종 보고서 기능 제공

6) OA-근거리 통신망시스템

① **개요** : 건물 내 전산장비, 데이터, 각종 OA프로그램의 공유 및 외부망과 연동 등을 초고속으로 지원하는 시스템으로 사무자동화를 통한 업무효율

의 극대화 기반을 마련하는 시스템이다.

② 시스템 구성

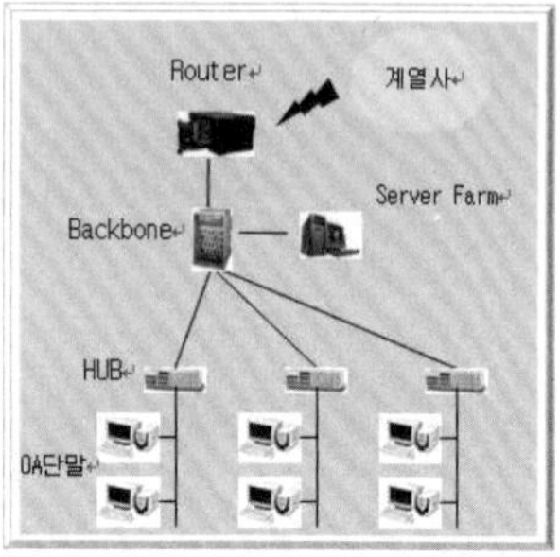

그림 5-16 | 근거리통신망시스템

- gigabit backbone network 구성
- 1Gbps의 대역폭 제공
- 네트워크 관리를 위한 NMS 도입
- 계열사, 지사 및 인터넷 연동을 위한 router 설치
- 외부침입을 막기 위한 방화벽 도입

③ 기능

- 대용량의 멀티미디어 데이터 전송 보장
- router를 통한 외부망 지원
- 인터넷 서버를 이용한 초고속 인터넷 서비스
- 정보화의 인프라 구축(정보의 공유 및 활용)
- 네트워크의 관리 지원

7) OA - 정보안내시스템

① **개요** : 건물을 방문하는 방문객과 사내 직원에게 시설물 안내, 층별 안내, 생활정보 안내, 공지사항 안내 등 다양한 정보를 동영상으로 실시간 제공함으로써 안내인력 절감, 신속한 정보전달, 대외 이미지 홍보의 역할을 하는 시스템이다.

② 시스템 구성

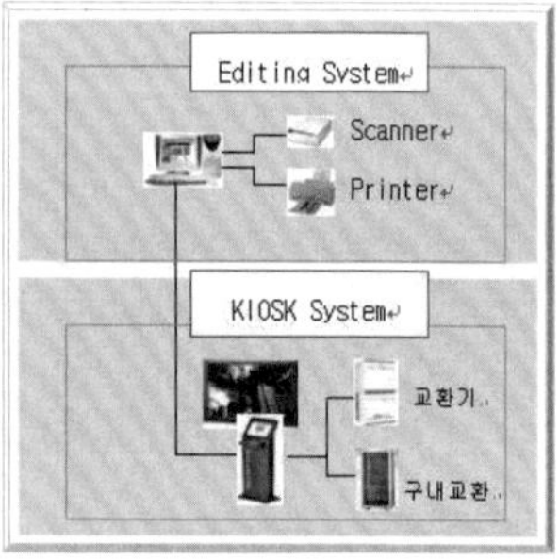

그림 5-17 | 정보안내시스템

- gigabit backbone network 구성
- 1Gbps의 대역폭 제공
- 네트워크 관리를 위한 NMS 도입
- 계열사, 지사 및 인터넷 연동을 위한 router 설치
- 외부침입을 막기 위한 방화벽 도입

③ 기능

- 빌딩 이용에 관한 각종 정보제공
- 각종 행사 및 공지사항 안내
- 각 층별 부서 안내
- 내선교환, 인터넷, CATV 이용 서비스 제공
- 조작이 쉬운 touch screen 방식
- 영상 및 음향을 통하여 전달효과 극대화

5-5 수송설비

5-5-1 개 요

수송설비는 엘리베이터, 에스컬레이터, 컨베이어 등으로 사람이나 물건을 운송하는 설비와 물품을 운송하는 덤웨이터, 기송관, 쓰레기관로 등이 있다. 최근 건물이 고층화, 대형화 되면서 건물 내의 기계식 수송설비가 점차 증가하고 있는 실정이다.

그 중에서도 엘리베이터 및 에스컬레이터는 건물 내에서 수직 계통의 대표적인 교통기관이며, 건물 내의 평면 동선계획에도 큰 영향을 미친다.

5-5-2 엘리베이터

엘리베이터란, 전용 승강로 내를 동력으로 상하 승강하는 케이지(cage)를 중심으로 구성된 운송시스템이며 운송대상은 주로 사람과 물품이다. 엘리베이터를 수송대상물에 따라 구분하면 다음과 같다.

(1) 종류

1) 승차용 엘리베이터

사람의 수송만을 목적으로 하는 엘리베이터

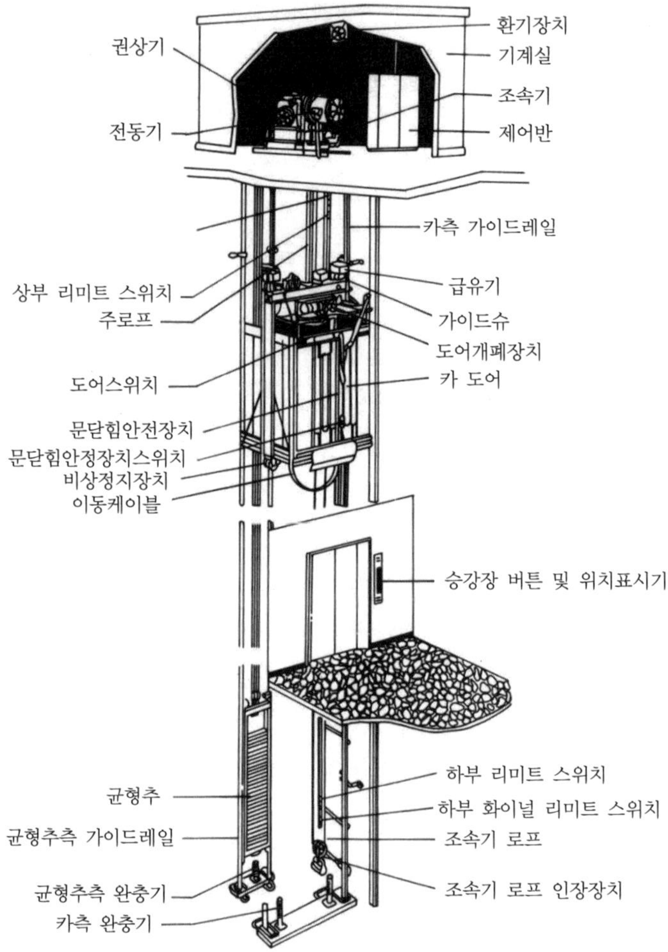

그림 5-18 | 엘리베이터의 구조

2) 사람/화물 겸용 엘리베이터

사람 및 화물수송을 목적으로 한다.

3) 침대용 엘리베이터

병원에서 침대의 수송을 주목적으로 하지만, 문병객이나 의료관계자의 이용도 허용된다.

4) 화물용 엘리베이터

화물수송을 목적으로 하며, 화물취급자 이외의 이용은 금지된다.

5) 자동차용 엘리베이터

주차장에서 자동차 수송을 목적으로 하는 엘리베이터.

6) 비상용 엘리베이터

화재가 발생한 경우, 구조나 소방활동용으로 이용되는 엘리베이터이며 평상시에는 승차용 엘리베이터 또는 화물용 엘리베이터로 이용되는 것이 보통이다. 이상 설명한 분류 외에 다음과 같은 특수 엘리베이터가 있다.

7) 장애인용 엘리베이터

휠체어 사용자가 이용하기 쉽게 배려된 휠체어용 엘리베이터나 시각장애인을 위한 시각장애인용 엘리베이터가 있다.

8) 전망용 엘리베이터

케이지 안에서 외부를 볼 수 있는 조망시설이 있다.

(2) 구조

엘리베이터에는 구동방식에 따라 로프식(roped electric elevator), 유압식, 나사식, 랙피니언식(rack and prinion type elevator)이 있다.(그림 5-18 엘리베이터의 구조 참조).

1) 로프식

케이지와 균형추를 로프로 연결하고 구동기어와 로프의 마찰력으로 케이지를 이동시키는 방식이다.

가끔은 케이지를 매달은 로프를 드럼으로 감아 승강시키는 방식도 사용된다. 주요시설에는 권상기, 전자식 브레이크, 제어패널, 케이지, 균형추, 가이드 레일, 완충기, 이동 케이블, 속도조정기, 비상안전제어기, 승강로비 등이 있다.

① 권상기 : 전동기 회전력이 구동로프에 전달되는 구조를 기억식 권상기라고 하며, 전동기축과 구동로프축을 직결한 구조는 무기어 권상기라고 한다.
② 제어패널 : 엘리베이터의 정지나 운행 등의 제어를 관리하는 장치
③ 케이지 : 사람 또는 화물이 적재되는 공간
④ 제어패널 : 엘리베이터의 정지나 운행 등의 제어를 관리하는 장치
⑤ 케이지 : 사람 또는 화물이 적재되는 공간
⑥ 균형추 : 케이지의 중량에 대응하기 위해 설치된 추
⑦ 가이드 레일 : 케이지 및 균형추의 승강을 안내하는 레일이며 주로 1m당의 중량으로 호칭되며 5kg, 8kg, 13kg, 24kg 등의 추가 있다.
⑧ 이동케이블 : 케이지 조작 및 전원공급용의 케이블이며, 이 케이블은 케이지의 승강에 따라 이동한다.
⑨ 비상안전제어기 : 이상과속현상으로 하강하는 경우 낙하방지를 위해 기계적으로 정지시키는 장치이며, 급속비상제동과 순차비상제동이 있다.
⑩ 승강로비 : 엘리베이터의 각층 출입구를 일반적으로 승강로비라고 한다. 승강로비에는 랜턴(lantern), 푸시버튼(push button), 문, 지시등 등이 있다.

2) 유압식

점프로 탱크 내의 기름을 실린더 내로 압송하여 플랜저(plunger)와 케이지를 상승시킨다. 하강은 케이지의 중량을 이용하여 실린더 내의 기름을 추출함으로써 하강된다. 연결방식에 따라 직접식과 간접식이 있고 팬터 그래프(pantograph)를 사용한 것을 팬터 그래프식 엘리베이터라고 한다. 주요 설비에는 기름탱크, 펌프, 전동기, 유압밸브 등이 있다.

3) 나사식

볼트와 너트의 맞물림에 의해서 상승, 하강하는 방식

4) 랙피니언식

케이지에 피니언을 설치하여 회전력에 의해 승강하는 방식

5) 기타

수송능력을 증대시킬 목적으로 케이지가 2층구조로 된 더블데크(duble deck) 엘리베이터와 승강로가 경사형으로 된 경사형 엘리베이터 등이 있다.

(3) 조작방식

엘리베이터 조작방식은 엘리베이터 용도나 빌딩의 교통수요에 따라 적절히 선택해야 한다.

1) 단식자동방식(single automatic operation)

승강장 버튼은 1개이며, 승강구별은 없다. 케이지는 호출에 따라 가동하며, 호출층에 이르러 정지한다. 운전중에는 하나의 호출에 의해 다른 호출은 등록할 수 없다. 또한, 승강장 호출을 동시에 다수 등록하게 해서, 이 호출에 대해 사전에 정해진 순서로 응답하게 된 것을 단식자동방식이라고 한다.

2) 승합전자동방식(selective collective automatic operation)

승합장 버튼은 승강용으로 설치되며, 케이지 호출은 다수 등록된다. 호출에 따라 기동하며, 동일 운전방향에 대해 순차적으로 응답한다. 진행방향에 대해 별도의 호출이 없으면 운전방향은 반전된다.

3) 강하승합방식(down collective automatic operation)

출발층(보통 1층)에는 상승버튼을, 다른 층은 하강버튼을 설치한다. 작동은 승합전자동방식과 거의 동일하다. 단, 상승방향은 출발중에만 가능하다.

4) 군승합방식(multiplex selective collective automatic operation)

2~3대의 엘리베이터가 서로 연락하며 상호 호출에 응답하면서 승합전자동방식의 운전을 한다. 필요에 따라 수동운전방식으로 전환되기도 한다.

5) 군강하승합방식(multiple diwn collective automatic operation)

2~3대의 엘리베이터가 서로 연락하며 상호 호출에 응답하면서 강하승합방식

의 운전을 한다.

6) 전자동 군관리방식(group supervisory system)

3~8대의 엘리베이터가 서로 연락하며 빌딩 내 교통수요 변동에 대응하는 효율적인 수송을 한다. 그리고 일시적으로 발생되는 다량의 교통수요에 대응하기 위한 피크타임(peak time)용 서비스 방식이나 예약안내방식이 있다.

(4) 안전설비

1) 안전성

엘리베이터는 불특정 다수인이 이용한다는 점에서 육상의 일반 교통기관과 같이 공공성이 매우 높다. 그리고 운전조건은 운행, 정지의 반복빈도가 높은 변동부하를 가지고 있으며, 또한 승객 자신이 직접 조작을 하는 경우가 많은 특성을 가지고 있다. 따라서 구조적인 강도와 제어의 안전성을 충분히 고려해야 한다.

2) 안전장치의 종류

① **전자 브레이크** : 브레이크는 케이지를 정해진 위치에 정지시키거나 고장 등의 상황에서 엘리베이터를 안전하게 지지해 주는 장치이다. 전동기 축에 직결된 브레이크 휠과 브레이크 슈(brake shoe)는 서로 접속되어 있다.

② **속도조정기** : 일정 속도 이상이 되었을 경우에만 브레이크나 안전장치를 작동시키는 장치이다.

③ **안전장치** : 안전장치에는 엘리베이터의 정격출력에 따라 순간안전장치와 순차안전장치가 있다. 순간안전장치는 제동장치와 레일 간에 쇄기가 삽입된 형태로써 케이지가 정지하는 방식이다. 순간식을 고속엘리베이터에 적용하면 승객에 미치는 정지충격이 크므로 이 방식은 45m/min 이상인 엘리베이터에 주로 사용된다.

④ **최상층 및 최하층 감속정지장치** : 최상층 및 최하층에 접근했을 때 감속을 시작하여 적절히 정지시키는 장치이다.

⑤ **최종 리밋 스위치** : 작동오류에 의해 케이지가 최종 층에서 정지위치를 지나쳤을 경우 리밋 스위치가 작동해서 전자 브레이크에 의해 엘리베이터를

정지시키기 위한 장치이다.

⑥ **완충기** : 케이지 또는 균형추가 감속정지장치나 리밋 스위치로도 정지되지 않고 비상제동도 작동되지 않는 사이에 최하층을 통과한 경우에 충돌을 완화시키기 위해 설치하는 장치이다. 완충기에는 스프링식 및 유입식이 있는데 일반적으로 정격속도가 60m/min 이하인 경우에는 스프링식, 60m/min 이상인 경우에는 유입식이 사용된다.

(5) 설비계획

엘리베이터의 선정은 건물의 용도나 규모, 물품의 동선 등을 충분히 고려하여 선정해야 하며 건물 유형별 설비계획에서 고려해야 할 사항은 다음과 같다.

1) 사무소

① 승용엘리베이터의 이용 시 피크 시간대는 출근, 중식, 퇴근 시이며, 최대 피크는 출근시간대이다.

② 승용 엘리베이터의 서비스 형태는 전층서비스방식과 조닝방식이 있다.

③ 비교적 규모가 큰 건물에는 화물용 엘리베이터와 비상용 엘리베이터가 별도로 설치되기도 한다.

2) 공동주택

① 피크 시간대는 아침과 저녁이며, 케이지의 크기는 이사 때 가구의 크기를 고려하여 결정한다.

② 서비스 형태는 전층 서비스방식 외에 격층별로 정차하는 스킵 스톱방식, 존(zone)으로 분할해서 운행하는 조닝방식 등이 있다.

3) 병원

① 병원에서 엘리베이터 동선은 환자용, 문병객용, 원내직원용, 물품운반용 등으로 구성된다.

② 피크는 오전 중의 수술 및 회진 시간대와 오후에 문병객에 의한 피크가 있다. 원내직원에 의한 교통량은 시간대와 관계없이 거의 일정하다.

4) 백화점

① 이용교통량의 피크는 공휴일 오후에 발생하는 것이 일반적이다.

② 교통량이 많을 때는 중간층 사이에서도 교통량이 많기 때문에 거의 각층마다 정지하도록 한다.

③ 수직교통량의 상당부분은 엘리베이터 이외에 에스컬레이터와 계단이 분담한다.

④ 동선에는 각층 매장의 물품반입, 종업원의 이동 및 고객의 이용이 있고, 종업원의 승강기 이용 피크는 사무소용 건물과 같이 아침출근 시에 발생한다.

(6) 유지 및 관리

엘리베이터의 성능은 기기의 설계, 제작과 함께 설치공사의 시공성이 중요하다. 안전성과 시공성이 양호한 엘리베이터를 설치하기 위해서는 착공 전에 미리 충분한 공정계획 및 작업계획을 하는 것이 좋다.

엘리베이터에 대해 관리자가 반드시 준수해야 할 의무사항은 다음과 같다.

① 승강기의 상태가 양호하지 않을 때는 정지시킨다.

② 정기적으로 보수·관리한다.

③ 유지·보수와 관련이 있는 회사와는 필요에 따라 항상 원활한 업무연락이 가능하도록 한다.

④ 일상점검을 원칙으로 한다.

1) 일상관리

일상관리와 관련된 내용은 다음과 같다.

① 책임관리자, 대리관리자를 정해 비상시에도 관리할 수 있는 인력구성을 한다.

② 비상사태가 발생할 경우에 대비하여 경찰서, 소방서, 서비스회사 등에 대한 연락방법을 명확히 한다.

③ 비상시에 필요한 장비를 항상 구비해 놓고 관리한다.

④ 정기적으로 안전기술자의 점검을 받아 각 기기를 안전상태로 유지·관리

한다.

⑤ 비상사태에 대비한 기술교육을 실시하는 것이 바람직하다.

⑥ 시동점검 및 수시 순회점검을 한다.

2) 시동점검의 내용

운행 개시 시에는 적어도 1회 왕복점검을 하며 다음 사항을 점검하는 것이 좋다.

① 문 개폐는 원활하며 개폐음의 이상유무 확인

② 문턱에 있는 이물질(예 : 작은돌)의 점검

③ 기동과 정지 시의 이상유무

④ 인터폰이나 전화기의 통화상태 점검

⑤ 운행중의 이상음이나 이상진동

⑥ 승차감의 이상유무

⑦ 정지 시, 케이지와 승강장 바닥높이의 점검

⑧ 각 층의 푸시 버튼(push button)과 램프의 작동상태

3) 순회점검의 내용

기기의 고장이나 장난에 의한 고장 등은 언제 발생할지 예측할 수가 없다. 따라서 순회점검에 따른 운행상태의 확인이 필요하며 이용자에 대한 설명회 개최 등도 필요하다. 설명회를 개최할 경우에는 다음 항목에 대한 내용은 반드시 주지시킨다.

① 인터폰이나 전화기의 사용법

② 화재 시에는 엘리베이터를 사용하지 않는다.

③ 케이지 내에 고립되었을 때의 대처요령(예 : 케이지의 내부는 완전한 기밀이 아니기 때문에 질식할 염려가 없고, 구출될 때까지 조용히 기다리도록 숙지시킴)

5-5-3 에스컬레이터

에스컬레이터는 계단식으로 된 컨베이어로서, 30° 이하의 기울기를 갖는 트러

스에 발판을 부착시켜 레일로 지지한 구조체이다. 에스컬레이터의 종류는 다음과 같다.

(1) 종류

1) 손잡이 의장에 의한 분류

① **투명식** : 손잡이 부분이 투명강화식으로 되어 있으며 기둥이 있는 것과 없는 것이 있다.

② **패널식** : 손잡이 부분이 강판도장이나 스테인리스강으로 불투명하게 되어 있다.

2) 단면구조에 의한 분류

① **팔레트방식** : 단면은 금속체 팔레트형식임.

② **벨트방식** : 단면이 고무벨트형식이며 벨트 컨베이어의 구조와 유사함.

3) 경사각도에 의한 분류

① **수평식** : 단면이 수평인 것.

② **경사식** : 단면이 경사진 것.

(2) 구조

에스컬레이터에는 상하부에 기계실이 있으며 상부 기계실에는 전동기와 직결된 감속기가 있다. 발판은 4개의 롤러로 지지되어 안내레일 위를 주행하며, 발판 표면은 항상 수평을 유지해야 한다. 전동기를 회전시키면 발판체인이 구동하여 이에 고정된 발판이 이동된다. 물론 발판과 같이 난간 양측에 있는 핸드 레일도 구동된다.

(3) 안전장치

에스컬레이터에는 다음과 같은 안전장치가 있다.

1) 구동체인 안전장치

구동체인이 너무 늘어지거나 절단된 경우, 자동적으로 에스컬레이터를 정지시

키는 장치

2) 발판체인 안전장치

발판체인이 늘어나거나 절단된 경우, 자동적으로 에스컬레이터를 정지시키는 장치

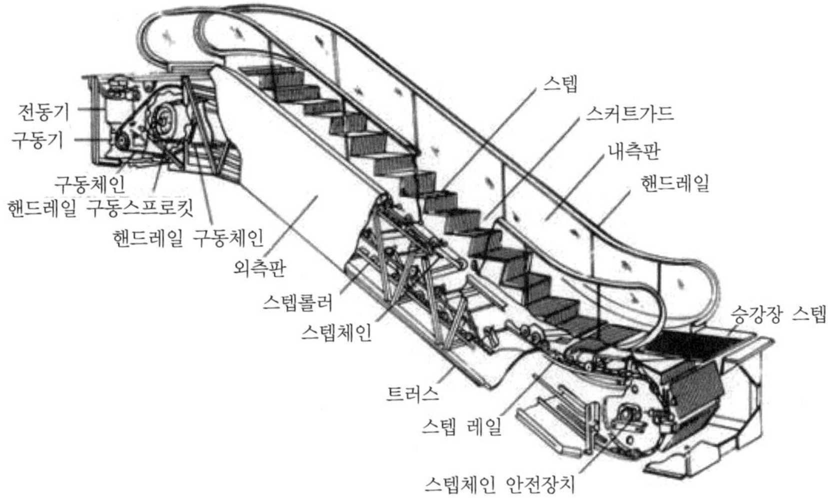

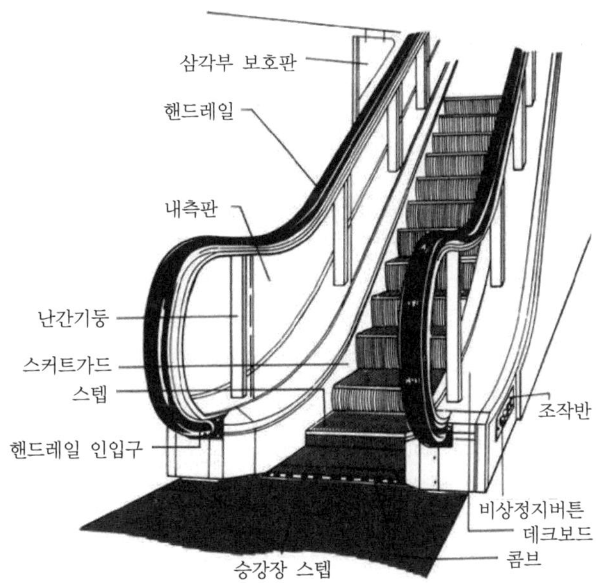

그림 5-19 | 에스컬레이터의 구조

3) 발판주행 안전장치

발판의 이물질 등에 의해 주행중 무리가 생기면 자동적으로 정지시키는 장치

4) 핸드레일 인입안전장치

인입부에 만일 손가락이나 이물이 침입되었을 경우, 자동적으로 정지시키는 장치

5) 과전류차단기

전동기에 정격이상의 전류가 흘렀을 경우, 자동적으로 정지시키는 장치

6) 안전 나이프 스위치

보수·점검 및 수리가 필요할 때 전기회로를 완전히 차단하고 안전을 유지시키기 위한 스위치

7) 비상정지 버튼

비상시의 급정거를 위한 버튼

(4) 설치 특성

적합한 설비를 하기 위해서는 건물의 용도에 적합한 에스컬레이터를 선정해야 한다. 표 5-23은 건물용도별 에스컬레이터의 설치특성이다.

표 5-23 ● 건물용도별 에스컬레이터의 설치 특성

용 도	선정기준
백화점, 쇼핑 스토어	연속적으로 대량의 수송능력이 요구된다. 의장(意匠)효과를 많이 고려해야 하며, 고급스럽게 하기 위해서 손잡이 하부조명이 효과적이다.
사무소, 호텔 은행	빌딩 내부의 동선정리가 우선된다. 일반적으로 설치면적이 넓어지는 경향이 있다.
극장	집중되는 교통량에 대비하여 설치가 이루어져야 하며, 설치장소는 주로 1층이 되는 경우가 많다.
공항시설, 도시교통시설	일시적인 대량수송이 요구된다.

(5) 유지 및 관리

에스컬레이터는 다수의 부품으로 구성되는 복잡한 구조의 설비이다. 따라서 급유 등의 유지관리를 원활히 하지 않으면 내구연수가 경과함에 따라 기능 저하나 부품의 조기 마모현상 등이 발생한다. 그리고 사고를 미연에 방지하고 양호한 운전조건을 유지하기 위해서는 전문가에 의한 일상의 보수가 필요하다.

1) 보수

보수작업에는 점검, 조정, 청소, 정비, 부품교환, 급유, 수리, 교환, 종합검사, 전문가의 조언이 있으며, 이러한 보수작업은 기록카드와 점검일지를 만들어서 장기계획하에 체계적인 관리가 필요하다.

① **점검** : 일상점검 및 정기점검을 통하여 이상현상에 대한 조기발견을 한다.

② **조정** : 적정의 조정으로 기기성능을 최대한으로 발휘시켜 원활한 운전상태를 유지한다.

③ **청소 및 정비** : 간단한 청소를 통해 충분한 기능의 확보를 한다.

④ **부품교환** : 부품의 소모상황을 정확히 파악하여 적절히 교환하는 것이 필요하다.

⑤ **급유** : 원활한 운전 및 기기의 내구성 유지를 위해 정기적인 급유가 필요하다.

⑥ **수리, 교환** : 기기의 내구성을 정확히 파악하여 적절히 수리, 교환한다.

⑦ **종합검사** : 확실한 보수작업과 전문가의 엄중한 검사가 필요하다.

⑧ **전문기술자의 조언** : 전문가와 이용자는 항상 긴밀한 정보교환이 필요하며, 이용 시 발생하는 제반문제는 전문기술자의 조언을 통해 보수하도록 한다.

2) 일상관리

관리자는 일반승객이 사용하기 전에 약 10분 이상의 시동상태 점검이 필요하다. 일상점검 항목은 다음과 같다.

① 운전상태

② 핸드레일의 외관 및 운전상황

③ 발판의 외관 및 운전상황
④ 유리커버의 고정상황
⑤ 비상정지 버튼의 상태
⑥ 안전상태의 작동
⑦ 조명의 상태

3) 비상시의 조치

고장이나 화재 등의 재해가 발생했을 때는 에스컬레이터의 상황을 잘 파악하여 적절한 조치를 해야 한다.

① **정지한 경우** : 정지한 시간과 위치를 확인한다.
② **이상소음이 있는 경우** : 이상소음이 발생되는 장소, 소음의 세기, 소음의 발생주기 등을 확인한다.
③ **이상진동이 있는 경우** : 진동발생의 장소 및 진동의 정도를 확인한다.
④ **이상냄새가 나는 경우** : 냄새원의 장소 및 냄새의 정도를 확인한다.
⑤ 기타 : 유리가 파손된 경우는 서비스회사에 연락한다.

5-5-4 이동보도

(1) 개요

이동보도란 수평에 대하여 경사 10~15° 의 범위 내에서 승객을 수평으로 이동시키는 장치이다.

최초의 이동보도는 1874년 미국의 뉴욕에서 처음 제안되었고 실제로 설치된 곳은 시의 컬럼비아 박람회장에서이다. 이동보도의 기본적인 특징은 승객을 목적지까지 조속히 수송하고 또한 교통혼잡을 해소하는 것이다. 이동보도가 주로 설치되는 장소는 박람회장, 버스터미널, 공항, 백화점, 건물간의 승객수송 등이다.

(2) 종류 및 구조

이동보도의 종류에는 파렛식, 벨트식 등이 있다

1) 파렛식

에스컬레이터의 설치기술을 바탕으로 발전한 형식으로 보도의 노면재료는 금속재를 사용한다. 에스컬레이터와 거의 유사하게 안전성이 있으며, 보수가 비교적 용이하다.

2) 벨트식

벨트방식은 이동보도의 하단부에서 회전하는 실린더와 벨트의 마찰력에 의해서 보도가 이동하는 형태이다. 벨트식에서 특히 유의할 점은 벨트의 탄력성 유지와 벨트 주행방향을 일정하게 하는 것이다.

3) 파렛 벨트식

파렛식과 벨트식을 조합한 방식으로서 설치비용이 다른 방식에 비해 고가인 편이다. 이동보도의 폭은 일반적으로 800~1,200mm이며, 폭이 800mm 정도이면 성인과 어린이가 동시에 탑승할 수 있는 폭이고, 1,200mm 정도는 성인 2인이 동시에 나란히 탑승할 수 있는 폭이다.

이동보도의 구조 중에서 특히 주의할 점은 모터의 회전 시 발생할 수 있는 소음과 진동 방지이며, 롤러는 내구성이 양호한 고무타이어를 사용하는 것도 바람직하다.

5-5-5 컨베이어

(1) 개요

컨베이어 벨트는 임의의 장소에 연속적으로 화물을 수송할 수 있고 수신인이 항상 대기하지 않아도 되는 장점이 있다. 주 용도는 도서관의 서적관리, 사무소 건물의 우편물, 서류, 소화물 등의 운송이다.

(2) 종류

컨베이어의 종류는 다음과 같다.

① **벨트 컨베이어** : 분체, 입상의 수송 수평

② 체인 컨베이어 : 체인에 물건을 걸어서 운반 수평, 경사

③ 버킷 컨베이어 : 버킷으로 떠올려 운반 수직, 경사

④ 롤러 컨베이어 : 기물을 굴려 운반 수평

⑤ 에이프런 컨베이어 : 평탄한 판을 연속으로 운송, 수평

5-5-6 전동 덤웨이터

전동 덤웨이터는 사람은 탑승하지 않고 물품만을 승강시키는 장치이다. 덤웨이터는 출입구의 높이에 따라 테이블형과 플로어형으로 분류할 수 있다(그림 5-20 덤웨이터의 종류 참고).

(1) 종류

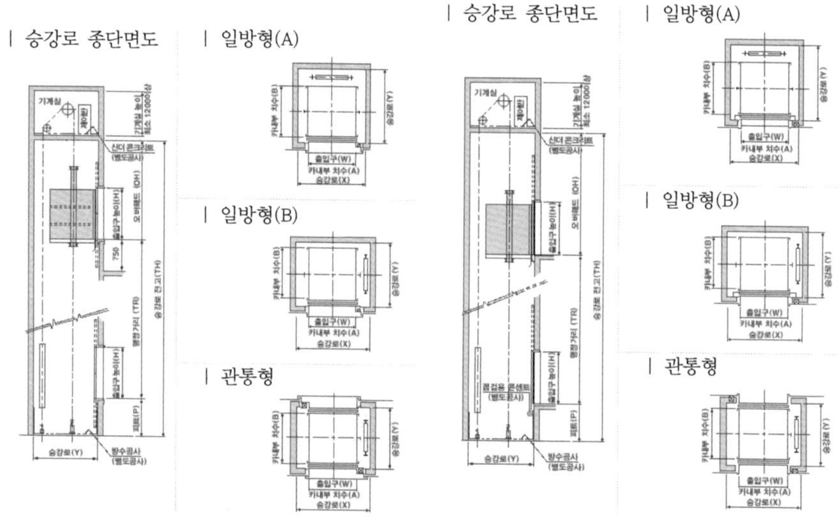

(a) 윈도우 타입 (b) 플로어 타입

그림 5-20 | 덤웨이터의 종류

1) 테이블형

테이블형은 배선용으로나 사무소, 도서관 등에서 책이나 소화물 및 서류운반에 주로 사용된다. 적재하중은 50~150kg이고, 속도는 20~30m/min이고 사용전동기의 용량은 0.75kW 정도이다.

2) 플로어형

플로어형은 손수레 등을 이용하여 테이블형보다 규모가 큰 물건을 운반할 때 주로 사용된다. 적재하중은 200~300kg, 속도는 15~30m/min이고 사용 전동기의 용량은 1.5kW 정도이다.

일반적으로 케이지의 천장높이는 1.2m 이하이며 문이 닫히지 않으면 승강이 불가능하다.

(2) 조작방식

조작방식에는 특정 층을 기점으로 하여 케이지를 보내고 부를 수 있는 복귀제어식과 각층 상호간에 보내거나 부를 수 있는 층간 제어식이 있다. 덤웨이터의 정지횟수는 개소 정도가 사용상의 한계이며, 화물을 보내는 측과 받는 측에 사람이 있어야 한다. 상호연락은 인터폰 등에 의해 주로 이루어진다.

1) 복귀제어식

기준층과 다른 층과의 사이를 왕복운전시키는 방식이고, 기준층에만 버튼을 설치하고 일반층에서는 조작이 불가능하다. 주로 호텔이나 음식점 등의 배선용으로 적합하다.

2) 상호 층간 제어방식

각 층에 전층용의 버튼을 설치하여 임의의 층으로 자유롭게 물품을 송부할 수 있으며 용도가 다양하다.

5-5-7 기송관 장치

(1) 개요

기송관장치(pneumatic tube)는 수송을 하려고 하는 지점을 기송관으로 연결하고, 통에 수용된 피반송물은 공기의 압력차를 이용하여 수송하는 시스템이다. 주요구성장치에는 송수신 스테이션, 공기원 장치, 제어장치가 있다. 반송속도는 평균 5~8m/s이고 특수한 경우는 30m/s인 것도 있으며, 은행, 사무소, 병원,

호텔 등에서 전표, 통장, 수표, 약속어음, 텔레타이프, 서류, 우편물의 반송설비로 사용된다. 기송관시스템에 요구되는 성능은 다음과 같다.

① 신속한 수송이 가능할 것.

② 수송 도중에 분실의 오류가 없을 것.

③ 적정한 양의 통신능력을 구비할 것.

(2) 종류 및 구조

그림 5-21은 기송관 시스템의 구조를 나타낸 것이며, 기송관의 종류는 다음과 같다.

① **용도에 의한 분류** : 일반서류용, 특수용

② **기송관로 형상에 의한 분류** : 원형, 평형

③ **공기원의 의한 분류** : 흡인식, 압송식, 압송흡수식

④ **배관방식에 의한 분류** : 단관왕복식, 복관식, 루프식, 집중분배식, 중앙교환식

⑤ **제어방식에 의한 분류** : 타임릴레이식, 관로접점식, 선택방식, 기송자 선택식

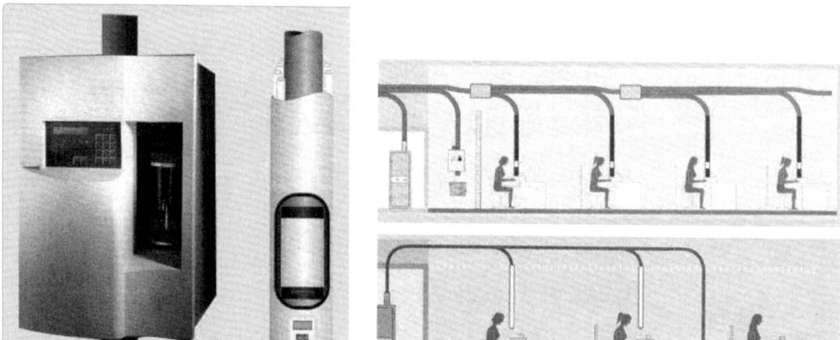

(a) 병원용 기송관 (b) 약국용 기송관

그림 5-21 | 기송관의 구조

5-5-8 쓰레기 관로 이송설비

(1) 시스템 개요

복합주택단지나 오피스 빌딩 등에서 발생하는 쓰레기를 자동이송설비로 수거하는 관로이송시스템은 1960년대 스웨덴에서 최초로 설치하기 시작한 이후로 미국, 일본 등으로 그 적용이 확대되고 있다. 국내에서는 1990년대 후반부터 외국기술을 도입하여 일부 아파트단지나 공공시설물에 설치하여 운용되고 있으며, 최근에는 대규모 아파트단지를 대상으로 하는 시스템으로서는 세계에서 가장 커다란 시장을 형성하고 있는 것으로 알려지고 있다.

일반적으로 쓰레기 관로 이송시스템은 그림 5-22에 나타낸 것과 같이, 쓰레기 발생원 부근의 투입시설, 이송관로, 중앙집하장, 중앙제어장치 등으로 구성되어 있으며, 구성요소별 장치 및 특징을 표 5-24에 각각 나타내었다.

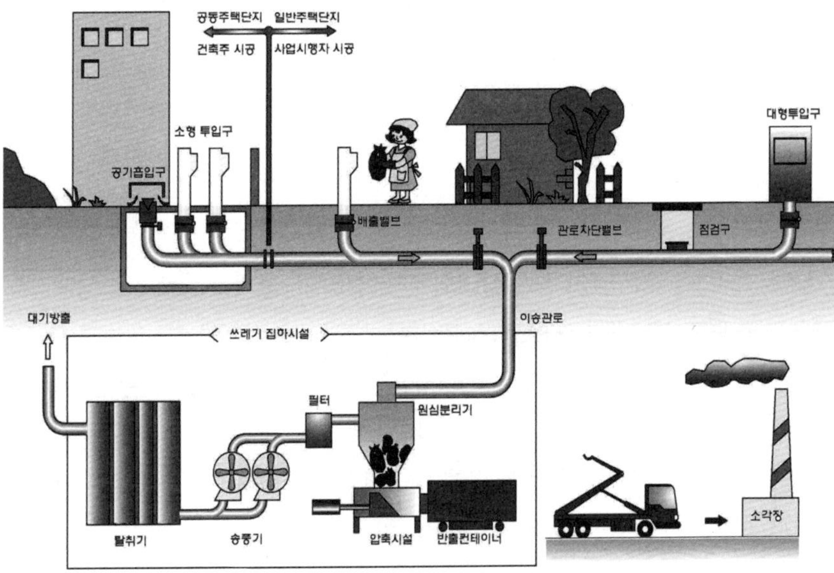

그림 5-22 | 쓰레기 관로 수송시스템 구성도

표 5-24 • 쓰레기 관로 이송시스템의 주요구성 및 특징

대분류	소분류	내 용
투입시설	투입구	실내(옥내) 및 실외(옥외)로 구분하며, 각각에 대하여 일반 및 음식물 쓰레기 투입구가 설치된다. 필요에 따라 대용량 쓰레기 투입구가 별도로 설치됨.
	슈 트	투입된 쓰레기를 배출하기 위해 임시로 저장하는 장치임.
	공기흡입구	각 쓰레기 운반관로 분기관 끝에 위치하며 집하장의 기계실에 있는 송풍기에 의해 생성된 공기압력으로 쓰레기 운반용 공기를 운반관로 속으로 불어넣는다.
이송관로	이송관	관로길이는 관경이 500mm인 경우 1~2km 길이로 설계하고, 공기 이송속도는 20~30m/s로 한다.
	점검구	유지보수가 가능한 범위 내에서 설치간격을 설정(일반적으로 200m 정도).
	분기관	일반 및 음식물 쓰레기의 분리수거를 위해 Y자형 관을 사용함.
중앙집하장	터보블로이	쓰레기 이송을 위한 마이너스 압력 생성. 복수대의 블로어를 직렬 또는 병렬로 연결하여 사용함.
	분리기	공기와 쓰레기의 분리설비
	탈취설비	쓰레기와 함께 흡입된 공기를 외부로 배출하기에 앞서서 공기 중의 악취를 제거하는 장비
	배출장비	분리기를 통해 수집된 쓰레기를 압축하고 외부로 반송할 수 있게 일시 보관하고, 주기적으로 배출하는 장비
	중앙제어장치	관로 내의 각종 밸브의 조작이나 관로 막힘 등 이상유무를 종합적으로 자동으로 관리하는 장치

(2) 투입설비와 관로설비의 설계

1) 시스템 적용범위

시스템의 적용 규모는 관경 및 수송능력, 수집면적, 쓰레기 성상 및 발생량 등 해당지역의 제반여건에 따라 결정된다. 기본적으로 관경과 송풍능력의 상호관계에 따라 유효 수송거리가 결정되는데 쓰레기의 크기 및 중량이 수송능력 판단의 중요한 인자가 된다.

2) 투입설비 설계

투입설비는 시스템상에서 소비자와 직접 접촉하는 시설로 디자인, 기능성, 안전성 및 안정성 등이 초창기에 비해 많이 향상되고 있다. 투입시설 계획 및 설

계에서 중요한 포인트는 투입구의 배치문제이며, 설치간격 및 개소수에 따른 비용 측면, 주민의 편리성(적정 동선의 확보), 세대밀도(쓰레기 발생량), 투입구 설치공간 확보에 대한 사항을 고려해야 한다.

3) 관로설비 설계

관로설비는 투입구에서 집하장까지를 연결하는 시설로 공사비의 비중이나 유지관리 측면의 중요성에 반해 설계 시 상대적으로 무시 받고 있는 실정이다. 또한 수송능력을 고려한 이형관의 각도, 마모에 대응하는 관두께의 산정 등 기술적인 검토가 필요하다.

4) 집하시설의 설계

집하시설의 설계 시 주요 고려사항은 환경적인 민원을 고려하고 최적 수송거리를 확보할 수 있는 집하장의 위치, 시스템의 안전성, 안정성, 기능성 및 확장성과 신뢰성을 확보할 수 있어야 한다.

5) 국내 적합 규모

국내 쓰레기 발생 특성과 신도시 개발지역의 규모를 고려할 때, 1개 시스템의 최대규모는 500mm 관경을 사용하고 투입구 수 400개 이하, 집하장 1개소, 적정 쓰레기 처리용량은 30톤/일(최대 50톤/일)이다.

6) 시스템 형식과 종류

쓰레기 관로 이송시스템은 투입구의 설치형식에 따라서 고정식과 이동식으로 구분되며, 고정식 시스템은 집하장을 함께 설치하므로 대규모 시스템 또는 대단지 아파트 등 쓰레기 발생량이 많은 고밀집 지역에 적용하는 것이 적합하다. 이동식 시스템은 쓰레기 수거차량 또는 집하부가 장착된 특수차량을 이용하여 수거하므로 단독주택지역, 근린공원 등 쓰레기 발생이 적은 저밀집 지역에 적용하는 것이 적합하다. 투입구 설치위치에 따라서는 그림 5-23과 같이 옥내형과 옥외형으로 구분하며 관로 설치형식에 따라서 광역(복열)과 단일시스템으로 구분한다.

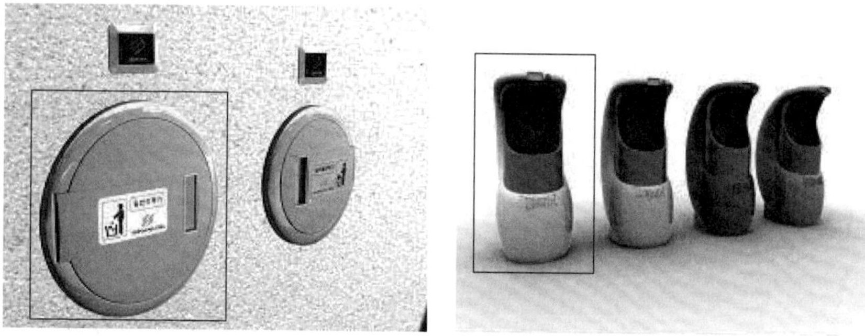

(a) 옥내형 (b) 옥외형

그림 5-23 | 옥내투입구 및 옥외투입구

7) 이동식과 고정식

고정식의 경우, 주요설비는 투입시설(수용가, 공동주택단지 등 옥내·외에 설치), 이송관로(도로, 녹지 등에 지하매설), 그리고 중앙집하장(쓰레기 소각장 부근 또는 공원 등의 외곽에 설치)으로 구성된다. 이동식은 송풍기, 압축기, 필터 등을 탑재한 특수차량을 이용하여 단지 외부에서 도킹(docking) 포인트를 이용하여 쓰레기를 수거하는 방식이다.

8) 광역시스템과 단일시스템의 비교

관로의 배열에 따라서 광역시스템과 단일시스템으로 분류할 수 있다. 광역시스템은 대단위 주택단지 혹은 투입구의 위치가 넓게 펼쳐져 있는 경우에 관로를 매립하여 원거리의 쓰레기를 집하장으로 이송하는 형태이고, 단일시스템은 건물 내부 혹은 밀집된 곳의 쓰레기를 이송하는 형태이다.

(3) 음식물쓰레기 이송설비

현재 대규모 택지나 주상복합건물 등에 적용되고 있는 새로운 형태의 음식물쓰레기의 수거방법인 진공이송방식 음식물쓰레기 자동수거시스템에 대해 그 기본개념 및 구성, 적용사례 등을 설명한다.

1) 기본개념 및 원리

진공이송방식 음식물쓰레기 자동수거시스템이란 진공의 흡입력을 이용하여 음식물쓰레기를 지정장소까지 자동으로 이송하여 분리 · 저장하는 시스템을 말한다.

시스템의 기본구성은 그림 5-24에 나타나 있으며 사용자가 음식물을 배출하는 투입구, 투입된 음식물쓰레기가 이송되는 이송배관, 이송된 음식물쓰레기가 분리 · 저장되는 집하시설로 이루어지며, 이러한 음식물쓰레기의 이송에는 천연자원인 공기를 이송매체로 사용하므로 친환경적인 이송시스템이다.

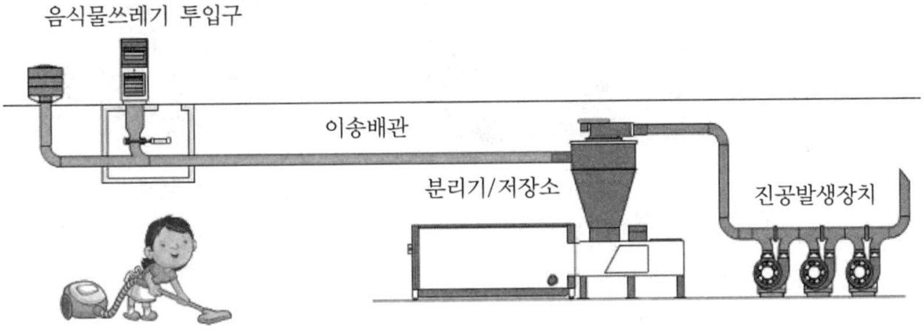

그림 5-24 | 진공이송방식 음식물쓰레기 자동수거시스템의 기본구성 및 원리

이송의 원리는 인위적으로 이송배관에 진공(眞空)을 형성시켜, 그 흡입력(pressure)을 사용하여 이송개체(음식물쓰레기)를 해당 장소까지 강제 이송시키는 방법으로, 우리가 일상생활에서 접하고 있는 진공청소기의 원리로 쉽게 이해할 수 있다.

2) 투입시설의 분류 및 특징

음식물쓰레기 자동수거시스템은 그 설치장소에 따라 크게 옥외(건물 외부)투입방식과 옥내(건물 내부)투입방식으로 구분할 수 있다.

옥외투입방식은 건물 외부에 옥외투입구를 설치하여 공용 배출하는 방식으로, 투입구 하부의 임시저장량에 따라 약 30 ~ 60세대의 음식물쓰레기를 처리가 가능하다.

옥내투입방식은 음식물쓰레기를 배출하는 사용자의 동선을 최단으로 하기 위해 투입시설을 건물 내부에 설치한 방식으로, 세대별 투입방식, 공용투입방식,

대용량투입방식으로 세분화하여 구분할 수 있다.

세대별 투입방식은 사용자가 거주하는 단위세대 내의 싱크대에 투입구를 설치하여 음식조리 후에 발생되는 순수 음식물쓰레기를 투입구로 배출하면 된다.

세대별 투입방식은 그림 5-25, 공용투입방식은 그림 5-26, 대용량투입방식은 그림 5-27과 같다. 다량의 음식물쓰레기가 배출되는 구내식당, 푸드 코트(food court) 등에 적용되는 시스템이다.

그림 5-25 | 세대별 투입방식(옥내)

그림 5-26 | 공용투입방식(옥내)

그림 5-27 | 대용량 투입방식(옥내)

5-6 신재생에너지

5-6-1 개 요

신재생에너지는 "신에너지 및 재생에너지 이용·개발·보급 촉진법 제2조"에 의해 기존의 화석연료를 변환시켜 이용하거나 햇빛, 물, 지열 등을 포함하는 재생 가능한 에너지를 변환시켜 이용하는 에너지로 11개 분야를 말한다.

- 신에너지 : 연료전지, 석탄액화가스화, 수소에너지
- 재생에너지 : 태양열, 태양광 발전, 바이오매스, 풍력, 소수력, 지열, 해양에너지, 폐기물에너지

(1) 신재생에너지의 특성

신재생에너지는 다음 그림에서 나타낸 바와 같이 지속 가능한 에너지 공급체계를 위한 미래의 에너지원이라 할 수 있다.

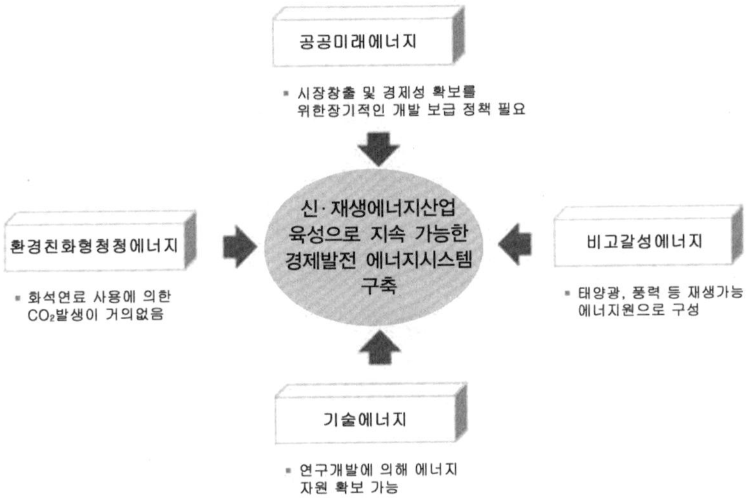

그림 5-28 | 신재생에너지의 개념

(2) 신재생에너지의 중요성

1) 신 · 재생에너지는 과다한 초기투자의 장애요인에도 불구하고 화석에너지의 고갈문제와 환경문제에 대한 핵심 해결방안이라는 점에서, 선진 각 국에서는 신 · 재생에너지에 대한 과감한 연구개발과 보급정책 등을 추진해오고 있다.

① 최근 유가의 불안정, 기후변화협약의 규제 대응 등 신 · 재생에너지의 중요성이 재인식되면서 에너지공급방식의 정책이 전환하는 시점과 맞물려 환경, 교통, 안보 등을 고려한 자원의 활용 측면에서도 적극적인 추진이 요망되고 있는 실정이다.

② 기존 에너지원 대비 가격경쟁력 확보 시 신 · 재생에너지산업은 IT, BT, NT산업과 더불어 미래산업, 차세대산업으로 급신장이 예상된다.

5-6-2 태양열

(1) 개요

태양광선의 파동성질을 이용하는 태양에너지 광열학적 이용분야로 태양열의 흡수 · 저장 · 열변환 등을 통하여 건물의 냉난방 및 급탕 등에 활용하는 기술로서 태양열 이용시스템은 집열부, 축열부, 이용부로 구성된다.

(2) 시스템 구성도 및 원리

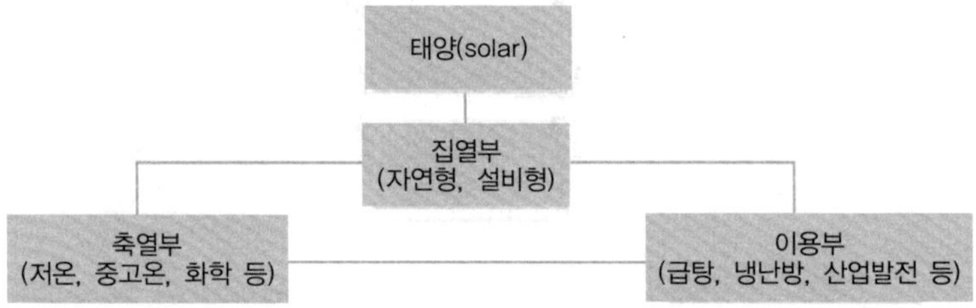

그림 5-29 | 태양열시스템의 구성요소

① **집열부** : 태양으로부터 오는 에너지를 모아서 열로 변환하는 장치로 가장 중요한 부분

- 가장 간단한 형태는 빛을 잘 흡수하는 검은색 관 속으로 물을 흐르게 하는 평판 집열관으로, 이것은 빛을 투과하는 투명한 외부층(유리나 플라스틱)이 빛을 흡수하는 검은색의 내부구성물을 둘러싼 형태로 이루어져 온실효과를 일으킴.
- 빛이 집열판 속으로 들어오면 이것은 검은색의 내부에 부딪쳐 적외선으로 바뀌는데, 적외선은 투명층을 통과하지 못하므로 내부는 점점 더 뜨거워짐.
- 이렇게 뜨거워진 내부에는 열을 흡수하였다가 전달하는 매체가 흐르는데, 이 뜨거워진 매체는 물과 열교환하여 난방용 또는 온수용 물을 생산함.

② **축열부** : 열교환되어 이용처에 활용될 매체(난방용 온수 등)를 저장함.

③ **특징**

표 5-25 • 태양열 시스템의 장단점

장 점	단 점
• 무공해, 무제한 청정에너지원 • 화석에너지에 비해 지역적 편중이 적음 • 다양한 적용 및 이용성 • 저가의 유지보수비	• 밀도가 낮고 간헐적임 • 유가의 변동에 따른 영향이 큼 • 초기 설치비용이 많음 • 봄, 여름은 일사량 조건이 좋으나 겨울철에는 조건이 불리함.

5-6-3 태양광

(1) 개요

태양광 발전은 태양광을 직접 전기에너지로 변환시키는 기술로서 햇빛을 받으면 광전효과에 의해 전기를 발생하는 태양전지를 이용한 발전방식이다. 태양광 발전시스템은 태양전지(solar cell)로 구성된 모듈(module)과 축전지 및 전력변환장치로 구성된다.

(2) 태양전지에 의한 발전원리

① 태양전지(太陽電池 : solar cell, solar battery)

- 태양에너지를 전기에너지로 변환할 목적으로 제작된 광전지로서 금속과 반도체의 접촉면 또는 반도체의 pn접합에 빛을 조사(照射)하면 광전효과에 의해 광기전력이 일어나는 것을 이용한 것.

② 금속과 반도체의 접촉을 이용한 것으로는 셀렌광전지, 아황산구리 광전지가 있고, 반도체 pn접합을 사용한 것으로는 태양전지로 이용되고 있는 실리콘광전지가 있다.

- 광전지(光電池: photocell) : 빛에너지를 전기에너지로 변환하는 장치
- 광전효과(光電效果: photoelectric effect) : 일반적으로 물질이 빛을 흡수하여 자유로이 움직일 수 있는 전자, 즉 광전자(光電子)를 방출하는 현상
- 반도체(semiconductor) : 전기전도(electric conduction)가 전자(electron)와 정공(hole)에 의해 이루어지는 물질로서 비저항이 도체와 절연체 비저항값의 중간값을 취하는 것. 반도체의 재료로서는 실리콘, 갈륨비소, 황화카드뮴이 또는 이것들을 복합한 것이 있으나 보통 실리콘이 많이 사용됨.

(3) 특징 및 시스템 구성도

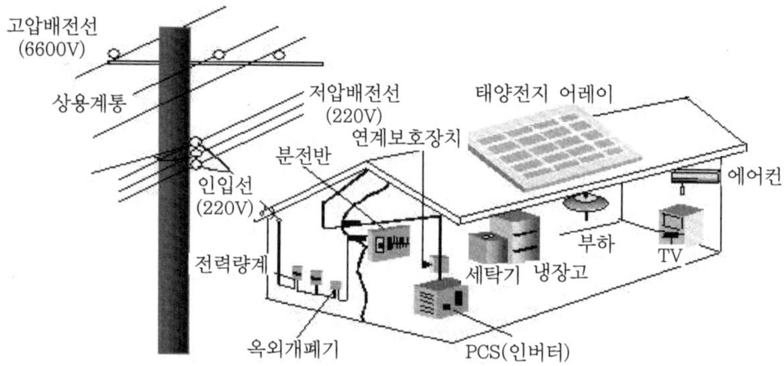

그림 5-30 | 태양광 발전 시스템의 구성도

표 5-26 • 태양광 발전 시스템의 장단점

장 점	단 점
• 에너지원이 청정 · 무제한 • 필요한 장소에서 필요량 발전 가능 • 유지보수가 용이, 무인화 가능 • 긴 수명(20년 이상)	• 전력생산량이 지역별 일사량에 의존 • 에너지밀도가 낮아 큰 설치면적 필요 • 설치장소가 한정적, 시스템 비용이 고가 • 초기투자비와 발전단가 높음

5-6-4 풍 력

(1) 개요

다음의 개요도에서 나타낸 것처럼 바람의 힘을 회전력으로 전환시켜 발생되는 유도전기를 전력 계통이나 수요자에게 공급하는 기술이다.

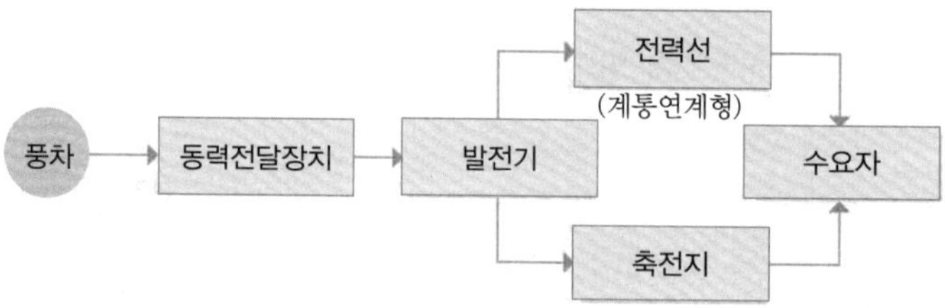

그림 5-31 | 풍력발전의 원리

(2) 특징 및 시스템 구성

풍력이 가진 에너지를 흡수, 변환하는 운동량변환장치, 동력전달장치, 동력변환장치, 제어장치 등으로 구성되어 있으며 각 구성요소들은 독립적으로 그 기능을 발휘하지 못하며 상호 연관되어 전체적인 시스템으로서의 기능을 수행한다.

1) 기계장치부

바람으로부터 회전력을 생산하는 blade(회전날개), shaft(회전축)를 포함한 rotor(회전자), 이를 적정 속도로 변환하는 증속기(gearbox)와 기동 · 제동 및 운용 효율성 향상을 위한 brake, pitching & yawing system 등의 제어장치 부문으로 구성된다.

2) 전기장치부

발전기 및 기타 안정된 전력을 공급하도록 하는 전력안정화장치로 구성된다.

3) 제어장치부

풍력발전기가 무인 운전이 가능하도록 설정, 운전하는 control system 및 yawing & pitching controller와 원격지 제어 및 지상에서 시스템 상태 판별을 가능하게 하는 monitoring system으로 구성된다.

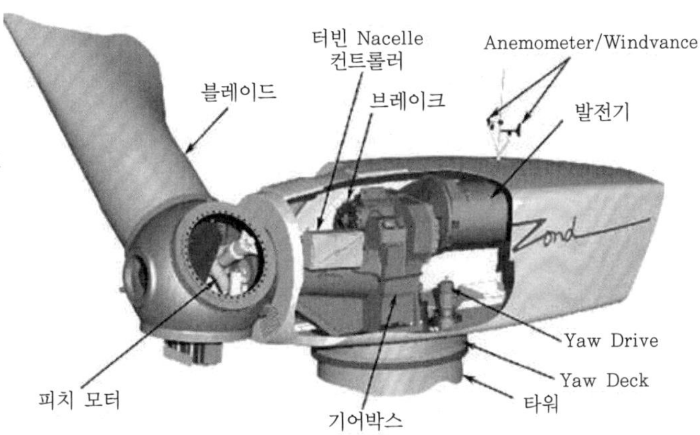

그림 5-32 | Geared Type의 풍력발전시스템

*(주) yaw control : 바람방향을 향하도록 블레이드의 방향조절

*(주) 풍력발전 출력제어방식

① pitch control

• 날개의 경사각(pitch) 조절로 출력을 능동적 제어

② stall(失速) control

• 한계풍속 이상이 되었을 때 양력이 회전날개에 작용하지 못하도록 날개

5-6-5 바이오매스

(1) 개요

태양광을 이용하여 광합성되는 유기물(주로 식물체) 및 동 유기물을 소비하여 생성되는 모든 생물 유기체(바이오매스)의 에너지를 바이오에너지라 하며, 바이오에너지 생산기술이란 동 생물 유기체를 각종 가스, 액체 혹은 고형연료로 변환하거나 이를 연소하여 열, 증기 혹은 전기를 생산하는데 응용되는 화학, 생물, 연소공학 등을 일컬음.

(2) 특징 및 변환시스템

1) 특징

표 5-27 • 바이오매스 에너지의 장단점

장 점	단 점
• 풍부한 자원과 큰 파급효과 • 환경친화적 생산시스템 • 환경오염의 저감(온실가스 등) • 생성에너지의 형태가 다양 (연료, 전력, 천연화학물 등)	• 자원의 산재(수집, 수송 불편) • 다양한 자원에 따른 이용기술의 다양성과 개발의 어려움 • 과도 이용 시 환경파괴 가능성 • 단위 공정의 대규모 설비투자

2) 바이오에너지 변환시스템

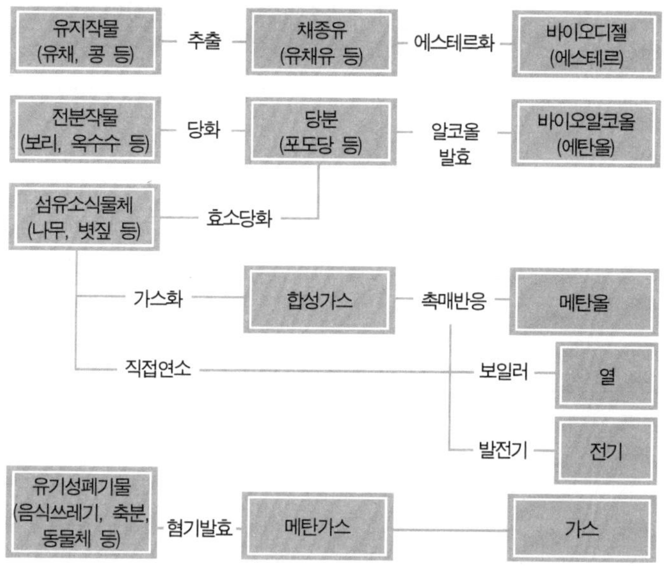

그림 5-33 | 바이오에너지 변환시스템의 개요

5-6-6 소수력

(1) 개요

1) 수력발전은 물의 유동에너지를 변환시켜 전기를 생산하는 것을 말함.

① "대체에너지 개발 및 이용, 보급 촉진법(2003년)"에는 소수력만을 신재생에너지로 정의하고, 같은 법 시행규칙에서 소수력 설비를 시설용량 10,000kW 이하의 설비로 규정

② 2004년 12월에 "신에너지 및 재생에너지 개발, 이용, 보급 촉진법(2004년)"으로 개정하여 대수력을 포함한 수력으로 정의함.

2) 현재 수력발전 중 소수력 발전에 대하여 다양한 연구개발 및 정부지원정책과 제도를 시행하고 있음.

(2) 시스템 구성도

그림 5-34 | 소수력 에너지의 구성

1) 종류

소수력발전은 소규모 하천의 물을 인공적으로 유도하여 저낙차 터빈을 이용한 발전방식으로 설비용량, 낙차 및 발전방식에 따라 다음과 같이 분류될 수 있다.

표 5-28 • 소수력 에너지의 분류

구분	내용
수로식	하천을 따라 완경사의 수로를 결정하고 하천의 급경사와 굴곡 등을 이용하여 수로에 의해 낙차를 얻는 방식으로 하천경사가 급한 상 · 중류에 적합한 형식
댐식	댐에 의해서 낙치를 얻는 형식으로 발전소는 냄에 근섭 건설하며, 하천경사가 작은 중 · 하류로서 유량이 풍부한 지점이 유리하며, 하천의 구배가 완만하나 유량이 풍부한 곳과 낙차는 크나 하천의 수위변동이 심한 지역을 택함.
터널식	댐식과 수로식을 혼합한 방식으로 지형상 지하터널로 수로를 만들어 큰 낙차를 얻을 수 있는 곳에 설치하게 되므로 수로식 소수력발전의 변형

2) 특징

표 5-29 • 소수력 에너지의 장단점

장 점	단 점
• 국내 부존자원 활용 • 전력생산 외에 농업용수, 홍수조절에 기여 • 일단 건설 후에는 운영비가 저렴	• 초기 건설비 소요가 크고, 발전량이 강수량에 따라 변동이 많음.

5-6-7 지 열

(1) 개요

① 지열이란 지표면의 얕은 곳에서 부터 수km 깊이에 존재하는 뜨거운 물과 암석을 포함하여 땅이 가지고 있는 에너지를 말하며, 통상 후자에 있어 뜨거운 물을 온천, 녹아 있는 암석을 마그마라고 함.

② 태양열의 약 47%가 지표면을 통해 지하에 저장되며, 이렇게 태양열을 흡수한 땅속의 온도는 지형에 따라 다르지만 지표면 가까운 땅속의 온도는 개략 10℃~20℃ 정도로 연중 큰 변화가 없으나 지하 수km의 지열온도는 40℃~150℃ 이상을 유지함.

③ 이렇듯 지열은 태양과 지구가 존재하는 한 계속 생성되는 에너지의 보고로서 지열 에너지원은 무궁무진하다 할 수 있음.

④ 우리나라의 경우 일본, 이태리 등과 같은 화산지대가 거의 존재하지 않아 심층지열 이용은 매우 어려운 것으로 나타나고 있으며, 이에 따라 현재는 지하 100~150m 깊이의 지열을 이용하는 시스템의 개발 보급이 점차적으로 활성화되고 있음.

(2) 시스템 구성도

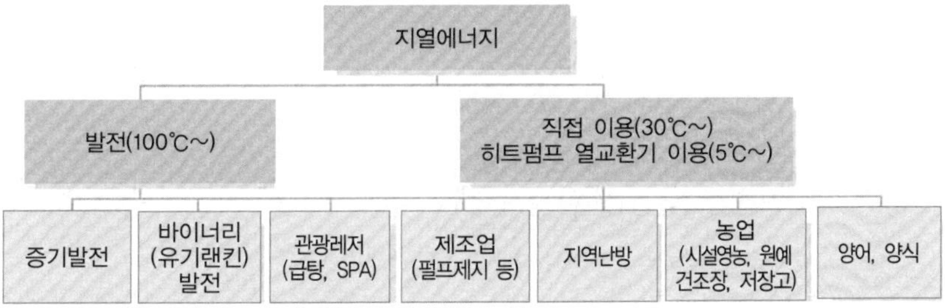

그림 5-35 | 지열에너지의 개요

① 대체 에너지원으로 활용하기 위한 지열 근원으로는 지표면으로부터 수 내지 수십 미터 깊이의 흙, 또는 지하수, 호수나 강물 등이 있음.

② 이러한 지열은 통상 건물의 냉난방 열원으로 활용되는데, 이를 위한 주요 설비로는 지열을 회수하기 위한 열교환기와 회수한 저온의 지열을 유효에너지로 변환시키기 위한 히트펌프(heat pump)가 있음.

5-6-8 해양에너지

(1) 개요

1) 조력발전

조석을 동력원으로 하여 해수면의 상승하강운동을 이용하여 전기를 생산하는 발전기술이다.

2) 파력발전

입사하는 파랑에너지를 터빈 같은 원동기의 구동력으로 변환하여 발전하는 기술이다.

3) 온도차발전

해양 표면층의 온수(예 : 25~30℃)와 심해 500~1000m 정도의 냉수(예 : 5~7℃)와의 온도차를 이용하여 열에너지를 기계적 에너지로 변환시켜 발전하는 기술이다.

(2) 시스템 구성도 및 종류

1) 시스템 구성도

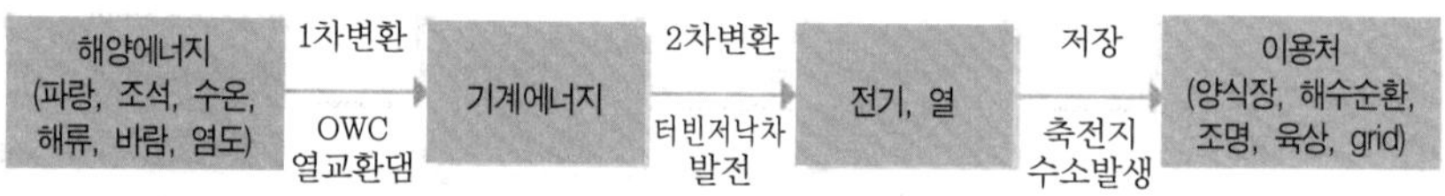

그림 5-36 | 해양에너지의 개요

2) 종류

구 분	조력발전	파력발전	온도차발전
입지 조건	• 평균조차 : 3m 이상 • 폐쇄된 만의 형태 • 해저의 지반이 강고 • 에너지 수요처와 근거리	• 자원량이 풍부한 연안 • 육지에서 거리 30㎞ 미만 • 수심 300m 미만의 해상 • 항해, 항만 기능에 방해 되지 않을 것 .	• 연중 표 · 심층수와 온도차가 17℃ 이상인 기간이 많을 것. • 어업 및 선박에 방해되지 않을 것.

5-6-9 폐기물에너지

(1) 개요

사업장 또는 가정에서 발생되는 가연성 폐기물 중 에너지 함량이 높은 폐기물을 열분해에 의한 오일화 기술, 성형고체연료의 제조기술, 가스화에 의한 가연성 가스 제조기술 및 소각에 의한 열회수기술 등의 가공 · 처리방법을 통해 고체연료, 액체연료, 가스연료, 폐열 등을 생산하고, 이를 산업생산활동에 필요한 에너지로 이용될 수 있도록 한 재생에너지이다.

1) 특징

① 비교적 단기간 내에 상용화 가능

- 기술개발을 통한 상용화 기반 조성
- 타 신재생에너지에 비하여 경제성이 매우 높고 조기보급이 가능

② 폐기물의 청정처리 및 자원으로의 재활용 효과 지대

- 폐기물 자원의 적극적인 에너지자원으로의 활용
- 인류 생존권을 위협하는 폐기물 환경문제의 해소
- 지방자치단체 및 산업체의 폐기물 처리문제 해소

(2) 종류

1) 성형고체연료(RDF)

종이, 나무 등의 가연성 폐기물을 파쇄, 분리, 건조, 성형 등의 공정을 거쳐 제조된 고체연료

2) 폐유 정제유

자동차 폐윤활유 등을 이온 및 열분해 정제법, 감압증류법의 공정으로 정제하여 생산된 재생유

3) 플라스틱 열분해 연료유

플라스틱, 합성수지, 고무, 타이어 등의 고분자 폐기물을 열분해하여 생산되

는 청정 연료유

4) 폐기물 소각열

가연성 폐기물 소각열 회수에 의한 스팀생산 및 발전, 시멘트킬른 및 철광석 소성로 등의 열원으로의 이용 등

5-6-10 연료전지

(1) 개요

① 연료의 산화(酸化)에 의해서 생기는 화학에너지를 직접 전기에너지로 변환시키는 전지

② 일종의 발전장치(發電裝置)라고 할 수 있으며 산화 · 환원반응을 이용한 점 등 기본적으로는 보통의 화학전지와 같지만, 닫힌 계내(系內)에서 전지반응(電池反應)을 하는 화학전지와 달라서 반응물이 외부에서 연속적으로 공급되어, 반응생성물이 연속적으로 계외(系外)로 제거됨. 가장 전형적인 것에 수소-산소 연료전지가 있음.

(2) 특징 및 시스템 구성도

1) 특징

① 발전효율이 40～60%이며, 열병합발전 시 80% 이상 가능

② 천연가스, 메탄올, 석탄가스 등 다양한 연료 사용 가능

③ 환경공해 감소 : 배기가스 중 NOx, SOx 및 분진이 거의 없으며, CO_2 발생량의 경우 미분탄 화력발전에 비하여 20～40% 감소

④ 회전부위가 없어 소음이 없으며, 기존 화력발전과 같은 다량의 냉각수 불필요

⑤ 도심 부근 설치가 가능하여 송배전 시의 설비 및 전력손실이 적음.

⑥ 부하변동에 따라 신속히 반응하며, 설치형태에 따라서 현지 설치형, 분산배치형, 중앙집중형 등의 다양한 용도 사용 가능

2) 연료전지 발전시스템 구성도

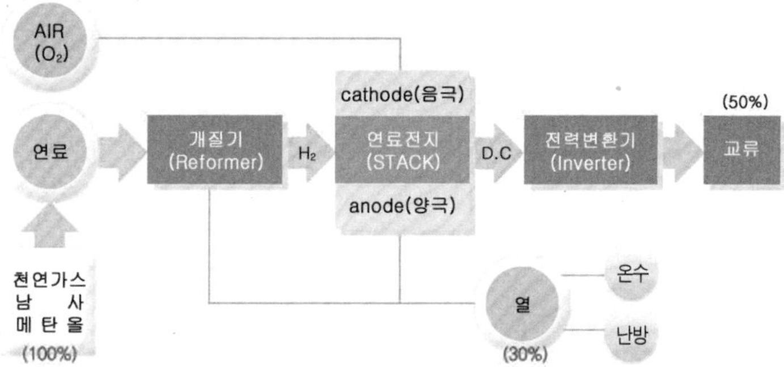

그림 5-37 | 연료전지 발전시스템의 개요

표 5-30 • 연료전지 발전시스템의 구성

개질기	천연가스, 메탄올, 석탄, 석유 등을 수소가 많은 연료로 변환시키는 장치
단위전지	전해질이 함유된 전해질 판, 연료극, 공기극, 분리판으로 구성
스택	전기출력을 얻기 위해 단위전지를 수십 장, 수백 장을 직렬로 쌓아올린 본체
전력변환기	연료전지에서 나오는 직류를 우리가 사용하는 교류로 변환시키는 장치

5-6-11 석탄가스화 · 액화

(1) 개요

1) 석탄(중질잔사유)가스화

가스화 복합발전기술은 석탄, 중질잔사유 등의 저급원료를 고온 · 고압의 가스화기에서 수증기와 함께 한정된 산소로 불완전연소 및 가스화시켜 일산화탄소와 수소가 주성분인 합성가스를 만들어 정제공정을 거친 후 가스터빈 및 증기터빈 등을 구동하여 발전하는 신기술이다.

2) 석탄액화

고체연료인 석탄을 휘발유 및 디젤유 등의 액체연료로 전환시키는 기술로, 고온고압의 상태에서 용매를 사용하여 전환시키는 직접액화방식과 석탄가스화 후 촉매상에서 액체연료로 전환시키는 간접액화 기술이 있다.

(2) 특징 및 시스템 구성도

1) 시스템 구성도

가스화 복합발전기술은 가스화부, 가스정제부와 발전부 등 세 가지로 구성된다.

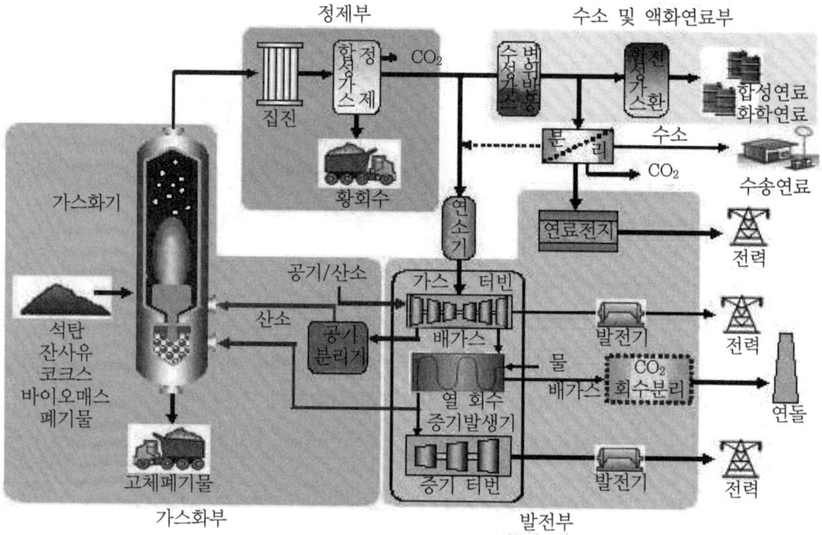

그림 5-38 | 석탄가스화 · 액화에너지 발전시스템의 개요

2) 특징

표 5-31 ● 석탄가스화 액화에너지 발전시스템의 장단점

장 점	단 점
• 고효율 발전 • SOx를 95% 이상, NOx를 90% 이상 저감하는 환경친화기술 • 다양한 저급연료(석탄, 중질잔사유, 폐기물 등)를 고부가가치의 에너지화	• 설비구성과 제어가 복잡하여 설비최적화, 고효율화 및 저비용화가 요구됨 • 소요면적이 넓고 시스템 비용이 고가이므로 투자비가 높은 대형 장치산업으로 일부 대기업 중심의 기술개발로 한정

5-6-12 수소에너지

(1) 개요

① 수소는 무한정인 물 또는 유기물질을 원료로 하여 제조할 수 있으며, 사용 후에 다시 물로 재순환 됨 → 자원고갈 우려가 없으므로 화석연료 자원이 빈약한 국가에 적합한 에너지원이다.

- 수소는 물의 전기분해로 가장 쉽게 제조할 수 있으나, 입력에너지(전기에너지)에 비해 수소에너지의 경제성이 너무 낮아 대체전원 또는 촉매를 이용한 제조기술 연구를 추진함.

② 수소는 가스나 액체로서 쉽게 수송할 수 있으며 고압가스, 액체수소, 금속수소화물 등의 다양한 형태로 저장이 용이하다.

- 현재 수소는 기체로 저장하고 있으나 단위부피당 수소저장밀도가 너무 낮아 경제성과 안정성이 부족하여 액체 및 고체저장법의 연구를 추진

③ 수소는 연료로 사용할 경우에 연소 시 공해물질이 거의 생성되지 않음 → 환경오염 우려 최소(단위에너지 제품기준으로 석탄의 이산화탄소 배출량을 100으로 할 때 석유와 천연가스는 각각 80 및 60의 이산화탄소를 배출하나 수소는 이산화탄소를 전혀 배출하지 않음)

④ 수소는 산업용의 기초 소재로부터 일반연료, 수소자동차, 수소비행기, 연료전지 등 현재의 에너지시스템에서 사용되는 거의 모든 분야에 이용가능

- 수소는 물 전기분해 시 순수(純水) 사용과 전기요금, 부생가스의 고순도 제조 시 장치비 등으로 가격이 고가여서 특수분야인 고온 용접기, 반도체분야에 이용되나 화석연료에 비해 경제성이 확보되면 일반연료, 동력원 등으로 사용 가능

(2) 시스템 구성도

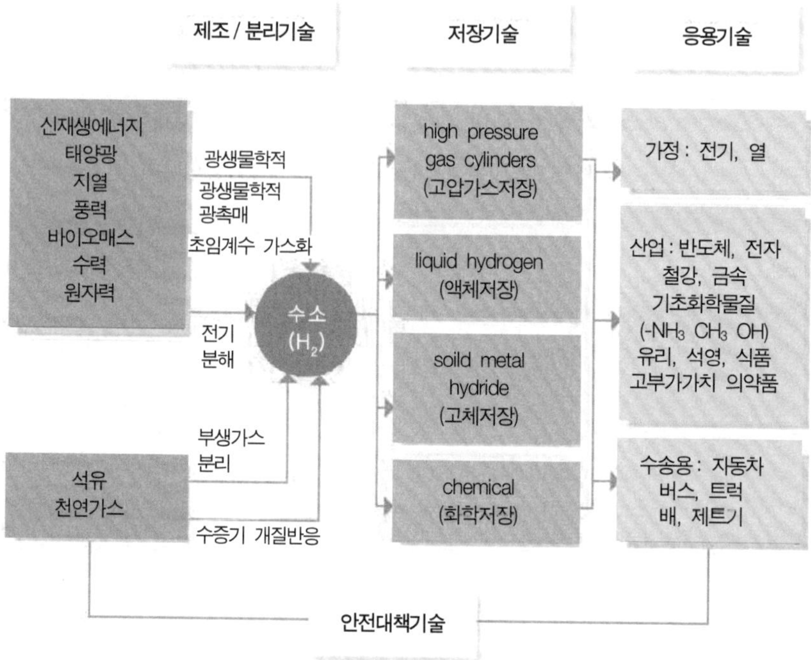

그림 5-39 | 수소에너지 시스템의 개요

참고문헌

1. 공기조화 위생공학편, 제11판, 공기조화위생공학편람 p.Ⅲ-354 (일본) 공기조화 위생공학회
2. 강용혁,《제주월령 신재생에너지 시범단지》한국에너지기술연구소, 2000.
3. 건축공학연구회역, 건축설계자료집성(6권, 설비계획), 건우사, 서울, 1979.
4. 건축기계설비공사 표준시방서, 사단법인 대한설비공학회, 2005.
5. 건축설비대계편집위원회, 건축설비대계(6권, 건축설비계획), 동경, 1975.
6. 건축자료연구회역, 건축설계자료실례집(49권, 건축설비계획), 정림출판사, 1991.
7. 건축학대계편집위원회, 건축학대계(23권, 건축설비계획), 동경, 1978.
8. 공기조화 위생공학편, 제11판, 공기조화위생공학편람
9. 공기조화설비의 시험조정평가(TAB) 기술기준, (사)대한설비공학회, 2005.
10. 공기조화설비의 종합시험조정기술, (주)성아엠이씨, 1993.
11. 김교두 譯, 건축설비 핸드북, 도서출판 금탑, 서울, 1985.
12. 김두환, 건축설비 자동제어, 대한설비공학회 기타간행물, 2000.
13. 김명호, 건축설비 자동제어, 건기원, 2000.
14. 남상진, 이완규, 전기설비의 설계 및 시공, 동일출판사, 서울, 1985.
15. 내무부, '93화재통계년보, 삼진기획(주), 1994.
16. (日)대성건설 전기설비연구회 편저, 전기설비설계 · 시공 · 견적 핸드북, 도서출판 기다리, 서울, 1981.
17. 도서출판 한미 편집부 역, 건축설비의 자동제어 입문, 도서출판 한미, 1992.
18. 도서출판 한미 편집부, 월간 건축설비, 도서출판 한미, 서울, 1995.10.
19. 서승직, 건축설비, p.242, 일진사, 서울, 1993.
20. 설비공학 편람 제2판 제1권 제2편 제4장 설비용량계획, 대한설비공학회
21. 소방방재청, 화재통계연보, 2007.
22. 소방법규편찬위원회, 소방관계법규집, 소방기술기준에 관한 규칙 제160조, 도서출판 기다리, 서울, 1993.
23. 송용규, 유비쿼터스 라이프를 위한 지능형 아파트, 에너지관리공단 신재생에너지센터, 2006.
24. 위생설비가이드북 한국엔지니어링진흥협회 2008.
25. 위생설비설계 가이드북 제2장 서비스설비, 한국엔지니어링진흥협회
26. 윤여송 외 譯, 인텔리전트빌딩 설계 · 계획 가이드북, 도서출판 기다리, 1991.
27. 이준웅, 신전기설비설계, 동명사, 서울, 1983.
28. 이필렬,『에너지 대안을 찾아서』창작과비평사, 1999.

29. 이필렬, 『에너지 전환의 현장을 찾아서』 궁리, 장인환 · 이상훈 사진, 2001.
30. 이필렬 · 이중원, 『인간과 과학』, 한국방송통신대학교출판부, 2001.
31. 이해경 외, 건축설비자동제어, 기문당, 서울, 1993.
32. 임만택, 건축설비, 기문당, 서울, 1994.
33. 장동찬, 건축제법규, 건축법 시행령 제103조, 기문당, 서울, 1994.
34. 전기공사 설계시공핸드북, 대광서림, 서울, 1981.
35. 전기설비공학회, 전기설비사전, 도서출판 한미, 서울, 1989.
36. 조추영, 자동제어 계획 및 실무(기초), p.15, 금성하니웰주식회사, 서울, 1993.
37. 조추영, 자동제어 이론과 실제, 금성하니웰주식회사, 서울, 1993.
38. 한국공업규격 KS C 9609, 피뢰침, 1971 제정 1990 확인
39. 堀內三郎, 建築防火, 朝倉書店, 1989.
40. 日本建築센터, 建築防災計畫指針, 1995.
41. TAB 기술자료집, (사)대한설비시험조정평가협회, 2006공기조화설비의 종합시험조정 기술, (주)성아엠이씨, 1993.
42. Arthur E. Cote, P.E., 1991, Fire Protection Handbook, NEPA Massachusetts
43. E.G. Butcher and A.C. Parnell, Designing for fire safety, John Wiley & Sons Ltd., 1983.
44. NEPA, high-Rise Buildings Fires and Fire Safety, 미국
45. NFPA, Fire Protection Handbook, 1991.
46. TAB 기술자료집, (사)대한설비시험조정평가협회, 2006.

6 장 종합계획

6장

종합계획

6-1 설비계획

6-1-1 설비계획법

건물의 주요 기능 중 하나가 외부 기후로부터 건물 내부를 보호하고 조절하는 것이다. 건물 외부에 형성된 기후조건은 점차 실내온도 및 습도와 같은 환경을 변화시킨다. 건물의 형태나 재료 등으로 쾌적함을 다소 유지할 수 있으나 온도, 기류, 상대습도, 공기의 질과 같은 쾌적의 결정인자들은 기계적인 장비로 조절이 가능하다. 더구나 공기의 성질(기류, 습도, 청정도) 등이 쾌적에 중요한 요인이 되기 때문에 외기를 기계적 장비에 의해 통제하는 것은 중요한 의미가 있다고 할 수 있다. 또한 실내를 밝게 유지시키고 실내에서 물의 사용과 처리가 용이하게 이루어지는 것이 전기 및 위생설비에 의해 가능해진다.

건축설비계획은 건물에서 요구되는 환경조절을 능률적이고 효과적으로 할 수 있도록 해야 함은 물론 본래의 목적인 환경조절 기능과 함께 경제성과 에너지절약, 자원절약, 공해 방지, 방재 등의 기능이 동시에 해결될 수 있도록 해야 한다.

건축설비계획 시에 고려해야 할 사항들을 정리하면 다음과 같다.

1) 에너지 절약

① 건축계획기법에 의한 에너지절약

② 공조시스템 구성의 합리화

③ 고효율 열원기기의 채택

④ 에너지절약 운전이 가능하도록 설계

⑤ 전열교환기 등 에너지를 회수할 수 있는 기기의 적극 사용

⑥ 외기냉방 등 에너지절약기법 채택

⑦ 지역냉난방, 소형 열병합설비를 적극 활용하는 방안 강구

⑧ 고효율을 계속 유지할 수 있게 보수유지가 용이하도록 설계

⑨ 물의 재이용 설비 채용 검토(물의 사용량이 많은 건물 적극 사용, 우수 재이용, 중수도설비)

⑩ 절수형 위생기구 사용

⑪ 가능한 재생에너지, 미활용 에너지의 활용(지열, 태양열, 태양광, 풍력 등)

2) 환경오염 방지

① 연료선택 시 유황 등의 유해물질이 적은 연료 사용

② 배기가스처리 설비계획

③ 배수처리 설비계획

④ 지역냉난방방식의 채용으로 환경오염 억제

설비계획에 있어서 주어진 조건은 계획하고자 하는 ① 건물의 외적조건과 ② 내적조건 그리고 여기서 파생되는 ③ 구체적인 설계조건의 세 가지로 구분된다.

건축설비에 대한 요구기능 및 성능의 실현도와 충족도는 해당 설비에 사용된 비용과 밀접한 관계가 있으므로 설비의 기능, 성능 등에 대한 조건에 따라 설비내용을 등급화하고 비용과의 관계를 기본계획 단계에서 파악할 필요가 있다. 기본계획 단계에 있어서 설비내용의 등급화와 비용의 파악은 건물의 비용과 건물 전체를 등급화하는 데에도 중요하며, 비용과 설비내용에 대하여 건축주와 합의를 이루는데 매우 유효하다.

시스템 계획이란 창조적 착상을 구체화하여 기계적, 물리적인 시스템을 구성하고 시스템의 목적을 가장 유효하게 달성할 수 있도록 계획을 입안하는 것을 말한다. 설비시스템의 계획은 기계적, 물리적인 시스템 구성에 있어서 환경계획, 안전계획, 에너지절약 계획 및 경제성 계획을 수립하여 사용목적을 달성하기 위한 최선의 시스템으로 계획해야 한다.

6-1-2 계획, 설계의 순서

설비시스템은 건축계획과 함께 전체 건물계획의 초기단계에서 이루어져야 한다. 건축가는 건물의 전반적인 프로그램을 준비하는 반면, 기계설비를 계획하는 엔지니어는 이 정보들 중 일부가 제공되지 않더라도 다음의 사항을 포함하는 환경프로그램을 발전시킬 책임이 있다.

- 최대 및 평균 외기온도
- 냉난방 도시(度時, degree-hours)
- 매월 직 · 간접 태양복사열
- 매월 최대 및 평균 풍속, 풍량
- 매월 일조시간
- 대지조건(표면 및 대지내)
- 적용 가능한 법규
- 연료의 적용 가능성, 비용 등 특성
- 물의 사용량
- 각종 실의 요구조건

각 실의 기능에 관한 지식은 적정한 설비시스템을 선정하는데 매우 중요하다. 예를 들어, 특정 실의 온 · 습도조절을 필요로 할 수 있다. 난방 혹은 환기만이 필요한 실이 있는 반면 또 어떤 실은 냉방만을 요구할 수 있다.

일반적으로 설비설계의 순서는 최소 3단계를 포함하는데 기본계획, 기본설계, 실시설계로 구분되며 건물의 구조와 용도에 따라 기본계획이 기본설계에 포함되는 경우가 많다.

(1) 기본계획(conceptual design)

설계계약을 전후하여 건설 가능성, 사업성 및 건설규모 등을 검토하는 단계이며, 주요업무와 도서작성 기준은 다음과 같다.

1) 주요업무

① 계약 전

- 사전 자료조사 및 분석
- 건설 가능여부 검토
- 사업성 검토
- 건설규모 검토

② 계약 후

- 실행계획서 작성
- 사회적, 법률적, 환경적 제반 문제점 조사 분석
- 건축주의 요구와 설계자의 창작의도 협의 조정
- 건설규모 등의 협의 조정

(2) 계획설계(schematic design)

설계의 기본목표와 방향을 설정하는 단계이며, 주요업무와 도서작성 기준은 다음과 같다.

1) 주요업무

① 설계목표 설정

② 건물의 종합적인 계획 수립

③ 건물의 규모, 형태, 기능, 구조, 재료 및 환경계획

2) 도서작성 기준 : 기계설비 계획서가 필요

① 법규 검토

② 건축주 요구사항 수용여부 검토

③ 설계방침의 확정

④ 설계기준 제시

⑤ 개략적인 부하 산정

⑥ 개략적인 용량 및 장비 선정

⑦ zoning 분석

⑧ 적용 시스템 비교 검토

⑨ 경제성 비교 검토(시스템, 장비, 배관재질, 기타)

⑩ 개략적인 공사비 추정

⑪ 유지보수관리계획

(3) 기본설계(design development)

계획설계에서 설정된 기본구상이 실시설계에 일관되게 반영되도록 설계 개념과 지침을 구체적으로 결정하는 단계로서, 건물의 배치, 평면, 입면, 단면, 구조, 재료, 설비시스템, 개략적인 공사비 및 공사기간 등의 기본적인 내용을 설계도면 및 계획서에 표시하여 실시설계 진행에 착오가 없도록 하며, 계획설계 시에 결정된 사항을 건축주와 최종 합의한다. 관련된 주요업무는 다음과 같다.

1) 주요업무

① 설계 설명서 작성

② 계략적인 부하계산서 작성

③ 주요장비 일람표 작성

④ 열원공급 흐름도 작성

⑤ 배관 및 덕트 계통도 작성

⑥ 단지 배치도 및 옥외 배관 관로도 작성

⑦ 기준층 배관 및 덕트 평면도 작성

⑧ 기계실 장비 배치 평면도 작성

⑨ 기계실, 공동구, 입상피트 등 주요설비 스페이스 계획도 작성

(4) 실시설계(construction design/document)

기본설계를 바탕으로 실제공사가 가능한 구체적이고 세부적인 도면을 완성하는 단계로서 주요업무는 다음과 같다.

1) 주요업무

① 설계 설명서 작성

② 부하계산 및 장비 계산서 작성

③ 시방서 작성

④ 장비 일람표 작성

⑤ 배관 및 덕트 계통도 작성

⑥ 각층 배관 및 덕트 평면도 작성

⑦ 기계실 배관 및 덕트 환대 평면도 작성

⑧ 자동제어 계통도 및 평면도 작성

⑨ 각종 상세도 작성

⑩ 물량산출 및 내역서 작성

6-1-3 현장공사단계

설비설계 완료 후 시공단계에서 감리, 커미셔닝, T.A.B 거주후 평가의 단계를 거치면서 설계도서에 의한 시공이 이루어지도록 검토, 확인하는 단계를 거치게 된다.

(1) 감리단계

① 제작업체나 도급자에 의해 제출된 장비, 파이프 혹은 기타 물품의 시공도를 점검하여 장비나 부속 시스템이 계획 및 시방에 따라 설치되었는지를 확인한다.

② 도급자에 의해 설치된 작업이 공정대로 진행되는지 관찰하기 위해 정기적으로 공사현장을 방문한다.

③ 시스템 성능을 위해 송풍량, 온도, 장비효율, 제어, 실내공기 질 등에 관해 시험을 실시한다.

④ 공사 진척, 마무리 및 완성을 매월 확인한다.

(2) 커미셔닝 단계

거대한 건물에 있어 복잡한 시스템이나 수많은 시스템이 한 도급업체나 건축주에 의해 주관되어질 수 없다. 건물시스템의 성능을 입증할 일련의 실험 없이 큰 규모의 건물 완성을 보기는 힘들게 되었다.

현대 건물시스템의 증가하는 복잡성 때문에 건물 커미셔닝의 과정에 최근 관심이 고조되고 있다. 최근 쾌적성, 에너지 성능, 실내공기 질(IAQ)에 관한 기대를 충족시키기 위해 이에 대한 중요성이 부각되고 있다. 커미셔닝 단계는 계획의도, 발주자와 거주자의 운영상 필요로 되는 건물의 성능과 다양한 시스템을 입증하고 확인하는 과정이라고 할 수 있다. 이는 계획개념 단계에서부터 거주, 운영에 이르는 모든 단계에 걸친다. 프로그램 단계에서는 발주자의 요구사항, 예산에 근거한 계획의도가 포함된 문서를 작성하고 이를 근거로 계획안을 마련한다. 계획단계에서 계획기준을 준비하고 시방, 계약문서 준비, 또 커미셔닝 팀 내 개인의 책임, 일의 범위를 발전시키게 된다. 공사단계에서 모든 시스템과 부품을 설치하고 실험작동하며 성능을 실험한다. 또한 운영 및 영선에 관한 정보와 보증을 획득한다. 승인단계에서 실험을 통해 전체 통합시스템 성능을 입증하고 조정한다. 계절변화에 따른 성능 및 작동실험을 위해 승인단계를 연장한 승인 후 단계가 필요하게 된다. 수많은 정보의 관리를 위해 첨단공학 장비를 이용하는 것도 바람직하다.

(3) T.A.B(testing, adjusting, balancing)

시스템의 시험, 조정, 균형을 TAB라 하며 설계목적에 부합되도록 빌딩의 모든 환경시스템을 검토하고 조정하는 과정을 말한다.

공기 및 냉온수 분배의 밸런스, 설계값을 공급할 수 있는 전 시스템의 조정, 전기계측, 모든 장비와 자동제어장치의 성능에 대한 확인 등을 통하여 시스템의 설계부합 여부 확인, 설계사양에 맞게 되었는지에 대한 시스템의 유량측정 및 확정 등을 할 수 있다.

TAB를 통해서 초기 투자비 절감, 시공품질 증대, 운전경비 절감, 쾌적한 실내환경 조성, 장비수명 연장, 완벽한 계획하의 개보수 작업, 효율적인 운전관리 등의 효과를 창출할 수 있게 된다.

(4) 거주 후 서비스

에너지 사용, 운영비, 사용자 반응, 시스템 성능, 전체 건물의 성능 등을 점검하기 위해 거주 후 서비스를 해야 하는 것이 이상적이다. 이런 서비스는 항상 행해지는 것은 아니지만 점차 많은 건물들이 희망하고 있다. 감독관은 건물 준공 후 1년 후까지 건물시스템의 운영에 관해 익숙한 고용인을 두어 관리하기도 한다.

6-2 설비용량

건물의 각 설비기기의 용량은 건축의 기본계획에 있어서 각종 설비실 등의 소요공간을 산정하는 데 기초가 되며, 동시에 설비계획에 있어서는 설비비와 운전경상비의 비교나 현재 문제가 되고 있는 에너지 절감을 위해 필요한 요소이다. 이러한 설비용량의 파악을 위하여 건물의 종류와 설비의 종류를 다음과 같이 나누어 각각의 건물에 대한 설비용량을 고찰한다.

① 건물의 종류

- 일반 사무소 건물
- 초고층사무소 건물
- 호텔 건축
- 병원 건축

② 설비의 종류

- 공조열원기기
- 급배수설비기기

6-2-1 공조열원기기의 용량

건축물에 적용되어질 설비시스템이 정해지면 열원기기의 용량을 계산할 필요가 있다. 열원기기의 용량은 기계실 면적, 천장고, 샤프트 크기 등 제반설비 스페이스에 대한 기초자료가 되며 특히, 건축의 기본계획 시 중요한 요소로 된다. 또한, 개략 공사비와 운전경상비, 에너지절약계획 등에 대한 기초자료로도 활용되고 있다. 건축주나 설계자는 이를 토대로 합리적인 설비시스템을 계획하고 소요예산 범위 내에서 설비시스템을 조정, 보완할 수 있다.

일반적으로 계획의 초기단계에서 시스템 용량이나 소요스페이스를 명확히 한다는 것은 어려운 일이지만, 건물 전체규모에 대한 열원기기의 용량이나 스페이스의 개략값은 건물용도에 따라 연면적당의 값으로 나타낼 수 있다.

여기서는 실제 건물에 대한 자료를 토대로 이에 소요되는 열원기기의 용량을 분석하여 나타내었다.

그림 6-1~6-8은 건물의 종류에 따른 열원기기 용량과 건물 연면적과의 관계를 나타낸 것이다. 각 그림의 (a)는 우리나라와 일본의 데이터를 비교한 것이고, (b)는 양국의 데이터를 통합하여 그 관계를 제시한 것이다.

(1) 보일러의 종류, 용량, 대수계획

1) 일반사무소 건축

노통연관식 보일러가 주로 사용되고 있으며, 최근에는 도시가스의 이용범위가 확대되면서 대도시를 중심으로 주원료로 도시가스가 사용되고 있다. 또한, 설치공간 등과 관련하여 냉난방이 가능한 냉온수기를 적용하는 건물도 점차 늘어나고 있다.

보일러의 용량은 건물의 연면적과의 관계로 나타낼 수 있다. 국내 건물을 대상으로 건물의 연면적 A [m^2]와 보일러의 전정격출력 B [kW]와의 관계를 구하면 근사적으로 식(6 · 1a)와 같다. 일본의 경우는 식(6 · 1b)와 같으며, 이들 관계는 그림 6.1에 제시되어 있다.

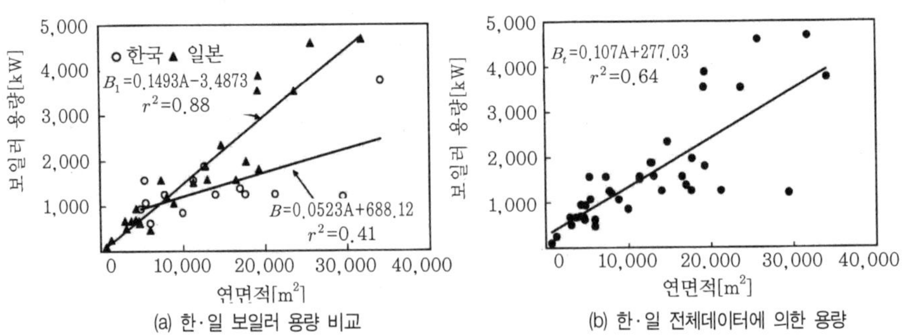

(a) 한·일 보일러 용량 비교 (b) 한·일 전체데이터에 의한 용량

그림 6-1 | 일반 사무소건축의 보일러 용량

그림에서 보는 바와 같이 일반사무소 건축의 경우는 우리나라가 일본보다 규모별 보일러 설치용량이 다소 큰 것으로 나타나고 있다.

$$B = 0.0523A + 688.12 \ \ (r^2 = 0.41) \tag{6 · 1a}$$

$$B_1 = 0.1493A + 3.4873 \ \ (r^2 = 0.88) \tag{6 · 1b}$$

$$B_t = 0.107A + 227.03 \ \ (r^2 = 0.64) \tag{6 · 1c}$$

여기서, B : 보일러 전정격출력 [kW]

A : 건축의 연면적 [m^2]

r^2 : 상관계수

식(6 · 1c)는 우리나라와 일본의 데이터를 통합 분석한 결과이다.

보일러 대수는 연면적 10,000m^2 이하의 건물에서는 1대, 그 이상에서는 2~4대가 일반적이다.

2) 초고층사무소 건축

초고층사무소 건축에서 사용하고 있는 보일러는 노통연관식이 많다.

건물의 연면적 A [m^2]와 보일러의 전정격출력 B [kW]와의 관계는 근사적으로 식(6 · 2a)와 같고, 일본의 경우는 식(6 · 2b)와 같다.

$$B = 0.1169A + 696.83 \ \ (r^2 = 0.59) \tag{6 · 2a}$$

$$B_1 = 0.0515A + 3545.3 \ \ (r^2 = 0.40) \tag{6 · 2b}$$

$$B_t = 0.0851A + 2145.9 \ \ (r^2 = 0.45) \tag{6 · 2c}$$

양국의 데이터를 통합 분석하면 식(6 · 2c)와 같고, 이 관계를 그림 6.2에 제시한다. 초고층사무소 건축의 경우도 우리나라가 일본보다 설치된 보일러의 용량이 큰 것으로 나타나고 있다.

대수는 연면적 40,000m^2 정도 이하에서는 1~2대, 50,000~150,000m^2의 범위에서 2~4대 정도가 일반화되어 있다.

초고층사무소 건축으로서 비교적 소규모인 경우에는 가스를 연료로 한 냉온수기를 채택하는 경우가 많고, 대규모의 경우는 증기보일러를 흡수식 냉동기의 열원으로 사용하는 예가 많다.

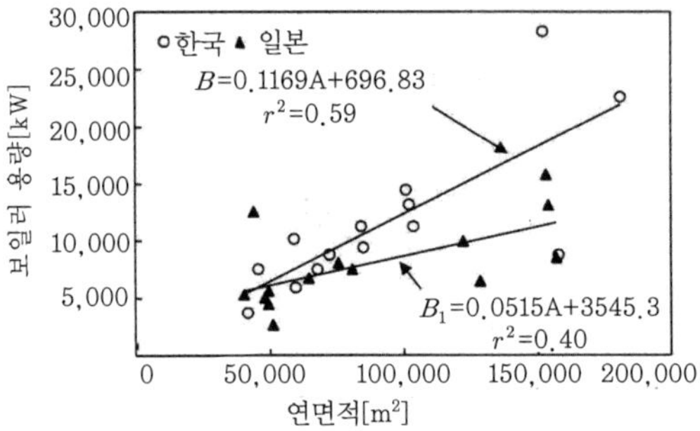

(a) 한 · 일 보일러 용량 비교

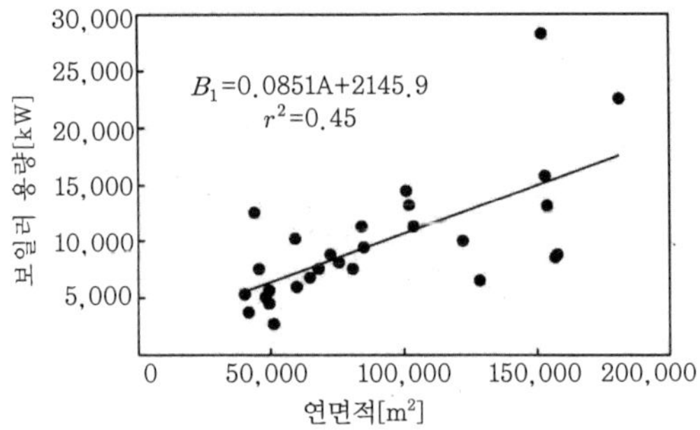

(b) 한 · 일 전체 데이터에 의한 용량

그림 6-2 | 초고층사무소건축의 보일러 용량

3) 호텔 건축

호텔의 경우 주방, 세탁, 급탕용 열원에 중압증기가 필요하다. 연면적 10,000m^2 이상인 중대규모의 호텔 건축에서 주로 이용되는 보일러는 노통연관식이 많다.

건물 연면적 A[m^2]와 보일러의 전정격출력 B[kW]와의 관계를 구하면 근사적으로 식(6 · 3a)가 되고 일본의 경우 식(6 · 3b)와 같은데, 호텔의 경우는 양국간 상당한 차이가 있는 것으로 알 수 있다.

$$B = 0.0868A + 4732.6 \ \ (r^2 = 0.72) \tag{6 · 3a}$$

$$B_1 = 0.2555A + 237.89 \ \ (r^2 = 0.86) \tag{6 · 3b}$$

$$B_t = 0.1529A + 2944 \ \ (r^2 = 0.63) \tag{6 · 3c}$$

양국의 데이터를 통합 분석한 결과 식(6 · 3c)의 관계를 보였고, 이 관계를 그림 6.3에 제시한다.

호텔 건축의 경우도 일본보다 우리나라가 용량이 월등히 큰 것을 알 수 있다. 사무소 건축에 비해 용량은 약 1.5배 정도가 된다. 또, 하절기에 흡수식 냉동기와 겸용하여 사용하는 예도 많다.

4) 병원 건축

병원 건물에는 소독, 주방, 세탁, 급탕용 열원 등에 중압증기가 필요하다. 용량은 각종 건물 중 가장 큰 값을 나타내고 있다.

건물의 연면적 A [m²]와 보일러의 전정격출력 B [kW]와의 관계를 구하면 근사적으로 식(6 · 4a)와 같고, 일본의 경우는 식(6 · 4b)와 같다.

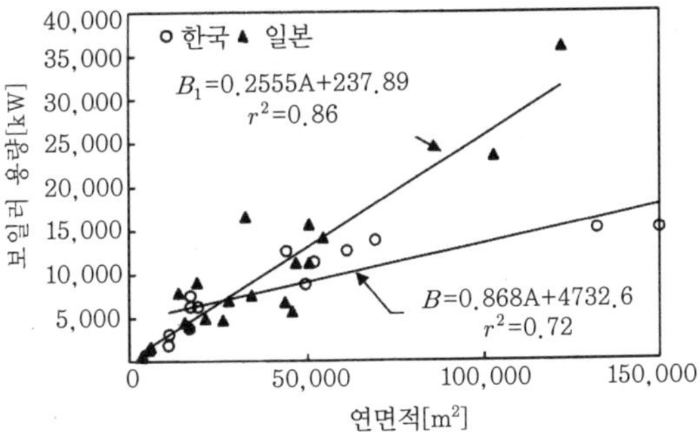

(a) 한 · 일 보일러 용량 비교

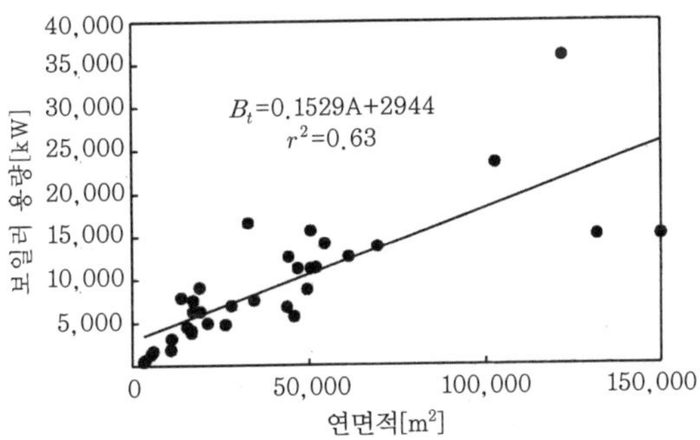

(b) 한 · 일 전체 데이터에 의한 용량

그림 6-3 | 호텔 건축의 보일러 용량

양국의 데이터를 통합 분석하면, 식(6 · 4c)와 같고 이 관계를 그림 6.4에 제시한다.

$$B = 0.2361A + 1231.3 \ \ (r^2 = 0.92) \tag{6 · 4a}$$

$$B_1 = 0.2958A + 647.74 \ \ (r^2 = 0.88) \tag{6 · 4b}$$

$$B_t = 0.2475A + 1277 \ \ (r^2 = 0.90) \tag{6 · 4c}$$

병원 건축의 경우는 한국과 일본이 거의 비슷한 용량을 채택하고 있는 것을 알 수 있다.

하절기에 흡수냉동기를 병용하여 운전하는 것은 호텔의 경우와 같다.

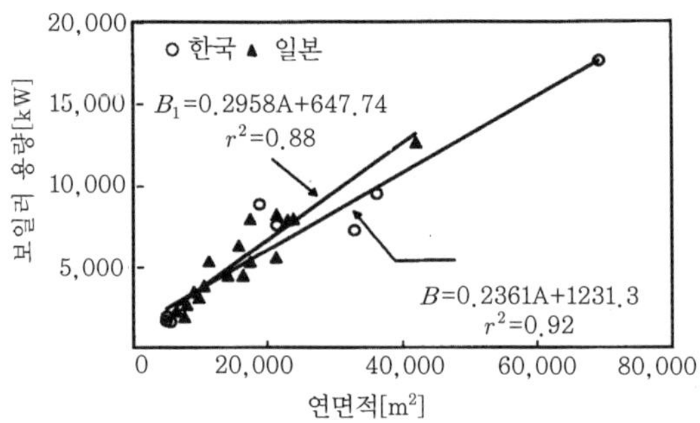

(a) 한 · 일 보일러 용량 비교

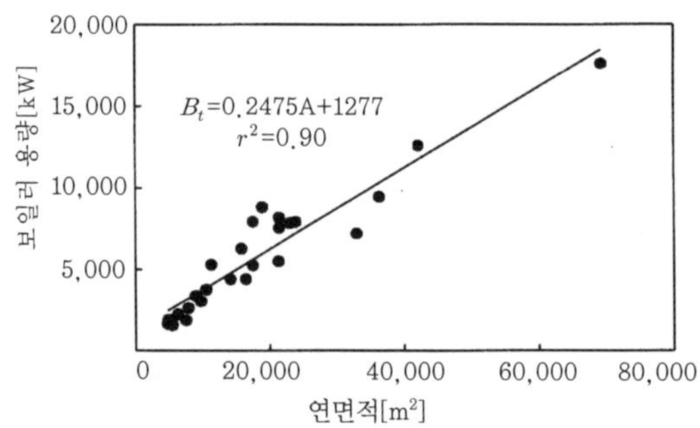

(b) 한 · 일 전체 데이터에 의한 용량

그림 6-4 | 병원 건축의 보일러 용량

2) 냉동기의 종류, 용량, 대수계획

1) 일반사무소 건축

일반사무소 건물에서의 냉동기는 왕복동식 냉동기, 원심냉동기 등의 냉방 전용기 외에 냉온수 발생기와 같이 냉난방이 가능한 기기가 보급되어 활용되고 있다.

건물의 연면적 A [m^2]와 냉동기의 전용량 R [kW]과의 관계는 근사적으로 식(6 · 5a)와 같다. 일본의 경우는 식(6 · 5b)와 같은데 커다란 차이가 없음을 알 수 있다.

양국의 데이터를 통합 분석하면 식(6 · 5c)와 같고, 이 관계를 그림 6.5에 제시한다.

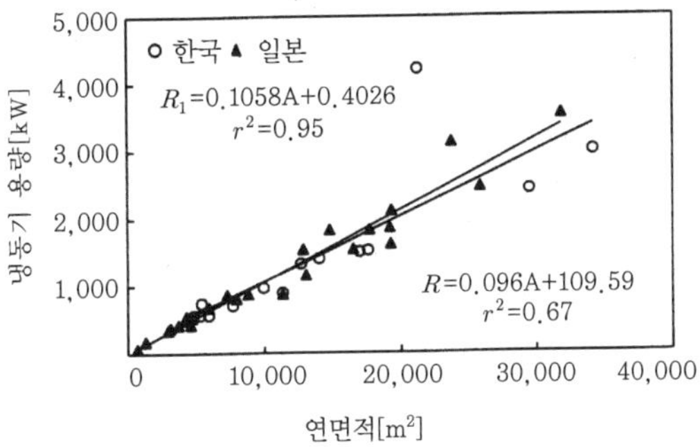

(a) 연면적당 냉동기 용량

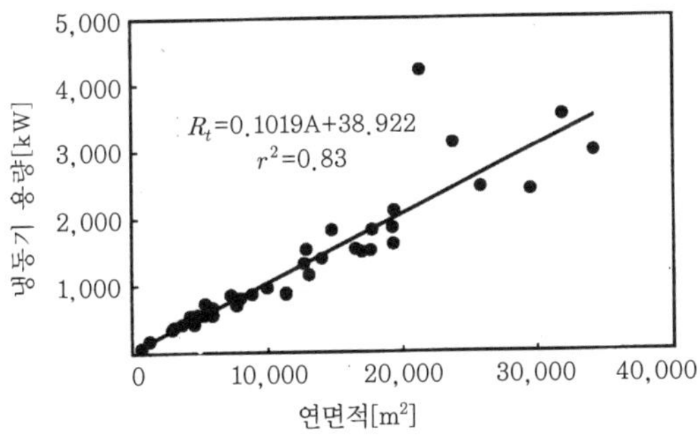

(b) 한 · 일 전체 데이터에 의한 용량

그림 6-5 | 일반사무소 건축의 냉동기 용량

$$R = 0.096A + 109.59 \ \ (r^2 = 0.67) \tag{6·5a}$$

$$R_1 = 0.1058A + 0.4026 \ \ (r^2 = 0.95) \tag{6·5b}$$

$$R_t = 0.1019A + 38.922 \ \ (r^2 = 0.83) \tag{6·5c}$$

여기서, R : 냉동기의 전용량 [kW]

A : 건축의 연면적 [m^2]

r^2 : 상관계수

일반사무소 건축의 경우 한일 양국의 용량은 거의 비슷한 것을 알 수 있다.

냉동기 대수는 건물 연면적이 15,000m^2 정도 이하에서는 1~2대, 그 이상에서는 2~3대가 일반적이다.

2) 초고층사무소 건축

초고층사무소 건축의 경우 건물 층수가 많아지면 건물높이 방향으로 공조조닝을 실시하는 경향이 있다.

또, 연간공조의 필요성, 계약전력의 저감책 등에 따라 원심냉동기와 흡수냉동기 또는 냉온수 발생기가 병용된다.

건물 연면적 A [m^2]와 냉동기의 전용량 R [kW]과의 관계는 근사적으로 식(6·6a)와 같다. 일본의 경우는 식(6·6b)와 같은 결과를 보였다.

$$R = 0.1255A - 2747.7 \ \ (r^2 = 0.86) \tag{6·6a}$$

$$R_1 = 0.0761A + 1678.8 \ \ (r^2 = 0.82) \tag{6·6b}$$

$$R_t = 0.0994A - 326.24 \ \ (r^2 = 0.80) \tag{6·6c}$$

양국의 데이터를 통합하면 식(6·6c)와 같고, 이 관계를 그림 6.6에 제시한다.

초고층사무소 건축의 경우 연면적이 100,000m^2 이하의 작은 경우에는 일본의 냉동기 용량이 약간 큰 결과를 보였고, 반대로 연면적이 큰 경우에는 우리나라의 냉동기 용량이 큰 것으로 나타나고 있다.

전체적으로 일반사무소 건축보다 약간 큰 값을 나타내고 있다. 냉동기의 대수도 건물 높이 방향의 공조조닝 때문에 일반사무소 건축보다 많은 것이 일반적이다.

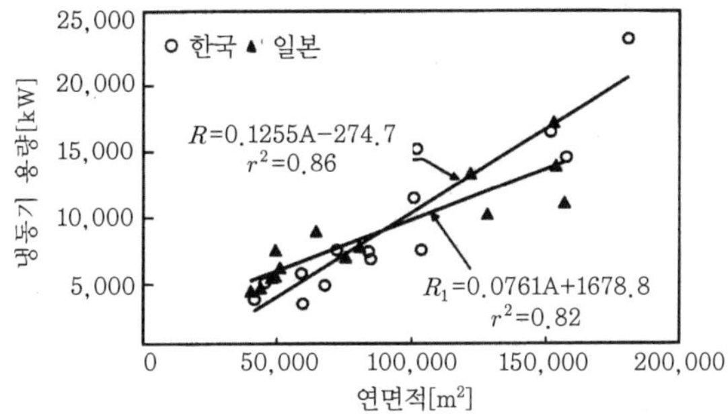

(a) 연면적당 냉동기 용량

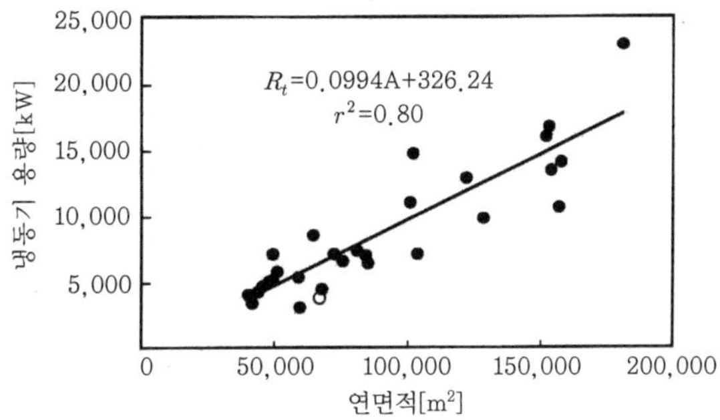

(b) 한 · 일 전체 데이터에 의한 용량

그림 6-6 | 초고층사무소 건축의 냉동기 용량

3) 호텔 건축

호텔 건축에서는 객실의 인원밀도가 작고 또 객실의 조도도 낮다. 더욱이 대규모 호텔에서는 대연회장에서 일시에 다수 인원을 수용할 때가 있지만, 보통 퍼블릭 부분과 객실의 사용시간이 다른 경우가 많기 때문에 사무소 건축에 비해 냉동기 용량이 작아진다.

또, 연간공조가 요구되고 대규모의 것은 증기가 연중 필요하므로 증기를 이용한 흡수식 냉동기를 원심식 냉동기와 병용하여 계약전력의 절약을 꾀하는 예가 많다.

건물의 연면적 A [m²]와 냉동기의 전용량 R [kW]과의 관계는 근사적으로 식(6 · 7a)와 같다. 일본의 경우 식(6 · 7b)와 같은데 거의 비슷한 결과를 보이고 있다.

$$R = 0.0719A + 1054.5 \ \ (r^2 = 0.85) \tag{6·7a}$$

$$R_1 = 0.0719A + 919.64 \ \ (r^2 = 0.77) \tag{6·7b}$$

$$R_t = 0.0722A + 960.9 \ \ (r^2 = 0.82) \tag{6·7c}$$

양국의 데이터를 통합 분석하면 식(6·7c)와 같고, 이 관계를 나타내면 그림 6.7과 같다.

호텔 건축의 경우는 타 건축물에 비해 가장 적은 용량을 지니는 것으로 나타났으며, 대수는 연면적이 10,000m^2 청도 이상이 되면 2~4대가 되고, 건물에 따라서는 흡수식 냉동기를 병용하고 있다.

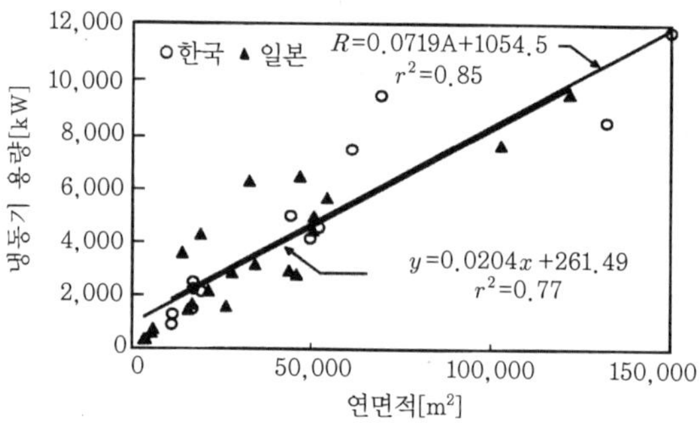

(a) 연면적당 냉동기 용량

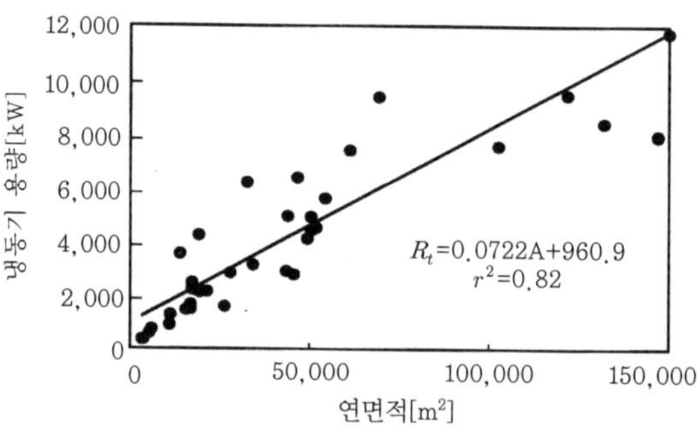

(b) 한·일 전체 데이터에 의한 용량

그림 6-7 | 호텔 건축의 냉동기 용량

4) 병원 건축

병원 건축에서는 ① 병실, ② 진료실, ③ 수술실, ④ 실험실 등으로 공조 계통이 나누어지며, 각각의 운전시간이 다르다.

사무소 건축에 비해 특히 병실의 인원밀도와 조도가 낮다. 또한, 원내 감염 방지를 위한 전 외기송풍 등 특별한 주의를 요한다. 또, 연간공조와 연간에 걸친 소독으로 증기의 사용이 불가피하므로 증기를 이용한 흡수식 냉동기와 원심식 냉동기와의 병용운전을 하는 예가 많으며, 연중 운전용으로써 왕복동식 냉동기도 사용된다.

건물의 연면적 A [m^2]와 냉동기의 전용량 R [kW]과의 관계는 근사적으로 식(6 · 8a)와 같다. 일본의 경우 식(6 · 8b)와 같다.

양국의 데이터를 통합 분석하면, 식(6 · 8c)와 같고, 이 관계를 그림 6.8에 제시한다.

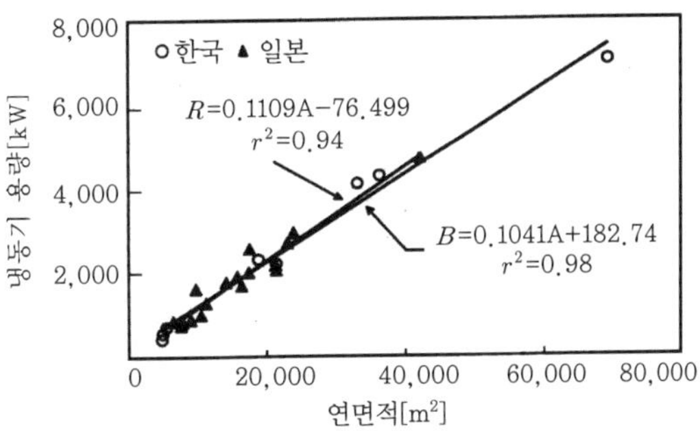

(a) 연면적당 냉동기 용량

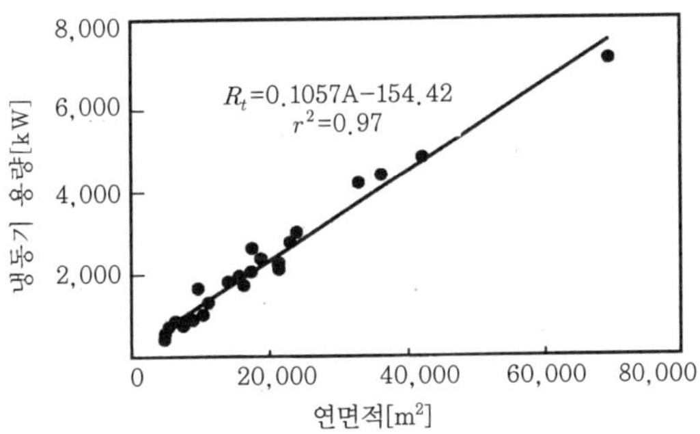

(b) 한 · 일 전체 데이터에 의한 용량

그림 6-8 | 병원 건축의 냉동기 용량

$$R = 0.1041A + 182.74 \ (r^2 = 0.98) \quad (6 \cdot 8a)$$

$$R_1 = 0.1109A + 76.499 \ (r^2 = 0.94) \quad (6 \cdot 8b)$$

$$R_t = 0.1057A + 154.42 \ (r^2 = 0.97) \quad (6 \cdot 8c)$$

그림에서 보는 바와 같이 한일 양국이 거의 비슷한 용량을 나타내고 있으며, 연면적이 큰 경우 일본의 데이터가 확보되지 않아 비교에는 어려움이 있지만, 비슷한 결과임을 알 수 있다.

냉동기 대수는 연면적이 5,000m^2 정도 이상이 되면 2대 이상이 되며 경우에 따라서는 흡수식 냉동기나 패키지형 공조기를 병용하고 있다.

근래에는 전열교환기, 자동중앙감시제어장치, 이중효용 흡수식냉동기, 외기도입량의 자동제어 등 에너지절약적 수법들이 채택되고 있는데, 이들은 열원기기의 용량 저감에는 거의 영향이 없는 것으로 나타나고 있다.

6-2-2 급배수설비 기기의 용량

급배수설비의 주요기기는 펌프류와 수조류이고 그 종류는 다음과 같다.

- **펌프류**
  - 양수펌프 : 시수용, 정수용
  - 급탕순환펌프
  - 배수펌프 : 잡배수용, 오수용(입형 또는 수중형)
- **수조류**
  - 급수탱크 : 시수용, 정수용
  - 고가탱크 : 시수용, 정수용
  - 급탕탱크

이들 펌프류와 수조류의 용량은 급수량에 따라 달라진다. 건축물의 용도별 인입급수관의 구경 결정을 위한 급수량 기준은 다음과 같다(단, 이것은 서울시 조례이므로 타 지역은 시도별 조례를 참고로 하여 설계에 반영해야 한다.).

- 일반건물 : 1m^{2}당 30리터
- 호텔, 병원 : 1m^{2}당 50리터
- 관공서 : 1m^{2}당 25리터
- 백화점 : 1m^{2}당 35리터

고가수조의 재질은 FRP제 또는 스테인리스 강제 등 내식성 재료가 사용되고 있으며, 가능한 2기로 대수를 분할하여 사용하거나 내부에 칸막이를 설치하여 유지관리가 용이하도록 한다.

(1) 건물규모와 수조류의 용량, 대수계획

1) 일반사무소 건축

그림 6-9에 수조류의 용량과 연면적과의 관계를 나타냈다.

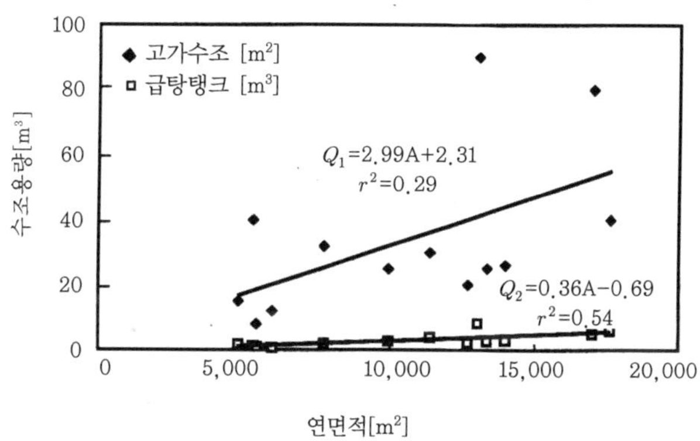

그림 6-9 | 일반사무소 건축의 수조류 용량

건물의 연면적 A [m^2]와 고가수조 용량 Q_1 [m^3]의 관계는 식(6·9a)와 같고, 급탕탱크 용량 Q_2 [m^3]과의 관계는 식(6·9b)와 같다.

$$Q_1 = 2.99A + 2.31 \;\; (r^2 = 0.29) \tag{6·9a}$$

$$Q_2 = 0.36A - 0.69 \;\; (r^2 = 0.54) \tag{6·9b}$$

여기서, Q : 수조류의 용량 [m^3]

A : 건물의 연면적×1000 [m^2]

① **급수설비** : 급수펌프는 시수, 정수용으로 각각 2대씩 설치하는 것이 일반적이다.

② **급탕설비** : 대부분의 고급건물에는 중앙식 급탕설비가 설치되고 있으며 용량은 1대당 0.8~3.5m^3 정도이다.

③ **배수설비** : 배수펌프는 지하층의 용도에 따라 잡배수, 오배수, 용수(de-watering) 펌프, 그리고 주방배수 등이 각 2대씩 설치되므로 건물규모에 따라 2~8대의 범위에 있다. 펌프의 용량은 건물규모가 커지면 큰 것이 쓰이나 보통 관경 50~100mm 정도에 해당하는 것이 많다.

2) 초고층사무소 건축

그림 6-10에 수조류의 용량과 연면적과의 관계를 나타낸다.

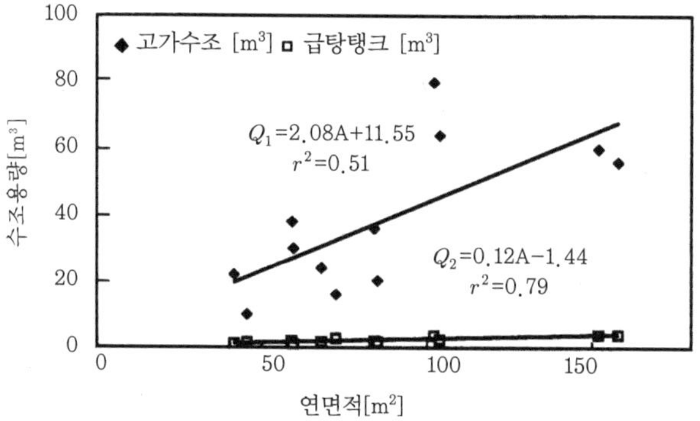

그림 6-10 | 초고층사무소 건축의 수조류 용량

건물의 연면적 A [m^2]와 고가수조 용량 Q_1 [m^3]의 관계는 식(6·10a)와 같고, 급탕탱크 용량 Q_2 [m^3]과의 관계는 식(6·10b)와 같다.

$$Q_1 = 2.08A + 11.55 \ \ (r^2 = 0.51) \tag{6·10a}$$

$$Q_2 = 0.12A + 1.44 \ \ (r^2 = 0.79) \qquad (6 \cdot 10b)$$

일반사무소 건물과 다른 점은 다음과 같다.

① **급수설비** : 건물의 지하층수가 많아지면 각층의 위생기구에 대한 수압을 일정 범위 내로 유지하기 위해서 건물높이 방향으로 급수존을 나누어 각 존마다 고가탱크와 양수펌프가 설치된다. 이 때문에 지상 15층 이하에서는 1개 존으로, 그 이상은 10층 정도가 높아질 때마다 1개의 존씩 증가한다. 따라서 고가수조 및 양수펌프는 존 수에 비례하여 증가한다.

② **급탕설비** : 급수설비와 같은 수로 건물높이 방향의 조닝이 이루어지며 1존당 1~2기의 급탕조와 온수순환펌프가 설치되고 있다.

③ **배수설비** : 배수펌프의 수는 지하층의 용도와 그 바닥면적에 관계가 있다. 초고층사무소 건축에서는 연면적이 같은 저층사무소 건축에 비해 그 지하층 바닥면적이 층수에 반비례해 줄어들고 있다. 따라서 배수펌프의 수는 연면적에는 비례하지 않고 대략 건축면적에 비례하여 많아지고 있다.

3) 호텔 건축

그림 6-11에 수조류의 용량과 연면적과의 관계를 나타낸다.

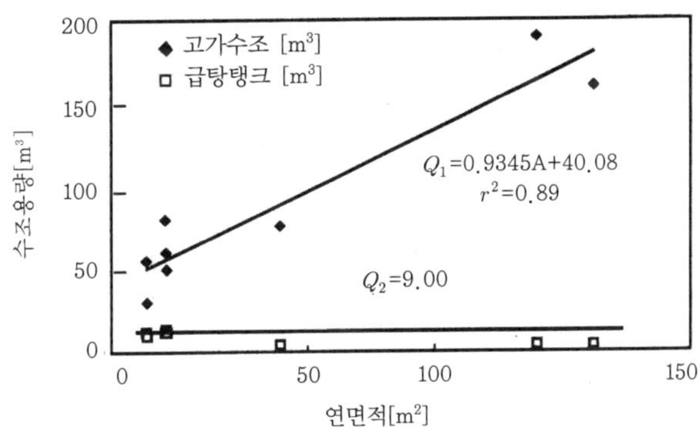

그림 6-11 | 호텔 건축의 수조류 용량

건물의 연면적 A [m²]와 고가수조 용량 Q_1 [m³]의 관계는 식(6·11a)와 같다.

$$Q_1 = 0.93A + 43.91 \quad (r^2 = 0.86) \tag{6·11a}$$

호텔 건축의 급탕탱크 용량은 연면적이 큰 경우의 데이터가 부족하여 연면적이 클 경우 오히려 급탕탱크의 용량이 적은 경향을 보이고 있다.

① **급수, 급탕설비** : 급수, 급탕은 객실 계통, 퍼블릭 및 주방 계통에 그리고 건물에 따라서는 세탁 계통 등에 공급되는데, 그 사용량이 많고 또한 야간까지 사용된다. 따라서 양수펌프나 고가탱크의 용량도 커지고 있다.
또한, 중앙식 급탕설비가 필요불가결하고 급탕탱크는 전기설비의 각 계통별로 설치되는 예가 많으며, 그 용량이 크고 대수도 많다.

② **배수설비** : 배수펌프는 주방용, 세탁용 등이 별개 계통으로 그 대수가 많아진다.

4) 병원 건축

그림 6.12에 수조류의 용량과 연면적과의 관계를 나타낸다.

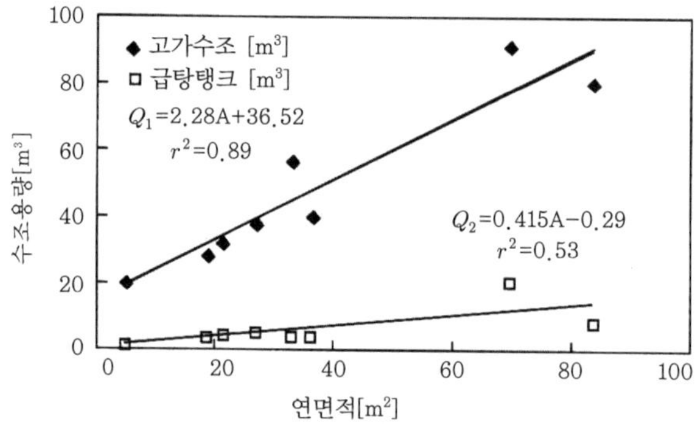

그림 6-12 | 병원 건축의 수조류 용량

건물의 연면적 A [m^2]와 고가수조 용량(Q_1)의 관계는 식(6·12a)와 같고, 급탕탱크 용량(Q_2)과의 관계는 식(6·12b)와 같다.

$$Q_1 = 2.28A + 36.52 \ \ (r^2 = 0.90) \tag{6·12a}$$

$$Q_2 = 0.415A - 0.29 \ \ (r^2 = 0.53) \tag{6·12b}$$

일반사무소 건물과 다른 점은 다음과 같다.

① **급수, 급탕설비** : 병실계통, 진료계통, 주방계통에 건물에 따라서는 세탁계통 등에 공급되며, 이들의 사용량이 많음과 동시에 야간까지 사용되므로 호텔의 경우와 유사한 경향이 있다.

② **배수설비** : 호텔의 경우와 비슷하나 병원의 종류, 부지의 환경조건에 따라서는 오수와 잡배수의 합동처리설비나 특수 오염수의 처리설비가 필요하게 되고, 이를 위한 처리조, 폭기 팬, 각종 펌프 등이 필요하다.

6-3 설비 소요스페이스

건물의 설비 소요스페이스 계획은 언급한 설비용량의 개략치를 파악한 후에 그 결과를 토대로 하여 각종 설비실, 전기실 및 샤프트의 소요스페이스를 결정하는 것을 말한다.

건물 설비를 위한 소요스페이스 계획은 건축의 기본계획에 있어서 가장 중요한 요소 중 하나이다. 즉, 최근의 건물에서는 설비가 정상적으로 운전되지 않으면 건물의 기능을 발휘할 수 없는데, 보통 설비의 수명은 건물구조체의 수명에 비하여 짧기 때문에 설비의 안전운전 및 보수관리 또는 설비 갱신을 위해서 적절한 설비공간을 확보하는 일은 매우 중요한 것이다.

설비의 소요스페이스는 건축물의 종류, 건축계획, 설비계획에 따라서 달라질 수 있으며, 일반적으로 다음과 같이 분류한다.

- 기계실, 공조기실 등의 기계설비실의 소요스페이스
- 전기설비실, 엘리베이터 기계실의 소요스페이스
- 지하저수조실 및 열원설비실의 소요층고
- 파이프, 덕트, 전기용 샤프트의 소요스페이스

또한, 최근의 건물에서 설비 소요스페이스에 영향을 미치는 요소로는 다음과 같은 사항들이 있다.

① 소방법 및 건축법의 개정으로 건물에 대해 소방설비가 강화되고 적용 건물의 범위가 확대됨에 따라 소화설비·제연설비 등의 용량 및 개수의 증가에 의한 설비스페이스의 증대

② 에너지절약 대책으로 냉동기·보일러의 냉온열원기기를 냉온수발생기와 같은 동일 기기로 겸용하게 하거나 냉동기를 원심식 냉동기와 흡수식 냉동기로 조합시키는 방법이 시행됨으로 인한 열원 설비스페이스의 증가 또는 감소

③ 설비의 개보수를 고려하여 종래의 대실면적 우선형에서 설비기재의 보수·관리가 용이한 설비스페이스 확보 우선형으로 변화하는 추세로 인한 설비스페이스 증대

④ 고도 정보화 시대에 맞추어 건물용 인텔리전트화하기 위하여 건물의 자동화, 사무자동화, 통신기능 증대 및 쾌적한 사무환경을 위한 컴퓨터용 분산 공조설비스페이스 증대 이러한 각 항들을 참고하여 소요스페이스 계획에 반영될 수 있도록 한다.

6-3-1 기계설비실의 소요스페이스

각종 건물의 기계설비실은 일반적으로 다음과 같이 크게 4가지로 나누어 구분하고 있다.

① **공조설비실** : 보일러, 냉동기, 공조기, 공조용 펌프, 기름탱크(옥외 설치의 경우 제외), 가스가버너 장치실, 냉각탑(옥상 설치공간), 실외기(시스템 에어컨 설치 시) 등

② **환기설비실** : 급기팬, 배기팬, 제연팬 등의 설치실

③ **급배수설비실** : 급배수펌프, 저수조, 고가수조(옥상노출 시 제외), 저탕조, 중수처리조 등

④ **기타의 설비실** : 소각로, 각종 가스실(소화가스, 의료가스) 등

이들 기계설비실에는 보일러실이나 제연용 환기팬실 등과 같이 방재상 또는 기기의 배치상 각각 구획된 것도 있으나, 주 기계설비실에는 각종 기기가 같은 실내에 설치되는 경우도 많으므로 여기서는 위에 제시한 ①~④의 각 실을 종합하여 기계설비실이라고 하고, 각종 건물의 연면적과의 관계를 분석하여 보기로 한다.

(1) 사무소 건축의 경우

사무소 건축은 일반사무소 건축과 층수가 20층 이상인 경우 이를 초고층사무소 건축으로 구분하여 사례분석한 통계적 평균치를 분석한 결과, 일반사무소 건축의 경우 건물의 연면적에 따른 기계설비실 면적의 비율은 대체로 3~8% 정도의 범위이고, 초고층사무소 건축인 경우 건물의 2~7%의 면적비를 나타내었다. 이러한 결과로 볼 때 초고층사무소 건축인 경우 건물의 연면적에 대한 기계설비실의 면적비가 일반사무소 건축에 비해 약간 감소하는 것을 알 수 있다. 그러나 이러한 면적비는 공조방식의 결정에 따른 영향이 크고, 결국 설계자의 계획의도에 따라 결정된다고 할 수 있다.

(2) 호텔 건축의 경우

최근의 호텔 건축은 용도가 다양한 퍼블릭 공간과 서비스실로 인하여 기계설비실 면적이 증가하는 경향을 보이고 있는데, 호텔의 연면적에 대한 기계설비실의 면적비는 약 3~6% 정도이다.

(3) 병원 건축의 경우

병원의 공조방식은 거의 중앙덕트방식과 팬코일유닛방식을 병용하는 방식이며, 건물의 연면적에 대한 기계설비실의 면적비는 3~8% 정도로서 비교적 일정치 않은 편이다. 그러나 장래의 증축에 대한 고려로서 낮은 쪽의 값을 채용하는

것은 위험하므로 계획 시 이를 고려해야 한다.

(4) 백화점 건축의 경우

건물 연면적에 대한 기계설비실의 면적비는 약 3~10% 정도이고, 다른 용도의 건물에 비해 기계설비실 면적은 크게 나타나고 있다. 일반적으로 백화점 건축에서는 기계설비실을 넓게 잡고 있는 경향이 있는데, 이것은 장래의 증축 가능성에 따른 것이라고 할 수 있다.

6-3-2 전기설비실, 엘리베이터, 기계실의 소요스페이스

각종 건물의 전기설비실에는 다음 각 실이 있다.

① **수변전실** : 고압수변전실, 특고압수변전실

② **중앙감제실** : 중앙감시실, 중앙제어실

③ **기타** : 분전반실, 자가발전기실, 축전지실

여기서, 일반사무소 건축에서는 ①~②의 전기설비실을 총괄하여 전기실로 하고, 초고층사무소 건축 이하의 각종 건축에서는 ①~③의 전기설비실을 합쳐 전기실로 하여, 이들과 건물 연면적과의 관계를 살펴보기로 한다. 또, 엘리베이터 기계실에 대해서는 각종 건축에 대하여 각 건물의 승용 엘리베이터와 화물용 엘리베이터 기계실 면적의 합계치를 구하고, 이들과 건물 연면적과의 관계를 알아본다.

(1) 사무소 건축의 경우

일반 사무소 건축의 건물 연면적에 대한 전기실의 면적비 산출은 소규모 건물이고 중앙감제실을 갖지 않는 경우와, 중규모 건물이고 중앙감제실을 갖는 경우로 나누어서 살펴보기로 한다. 먼저 소규모 건물의 경우 전기실 면적비는 0.5~2% 정도이고, 중규모로서 중앙감제실을 혼합하는 경우는 약 0.8~2.2%이다. 또한 초고층사무소 건축은 앞에서 언급한 바와 같이 기타 실까지 포함한 전기실의 면적비를 조사한 결과, 0.8~1.5% 정도로서 일반사무소 건축에 비해 약간 감소하는 경향이 있음을 알 수 있다. 그리고 엘리베이터 기계실의 스페이스는 건물의 요소 및 면적과 연관지어 계획되어야 한다.

(2) 호텔 건축의 경우

호텔 건축에 있어서 전기실의 면적은 고압수변전실인 경우와 특고압수변전실을 갖는 경우에 따라 다소 차이가 있는데, 전체적으로 연면적에 대하여 0.8~2.4%의 면적비를 가진다. 또한, 호텔 건축에서는 일반사무소 건축보다 엘리베이터의 대수가 많게 되므로 당연히 그 기계실의 면적은 커지는 경향이 있다.

(3) 병원 건축의 경우

병원 건축에서는 특고압수변전실을 갖는 경우가 드물게 나타나므로 대략 통계에서 제외하고, 전기실의 면적비를 살펴보면 0.8~1.8% 정도로 나타나고 있다.

(4) 백화점 건축의 경우

백화점 건축의 경우, 고압수변전실만의 건물은 수가 적으므로 통계에서 제외하고, 건물의 연면적에 대한 전기실의 면적비를 조사한 결과 약 1.4~3.5% 정도의 비율을 나타내었는데, 이는 다른 각종 건물 중 가장 큰 값이다. 참고로 에스컬레이터 기계실은 기계 밑의 천장 내에 설치되므로 건축계획이나 설비계획 시에도 문제되는 일은 없다.

6-3-3 열원설비실의 소요층고

각종 건물의 건축기본계획에 있어서 열원설비실의 소요층고는 각 설비실의 면적과 마찬가지로 중요한 요소가 된다. 각 설비실의 층고 중에서도 열원설비실(보일러실, 냉동기실)의 층고는 일반용도실의 층높이보다 높게 요구되는데, 특히 대부분의 건물에서 보일러실이 가장 높은 층고를 나타내고 있다. 많은 건물이 지하 2개 층을 개방하여 사용하고 있어서 기계설비실의 층고가 연면적에 따라 많은 차이를 나타내지만 개략적으로 일반사무소 건물에서의 값을 나타내면 다음과 같다.

표 6-1 ● 일반사무소 건물의 연면적과 열원설비의 표준층고

연 면 적(m^2)	5,000~10,000	10,000~20,000	20,000 이상
표준층고(m)	5	5.5	6

6-3-4 파이프 샤프트와 덕트 샤프트의 소요스페이스

각종 건물의 공조 및 제연용 덕트 샤프트(AD), 급배수 및 소화용 배관 샤프트(PS), 및 전기간선용 샤프트(EPS)의 면적은 건물의 규모, 공조방식, 변전방식에 따라 다르며 대상층에 따라서도 달라진다. 그 중에서 전기샤프트는 단독으로 설치되는 경우가 많으며 분전반 또는 2차 변압기를 수용하고 있는 건물도 있다. 또한, 제연 덕트는 배치상 단독으로 설치하는 경우와 다른 용도의 샤프트 안에 수용하는 경우가 있으며 대체로 다음과 같다.

① 배관, 덕트 및 전기 샤프트의 합계면적과 기준층 면적과의 비율은 초고층 사무소 건물과 호텔이 다른 건물에 비해서 크고, 최근의 건물에서는 3~8%의 범위이다.

② 전기샤프트(EPS)는 같은 종류의 건물에서도 차이가 심하다. 그것은 전기 간선만을 통하는 경우와 분전반이나 2차 변압기실로 사용하는 경우가 있기 때문이며, 당연히 후자의 경우가 커진다.

6-4 설비경제

6-4-1 설비공사비

전체 건축공사 중에서 설비공사가 차지하는 비율은 건물의 종류에 따라 다소 차이는 있으나 40~50% 정도로 공사비의 내용으로 볼 때 건축구조물의 비중보다 건축설비의 비중이 크다고 할 수 있다. 설비공사비는 (1) 공기조화설비공사비, (2) 급배수·위생설비공사비, (3) 소화설비공사비, (4) 전기설비공사비로 크게 분류할 수 있다.

(1) 공기조화설비공사

공기조화설비공사는 일반적으로 다음과 같은 항목으로 구성된다.

① 기계실(보일러, 냉동기, 공기조화기 및 부속기기) 설비공사

② 덕트설비공사

③ 배관설비공사

④ 환기설비공사

⑤ 자동제어설비공사

⑥ 가설공사

⑦ 현장공사

⑧ 제경비

(2) 급배수·위생설비공사

급배수·위생설비공사는 다른 공사와는 달리 배관재료의 종류가 많고 부속류가 많으므로 설계자의 취지, 재료의 구분, 시공방법 등 세심한 곳까지 정확히 검토한 후 공사비 산출작업을 진행한다. 급배수·위생설비공사는 일반적으로 다음과 같은 항목으로 구성된다. 그 외에 우물공사, 음료용 냉수설비공사, 중수도설비공사 등이 포함되는 경우도 있다.

① 위생기구설비공사

② 급수설비공사

③ 급탕설비공사

④ 배수통기설비공사

⑤ 가스설비공사

⑥ 정화조설비공사

⑦ 기타 특수설비공사

⑧ 가설공사

⑨ 현장경비

⑩ 제경비

⑪ 기타 설비공사로 건물용도에 따라 추가된다.

(3) 소화설비공사

소화설비공사는 원칙적으로 소방법에 따라 시행하며 다음과 같은 항목으로 구성된다.

화재경보설비공사는 경우에 따라서 전기설비공사에 포함된다.

① 옥내소화전설비공사

② 스프링클러설비공사

③ 옥외소화전설비공사

④ 물분무 등 소화설비공사

⑤ 소화용수설비공사

⑥ 연결송수관설비공사

⑦ 화재경보설비공사

⑧ 가설공사

⑨ 현장경비

⑩ 제경비

(4) 전기설비공사

전기설비공사는 일반적으로 전력설비공사(강전설비)와 통신설비공사(약전설비)로 크게 분류하고 이것을 다음과 같이 세분화한다. 그러나 설비비의 구성비율은 동력설비, 조명설비, 수변전설비 등 강전설비에 속하는 공사가 높은 비중을 차지한다.

1) 전력설비

① 조명설비공사 ② 동력설비공사

③ 수변전설비공사 ④ 자가발전설비공사

2) 통신설비

① 전화설비공사 ② 전기시계설비공사

③ 표시설비공사 ④ 인터폰설비공사

⑤ TV공청설비공사 ⑥ 구내교환설비공사

3) 경비

① 가설공사　　② 현장경비　　　③ 제경비

6-4-2 설비의 경상비

1) 경상비의 구성

건축설비의 시스템을 선정할 경우, 설비비 및 운전비 등이 자원절약적이며 에너지 사용이 적정한 것이 경제적인 시스템이라고 할 수 있다. 또한 계획된 설비의 연간운전비용을 파악하는 것이 설계자에게 있어서 매우 중요하다.

설비에 지불되는 경비는 세금 및 보험료와 시설투자비에 대한 감가상각비 등 고정적인 비용과 설비시설의 유지관리를 위한 제비용 등을 합산하여 보통 1년간 단위로 하여 계산하는데, 이것을 설비의 연간경상비 또는 경상비라 부른다. 경상비의 구성은 표 6-2와 같이 고정비와 변동비로 대별하며, 고정비는 설비운전에 관계없이 초기투자에 대하여 매년 계산되는 비용이고, 변동비는 설비의 운전에 직접 관계되는 비용이다.

표 6-2 • 연간 경상비의 구성

<table>
<tr><th>구 분</th><th colspan="3">항 목</th></tr>
<tr><td rowspan="5">고정비</td><td rowspan="4">설비고정비</td><td>감가상각비</td><td rowspan="2">자본회수계수</td></tr>
<tr><td>이자</td></tr>
<tr><td>제보험료</td><td>화재보험료, 기계보험로</td></tr>
<tr><td>조세공과</td><td>등록면허세, 부동산취득세,
고정자산세, 도시계획세</td></tr>
<tr><td colspan="3">점유공간고정비 및 관련부대 설비고정비</td></tr>
<tr><td rowspan="3">변동비</td><td>운전비</td><td colspan="2">전력비, 연료비, 상하수도비</td></tr>
<tr><td colspan="3">관리인건비</td></tr>
<tr><td colspan="3">유지수리비</td></tr>
</table>

(2) 고정비

1) 감가상각비

설비를 구입하게 되면 경과연수에 따라 자연적 노후화, 사용으로 인한 소모,

새로운 설비의 발명에 의한 기술적인 노후화 등으로 인하여 기계의 가치가 해마다 떨어지게 되는데, 이로 말미암은 가치의 감소를 감가상각이라 한다.

감가상각비는 세법상의 용어이고 시공주 또는 설계자의 입장에서는 투자한 자본(설비공사비)의 회수비라고 할 수 있다. 감가상각비의 산출방법에는 정액법과 정률법 또는 기타의 방법이 있으나 정액법에 의한 방법이 많이 사용되고 있다. 정률법에 의한 상각은 초가의 상각이 크고, 정액상각은 매년 일정 상각이 행해진다.

① 정액법에 의한 감가상각비 C_1 (원/년)

$$C_1 = C - S/N \tag{6・13}$$

여기서, C : 초기투자비

S : 잔존가격

N : 내구연수(상각연수)

② 정률법에 의한 감가상각률$= 1 - n\sqrt{r}$

2) 이자

설비공사비 등의 초기투자비는 건설시점에서 일괄하여 지불되지만 보통 건축주는 은행 등으로부터 융자를 받는 경우가 많으므로, 그 융자에 대한 이자를 지불해야 할 필요가 있다. 만약, 자기 자금으로 초기투자비를 일괄하여 지급한 경우에도 그 자금을 은행에 저축했다고 하면 이자수익을 받을 수 있으므로 이자 상당분의 경비를 고려하여, 이것을 비용으로 처리하여 회수해야 한다. 또한 화폐가치가 시간이 지남에 따라 달라지는 것도 고려하여 이것을 이자로 대응하여 설비가 내용연수에 이르렀을 때 동일 가치의 상각이 되도록 한다.

내구연수 t년간 계속하여 동일 액을 지불하는 경우의 이자지불액 R(월/년)은 다음 식으로 계산한다.

$$R = T \times i / (1+i)^t - 1 \tag{6・14}$$

여기서, T : t년 후의 투자액과 이자의 합계

i : 1년 이율(연리)

t : 내구연수

만약, C=투자액(원)

$$T = C \times (1+\ \mathrm{i}\ )^t \text{이므로}$$

$$R = C \times (1+\ \mathrm{i}\ )^t \times \mathrm{i}\ /(1+\ \mathrm{i}\ )^t - 1$$

$$= C \times \mathrm{i}\ /(1+\ \mathrm{i}\ )^t/(1+\ \mathrm{i}\ )^t - 1$$

일반적으로 차입급의 금리는 10~16% 정도인 경우가 많으나 에너지 이용 합리화 자금과 같이 5~10%의 저금리 융자를 받을 수 있으므로 계산에 주의를 요한다.

3) 제보험료

제보험료란 화재보험료와 기계보험료 등을 말하고 총칭하여 손해보험료를 의미한다. 손해보험은 재산의 소유자가 자기 판단에 따라 가입하는 것으로 일반건물의 경우 보험의 대부분은 화재보험이다. 화재보험료율은 건물의 구조, 지역, 면적, 층수, 소화설비의 정도 등에 따라 다르지만 설비비의 약 0.6% 정도로 추정되며 개략 계산 시에는 화재보험과 기계보험을 합하여 설비비의 1% 정도를 산입한다.

즉, (제보험료)=(설비공사비 또는 설비비)×0.01

손해보험의 보험료율은 손해보험산정협회나 기관으로부터 보험료율 표가 발행된다.

4) 조세공과

조세공과는 국가 및 지방자치단체에 납부하는 세금을 말한다. 일반적으로 국세와 지방세를 합하여 제세공과금이라 하며, 제세공과금은 크게 분류하여 초년도에 일괄하여 납부하는 세금과 매년 납부하는 세금으로 분류된다.

5) 고정비 비율(고정적 비용삼각률)

전 항까지 고정비로서 취급되는 각 항목에 대해 기술하였는데, 여기서는 이상의 내용을 종합하여 통합된 공식을 구해 보면 다음과 같다. 고정비 비율은 설비비에 대한 고정비의 비율을 말한다.

- 감가상각비= $C\times r(1+r)^n/(1+r)^n-1$ (a)
  이자
- 제보험료= $C\times 0.01$ (b)
- 제세공과

등록세 및 부동산 취득세

$$= C\times A\times(30/1{,}000+20/1{,}000)r(1+r)^n/(1+r)^n-1 \quad \text{(c)}$$

고정자산세, 도시계획세, 공동시설세

$$= C\times A\times(3/1{,}000+2/1{,}000+1.6/1{,}000) \quad \text{(d)}$$

따라서 고정비는 (a)+(b)+(c)+(d)의 합계가 된다.(C^t)

여기서, A : 과세평가율
C : 설비비
r : 이율
N : 내구연수

$$r(1+r)^n/(1+r)^n-1=\text{자본회수계수 } F$$

$C^t=C(1+A\times 50/1{,}000)F+0.01+A\times 6.6/1{,}000)$에서 고정비 비율이란 설비비에 대한 고정비의 비율을 의미하므로 고정비 비율은 $\Theta=(1+A\times 50/1{,}000)\times F+0.01+A\times 6.6/1{,}000)$으로 나타낼 수 있다.

6) 점유공간 고정비

점유공간 고정비란 건축물에 있어 각종 기계실 등의 점유로 인하여 그 만큼의 임대수익이 줄어들므로 줄어드는 수익부분을 비용으로 처리하는 것을 말한다.

열원기계실이나 공조기계실을 구축하는 데에는 건설비가 필요하며, 또한 매년 고정자산세 등 세금, 보험금 등의 대상이 된다. 열원시스템이나 공기조화방식에 따라 기계실의 점유공간의 대소 차이가 발생하며 PS(배관샤프트), DS(덕트샤프트) 등도 차이가 있으므로 설비의 경상비 계산에서는 이에 대한 점유공간을 고정비로서 계산할 필요가 있다. 열원기계실의 경우 보통 지하에 설치하게 되며, 이때 지하창고의 임대료 정도를 연액으로 개략 계산할 수 있다. 또한 지상층에 공조기계실 등이 있을 경우, 이것에 대한 줄어드는 수익부분의 비용처리는 사무소 임대가를 기준으로 하여 고정비로서 계산한다.

3) 변동비

변동비는 용어 그대로 세계적인 에너지 사정, 국내 에너지정책, 그 외의 많은 환경적인 변수 등으로 인하여 수시로 변동할 수 있는 비용을 말한다. 따라서 변동비 중에서 가장 큰 비중을 차지하고 있는 에너지 비용을 절약할 수 있는 시스템을 어떻게 설계하느냐가 중요한 요건이라 할 수 있다. 변동비 중에서도 특히, 전력비, 연료비, 상하수도비, 수처리비 등은 운전시간이나 냉방부하 조건에 직접 관련이 있으므로 이것들을 추정하기가 상당히 어려운데, 그 이유는 냉난방부하의 연간사용량을 추정하기가 쉽지 않고, 각 기기의 연간 가동시간을 구할 수는 있으나 반드시 전 부하로 운전되지 않는 등의 이유 때문이다. 예를 들면, 300kW의 전동기로 냉동기를 돌릴 경우 부분부하 시에는 이보다 적은 전력으로 냉동기를 구동시키게 되므로 정확한 전력은 추정하기 어렵다. 따라서 연간 소비전력 산정 시 냉동기 입력(kW)과 운전시간(h)을 곱하면 실제 일부하에 따라 사용한 전력량보다 크게 됨을 알 수 있다.

변동비의 종류는 다음과 같다.

① 전력비　　② 연료비
③ 상하수도비　　④ 수처리비
⑤ 인건비　　⑥ 유지관리비

6-4-3 설비의 L.C.C (life cycle cost)

1) L.C.C의 개념

L.C.C(생애주기비용)란 물건, 장비, 시스템 등이 만들어져서 인간에게 유용하게 활용되면서 제수명을 다할 때까지 들어가는 총비용이라 할 수 있다. 건물과 설비시스템은 준공 시는 훌륭할지라도 시간이 지남에 따라 기능의 저하라는 노화현상이 나타나게 된다. 하지만 건물과 시스템은 처음부터 수명과 기능을 생각하여 튼튼하게 만들 수도 있으며, 노후화된 부품을 교체하면서 내구연수를 연장시키는 것이 가능하다. 그러나 건축과 설비는 물리적인 내구연수, 사회적인 내구연수, 법정내구연수 등 여러 가지 측면을 감안하면 처분해야 하는 시기가 온다.

건물에서의 라이프 사이클 비용이란 건축물의 기획, 설계비용으로부터 건설비용, 유지관리비용 그리고 폐기처분비용까지를 포함하여 건축물의 수명이 다할 때까지 필요한 전비용을 말하며, 건축물의 경제성이라는 점에서 고려했을 때 수익이 같은 빌딩이라면, L.C.C가 적은 빌딩이 경제성이 높다고 할 수 있다.

건물의 수명을 60년이라 가정했을 경우 라이프 사이클 비용 중에서 운영관리비용의 비중이 가장 높으며 건설비용의 5~6배에 달하고 있고, 운용비용만 비교하더라도 약 2배에 이르고 있다. 따라서 쾌적한 환경을 제공하며 운영관리비용이 적게 들어가는 건축물을 짓기 위한 합리적인 사고가 필요하고, 이에 대한 도구로서 L.C.C가 활용될 수 있다.

2) 시간적 가치를 고려한 비용분석 방법

라이프 사이클 비용의 계산원리는 건물 건립 후에 발생하는 제비용을 전체적으로 포괄하는 것으로서, 어느 시점에의 금액으로 환산하는가에 따라 3가지 방법으로 정리될 수 있다.

즉, 계획시점의 가치로 환산하여 누계하는 “현재가치법”, 그리고 계획의 최종시점의 가치로 환산하여 누계하는 “최종가치법”, 각 연도의 비용을 평균하여 나누는 “연평균비용법”이 있다. 이들 중에서 계획할 때의 L.C.C 계산에는 계획평가에 즈음하여 장래의 비용을 계획시점에서 비교할 수 있는 현재가치법인 “현가법"이 사용되고, 자금회수와 수지를 경년적으로 생각하는 수치 시뮬레이션 계산에는 전술한 바와 같이 연평균비용법(연가법)이 사용된다.

(2) 설비의 L.C.C 요인 및 경제계산

1) L.C.C의 구성 인자

설비기기의 L.C.C는 설비기기를 설치하는 것을 기획하고 실현하기 위한 연구·개발에서 제작되어 시운전·조정을 거쳐 설치되며, 장기간 운전·사용 후에 폐각되기까지의 모든 비용을 총칭하는 사항이다. 이러한 비용을 세분화하면 다음과 같다.

① **기획연구 설계비** : 기획비, 연구개발비, 설계비

② **제작설치비** : 제작조립비, 검사시험비, 품질관리비, 수송반입 보관비, 설치배관배선 시운전비

③ **운전비** : 운전관리 인건비, 에너지비, 물 등 각종 소모품비, 운전요원 훈련비

④ **보전비** : 보전인건비, 교체부품·예비부품비, 시험검사비, 보전외주비, 보전요원 훈련비

⑤ **폐기비** : 철거공사비, 반출수송비, 폐기처리비

위의 내용에서 L.C.C에 영향을 미치는 주요인자는 다음과 같다.

- 에너지 소비량
- 고장률
- 내구연수

2) 고장률과 내구연수

① **고장률** : 고장률은 일정 시점까지 작동해 온 기기, 부품과 시스템이 계속되는 단위기간 내에 고장을 일으키는 비용을 말한다. 그래서 이와 같은 고장의 정의는 시스템이나 장치가 전혀 작동하지 않게 되는 경우나 파손, 변형되어 능력을 발휘할 수 없게 되는 경우 또는 성능이 점차 떨어지는 예도

있어, 이 경우 허용되는 최하한의 성능수치를 하회하면 고장으로 본다. 이처럼 고장에는 다양한 형태나 시간적인 변화에 따라 고장형태가 다르므로 그 형태에 따라 고장모드, 고장 메커니즘, 초기고장, 우발고장, 마모고장 및 열화고장 등의 각종 호칭이 사용되고 있다.

고장률의 정의는 일반적으로 순간 고장률과 평균 고장률이 사용되고 있으며, 학술상으로는 순간 고장률이, 실용상으로는 평균 고장률이 사용되고 있다. 많은 부품으로 이루어진 장치는 이 평균 고장률로 나타낼 수 있다. 이 평균 고장률은 일정 기간 중의 총고장수를 그 기간의 총작동시간에서 나누어서 계산한다. 이 고장률이 시간에 따라 어떻게 변화하는지는 기기 또는 부품의 종류나 사용시간에 따라 다양하다. 일반적으로 고장률을 시간에 대해 개념적으로 생각하면, 우선 최초에 고장률이 높은 초기고장기간이며, 다음에 비교적 고장률이 낮고 안정된 우발고장기간이 계속되며, 최후의 열화에 의해 고장률이 급상승하는 마모기간이 된다. 보전이 실시되는 경우(수선이나 부품을 교환하는 경우)에, 보전(保全) 정도에 따라 차이는 없지만, 우발고장기간이 고장률을 어느 정도 높이면서 보전을 하지 않는 때보다 연장되는 형태로 나타난다.

② **내구연수(耐久年數)** : 내구연수와 동의어인 공학용 용어에는 "수명"이 있다. 이 수명은 "기기나 시스템이 사용 개시에서 폐각에 이르기까지의 기간"으로 정의되며, 고장률이 규정수치를 하회하는 기간을 유용수명 또는 내구수명이라고 하며, 우발고장기간 전체를 유용수명 또는 내구수명이라고 하는 경우도 있다. 그러나 고장 나면 수리하지 않고 폐기할 경우 위와 같은 정의가 지극히 자연스럽지만, 마모고장 기간 중인데 보전에 의해 고장률이 낮게 유지되는 경우의 수명 정의는 어렵다. 따라서 이와 같은 경우 장치나 시스템의 고장발생 현상에 따라 다음과 같은 용어가 사용된다.

- 내구수명(耐久壽命) : 고장률이 증대되며 수리비가 증가되어 경제적으로 불리하게 되기까지의 기간
- 고장간격 : 수리하면서 사용하는 기기나 시스템 고장간의 작동기간
- 평균 고장간격(MTBF) : 고장 간격의 평균 작동시간
- 고장수명 : 수리하지 않은 기기나 시스템이 사용 개시 후 고장까지의 작

동시간

• 평균 고장수명 : 고장수명의 평균 수치

위의 용어는 신뢰성 및 보전성공학(保全性工學) 용어이며, 일반적으로 위의 수명과 동의어인 역년(曆年)의 시간으로서의 내구연수라는 용어가 많이 사용되고 있다.

내구연수는 판단기준에 의해 물리적 내구연수, 사회적 내구연수, 경제적 내구연수로 분류된다. 이 밖에 세법(稅法)에 의한 내구연수도 있다.

• 물리적 내구연수 : 고장률에 의한 내구연수이며, 이미 설명한 바와 같이 고장이 증가되어 경제적으로 불리하게 되기까지의 기간이며, 경우에 따라서는 우발고장 기간이라고 하는 예도 있다.
• 사회적 내구연수 : 고장률이 적고, 다음의 법정 내구연수 이내라도 기기류가 진부화되고, 새로운 기종으로 교환하는 것이 유리할 때까지의 기간을 말한다.
• 경제적 내구연수 : 고장률이 높아져서 그로 인한 보전비 지불이 대폭적으로 증가되어 새로운 기종으로 갱신하는 것보다 비용이 더 많이 소요된다고 판단되는 기간이다.
• 법정(法定) 내구연수 : 법인세나 소득세 계산에서 자산의 감가상각액을 산출하는데 사용되는 내구연수이며, 이는 재무부에 규정되어 있으므로 법정 내구연수라고 하는 예가 있다.

(3) L.C.C의 계산

건축 설비기기의 라이프 사이클은 건물의 라이프 사이클과 동일하게 취급되는 것이 보통이다. 따라서 오랜 세월의 사용조건이나 보전조건의 영향을 받아 L.C.C는 큰 변화를 하게 된다. 따라서 설비기기의 L.C.C를 산출하기 위해 (2)항에서 기술한 각 비용에 대한 관계 조건을 설정해 두어야 한다. 또 투자에 대한 이자와 물가 변동에 대해서도. L.C.C의 산출에 대해 고려해야 하는데, 어쨌든 장기간에 걸친 정확한 예측은 매우 곤란하며, 예측 수치의 채용방법에 따라 전혀 상반되는 결과가 되는 예도 있으므로 신중히 검토해야 한다. 일반적으로 물가변동이 없는 것으로 가정하고, 이자율에 대해서만 고려하는 방법이 채용되는 경우가 많다. 이 경우 금리를 포함하지 않는 단순집계와 금리를 포함하는 집계가 있다.

1) 단순집계

L.C.C를 산출하기 위해 기획에서부터 폐기처리까지 필요로 하는 설비기기의 전체 비용을 그대로 집계한 사항이며, 산출함에 있어서 상세한 조건에 따라 산출해야 한다.

2) 연등가액(年等價額)

장기간의 라이프 사이클이므로 그 설비기기의 비용 지불 시기 즉 기획비, 제작비, 운전비 등의 지불 시기가 대폭 나르므로 이종 기기를 종합적으로 비교하기 위해 동일조건으로 환산해야 한다. 그러기 위해 이자율을 사용하게 된다. 즉, 기기의 내구연수에서 기기 창설 시에 환산된 여러 비용의 총계가 제산(除算)된 사항을 연등가액이라고 한다. 이 연등가액에 의해 비교하고 경제성을 평가한다.

6-5 시공계획

설비시공을 하기 위해서는 설계도서에 따른 총합적인 시공계획을 세우고, 그 계획에 따라야 한다. 각 세부시공 계획은 무리 없이 진행되고, 낭비가 없이 실행될 수 있도록 수립되어야 한다. 따라서 예정공기, 품질, 경제성을 지키기 위해서는 이 계획의 확실한 실시가 필요하다.

전체 시공계획은 다음과 같이 구분된다.

(1) 착공업무계획

① 공사내용의 파악

② 공사조직의 편성

③ 실행예산의 작성

④ 시공계획

- 가설계획
- 공정계획
- 공법계획
- 노무계획
- 자재, 기기의 발주, 반입, 보관계획
- 안전위생관리계획

⑤ 대관청업무

(2) 시공업무계획

① 시공관리

② 노무관리

③ 시공자와의 협조

④ 시공도, 제작도의 작성

⑤ 자재, 기기의 선정, 공장입회검사 및 보관

(3) 준공업무계획

① 완성검사(법정검사를 포함)

② 공사인계

③ 철수

④ 유지관리계획

본 장에서는 이들 전체계획 중에 시공계획에서 중요한 가설계획, 공정계획, 공법계획, 기자재 반입계획에 대하여 서술한다.

6-5-1 가설계획

본 공사를 집행하기 위하여 필요한 시공용 각종 설비를 갖추는 일을 가설공사라고 하며 본 공사가 완료되면 철거된다. 가설공사에는 현장사무소, 작업장, 작업원 대기소, 자재창고 등의 가설물과 작업용 비계, 운반설비, 안전설비, 가설전력, 급배수, 조명설비 등이 있으며 전자를 간접가설, 후자를 직접가설이라고 한다.

설비공사에 있어서는 일반적으로 직접가설은 건축시공자가 설비하는 것을 공용으로 하고 부족한 것을 설비하는 경우가 많으며, 간접가설은 설비시공자가 준비하는 경우가 많으나 공정 전체의 시공계획 중에 건축시공자가 총괄적으로 계획을 수립했을 때에는 건축시공자와 협의한다.

(1) 간접가설

간접가설에는 현장사무소, 자재창고, 작업장, 작업원 대기소 등이 있는데, 그 크기는 공사의 내용, 작업장의 크기, 부지의 넓이 등에 따라 다르다.

1) 현장사무소

현장사무소는 자재창고 또는 작업장에 가까이 있는 것이 편리하다. 이곳에서는 시공도 작성 및 간단한 업무협의가 가능한 공간이 있으면 충족되므로 자재창고와 이어서 설치하는 경우가 많고, 건물은 이동이 가능한 유닛식으로 하는 것이 좋다. 부지에 여유가 없는 경우에는 건축구체가 일부 시공되었을 때 사무소 또는 작업장을 그 내부에 설치하되, 건축의 마감공정을 면밀히 검사하여 사무소를 자주 옮기지 않는 장소로 선정한다.

2) 가설물과 본 공사와의 관계

가설물과 본 공사 건물 또는 매설물과의 위치 및 시공시기를 검사하여 가설물이 본 공사를 시공하는데 방해가 되지 않도록 계획하고, 부지 내 매설 급배수관, 지하매설 기름탱크, 정화조 등의 시공을 선행할 것 등을 검사한다.

3) 작업장

작업장은 작업원의 대기소 또는 자재창고 등과 가까이 설치하여 작업하기 편리하도록 계획하며, 작업장에서의 소음 때문에 부지경계 등에 설치할 때에는 이웃건물 측에 개구부를 설치하지 않는 등의 차음대책을 수립한다. 또한 작업장은 기자재의 반입, 하역작업 등이 편리한 장소를 설정한다.

(2) 직접가설

작업용 비계는 가능하면 건축공사용의 것을 공용할 수 있도록 공정을 계획한다. 특히, 기자재 반입을 위하여 설치하는 하역설비는 건축시공자가 설치한 시설을 이용할 수 있도록 협의하면 편리하다. 전력을 사용하는 공구, 기계류는 그 전압, 용량, 사용기간 등을 일람표로 만들어 전체의 가설전력설비계획에 포함시켜야 한다. 지하실, 샤프트 내, 피트 내에서의 용접작업 시 발생하는 연기의 배출이라든가, 습기가 많은 지하기계실에 설치한 기기의 방청, 절연 등을 감안하여 환기설비계획을 소홀히 해서는 안 된다. 경우에 따라서는 본 공사용 환기설비를 미리 가설하여 사용하는 방법을 검사한다. 고층건물에서 밀폐창인 경우 실내작업장에서 발생하는 먼지가 배출되지 않아서 작업환경이 극단적으로 악화되는 때에는 제진장치의 설치를 계획한다.

6-5-2 공정계획

(1) 준비

공정계획을 세우기 위해서는 먼저 다음과 같은 내용의 각 작업 리스트를 작성한다.

① 작업내용

② 작업수량

③ 표준시공량

④ 작업일수

⑤ 작업순서

그리고 각 작업별로 투입되는 노동력을 조사하기 위해서 견적단가를 고려하여 경제적으로 투입될 수 있는 작업원을 계산해 두어야 한다. 또한 각 공기별로 작업할 수 없는 일수(기후, 계절상, 각종 행사, 노동력의 공급사정 등)를 공정에 반영한다.

(2) 종합공정계획

총합공정표를 작성하여 공기를 전체적으로 파악하고 공사를 진행시켜 나가야 하며 건축시공자가 작성한 공정표 중에서 설비시공자와의 관련사항을 협의조정하여 총합공정표를 작성한다. 총합공정계획을 수립할 때에는 현장가설계획을 비롯하여 시운전 조정 마지막 청소에 이르기까지 전공사에 대한 공정을 균형 있게 조정해야 한다. 본 계획의 양부(良否)가 기자재의 발주, 반입계획, 노무계획, 안전계획 등의 모든 시공설계의 성패를 지배한다. 종합공정계획을 세우는데 있어서 주요사항은 다음과 같다.

① 주요기기의 납기, 반입시기

② 급배수·가스·전력의 공급 예정일(특히 수전 개시일을 확인)

③ 대관청업무 집행시기, 중간검사일

④ 시운전 조정일정의 확보

(3) 네트워크법에 의한 공정계획

최근 건축물이 대형화되고 공기가 단축되며 공사의 종류, 공법이 복잡하고 다양해짐에 따라 바차트(횡선공정표)법으로는 계획변경 등에 쉽게 대응할 수 없게 되었다. 그래서 이런 문제를 좀 더 쉽게 해결하기 위하여 네트워크법을 많이 이용하고 있는데, 그 특징은 다음과 같다.

① 각 작업의 연계를 도표화함으로써 작업의 흐름(개시일, 종료일, 여유일수 등)을 쉽게 이해할 수 있다.

② 수직적으로 처리할 수 있다.

③ 중점관리가 가능하다(각 작업 중에서 어떤 것이 전 공정에 영향을 미치고 있는가를 크리티컬 패스(critical path)에 의하여 알 수 있다).

④ 각 작업의 전 공정에 미치는 영향을 명확히 알 수 있으므로 각 작업의 의무와 책임이 분명해진다.

⑤ 일부의 변경이 전체에 미치는 영향과 효과를 파악할 수 있다.

⑥ 검토(follow up)를 되풀이함으로써 현장파악과 장래에 대한 신뢰도를 높일 수 있다.

⑦ 전산기 처리가 가능하므로 대형공사에 있어서 계획변경, 조건변경이 발생하더라도 빠르게 수정공정을 만들어 대응할 수 있다.

이상과 같이 네트워크법은 공정관리만이 아니라 원가, 이익, 노무, 자재 등에 대한 관리 판단에 필요한 정보를 제공한다.

(4) 설비공사 공정계획

1) 작업리스트를 작성하여 리스트에 의한 작업순서를 보면서 공정을 꾸며 나간다. 최초에는 직렬작업을 계획하게 되지만 병렬작업이 가능한 것은 분리하여 가능한 한 직렬작업이 적게 한다. 왜냐하면 직렬작업이 많으면 관리하기는 쉽지만 공기가 길어지기 때문이다.

2) 공정계획 작성 시의 주의사항

공정계획을 작성할 때에는 전체공정에 대하여 다음 공정에 주의한다.

① 각종 신청, 시험, 검사 등에 요하는 일수

② 기후, 풍토, 습관 등의 영향

③ 공장 제작물의 제작 반입기간, 시기

④ 시운전 조정에 요하는 일정

구체공사 기간의 공조·위생공사는 슬리브·인서트 설비이며, 플로트가 많기 때문에 배관·콘크리트 거푸집공사와 병행하여 실시한다. 공조·위생공사의 현장 공정은 옥외공사를 제외하고 각 층 콘크리트 거푸집의 해체 후에 시작된다. 그 마스터 네트워크에서는 건축 마무리공사와 작업순서의 관계에서 작업장소를 다음과 같이 나눈다.

6-5-3 공법계획

공법계획은 공정계획이나 하역계획 등과 상호 관련이 있으며 공법에 따라 공정이 제한되거나 공기단축을 위한 공법 채용, 하역계획에 알맞은 공법채용 등으로 서로 간섭하면서 결정한다. 최근에는 재료를 현장에서 반입하여 가공, 설치하는 종래의 공법에 대응하여 프리패프공법, 유닛공법 등의 공장제작공법이 활발하게 연구되고 있다. 종래의 현장제작공법과 공장제작공법을 비교하면 표 6-3과 같다. 일반적으로 공장제작공법은 공기의 단축, 현장관리의 용이 등 많은 이점이 있지만 중소규모의 건물에서 제작물이 소수 다품목인 경우에는 공사비의 상승이유가 되기 때문에 종래 공법을 채용하고 있다. 그러나 앞으로는 공장 제작공법을 가능하면 채용하여 현장에서의 작업수를 줄이고 전체공사를 고려한 품질향상을 기할 수 있는 대책을 강구해야 한다. 특히 최근 기능공이 부족하고 조공(助工)의 확보가 어려울 뿐만 아니라 인건비의 상승과 저기능 시대를 맞아 설비공사의 프리패브화, 유닛화가 요구되고 있다.

(1) 시공현장의 환경과 공법

1) 작업공해의 방지

작업장 주변에 대한 공해 방지에 관해서는 법률이나 조례에 의하여 규제되고 있으나, 공법계획에 있어서는 그 규제치를 충족시키는데 그치지 않고 적극적으로 대응하는 계획을 수립해야 한다. 현장제작 시에 발생하는 소음을 저감시키기 위하여 공장제작법은 그것을 해결하는 방법의 하나가 된다.

표 6-3 • 현장제작공법과 공장제작공법의 비교

항목	현장제작공법	공장제작공법
공기	–	현장설치작업뿐이므로 공기단축이 가능
시공정도	–	평균 정도의 제품제작이 가능
자재창고	현장에 자재창고 등 공간이 필요	반입, 하역, 설치계획에 따라 삭감 가능
작업장	자재가공에 필요한 공간 소요	거의 필요하지 않음
가공기계	현장 내 설치	현장 내 설치 불필요
소운반작업	소운반회수가 많다.	일정 크기이므로 소운반 기계화가 가능
잔재, 폐재	작업용 잔재, 포장폐재가 많다.	포장재 등은 재사용 가능
작업원의 기능도	모든 작업의 가능자를 요구 전업자는 다직종의 작업원이 필요	단순작업이므로 전업작업의 직종수를 줄일 수 있다.
공정계획	현장시공일수를 산입	공장제작물은 계획에서 제외 가능
공사관리	관리점이 많아서 복잡	관리하기 쉽다.
작업소음	가공소음이 많다.	설치작업 중심이므로 소음발생이 적다.
공사비	수량이 적으면 싸다.	소품종 다수량이 아니면 비싸다.
시공계획		계획에 많은 인원과 일수가 필요

2) 노무사정

최근 기능공 특히 설비공사에 종사하고자 하는 기능공의 수가 급격히 감소추세에 있다. 따라서 앞으로 현장관리를 가능한 한 공장제작법을 적용하여 현장에서는 설치 등의 단순한 시공으로 완료될 수 있는 공법을 채용함으로써 노무사정의 악화에 대응해야 한다.

3) 기후

겨울철의 동결시기, 동결심도 및 적설량 등을 조사하여 시기에 알맞은 공법을 선택해야 한다. 특히 기계기초의 콘크리트는 초기동결이 일어나지 않도록 양생하고 수압시험, 누수시험 등 물을 사용하는 시험은 주의를 요한다.

4) 증·개축공사 현장의 작업환경

건물의 증·개축공사는 건물을 사용하면서 일부분의 공사를 진행시켜 나가는 경우가 많다. 또한 건물 전체를 폐관하고 개수공사를 집행하는 경우라 하더라도 기존 기기 또는 배관류에 먼지나 기름 등이 부착되어 있어서 개수공사에서는 절대적으로 화기를 사용하지 않는 공법을 채용하는 일이 방재상 가장 중요한 일이다. 특히 기존 기기 또는 배관, 덕트 등을 철수할 때에는 가스용접을 하게 되면 빠르고 값싸게 작업을 할 수 있지만 화재예방상 대단히 위험하기 때문에 채용시 주의를 요하며, 이런 경우 시간은 걸리지만 화기를 사용하지 않는 전동식 지그소우 등을 이용하면 안전하다. 배관접합도 용접접합을 하지 말고 나사접합, 플랜지접합 또는 메커니컬 조인트 등을 사용하는 방법이 있다.

(2) 공장제작공법

공장제작공법이란 시공의 일부작업을 공장에서 함으로써 현장에서의 작업을 되도록 적게 하는 방법을 말하며 프리컷(precut)방식과 프리패브리케이션(prefabrication)방식으로 구분된다. 프리컷방식은 배관이나 덕트를 공장에서 가공하여 현장에 반입하고 조립·설치하는 방식이며, 프리패브방식은 배관이나 기기의 집합체를 공장에서 제작하여 현장에 반입·설치하는 방식으로 그 대표적인 예가 파이프샤프트 유닛이다.

프리컷방식은 단순작업을 모아서 시행할 수가 있어서 운반 시의 포장 등도 한데 묶을 수 있으므로 소규모 건축물에서 채용이 가능하다. 프리패브방식은 제품으로 반입하기 때문에 여러 가지 장점이 있으나 제작에 필요한 공장시설이 있어야 하고, 운반이 불편하기 때문에 고층건물이나 아파트, 호텔과 같이 동일 제품의 수량이 많은 경우 이외에는 경제적으로 불리하다. 그러나 공장제작공법의 수요는 날이 갈수록 증가할 것이 확실하므로 프리패브방식에 대한 시공계획상의 요점을 제시하면 다음과 같다.

1) 품질향상

설비공사에 있어서 시공상의 하자요인은 배관의 접속부분에서의 누수가 가장 많은 비율을 차지한다. 그렇기 때문에 배관을 어떻게 가공하여 이음부분을 최소화하느냐가 중요하다. 또한 프리패브화에 의하여 생산성을 향상시키기 위해서는 원(原)설계와 다른 재료 및 공법의 채용 또는 부재의 표준화에 따른 배관, 덕트에 대한 크기의 변경 등 설계 시에 예상하지 못했던 일들이 생기기 때문에 때로는 원 설계내용을 수정해야 한다.

2) 배관 유닛

배관 유닛은 운반이나 반입 시의 변형 또는 파손을 방지하기 위하여 외력에 견딜 수 있는 구조로 한다. 강관의 굵기가 큰 배관으로 조립하는 경우에는 그 강관을 골격으로 하여 배관 유닛을 꾸밀 수 있는데 중량이 무거워서 몇 개 층에 걸치는 유닛을 제작하는 것은 비경제적일 수가 있다. 또한 중량이 가벼운 동관이나 굵기가 작은 강관 등을 주체로 하여 3층, 4층을 1유닛으로 조립하는 경우에는 강제 등을 이용하여 튼튼한 틀을 짜 넣어야 하는데, 이 틀의 제작비가 배관 유닛의 비용에 대하여 높은 비율을 차지하게 되므로 가능하면 틀을 가볍게 하고 배관류도 재질이나 공법을 바꿔서 경량화하는 일이 중요하다.

배관 유닛과 슬래브 개구부와의 틈새는 슬래브의 강도 또는 배관 유닛의 지지상 좁을수록 바람직하지만, 3~4층의 유닛을 매달아서 설치할 때에는 각 층의 슬래브 개구부의 틈새가 너무 협소하면 설치하는데 많은 시간이 소요되며, 일반적으로 철골공사와 배관 유닛의 설치는 거의 비슷한 시기에 이루어지므로 배관 유닛의 설치에 시간적인 여유가 없기 때문에, 이 틈새는 구조체 및 지지방법에 따라 다르지만 한쪽 면에서 30~50mm 정도가 되도록 계획한다.

3) 배관 유닛의 접속

배관 유닛을 서로 접속하거나 배관 유닛과 연결배관을 접속하는 일은 현장에서의 주요작업일 뿐만 아니라 이 부위가 배관의 신축조정을 위하여 중요하므로 신뢰성과 높은 정밀도를 요구한다. 따라서 수직관의 중심 맞추기, 구체(軀體)층고의 정밀도에 따른 수평관의 레벨조정 등에 여유가 없는 경우가 많다.

(3) 시공정밀도

시공정밀도는 시공 전반에 걸쳐 영향을 미치며, 특히 다음 사항은 중요하다.

① 시공기능자의 기량 : 기능자의 기량에 의하여 시공품질이 좌우되므로 중요한 작업에 대해서는 자격기준 등의 기능수준을 지정해 준다.

② 공법의 난이도

③ 가공기기, 공구의 정비

④ 타 작업과의 관계

⑤ 시공의 허용오차 및 검사기준 : 시공의 허용오차에 대해서 명확하게 수치로서 나타낸 예는 적으며 검사방법도 부분적으로 시방서에 제시되어 있을 뿐 적용기준 및 허용범위는 확실하게 나타나 있지 않으므로, 시공정밀도를 확보하기 위해서는 이들 수치를 명확하게 설정하고 그 값을 만족할 수 있는 공법을 계획해야 한다.

6-5-4 기자재 반입계획

(1) 일반기자재의 반입계획

일반기자재의 반입계획에 있어서 먼저 기자재의 수량표를 작성한 것이 중요하다. 이 표에 기입하는 사항은 사양, 수량, 반입시기, 검사요령, 반입장소, 화물상태(포장형태, 크기, 중량 등) 및 반입요령 등이다. 이 표는 기기와 재료를 구분하여 작성하고 화물상태 또는 반입요령은 필요에 따라서 상세계획을 수립한다. 반입계획서를 작성하기 위하여 조사, 검토할 사항은 다음과 같다.

① **반입공정** : 공사공정표에 의하여 결정한다.

② **운반용 기기** : 건축공사에 계획한 것을 이용한다.

③ **도로사정** : 통행제한 시간대 등을 확인한다.

④ **운반중량, 형상의 제한** : 운반통로, 운반방법, 작업원 및 건축시공자에게 요구할 사항 등을 정리한다.

(2) 대형기기의 반입계획

대형기기는 제작에 시간이 걸리고 발주할 때까지의 검사기간도 상당기간 소요되므로 반입시기가 건축공사의 가장 바쁠 때와 겹치는 경우가 많으므로 특히 다음 사항에 주의하여 계획한다.

1) 반입로

크기, 중량에 따라 공장에서 현장에 이르는 경로를 조사하여 운반수단이나 운반로를 결정한다. 도심지에서는 대형화물차량의 통행제한이 있어서 도착시간 등에 제약이 있으며 산간지방에서는 교량의 하중제한이나 터널 내의 통행차량제한 등이 있다. 또한 고가도로 또는 육교 등에 의한 높이제한에 대하여도 계획 시 고려해야 한다. 건물 내에서는 수평이동에는 바닥의 강도 또는 윈치와이어의 훅 설치부에 대한 구조강도를 검토하여 필요한 경우에는 보강공사를 행한다.

2) 반입구

건물에 따라서는 기기반입용 개구부가 없는 경우도 있으므로, 이때에는 건물의 바닥이나 벽의 일부에 가설 개구부를 설치하여 작업한 다음 폐쇄하도록 계획한다. 따라서 이 개구부의 복구공사 또는 그 개구부와 연계되는 설비공사가 전체공정에 지장을 주는 일이 없도록 개구부의 위치를 선정한다. 반입구의 확보가 어려운 때에는 기기를 분할이 가능한 기종으로 변경하거나 대수를 변경하여 반입에 차질이 없도록 계획해야 한다.

(3) 고층건물의 하역

고층건물에 있어서는 기자재에 대한 하역계획의 여부가 전체의 공정, 품질, 안전, 경제성에 많은 영향을 미치므로 이 계획은 전체건축공사의 하역계획의 일부로 취급해야 한다. 하역계획은 기본적으로 공정계획에 따라서 검토할 성질의 것이지만 검사결과에 따라서는 공정계획 자체를 변경할 필요가 있는 경우도 있다.

1) 기본 검토사항

계획에 있어서 기본적으로 조사, 검토할 사항은 다음과 같다.

① **기자재 수량의 적산** : 공종별, 각 층별 등으로 정리한다.

② 전기기의 기본 화물상태 및 수량을 조사한다.

③ 각 **기자재의 분할, 집합의 검토** : 하역기계의 능력을 고려하여 가능하면 용량, 중량이 균일해지도록 검토한다.

④ 각 **기자재의 반입방법** : 소운반, 수평운반방법을 검토한다.

⑤ 각 기자재의 직접방법을 검토한다.

⑥ 각 **기자재의 잔재수량** : 잔재의 크기를 조사한다.

⑦ 각 기자재의 하역, 운반동선계획을 세운다.

⑧ 설치하고자 하는 하역, 운반기기의 종류, 사양, 대수 등을 조사한다.

⑨ **하역기기의 사용불가일시의 조사** : 강풍, 강우 등으로 사용 불가한 일시, 기기의 교체 등에 의한 사용 불가능일시를 검토한다.

2) 계획의 작성

기본계획은 건물의 구조에 따라 다르지만 전체 공기를 크게 3~4기로 나누어서 검토한다.

① 각 층 기자재 설치기

② 옥상기기 설치기

③ 지하기기 설치기

④ 각 층 마감기구 설치기

집하장이나 하역방법 등의 난이성은 하역상태에 많은 영향을 미치므로 기본검사 사항을 고려하여 하역상태, 하역작업 등의 계획을 세운다. 일반작업이 개시되거나 종료될 때에는 인원의 이동이 집중되므로 각 공종별 소요인원을 집계 정리하여 하역계획과 더불어 검토한다. 고층부에의 수송은 가설 엘리베이터만으로는 번잡하므로 본설 엘리베이터를 선시공하여 이용하는 계획 등을 검토한다.

참고문헌

1. 대한설비공학회, 설비공학 편람 제1권 기초, 2001.
2. 일본 공기조화 위생공학회, 공기조화위생공학편람 기초편, 1991.

건축텍스트북 시리즈

건축설비

2010년 3월 10일 1판 1쇄 발행
2017년 8월 10일 1판 3쇄 발행

저　　자 사단법인 대한건축학회
발 행 인 강해작
발 행 처 기문당
주　　소 서울시 성동구 무학봉28길 4-1
전　　화 02)2295-6171(代)~5
팩　　스 02)2296-8188
출판등록 1976. 10. 7 (1-44)
홈페이지 http : // 기문당
http : // www.kimoondang.com
I S B N 978-89-6225-231-6　93540
정　　가 24,000원

〈검인생략〉